JN281812

生物海洋学入門 第2版

Carol M. Lalli and Timothy R. Parsons

監訳＝關 文威、訳＝長沼 毅

BIOLOGICAL OCEANOGRAPHY

講談社サイエンティフィク

BIOLOGICAL OCEANOGRAPHY

AN INTRODUCTION

Second Edition

CAROL M. LALLI

and

TIMOTHY R. PARSONS

University of British Columbia, Vancouver, Canada

BUTTERWORTH
HEINEMANN

OXFORD   AMSTERDAM   BOSTON   LONDON   NEW YORK   PARIS
SAN DIEGO   SAN FRANCISCO   SINGAPORE   SYDNEY   TOKYO

Butterworth-Heinemann
An imprint of Elsevier Science
Linacre House, Jordan Hill, Oxford OX2 8DP
200 Wheeler Road, Burlington MA 01803

First published 1993
Reprinted with corrections 1994, 1995
Second edition 1997
Reprinted 1999, 2000, 2001, 2002

Copyright © 1993, 1997, C. M. Lalli and T. R. Parsons. All rights reserved.

The right of C. M. Lalli and T. R. Parsons to be identified as the
authors of this work has been asserted in accordance with the
Copyright, Designs and Patents Act 1988

No part of this publication may be reproduced in any material form
(including photocopying or storing in any medium by electronic means
and whether or not transiently or incidentally to some other use of
this publication) without the written permission of the copyright holder
except in accordance with the provisions of the Copyright, Designs
and Patents Act 1988 or under the terms of a licence issued by the
Copyright Licensing Agency Ltd, 90 Tottenham Court Road,
London, England W1T 4LP. Applications for the copyright holder's
written permission to reproduce any part of this publication should
be addressed to the publisher

British Library Cataloguing in Publication Data
Lalli, Carol M.
　Biological oceanography: an introduction. - 2nd ed.
　1. Marine biology　2. Marine ecology
　I. Title　II. Parsons, Timothy R. (Timothy Richard), 1932-
574.9'2

Library of Congress Cataloguing in Publication Data
Lalli, Carol M.
　Biological oceanography: an introduction / Carol M. Lalli and
　Timothy R. Parsons. - 2nd ed.
　　p.　cm.
　Includes bibliographical references and index.
　1. Marine biology　2. Marine ecology　3. Oceanography.
　I. Parsons, Timothy Richard, 1932-　.　II. Title.
　QH91.L35　　　　　　　　　　　　　　　　96-42139
　574.92-dc20　　　　　　　　　　　　　　　　　　CIP

ISBN 0 7506 2742 5

This edition of Biological Oceanography, 2/e by Carol Lalli
and Timothy Parsons is published by arrangement with
Elsevier Ltd., The Boulevard, Langford Lane, Kidlington,
OX5 1GB, England.

序　文

　本書は，公開大学シリーズの海洋学の参考書である．ほかの教科書と同様に，本書自体が一冊の読み物であるし，また，公開大学の3年生用の課目"S330 海洋学"の一部にも用いている．海洋学は学際的な学問であるが，それを構成する小分野は"伝統的な"学問の一部でもある．したがって，生物学を学んだ者には，本書から多くを得ることができるであろう．海洋の物理学・地質学・化学，その他関連分野については，公開大学シリーズの他書を参照されたい．

　第1章では，海洋生物に関する種々の特性を記述し，陸上生物との比較をする．そして海洋環境と海洋生物を特徴づける主要なカテゴリーを説明し，生物海洋学の基本的な生態学用語や概念を復習する．第1章の最終節では，海洋学の歴史的発展を概観する．

　第2章では，光・温度・塩分・密度・圧力など，海洋生物の生活に強く影響する海洋の物理・化学的要因について論じる．また，主要な海流についても説明する．海流が多くの海洋生物や溶存気体，化学物質の移動に深くかかわっていることや，生物分布や個体群サイズにも影響することを説明する．

　第3章では，多種多様な植物プランクトンを紹介し，光合成により高エネルギーの有機化合物が合成される過程を説明する．植物は太陽の光エネルギーを必要としているが，水深が増すにつれて透過光が弱くなることの影響を詳説する．一方，光の強くあたる海表層には，硝酸塩やリン酸塩などの必須栄養塩類が少ない．この光強度・栄養塩濃度と植物プランクトンの成長との関係を簡単な数学的表現を用いて説明する．最後に，生物生産の地理的分布に影響する海水の鉛直運動を考察する．

　第4章では，主要な動物プランクトンと，その生活史や食性を述べる．また，動物プランクトンの鉛直分布を，深度に応じた環境変化との関連で論じる．多くの動物プランクトンは，日周的あるいは季節的に水柱内を鉛直移動するが，この意味を考察する．また，動物プランクトン群集の現存量と種組成における（10年スケールの）長期的変動も論じる．

　第5章では，海洋における食物連鎖あるいは食物網のエネルギー流を概観する．そして，この概念が，ある海域における植物プランクトン生産から魚類生産を予測するためにいかに重要であるかを説明する．海洋食物連鎖の動態に関する生物海洋学的諸問題とともに，いろいろな実験手法も紹介する．最後に，無機物の再循環過程でみられる重要な化学変化（特に窒素と炭素について）を論じる．

　第6章では，大型甲殻類・イカ類・海産爬虫類・海産哺乳類・海鳥・魚類などのさまざまなネクトン（遊泳生物）について述べる．そして，これら大型動物の生態学的重要性を論じ，さらに，その利用と開発（漁獲）の影響にも言及する．

　第7章では，海底に生活するさまざまな動植物を記述して，このような生物の採集方法と成長速度（生産速度）の測定法を説明する．

　第8章では，温帯域の潮間帯生物群集から熱帯域のサンゴ礁・マングローブ林，深海生物群集まで，いろいろな底生生物群集の環境特性と生態学一般を概観する．

第9章では，海洋生態系に対して人類がどのように影響するかを多面的にみる．とくに，海洋資源の乱獲と開発に伴う問題およびさまざまな種類の汚染の影響について注意を喚起する．さらに，過失あるいは無思慮による海洋生物の移入の問題も検討する．そして河口域（汽水域），マングローブ林，サンゴ礁など特定の環境への影響を論ずる．

　そして，考察を進め，理解を深めるために問題を設け，重要な専門用語については，初出あるいははじめて定義されるところで太文字にして示しておく．

研究室の Lalli 博士と Parsons 博士（2004 年）

日本語版 第2版への序文

　本書の執筆にあたっては，海洋学の初期調査研究も含めた膨大な文献資料を渉猟するばかりか，生物海洋学の野外調査や陸上実験に関する著者自身の学術経験をも参考にしています．

　著者の一人Lalli博士は，アメリカ（シアトル）のワシントン大学で学位を取得してから，モントリオールのマックギル大学海洋科学センターで教鞭をとった経験があります．現在はカナダ西海岸，ビクトリア市に住んでいます．Parsons博士は，マックギル大学で学位（生化学）を取得後，カナダ政府研究機関（水産・海洋部門）に勤務してから，ユネスコ関連の業務にもかかわり，その後，ブリテイッシュコロンビア大学海洋学部で教授を務めていましたが，現在は特別名誉教授としてカナダ国立海洋研究所内に付置されている大学研究室で研究を継続しています．この小半世紀にわたって，著者らは，北極・南極域から熱帯域に至る世界の主要な海洋すべてを調査，また，動植物プランクトンの生物学・生態学，底生生態学，群集構造を海域で比較，食物連鎖における位相合わせ（フェージング），海洋生物群集の数学モデル，メソコズム（閉鎖実験生態系）を用いた研究等に関する論文を多数発表しています．

　著者の一人Parsons博士は，1965年に初めて来日して以来，多くの日本人海洋学者と知己を得ました．現在もなお，活発な研究交流は続けており，広大で生産的な北太平洋の研究成果を結びつけることよって，広い視野の海洋学を発展させることに役立てています．北太平洋の海洋研究には日本人研究者の貢献がきわめて大きいからです．これらの日本における海洋研究は，北太平洋の研究にとどまらず，世界レベルでの貢献であり，科学の歴史における重要な部分となっています．Parsons博士は多年にわたる業績および水産海洋学・水産管理に関する幅広い知見に寄与した功績に対して，2001年に「日本国際賞」（Japan Prize，海洋生物学部門）を授かりました．

　著者らは，生物海洋学が世界的に発展するよう助力し，中国・日本・ドイツ・台湾・チリ・タイ・西オーストラリアで講義や共同研究を行なっています．もちろん，本書は日本語および中国語にも訳出されています．

　この第2版を準備するにあたり，著者らは海洋の物理・化学過程と生物過程を統合するように全体的な視野をもちつづける努力をしました．また，本書では植物プランクトンから動物プランクトンを経て魚類や最高次捕食者に至る，生態系全体を通してのエネルギー流を追求しています．さらに，人間が最高次捕食者として海洋から毎年のように膨大な量の魚類を収奪しているという意味も含めて，人間活動による海洋生態系への悪影響を取り扱う章を新たに設けました．

　本書が研究者にとって有用な情報源となり，研究者の学術的な好奇心を刺激することを願っています．そして，海洋で生命がいかに生みだされ維持されているか，海洋という広大な環境が惑星地球に満ちている生命にとっていかに重要であるかについて，多くの疑問と理解を促してくれることを期待しています．

2004年11月

Dr. C. M. Lalli and Dr. T. R. Parsons

監訳者序文

　地球規模での環境保全の必要性が，国連レベルから国家，企業，一般市民の個人レベルにまで理解されるようになってきた．しかも，この環境問題の基盤には，海洋環境の保全が存在することも徐々に理解される趨勢にある．この時も時，アメリカ合衆国アリゾナ州でバイオスフィアⅡの大規模生態系実験が失敗した．この生態系に十分な水圏を存在させなかったことが，生態系の安定性を欠如させ，その失敗理由の根底にあったとささやかれている．今後，海洋科学の重要性の認識は，人間生存のうえからも増大していくであろう．

　一方，海洋科学は社会で真に理解されているだろうか？　大学教育を例にあげれば，少なくとも楽観的な方向に進んでいるとは思われない．近年の大学教育の改革はむしろ専門課程のための基礎知識の習得を阻んでいるようにさえ感じられる．この意味において，一般教養課程から専門教育まで一貫した知識体系の習得を行える教科書が必要となっている．このような教科書は，研究と教育の両方にたけて，はじめて執筆が可能である．ところが，このような海洋科学者は，近年，国際的にもめだって減少しているようである．先端科学の急速な発展によって研究が極度に細分化され，海洋科学の全体像を見失っているのである．そして，この種の教科書の必要性を後継者養成のために痛感しつつも，切歯扼腕するにとどまっているのが常である．

　ここに，公開大学の教科書として現れたのが本書である．パーソンズ教授は，海洋科学者として国際的な第一人者であり，大学教授として国際的な雑誌の編集にも数多く携わっている．日本人の読者にとって，本書が教科書として優れていることは，中高等学校での教育知識を基盤として読みやすいことと，海洋現象の実例に日本の海洋科学研究業績が数多く引用されていることで，卑近な科学として理解されやすいからである．またラリー博士は，軟体動物研究を専門とする国際的な科学者であり，その科学論文や著書において，明快で理解しやすい文章を書くことで定評がある．このように現在緊急に必要とされている海洋科学書が，欧米で出版された．これをタイミングよく，しかも迅速かつ正確に日本語に翻訳されたことは，喜ばしいかぎりである．

　原書第一版が1993年に発行されて以来，判明している誤植などは，翻訳者である広島大学大学院生物圏科学研究科・長沼　毅助教授の努力によって原書第1版の翻訳本において訂正され，原書第2版に反映されている．

　この訂正作業を含めた校正原稿の査読において，三重大学生物資源学部・河村章人教授と近畿大学農学部・平田八郎教授および北海道大学水産学部・米田義昭教授の献身的なご協力が本書の科学的な価値をさらに高めている．

　さらに，著者や翻訳者以上に本書の必要性を認識して情熱的に訳本出版を推進した講談社サイエンティフィクの今　佐都美氏の努力を最後に記して，監訳者の序文とする．

1996年8月

筑波大学生物科学系教授
關　文威

第 2 版　監訳者序文

　本書の初版原書「*Biological Oceanography An Introduction*」が Parsons 教授夫妻によって出版されたのは，1993 年であった．その後，すぐれた海洋学教科書としての本書の評価が日ごとに高まり，内容の改訂のないまま 1994 年と 1995 年に増刷されてから，第 2 版が 1997 年に出版された．この第 2 版用の原稿を和訳して，原書出版に先立って 1996 年に出版されたのが日本語版「生物海洋学入門」の初版であった．英語版の第 2 版原著は，相変わらず好評のまま毎年重版を重ねている．これに対して，日本語版も 2003 年に第 8 刷が増刷されるまで，増刷ごとに新知見を必要個所に添付して，英語版原著に先駆けた内容改訂を行なう努力を続けてきた．

　この間，Parsons 教授は，国際水産学会誌「*Fisheries Oceanography*」の創設に多大な貢献をされて，初代の編集長に就任してからアッという間に国際一流誌に育てあげられた．現在では，すべての海洋学関連誌のなかで最高の SCI 評価を付与されている．この経験を通して教授が培われた水産や海洋汚染にかかわる生物海洋学上の重要な最新知識を，本書に盛り込まれることが強く要望されてきていた．この要望を受けて「*Biological Oceanography An Introduction Second Edition*」には新たに「第 9 章」が加えられている．この度の日本語版でも「第 9 章　海洋生物相への人間の影響」として刊行の運びとなった．これにとどまらず，今回も英語版原書に先駆けた重版にふさわしい本書全体の改訂が行なわれていることはもちろんである．

　カナダ水産海洋省は海洋学において顕著な学術業績をあげたカナダ海洋学者を表彰するために，The Timothy R. Parsons Medal の国家勲章を創設した．この勲章の名称は本書の著者である Timothy R. Parsons 教授にちなんでいる．この慶事に際して，Parsons 教授の自叙伝が刊行された．そこには，日本国際賞受賞者でもある現代海洋学の進歩に多大な貢献を成し遂げた偉大な科学者の足跡をみることができるであろう．

　Tim Parsons（2004）：*The Sea's Enthrall : Memoirs of an Oceanographer*, EcceNova Editions, Victoria, B. C.　ISBN0-9731648-8-3（bound）or ISBN0-9731648-7-5（pbk.），187pp.

　この突出して著名な科学者による海洋学教科書が国際的なベストセラーを続けているためであろうか，これに相当する他の傑出した海洋学教科書の出版が中止されて久しい．この意味でも，生物海洋学上の重要な最新知識を必要十分に盛り込んだ「生物海洋学入門 第 2 版」が，この度世界に先駆けて日本において出版することは意味深いことと思われる．

　最後に，第 2 版の出版に献身的に努力くださった小島ナツ子氏に感謝の意を表して，監訳者の第 2 版への序文とする．

2005 年 1 月

日本海洋学会誌　編集委員長
筑波大学名誉教授

關　文威

注意：本書ではいくつかの種類の文字書体を利用しているため，読者にはご不便をおかけするかもしれませんがご了承願います．また，本文中には参照する章，節，項，図などがふんだんに（　）で挿入してあるので活用してください．

目　次

序　文 .... *v*
日本語版第2版への序文 .... *vii*
監訳者序文 .... *viii*
第2版　監訳者序文 .... *ix*

第1章　はじめに　　1

1.1　海洋生物に影響する特殊な要因 *1*	1.4　生物海洋学の発展の歴史 *5*
1.2　海洋環境と海洋生物の分類 *2*	まとめ *11*
1.3　基本的な生態学用語と概念 *4*	問　題 *12*

第2章　非生物的環境　　13

2.1　日　射 *13*	2.5　圧　力 *24*
2.2　温　度 *16*	2.6　表面海流 *25*
2.3　塩　分 *19*	まとめ *26*
2.4　密　度 *22*	問　題 *28*

第3章　植物プランクトンと一次生産　　29

3.1　植物プランクトンの分類 *29*	3.5　一次生産の物理的制限 *44*
3.2　光合成と一次生産 *35*	3.6　地球規模での植物プランクトン生産 *49*
3.3　光と光合成 *38*	まとめ *51*
3.4　増殖速度における栄養塩類の影響 *40*	問　題 *53*

第4章　動物プランクトン　　54

4.1　採集方法 *54*	4.6　季節的鉛直移動 *74*
4.2　終生プランクトン：分類と生物学的特性 *56*	4.7　終生プランクトンの動物地理学 *76*
4.3　一時プランクトン *64*	4.8　動物プランクトン群集構造の長期変動 *81*
4.4　鉛直分布 *67*	まとめ *82*
4.5　日周鉛直移動 *71*	問　題 *84*

第5章　エネルギー流と物質循環　　85

5.1　食物連鎖とエネルギー転送 *85*	5.5　物質循環 *104*
5.2　食物網 *88*	まとめ *109*
5.3　二次生産の測定 *94*	問　題 *111*
5.4　海洋と陸上における有機物生産の比較 *102*	

第6章 ネクトンと水産海洋学 113

- 6.1 遊泳性甲殻類 113
- 6.2 遊泳性頭足類 113
- 6.3 海産爬虫類 114
- 6.4 海産哺乳類 115
- 6.5 海鳥類 118
- 6.6 海産魚類 121
- 6.7 水産業（漁業）と水産海洋学 125
- 6.8 栽培漁業（水産養殖） 133
- まとめ 135
- 問題 136

第7章 底生生物（ベントス） 138

- 7.1 底生植物（植物ベントス） 138
- 7.2 底生動物（動物ベントス） 140
- 7.3 ベントス群集構造を決める要因 151
- まとめ 152
- 問題 153

第8章 底生生物群集 154

- 8.1 潮間帯環境 154
- 8.2 潮間帯岩礁（磯） 155
- 8.3 海中林（ケルプ林） 158
- 8.4 砂浜 162
- 8.5 河口域（汽水域） 165
- 8.6 サンゴ礁 168
- 8.7 マングローブ林 175
- 8.8 深海生態学 178
- 8.9 熱水噴出域と冷水湧出域 187
- まとめ 191
- 問題 193

第9章 海洋生物相への人間の影響 195

- 9.1 漁業の影響 195
- 9.2 海洋汚染 198
- 9.3 海洋生物の移入と移動 202
- 9.4 個別の海洋環境への影響 203
- まとめ 206
- 問題 207

付録1 地質学的時間尺 209
付録2 単位の変換 210

参考文献 212
解答 213
用語集 223
謝辞 233
索引 236

第1章 はじめに

　海洋は地球表面の約71％を占めている。海底最深部は海面下約11000 mにあり、海洋の平均深度は約3800 mである。海洋環境の全容積（約$1370 \times 10^6 \text{ km}^3$）は、陸地と淡水を合わせた生息環境の約300倍も大きい。「地球"Earth"」とは乾いた陸地の同義語だが、この名前はわれわれの惑星の際立った特徴―青い水をたたえた惑星―をいい表してはいない。

　地球の年齢は約46億年と考えられている。海洋と大気は、地球が冷えてくるにつれて、44億年前から35億年前にかけて形成された。ちなみに、最初の生命が現れたのは39億年から35億年前である（付録1の地質学的時間尺を参照）。最初に発生した生物は、陸上に生命が現れるはるか以前に、原始の海洋で生まれたと考えられている。すべて既知の生物門（現生種・化石種とも）は海に起源があり、のちになって淡水や陸地環境に移動している。今日では、動物門の数は淡水や陸地よりも海洋のほうが多いが、記載された動物種の大多数は非海産だと考えられている。これは、陸上の生息環境のほうが多様性に富んでいるためである。

1.1 海洋生物に影響する特殊な要因

なぜ生命は陸ではなく海で誕生したのだろうか？

　海洋と陸地環境では、生命への物理的条件が著しく異なる。海水は空気よりも密度が高いので、海水中と空気中とで生活する生物では、重力の影響が違ってくる。陸上の動植物は、重力に抗して直立あるいは移動するために、相応の骨格物質（木の幹や骨など）を必要とする。一方、海産種には浮力があるので骨格物質に大量のエネルギーを費やす必要がない。海産植物種の大半は、顕微鏡でやっとみえるサイズの浮遊種である。海産無脊椎動物の多くは、魚の例で明らかなように、がっしりした骨格をもたない。浮遊や遊泳は、空気中の歩行や飛行に比べて、エネルギー消費が少なくてすむ。陸上生物は、重力に抗するために多くのエネルギーを費やさなければならない。最初の生物と全生物門が海洋から発生したのは当然かもしれない。

　海洋にはさらに2つの特質があり、いずれも生命に関与している。まず水は、すべての生物の基本的要素であり、ほかのどの液体よりも多種類の物質を溶解できる。陸上では水の不足が生命活動を制約することもあるが、海洋ではそのようなことはない。また、水温は気温ほど激しく変動することはない。

　しかし、生命にとっては、陸地環境のほうが好ましい場合もある。たとえば、海中では植物の生育が制限されている。日光の約50％しか海表を透過せず、透過しても深度とともに減衰するからである。海洋植物は日光の届く表層でしか成長できず、成長できる深度は、澄んだ海でたかだか数百メートル、濁った海では数メートルの深さにしかならない。海洋環境の大部分は暗黒であるにもかかわらず、多くの海産動物は、直接・間接を問わず表層の植物生産に依存しなければならない。硝酸塩やリン酸塩などの必須栄養塩類が不足すれば、海洋植物の生育は制限される。これらの栄養塩は、土壌に比べて海中では著

しく少ない．陸上では，植物に必要な栄養塩類は付近の枯死植物の分解により得られる．海洋では，植物生産の行なわれる表層より深い場所に分解中の物質が沈降し，分解によって生成した栄養塩類は，海水の物理的移動によってのみ表層へ戻ってくる．

海洋環境変動がもっとも大きいのは，海表面あるいはその付近である．そこでは，大気との相互作用により気体交換が行なわれ，このことが，温度や塩分の変化，風による水の撹乱を起こす．深層ほど環境が安定している．海洋の際立った特徴として環境要因の鉛直勾配があり，深度に応じて異なったタイプの生息環境が形成されている．深度とともに光が減衰するばかりか，水温も低下して2〜4℃の一定値になり，食物は少なくなる．一方，静水圧は深度とともに増し，栄養塩類濃度も高くなる．深度が関係するこれらの環境要因のため，海洋生物の多くは特定の深度帯に生息する傾向がある．水平的には，海水の物理化学的な差異が地理的分布を規定している．

本書ではおもに，海洋生物群集とそれらの関係を規定する物理・化学・生物的要因の相互作用を扱うが，海洋生物資源の利用についても少し言及しよう．海洋は地球表面の71％をも占めているにもかかわらず，人類の食物消費に占める海産物の寄与はたったの2％である．しかし，これは人間が消費する高品位動物性タンパク質の約20％を占める重要な栄養源となっている．陸地より海洋のほうが有機物の全生産量は多いにもかかわらず，海洋生物生産はいまだ有効に利用されていない．生物海洋学の一分野である水産海洋学は，急発展している学問分野で，海洋での魚類生産問題を論じている．

1.2 海洋環境と海洋生物の分類

世界の海洋はいくつかの海洋環境に区分できるが（図1.1），基本的には，**漂泳環境（水柱環境）**と**底生環境**に区分できよう．水柱環境は海表面から最大水深までの水柱の環境である．底生環境は海底環境をさし，海岸域・沿岸域・潮間帯域・サンゴ礁・深海底などを含んでいる．

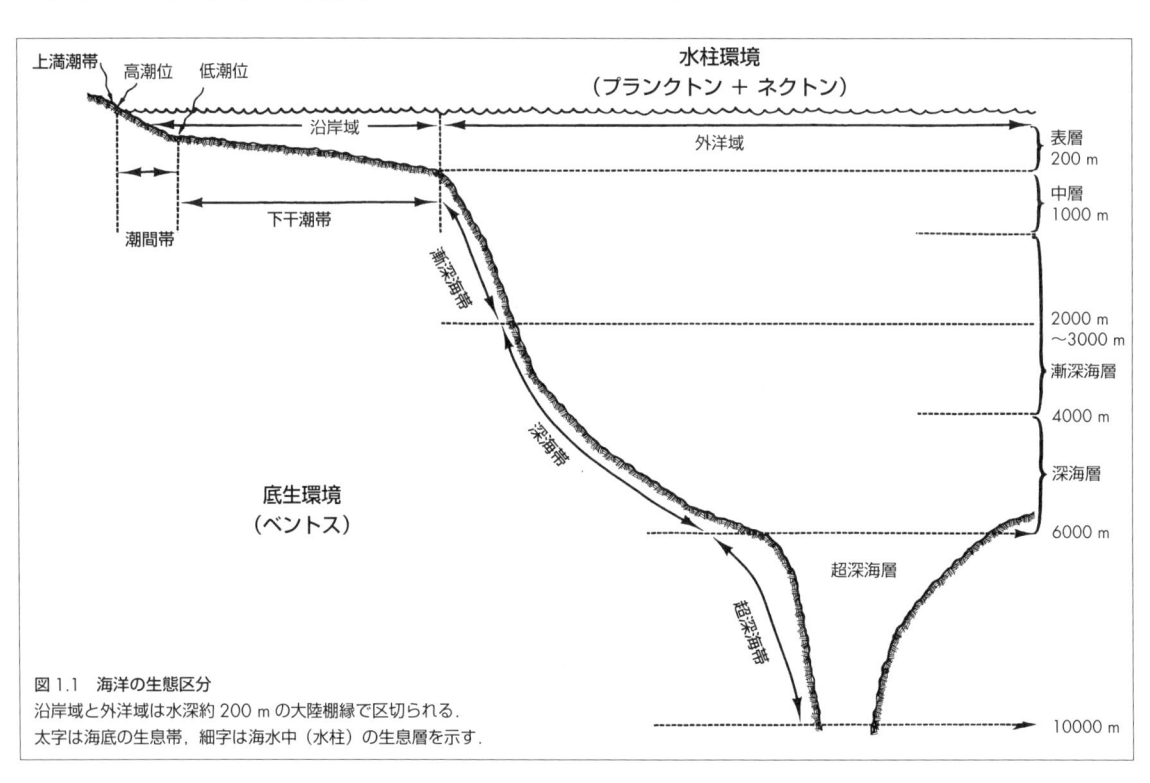

図1.1 海洋の生態区分
沿岸域と外洋域は水深約200 mの大陸棚縁で区切られる．
太字は海底の生息帯，細字は海水中（水柱）の生息層を示す．

もう一つの基本的な区分は，広大な**外洋域**と**沿岸域**である．この区分は海底の水深と陸地からの距離に基づいており，一般に大陸棚の縁とされる深度200 mを境に分割されている（図1.1）．南アメリカ西岸などの海域では，沿岸域は海岸からわずかの広がりしかない．アメリカ北東岸沖などの海域では，沿岸域は陸から数百キロメートルも広がることがある．全体として，大陸棚は全海洋海底の約8％に相当するが，この面積はヨーロッパと南アメリカを合わせた面積に等しい．

　水柱環境と底生環境は，さらに深度や海底地形に基づいた生態帯に区分されているが，これについては後の章で述べる．

　海洋生物は，外洋域か沿岸域のいずれに生息するかによって，それぞれ**外洋種**か**沿岸種**となる．同様に，海底に生活する動植物は**ベントス**と総称される．ベントスには付着海藻，カイメンやフジツボなどの固着動物や，底質に匍匐・穿孔する動物などが含まれる．ベントスをさらに区分した分類については，第7章で論じることにする．

　水柱環境には2つのタイプの海洋生物が生息する．第一に，浮遊生物あるいは**プランクトン**とよばれるものがある．これは海水の流れに逆らって移動することができず，海流によって受動的に運ばれる生物である．プランクトンという言葉は，受動的に浮遊・漂流するギリシア語planktosに語源がある．プランクトン生物は，**植物プランクトン**と**動物プランクトン**に分けられる．プランクトン生物の多くは微視的なサイズだが，プランクトンという用語は必ずしも小サイズと同義ではない．たとえば，クラゲは動物プランクトンに含まれるが直径数メートルに達するものもある．また，プランクトンの動きがすべて完全に受動的というわけではない．植物プランクトンの多くも含めて，かなりのプランクトンに遊泳能力がある．第二に，水柱環境に生息する**ネクトン**がある．プランクトンとは対照的に，ネクトンは海水の流れに逆らうのに十分な遊泳力があり，海水の動きとは独立して動くことができる．ネクトンには，魚類，イカ，海産脊椎動物などが含まれる〔プランクトン，ネクトン，ニューストン（p.67）を合わせて漂泳生物（ペラゴス）とよぶこともある〕．

　最後に，プランクトンとネクトンの分類ではサイズ区分がよく用いられる（図1.2）．最小かつもっとも原始的な生物であるウイルス

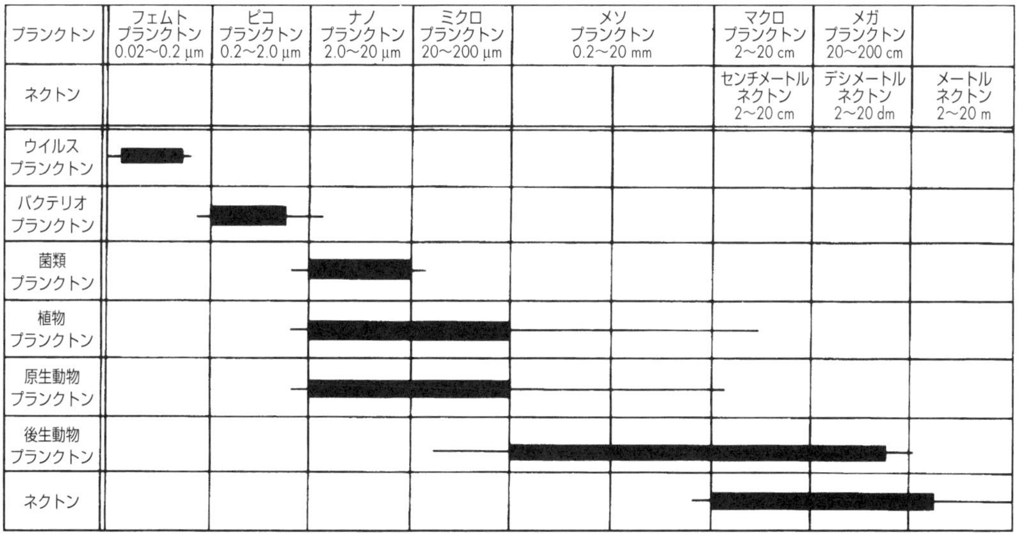

プランクトン	フェムトプランクトン 0.02〜0.2 μm	ピコプランクトン 0.2〜2.0 μm	ナノプランクトン 2.0〜20 μm	ミクロプランクトン 20〜200 μm	メソプランクトン 0.2〜20 mm	マクロプランクトン 2〜20 cm	メガプランクトン 20〜200 cm	
ネクトン						センチメートルネクトン 2〜20 cm	デシメートルネクトン 2〜20 dm	メートルネクトン 2〜20 m
ウイルスプランクトン	■■■							
バクテリオプランクトン		■■■						
菌類プランクトン			■■■					
植物プランクトン			■■■■■					
原生動物プランクトン			■■■■■					
後生動物プランクトン					■■■■■■■		■■	
ネクトン							■■■■	

図1.2　プランクトンとネクトンの大きさによる分類

とバクテリアは，それぞれフェムトプランクトン（0.2 μm以下）とピコプランクトン（0.2～2.0 μm）に区分される．これに対して，最大のネクトンはクジラ類であり，体長20 m以上にも達する．植物プランクトンや動物プランクトン（単細胞原生動物から多細胞後生動物まで）は，中間的なサイズ区分を構成している．

1.3 基本的な生態学用語と概念

生物海洋学の主体をなすのは生態学の基本概念なので，本書の随所で生態学用語を用いている．海洋生物は，生態研究において個別的に，あるいはいろいろな集団として集合的に扱われる．**種**は，そのなかでは互いに交配を行なうが，それ以外の集団とは生殖的に隔離されているような集団と定義される．**個体群**はある特定の場所に生息する特定種の個体集団であり，**個体群密度**は単位面積（あるいは単位体積）あたりの個体数である．同一の物理環境に生息している微生物・植物・動物の個体群の集まりが生態学的**群集**を形成している．

ある特定の生物がすんでいる場所を**生息場所**というが，この用語は特定の群集全体が占める場所をさすこともある．**環境**は，温度や栄養塩濃度などの**非生物的要因**（物理・化学的）と，生物相互作用（捕食，寄生，競争，交配など）を含む**生物的要因**から構成されている．

生態学的集合体の最高位が**生態系**である．これは，ある大きさをもった地域内を占める単一あるいは複数の群集とそれをとりまく非生物環境との集合体である．生態系の例として，河口域（河口の群集については8.5節（p.165）参照）や水柱域の全水柱（異なる深度に異なる群集がいる）などがあげられよう．**種の多様性**は，しばしば，群集や生態系の単純さ（あるいは複雑さ）を表すのに用いられる．これにはさまざまな定義があるが，本書では全種数を対象としている．

SI単位系（国際単位系）は，1960年の国際度量衡総会（CGPM）で採択されて以来，広く用いられている．しかし，生物海洋学ではその他の単位も使われている．付録2に，慣用的に使われる単位の変換を示した．

1.3.1 r-選択とK-選択

動植物種は，それぞれ水柱種・底生種あるいは海産種・陸産種を問わず，その生活史を決める一連の生物学的・生態学的特質を備えている．生活史パターンは少しずつ違うが，その両極端として2つのタイプが知られている．まず，**r-選択**があるが，これは**日和見種**にみられる生活史パターンである．対照的な生活史パターンは**K-選択**とよばれ，**平衡種**という生物にみられる．rやKという用語は増殖曲線（図1.3）の異なった部分をさしている．rはある個体群の増殖であり，Kはその環境が収容できる最大個体群密度である．非生物的あるいは生物的要因によって低密度に抑えられている個体群ではrの影響が大きく，一方，環境収容力の限界かそれに近い個体群ではKの影響が大きい．

一般にr-選択をとる種は比較的小型であり，性的成熟も早く，1年に数回繁殖する．こうした日和見種の典型は，変化しやすく予測困難な環境にすみ，速やかなコロニー形成

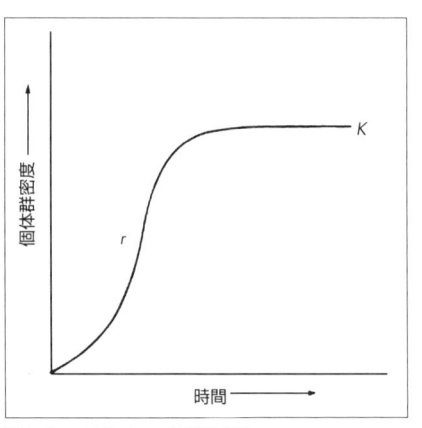

図1.3 ロジスティック増殖曲線
はじめは増殖が速いが，だんだん遅くなり，やがては環境収容力に達して増殖が止まる．Kは環境収容力が許す最大個体群密度で，rは個体群の増殖．

や繁殖により環境好転への対応が速い．しかし，r-選択種は他種との競争力が弱く，死亡率も高い．したがって，日和見種の個体群は短命な傾向にあるが，エネルギーの大部分を速やかな成長と増殖に費やすので，r-選択は高い生物生産をもたらすことになる．

他方，極端な K-選択種は，安定して予測可能な生息場所に適しており，より大型で，成長は遅いが長命である．性的成熟が遅く，子世代の数も少ないが，死亡率は低い．生活環をまっとうするのに長い時間を要するため，K-選択種は環境撹乱のない場所に適応している．平衡種は，環境が許すかぎり最大の個体群サイズ（環境収容力）まで個体群を大きくする傾向があり，環境資源をきわめて有効に利用しながら，この個体群サイズを長期にわたって維持している．

表 1.1 には，これらのまったく違った生活史の相違点をまとめてある．すでに述べたように，r-選択と K-選択の概念は，水柱性や底生性の海洋生物に適用でき，陸上生態学でも用いられている．ただし，相対的にみると，1つの生物種でも異なったパターンを適用できることに注意する必要がある．たとえば，植物プランクトンはクジラに比べて生活環が短いが，植物プランクトンだけをみると r-選択種もいれば K-選択種もいる．さらに，大多数の生物は r-選択と K-選択の混合パターンをとり，さまざまな方法で，競争・捕食・環境変化に対処していることも認識する必要がある．本書を通して，海洋生物の多種多様な生活史パターンを学び，それらを r-選択と K-選択に基づいて比較しよう．

1.4 生物海洋学の発展の歴史

人間の生物海洋学への関心は紀元前4世紀の Aristotle（アリストテレス）による観察にまでさかのぼることができる．このときは海産動物180種が記載されて目録化されている．15，16世紀の大航海時代には，海の地

表 1.1 海洋生物種における r-選択および K-選択の生活史パターンの比較

	r-選択（日和見種）	K-選択（平衡種）
環境条件	変化しやすい　予測困難	一定　予測可能
成体サイズ	小	大
成長速度	速い	遅い
性的成熟	早い	遅い
繁殖期数	多い	少ない
生まれる個体数	多い	少ない
分布拡大能力	高い	低い
個体群サイズ	変化しやすい（普通は環境収容力以下）	比較的一定（環境収容力かそれ近く）
競争力	低い	高い
死亡率	高い（個体群密度に無関係）	低い（個体群密度に依存）
寿命	短い（1年以下）	長い（1年以上）
P/B 比*	高い	低い

* 生産量/バイオマスの比

理上の知見が増し，付随的に生物の観察例も増えてきた．しかし，近代の生物海洋学が本格的にスタートしたのは19世紀中頃になってからである．

イギリスの博物学者 Edward Forbes（エドワード・フォーブス（1815 ～ 1854））（図 1.4）は，しばしば海洋学創建の父と称されるが，これは海洋生物相の体系的研究を最初に行なった一人だからである．彼は，底生動物の採集にドレッジを使用して先駆をなし，異なる深度には異なる種がいることを明らかにした．Forbes の著書 "The Natural History of the European Seas" は彼の死から5年後，Darwin（ダーウィン）の "The Origin of Species" と同じ年に出版された．Forbes といえば，1843年に発表した**無生物説**が思い出される．これは，海洋生物は 300 fathom（ファゾム）（550 m）以深に存在できないという説であるが，それ以深の生物記録がすでにあったことを Forbes は知らなかった．1818年に John Ross（ジョン・ロス）がグリーンランド西部のバフィン湾の水深 1920 m から蠕虫やヒトデを得ていたのである．甥の James Ross（ジェームス・ロス）は 1839 ～ 1843

図1.4 海洋学創建の父 Edward Forbes

年の南極探検を組織して，水深730 m から底生動物を採集している．しかし，Forbes の影響力は強く，無生物説に矛盾する事実が次々と明らかにされても無生物説の支持は続いた．冷たく暗黒の深海に生物などいないという考えが完全に否定されたのは1860年になってからである．修繕のために水深1830 m 以深から揚収した海底ケーブルに深海サンゴの一種が付着していたのだ．これが契機になって，深海という広大な未知の環境とその生物への関心が高まり，深海の調査航海を組織する弾みになった．

Edward Forbes の後継者は，エジンバラ大学の博物学教授 Charles Wyville Thomson（チャールズ・ワイビル・トムソン）であり，Forbes の後任教授になった．1873年，Thomson は，それまでの調査航海を再検討して，海洋学の最初の教科書の一つである "The Depths of the Sea" を著した．Thomson は，また海洋学航海としては初の世界一周航海を組織した．これが**チャレンジャー号探検航海**であり，北極海を除く全大洋を巡ること延べ110900 km にも及んだ．この探検航海は，海洋の物理・化学・生物学に関する調査のため英国王立協会が組織し，科学調査用にあつらえたイギリス海軍の補助機関付帆船が用いられた（図1.5および図1.6）．Thomson のほかに，2人の博物学者が航海をまっとうした．**Henry N. Moseley**（ヘンリー・ノティッジ・モーズリー）は精力的な科学者であり，またアマチュア画家として最終報告書に多くの図版を作成している．**John Murray**（ジョン・マレー）は，カナダ生まれのスコットランド人で，博物学者としての責務を果たし，のちに航海の成果報告に尽力した．この航海に対する科学者の視点と乗組員の視点は対照的である．

「時として珍しくも美しいものがもたらされた．それは，何か未知の世界を垣間見せてくれるようだった」C. W. Thomson "The Challenger Expedition"（1876）

「ドレッジは大嫌いだ．チャレンジャー号で深海ドレッジや深海トロールするロマンスも，何百回もくり返すうちに，2つの観点から眺めるようになる．一つは，10時間も12時間も続けて張りついて仕事する海軍士官の観点．もう一つは，新種の虫やサンゴ，棘皮動物に歓喜し，心地よい船室にこもって新種の記載に熱中する博物学者の観点．われわれ士官はそれほど熱中もせず，むしろ心は疲れ，うつろなエンジン音に合わせて，海の底から試料を引き上げるだけだった」

（ある海軍士官の日記より）

図1.5 チャレンジャー号

図1.6　チャレンジャー号の生物実験室

チャレンジャー号探検航海時代にはすでに海洋に関する膨大な知識の蓄積があったが，そのほとんどは個々の科学者が偶然あるいは断片的に集めたものであった．これに対してチャレンジャー号探検航海では，生物学・化学・地質学・物理学が総合的に扱われるように計画され，体系的なデータ収集法が確立された．このためチャレンジャー号探検航海は，近代海洋学の幕開けとして銘記されている．76名以上の科学者がこの航海の採集試料を分析し，John Murrayの指揮と財政的支援のもとに，全50巻の最終報告が出版されるのに19年もの年月を要した．この航海により基本海底図がつくられ，深海にも生命の存在することが明らかにされた．採集された生物試料から715の新属と4417の新種が発見されている．このうち3508種は放散虫類（原生動物の一種）であり（図1.7），記載したのはすべてドイツの偉大な動物学者 Ernst Haeckel（エルンスト・ハインリッヒ・ヘッケル）であった．

> 棘皮動物の調査結果を著したのはアメリカの Alexander Agassiz（アレクサンダー・アガシー）であったが，彼は次のように語っている．
> 「仕事をやり終えたとき，ウニなんかもう見たくない，絶滅でもしてくれればよいと思ったものだ」

チャレンジャー号探検航海では，Thomas Huxley（トーマス・ハックスリー）が記載したバチビウスの正体も明らかになった．バチビウスとは，保存した底泥試料の表面を覆う粘液状の薄膜ゼリーのことで，Huxleyはこれこそ深海底を覆っている原始生命粘液に違いないと考えた．しかし，この"生物"は底質試料の保存に加えたアルコールと海水の混合による硫酸カルシウム沈殿であることが判明したのだ．

> 「人間の知識にこれほど重要な結果を，これほど安上がりに得ることができた探検はなかった」
> Ray Lancaster（レイ・ランカスター）

チャレンジャー号に続いて，多くの探検航海がなされた．このうち，生物海洋学に大きく貢献したものを表1.2にあげよう．John Murrayは引き続き1910年にミハエル・サルス号探検航海を組織し，1912年にはノルウェーの科学者 Johan Hjort（ヨハン・ヨルト）との共著で，一般海洋学の古典的教科書 "The Depths of the Sea" を著した．

チャレンジャー号探検以前にもすでに海洋プランクトン研究が行なわれていた．報告されている最初のプランクトン研究者は J. Vaughan Thompson（J・ボーガン・トンプソン）で，1828年にアイルランド沖でプランクトンネットらしきもので曳網した．彼の採集したカニ類のプランクトン幼生は，科学史上で最初の記載になっている．Charles Darwin（チャールズ・ダーウィン）も，1831～1836年のビーグル号航海で海洋プランクトンを採集している．Joseph Hooker（ジョゼフ・フッカー）は，プランクトンネットでとれる珪藻類は植物であることを認識し，陸上で緑色植物が果たしている役割を海洋では珪藻が果たしていることを示唆した．しかし，"プランクトン"という用語（1.2節）を定義したのは1887年，ドイツのキール大学教授 Victor Hensen（ビクトル・ヘンゼン）であ

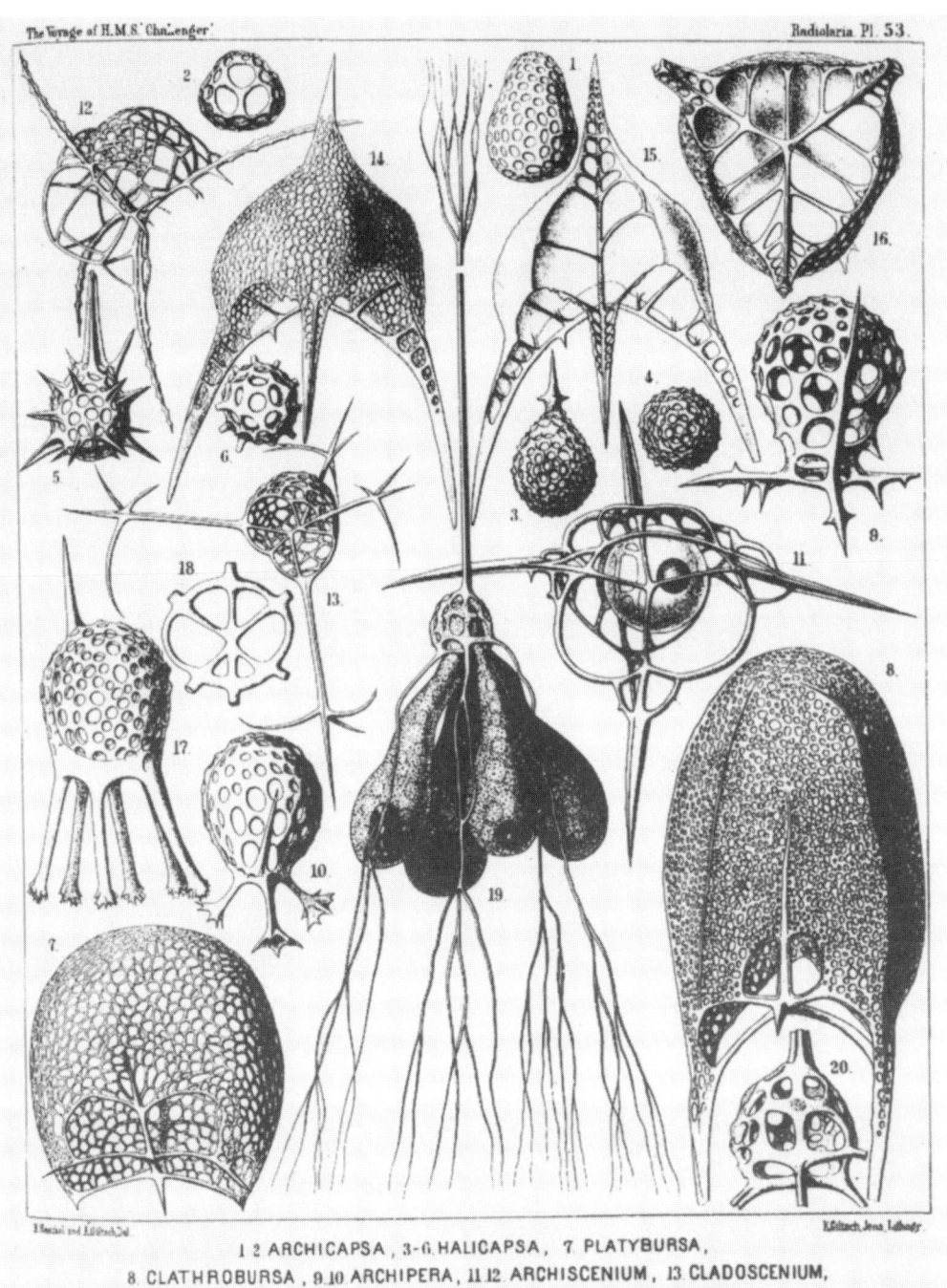

図 1.7 チャレンジャー号探検航海で採集された放散虫類の新種 3508 種のいくつかの例
記載はドイツの動物学者 Ernst Haeckel による.

る．Hensen はまた，プランクトンの定量的採集だけを目的とした初の海洋学航海（ドイツのナチォナル号"プランクトン探検航海"，表1.2）を指揮している．プランクトンという言葉は 1890 年に Ernst Haeckel により，より厳密に定義されたが，今日ではプランクトンはすべての浮遊生物をさすことになり，植物プランクトン・動物プランクトン・バクテリオプランクトンなどが含まれている．

19 世紀末までには動物プランクトンに関

表1.2 生物海洋学の主要な探検航海

船名	国	年	おもな目的・成果
チャレンジャー (Challenger)	イギリス	1872〜1876	全海洋での生物採集 最深層での生命の存在
ブレイク (Blake)	アメリカ	1877〜1886	ドレッジ（カリブ海・メキシコ湾）
プリンセス・アリスI・II世 (Princess Alice I and II) イロンデュI・II世 (Hirondelle I and II)	モナコ	1886〜1922	深海生物採集 2
アルバトロス (Albatross)	アメリカ	1887〜1925	深海生物採集 太平洋・インド洋での採集
ナチオナル (National)	ドイツ	1889	プランクトン採集
ファルディビア (Valdivia)	ドイツ	1898〜1899	漂泳生物の鉛直分布 深海生物学
ミハエル・サルス (Michael Sars)	ノルウェー	1904〜1913	中・深層の採集（北大西洋）
デーナI・II世 (Dana I and II)	デンマーク	1921〜1936	全海洋の深層水採集，水産学的調査
ディスカバリーI・II世 (Discovery I and II)	イギリス	1925〜1939	南極の生態学
メテオール (Meteor)	ドイツ	1925〜1938	大西洋の生物学
ガラテア (Galathea)	デンマーク	1950〜1952	10000 m の深海ドレッジ，全海洋での採集
ビチャジ (Vitiaz)	(旧)ソ連	1957〜1960	海溝の生物学
トリエステ (Trieste) 〔深海潜水艇 bathyscaphe〕	スイス・アメリカ	1960	最深の有人潜水，(10916 m，マリアナ海溝)
アルビン (Alvin) 〔深海潜水船 submersible〕	アメリカ	1977	深海熱水噴出域の発見，(ガラパゴス諸島沖)

する多くの出版物が利用可能となり，植物プランクトンの分類ガイドもではじめてきた．小さすぎてプランクトンネットで採集できない生物についても関心が高まっていたことが，次の記述から読みとれるであろう．

「… H. H. Gran（H. H. グラン：ノルウェーの科学者）は大きな蒸気遠心機を使って，いろいろな深度から採集した試水を航海が終わるまで遠心しつづけた．これにより，遠心機の底の小滴の中に微小な生物を集めることができ，船の揺れや推進機の振動にもかかわらず，これまで知られていなかった生物を顕微鏡下で調べて，新種として種類を記載したり数えたりした」

（ミハエル・サルス号航海に関する John Murray の記述．Murray, Hjort 共著 "The Depths of the Ocean"（1912）に述べられている）．

1800 年代後期と 1900 年代初期は，臨海研究所や海洋研究所の創設が相次いだ時代である．これらの多くは生物学者が興したものである．ヨーロッパでは，ドイツの動物学者 **Anton Dohrn**（アントン・ドールン）が 1872 年にナポリ動物学実験所を設立した．この実験所は，他国からの客員研究者も利用できた点に特色がある．英国海洋生物協会も 1888 年にプリマス研究所を開設した．1906 年，モナコ大公**アルベルトI世**は，彼の調査船（表 1.2）が収集した膨大な標本試料を収容するために海洋博物館と水族館を建てた．アメリカでも 1873 年に **Louis Agassiz**（ルイ・アガシー：Alexander Agassiz の父）が東海岸に海洋生物実験所を設立した．これは 1888 年にウッズホールに移されて海洋生物学研究所になった．この間，**Spencer Baird**（スペンサー・ベアード）がウッズホールに水産研究所を創設し，1930 年に至ってウッズホール海洋研究所として発足した．アメリカ西海岸では，**William Ritter**（ウィリア

ム・リッター：Alexander Agassiz の学生）が 1905 年に研究機関をつくり，これがのちに（1924 年）カリフォルニア州ラ・ホヤに所在するスクリップス海洋研究所となった．今日，海洋に面している国々には海洋研究所ないしは水産研究所がある．

　海水は海洋生物の特徴を規制するものであるから，生物海洋学の歴史は海水の化学と深くかかわりあっている．植物プランクトンの生態学的な役割を知るには海水中の栄養塩濃度の測定が必要だが，これを最初に行なったのはドイツの化学者 **Brandt**（ブラント(1899)）と **Raben**（ラベン(1905)）である．のちに，イギリスの化学者 **H. W. Harvey**（H. W. ハーベイ）は，従来の硝酸塩・リン酸塩の測定に加えて，鉄やマンガンの測定も行なっている．

　海洋を生態学的に理解しはじめたのは，海洋の物理・化学特性と生物データを総合的に扱った教科書が出てからである．この意味で最初の包括的な教科書は，Sverdrup, Johnson, Fleming による "*The Oceans*"（1942）である．その後には J. W. Hedgpeth 編集の"*Ecology, of the Treatise on Marine Ecology and Paleoecology vol.1*"（1957）や G. Riley による "*Theory of Food Chain Relations in the Oceans*"（1965），また読んでも眺めても楽しい **Alister Hardy**（アリスター・ハーディ）著 "*The Open Sea : Its Natural History*"（1965）などが出版された．

> 「Alister Hardy は抜群の文才があり，イギリスにおける熱気球の体験記においても，ディスカバリー号Ⅰ世での南極海航海記においても秀でている．たとえば'海の生物の出迎えを待とうと，へさきの真正面，海面すれすれにボースンチェアー（板の両側をロープで支えたブランコのようなもの）をつり下げた．それは，真の楽しみをきわめた感じだった．空中に揺られ，うねりは上下し，紺碧の水面が足を濡らす．われらは飛翔する鳥のように，さえぎるものなく前進する．あるのはただ処女の海，へさきもまだ乱されていない……静かなうねりに浮かびくる宝物を次から次へととりなながら，私は意気揚々としていた．決して忘れられない経験だ'」
>
> （"*Great Waters*"（1967）より）

　生物海洋学の歴史で一つ残念なことがある．それは，海洋の最高次捕食者（魚類）の研究が別の分野，**水産学**に分かれてしまったことである．水産学分野が築かれたのは 1890 年ごろで，アメリカの **Alexsander Agassiz**，イギリスの **Frank Buckland**（フランク・バックランド），スコットランドの **W. C. McIntosh**（W. C. マッキントッシュ）らが主導していたが，みな，海洋科学は単に漁獲高を向上させるための手段と考えていた．

　1902 年にスウェーデン国王オスカーⅡ世の援助で **国際海洋開発会議**（ICES）が設立された．この組織は，海洋物理学と魚類の生物学的調査を総合的に扱う企図があったものの，十分な成功を収めたとはいえなかった．物理・化学と生物学者では手段や方法が異なり，それぞれ別個に調査を行なったためである．ICES には，絶滅しかかっている魚群の管理や乱獲に対処する権限がなく，また，新たな漁法開発や魚群資源の発見も革新的ではなかった．第二次大戦後，ICES は北海と北大西洋の共同調査を後援したが，費用は参加各国の国立研究機関が負担したほどである．

　漁業管理戦略は，魚類の現存量と漁獲量に基づく経済モデルに集中し，海洋生物学のほかの分野を無視していた．水産学の古典的教科書はおもに漁獲の影響を扱っていた（たとえば Beverton（ベバートン），Holt（ホルト）著，"*On the Dynamics of Exploited Fish Populations*"（1957））．人口増加や食料需要の増加により漁船が増える一方，魚群探知や漁獲方法も飛躍的に発展した．しかし，水産魚種

の減耗という警鐘により，魚類現存量は漁獲量だけでなく気候の影響も大きいことが認識されてきた．魚群資源量の変動と海洋情報を関連づける**水産海洋学**という比較的新しい分野が発展しつつある．

生物海洋学は記載的学問として始まった．海洋生物やその生息環境の記載は現在もなお重要な分野である．しかし，新しい手法や機器の発達は海洋学の視野を一変させてしまった．ソナーはもともと第二次世界大戦中に敵潜水艦を探知するために開発され，のちに海底地形調査や魚群探知，大型動物プランクトンの定位・追跡などに用いられるようになったものである．潜水船やスキューバダイビングはさらに洗練され，海洋生物の現場観察に用いられている．ハイドロフォン（水中聴音器）による水中音響記録は，海産哺乳類のコミュニケーションや哺乳類およびある種の魚類による餌生物の音響定位（エコーロケーション）の調査に使われている．人工衛星やリモートセンシングの利用により，海洋の温度分布のマッピングや海流の追跡ができるようになった．生物海洋学のスケールは研究室で植物プランクトン細胞に及ぼす環境変化の影響を調べるレベルから，海洋表層における植物生産の地球的分布に関する衛星画像を利用するまで拡大したのである．

今では，大気－海洋の遠大な気候連結と地球規模の海洋への人為的影響に注意が向けられている．後者には，殺虫剤とその他の化学物質の風・水による拡散，および魚類や海産哺乳類の乱獲も含まれる．人為的影響が増せば増すほど，海洋生態学の基礎知見の拡充こそが海洋の利用と汚染に対する問題をより鮮明に提示することになる．

まとめ

- 海洋における生息可能な環境は，陸地と淡水を合わせた環境に比べて300倍も大きい生活空間をもつ．すべての生物門は海に起源があり，現在でも陸よりも海のほうが生物門数が多い．
- 大気中での生活に比べて，海水中では浮力が与えられるので重力の影響が小さい．このため，海洋生物は骨格物質が少なくてすみ，浮力の維持や移動に使うエネルギーもほとんどいらない．
- 海中には光が透過しにくいので，植物の成長は海面付近に限られている．さらに，表層では必須栄養塩類（硝酸塩やリン酸塩など）の濃度が低く，これも成長の制限要因になっている．
- 環境要因（光，温度，圧力など）の鉛直勾配により，環境特性の異なる深度帯が形成される．
- 海は広大であるにもかかわらず，人間の食物のうち，海産由来は2％にすぎない．しかし，内容的には，人間が消費する高品位動物性タンパク質の20％が海産由来である．
- 底生環境とは海底をさし，海底に生息する動植物種はベントスとよばれる．水柱環境（漂泳環境）とは海表面から海底直上までの水柱であり，さらに沿岸域と外洋域に分けられる．水柱環境に生息する生物はプランクトンとネクトンである．両者の区別は遊泳能力にある．ネクトンは遊泳能力にすぐれ，水の流れに逆らって移動できる．
- 水柱性の生物はサイズによっても区分でき，小さいものはフェムトプランクトン（ウイルス）から，中間的サイズを経て，大きいものはネクトンの最大のもの（クジラ類）に至る．
- 生態学では，生物は個体としても集合体としても扱われる．集合体のレベルには，単一種の個体群や，相互作用する複数種からなる群集がある．生態学的集合体の最高位は生態系

であり，単一または複数の群集とその周囲環境を総合した系として扱う．
● 生活史のパターンは種ごとに少しずつ連続的に変化していて，この連続体の両極端は r-選択と K-選択とよばれている．日和見種は変化しやすいあるいは一時的な環境に適応しており，短い生活環，多くの子世代，高い伝播能力をもつ．これが r-選択種で，死亡率が高く，個体群としても長続きしない．K-選択種は安定した環境に生息しており，個体群密度はその環境の収容力付近にあるのが普通である．これは平衡種ともよばれ，典型的に長い寿命，少ない子世代，低い死亡率をもつ．
● Edward Forbes は生物海洋学の父とされている．また，チャレンジャー号探検航海（1872～1876）をもって，物理現象・海水化学・生物学を総合的に扱う体系的海洋学の幕開けとしている．
● 1900 年代中葉から後期にかけて開発された新技術により，海洋調査の対象範囲と規模が拡大した．これらの技術には，ソナー，潜水船，スキューバダイビング，水中音響記録，リモートセンシングなどがあるが，いずれも海洋生物の研究調査に現在も使われている．

問 題

① 図 1.2 で，プランクトンで最大のもの（マクロプランクトンやメガプランクトン）とネクトンで最小のもので，サイズが重なり合っているのはなぜか？

② 生物海洋学は，陸域の生物学に比べて，なぜ歴史が浅いのか？

③ 最初の脊椎動物が海に現れたのはいつか？付録 1 の地質学的時間尺を参照すること．

④ 3000 m の深さにある水柱環境の特性は何か？

⑤ 有人潜水船が到達した最大深度はどのくらいか？ 表 1.2 を参照すること．

第2章 非生物的環境

 海洋生態学を理解するには，海洋生物が適応している物理・化学的環境条件の理解が不可欠である．この非生物的環境条件のあるものは，海水それ自身の性質，つまり流体としての特性や溶存物質に関連した特性などに由来している．海洋生物に重要なほかの非生物的環境条件は，大気と海面の相互作用に関連したものである．

2.1 日 射

 日光が海洋生物に不可欠な理由は，陸上生物の場合と同じである．海中へ透過する日射の一部は光合成を通して植物に吸収され，このエネルギーを用いて無機物から有機物への変換が行なわれる．ある波長の光は水分子に吸収されて熱に変わり，海洋の温度分布を決める．さらに海中の光により，植物とある種の動物の最深分布が決まる．動物の視覚は光に依存し，回遊・移動や繁殖期などの生理的リズムも光周期で調節されている可能性がある．

2.1.1 海面での放射

 生物海洋学者は，海面の日射や海中の光強度を測定するために異なった単位を使用する傾向がある．このために，異なる単位間の変換を付録2に示しているので，必要に応じて参照されたい．
 生物海洋学では光についてアインシュタイン（E）とワット（W）の2つの単位が用いられる．前者は光量子の数（1Eは1モルすなわち6.02×10^{23}個の光量子），後者は放射エネルギーに関する単位で，光合成に用いられる波長（400～700 nm）では，1 Jは$4.16\,\mu E$〔$1\,W\,m^{-2}$は$4.16\,\mu E\,m^{-2}\,s^{-1}$〕に相当する．

 太陽から地球大気外部に届く日射はきわめて安定している（図2.1，図2.2 (a)）．このエネルギー量の約半分は大気各層で吸収・散乱され，地表に到達する量は大気最上層部における約50％である．この一部は，海面から大気へと反射して返る（図2.1，図2.2 (b)）．反射量は太陽の角度によって異なり，5度以下だと反射量が急増加する．つまり，特定の時刻に海面に届く日射量は，太陽角度や日長，気象条件によって決まる．太陽角度は，何月何日，どの緯度にいるかで決まる．赤道では正午の入射フラックス（単位時間あたりの日射量）はほとんど一定であるが，北緯50度だと正午の入射フラックスは1月の約$1000\,\mu E\,m^{-2}\,s^{-1}$から6月の$4000\,\mu E\,m^{-2}\,s^{-1}$以上まで季節変動する．これは1日あたり日射量（daily solar flux）でも同様である（図2.2 (c)）．

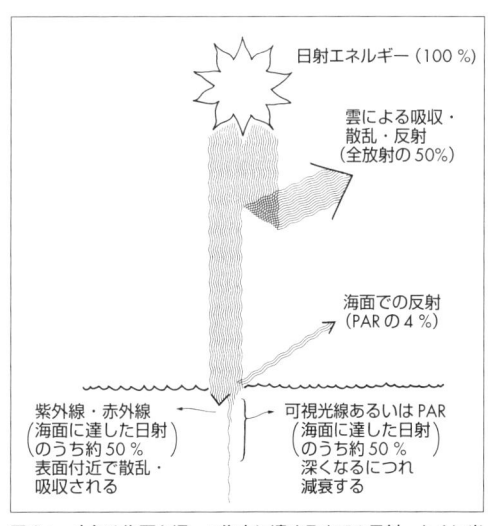

図2.1 大気や海面を通って海中に達するまでの日射，とくに光合成有効放射（PAR）の割合

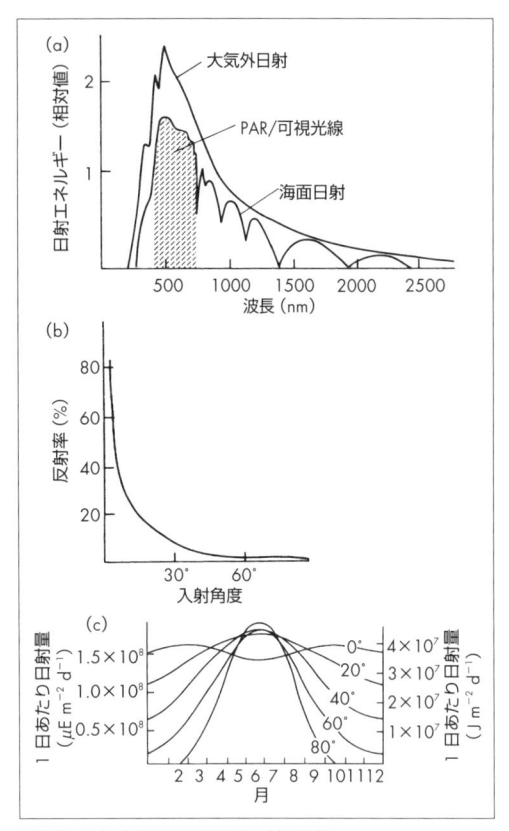

図 2.2 (a) 大気を通る前後の日射の比較
光合成有効放射（PAR）あるいは可視光線の相対量を表している．
(b) 静穏な海面の反射率
入射角度の関数．
(c) 海面における 1 日あたり日射量の季節および緯度ごとの変化（北半球）

海面における日射の時間変化の諸型を図 2.3 にまとめた．**日周変化**とは，日射の 24 時間変化（つまり，昼夜の差）である．**昼間変化**とは，たとえば曇天などによる日中変化である．季節的変化は高緯度で顕著である．とくに北極圏では，夏季の海面には 24 時間の日射がある．日射量の差異は，植物プランクトン光合成に差異を生じる大きな原因となる．

2.1.2 海中の放射

ほかの液体に比べて水は日光を比較的よく透過するが，空気中の透過率よりはずっと低い．海面を透過する日光のうち，約 50 %は約 780 nm より波長が長い．これは**赤外線**といい，表層の数メートルで吸収されて熱に変

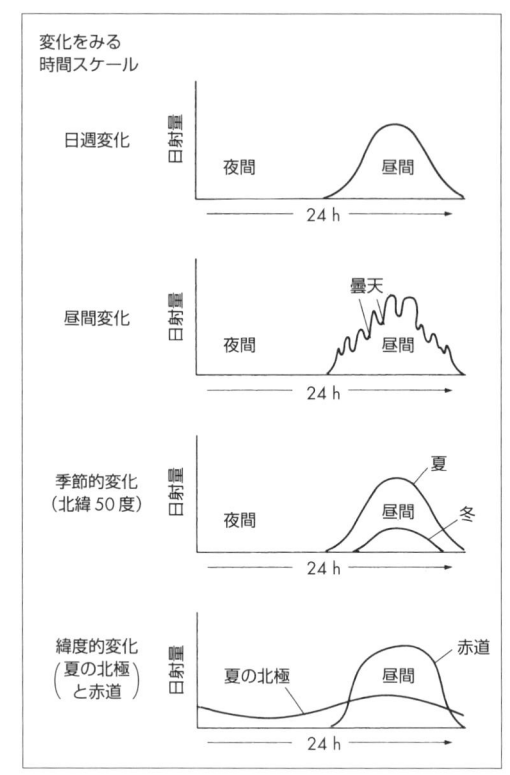

図 2.3 海面日射量の時間的変化（相対値）

わる（図 2.1）．**紫外線**（380 nm 以下）は全日射のごく一部で，かなり澄んだ海域を除いて，ただちに散乱・吸収されてしまう．日射の残りの 50 %は波長域 400〜700 nm の**可視光線**であり，海中をより深くまで透過する．この波長は視覚のある動物にはとくに重要であるが，光合成にも使われるので，**光合成有効放射（PAR）**とよばれることがある．太陽が真上にあるときの PAR の最大値は約 2000 $\mu E\ m^{-2}\ s^{-1}$ である．もちろん，この値は太陽角度によって変わり，太陽が水平線に近いほど 0 に近くなる．

光は水を透過すると散乱・吸収され，可視光線でも波長が異なれば透過深度も異なってくる（図 2.4）．赤色光（約 650 nm）は吸収されやすく，とても澄んだ海水でも 10 m で 1 %しか透過しない．青色光（約 450 nm）がもっとも深くまで透過し，澄んだ水 150 m で 1 %の透過になる．

光強度は深度に対して指数的に減少する．

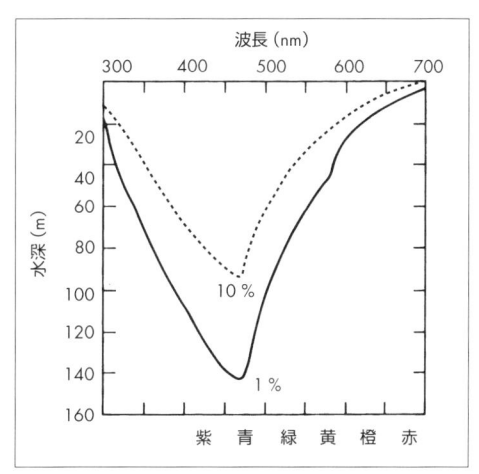

図 2.4　清澄な海水における波長ごとの光の透過率
透過率が 10 % および 1 % になる水深を線で結んだ．

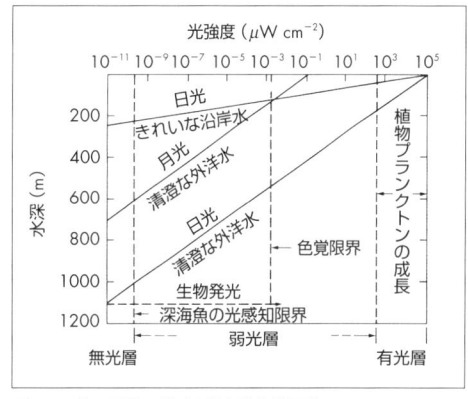

図 2.5　光の透過に基づく鉛直的生態区分
光強度は対数表示であることに注意．無光層・弱光層・有光層を区切る破線はおおよその目安である．

減衰係数 k は，この光減衰を数学的に表現するのに用いられる．海水の減衰係数は，海面放射量（I_0）とある深度での放射量（I_D），（海中に光量計を下ろして測定する）から次式により計算できる．

$$k = \frac{\log_e(I_0) - \log(I_D)}{深度 (\mathrm{m})} \tag{2.1}$$

図 2.4 からわかるように，減衰係数 k は光の波長によって異なり，青色光では約 0.035 m^{-1}，赤色光では約 0.140 m^{-1} である．しかし，水中に懸濁粒子があると，赤色光よりも青色光の散乱のほうが大きいので，もっとも深くまで透過する波長が緑色側に変移し，海中光の色スペクトルが影響を受ける（図 2.4）．減衰係数はまた，海水に溶存した有色有機物の量や，植物プランクトンやその遺骸に含まれるクロロフィル量などの影響も受ける．もっとも澄んだ熱帯外洋水では，深海魚の視覚で感知できる光は 1000 m 以深まで透過することもある（図 2.5）．一方，濁りの多い沿岸水では，同レベルの光量は大量のシルト（微砂，沈泥）や植物プランクトンのため散乱・吸収が増大しているので 20 m 以浅しか透過しないこともある．

海中の光透過によって，水柱は 3 つの鉛直的生態帯に分けられる（図 2.5）．最浅部は**有光層**とよばれ，植物の成長に十分な光のある水層と定義される．ここでは，植物の呼吸消費を光合成生産が上回るだけの光がある（3.2 節）．植物の呼吸消費と光合成生産がちょうどつり合うような光量は，**補償光強度**という．また，このような深度は**補償深度**とよばれ，有光層の下限となる．これによると有光層の範囲は，濁った沿岸域では表面から数メートル程度であり，とても澄んだ熱帯外洋水だと表面から 150 m くらいの深度までに相当している．どの海域でも，補償深度（D_C），つまり有光層の下限は次式により求められる．

$$D_C = \frac{\log_e(I_0) - \log_e(I_C)}{k} \tag{2.2}$$

海面放射量（I_0）は直接測定でき，k は波長 550 nm を仮定して式（2.1）から計算できる．補償光強度（I_C）は植物プランクトンの種類によって異なり，また，同種でも光条件への適応履歴によっても異なる．たとえば暗所の植物プランクトンは弱光適応し，補償光強度が低くなりうる．しかし，I_C は一般的に 1～10 μE m^{-2} s^{-1} の範囲にある．

有光層の下は薄明りの**弱光層**である．これは，ある種の魚類や無脊椎動物は光を感知で

きるが，植物の純生産を支えるには光量不足の水層である（24時間ベースで考えた場合，植物の呼吸消費が光合成生産より大である）．しかし，有光層から沈降してきた植物プランクトンが，この層で生存していることもある．

外洋域の大部分の水層は**無光層**で，この範囲は弱光層の下から海底までに相当する．ここでは，太陽光はいかなる生物にも感知されない．この広大な水層は，植物の生息できない環境であり，海洋食物連鎖の最初の連鎖から空間的にも切り離されている．

2.2 温度

水温は，海洋環境のもっとも重要な物理的要因の一つであり，多くの物理・化学・地球化学・生物学的現象に影響を及ぼしている．温度は化学反応や生物過程（代謝や増殖など）を律速する．温度と塩分は海水の密度を決め，海水の鉛直移動に大きく影響するので，水柱内の化学・生物学的現象に変化をもたらしている．水温は気体の溶解度にも影響する．水温は，海洋生物の分布に影響するもっとも重要な非生物的環境要因の一つである．

2.2.1 海面水温

海洋と大気の間では，たえまなく熱と水が交換されている．海洋はおもに日射の赤外線により温められる．この波長の放射エネルギーが海水に吸収され，速やかに熱に変換されるためである．海表面 1 m 以浅で赤外線の 98% が吸収されるので，日射による温暖効果は海洋表面に限られる．

海面水温は緯度によって異なる（図 2.6）．海面水温は，熱帯外洋域で 30℃ を超えることがあり，熱帯の浅いラグーン〔潟，礁湖〕では 40℃ 近くにもなる．一方，極域では海面水温は海水の氷点である -1.9℃ まで下がることもある．海面水温が穏和な範囲にあるのとは対照的に，気温は 58℃（夏季の北アフリカ）から -89℃（冬季の南極）まで変動し，陸上生態系に激しい影響を及ぼしている（図 2.7）．海面水温の変動は水の物性により緩和されている．水は比熱が大きく，大量の熱を吸収・放出しても少ししか温度変動しない．さらに，海洋は水の蒸発により冷却されるが，水の気化熱は全物質中最大なので，小さな水温変化で大量の熱を水蒸気に移動・貯蔵できる．

便宜的に海面水温に基づいて生物地理帯を分けることがある．次の生物地理帯は年平均海面水温を境界に区分したものである．

熱帯　　25℃
亜熱帯　15℃
温帯　　5℃（北限），2℃（南限）
極帯　　0～2℃以下あるいは 5℃

両半球の温帯は，亜極帯水および亜熱帯水の混合により特徴づけられていて，温度の年変動がもっとも大きい．温帯の地理的範囲を緯度で決めようとする試みもあるが，これは水柱環境では生態学的に無意味である．いろいろな温度の海水が海流によって遠くまで運ばれ，互いの混合によって徐々に水温が変わるからである．水柱群集では，各々の動物相は特定温度の**等温線**（等しい温度を結んだ線）に沿って分布を隔てている．もっと正確には，水温と塩分で規定される個々の水塊によって分布が決まっている（2.4 節）．

外洋域の海面水温の平均日変動は小さく，普通は 0.3℃ 以内である．水深 10 m では，ほとんど検知できないほど小さい．浅海域でも海面水温の日変動は 2℃ 以内である．したがって，24 時間範囲での温度変化はプランクトンや魚類には影響が少ない．これは，日変動の大きな潮間帯や陸上生態系とは対照的である．

海面水温の年間変動は，南極海域で小さく，北極や熱帯海域でも 2～5℃ 以内である（図 2.6 の（a）と（b）を比べよ）．この変動は

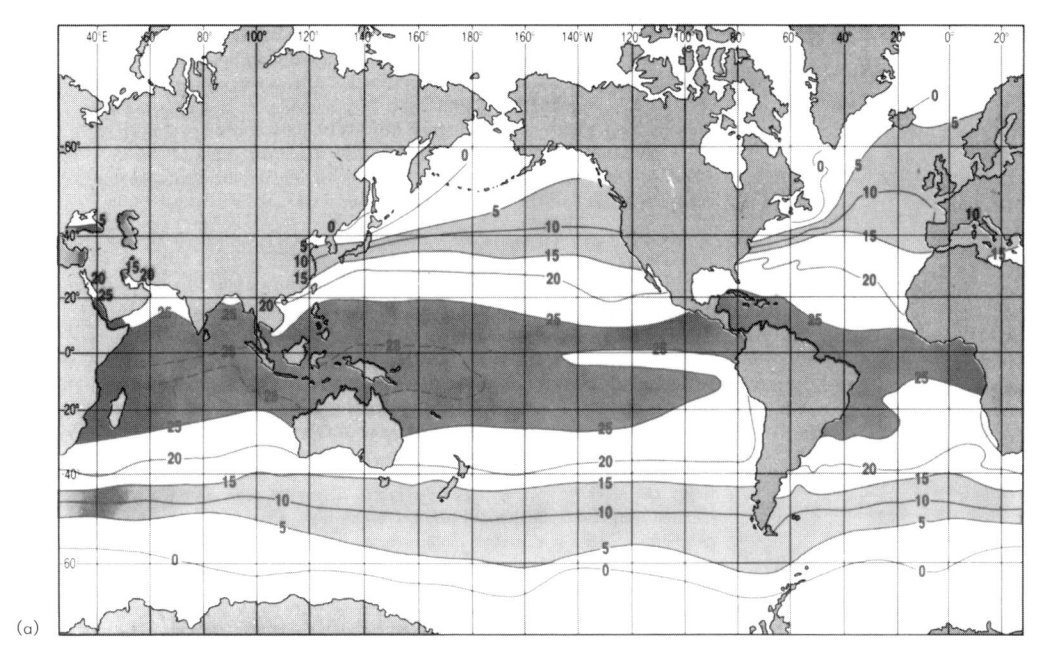

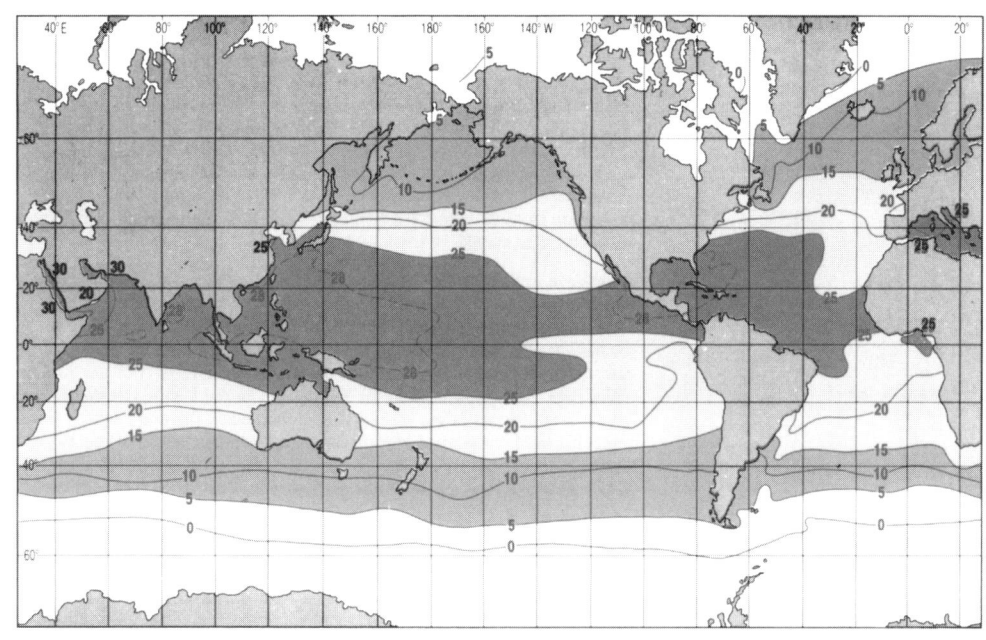

図 2.6 世界の海面水温（℃）の分布
(a) 2月，(b) 8月

温帯・亜熱帯で大きく，いろいろな生物現象に大きな影響を及ぼしている．緯度 30 ～ 40 度の外洋域は晴天が多く，夏季は熱を獲得し，冬季は熱を損失するので，年間変動幅は約 6 ～ 7 ℃になる．さらに，北太平洋や北大西洋の西部〔大陸の東岸沖〕では，卓越する偏西風が大陸の寒気や暖気を運び込むので，海面水温の年間変動幅は 18 ℃にもなる．浅い縁海域や沿岸域でも，水温変動は気温と密接に関連しており，年間変動幅が 10 ℃を超えることすらある．

海面水温の日変動や季節変動に加えて，もっと長期的な変動もある．地質学的な過去に起きた劇的な水温変動が海底堆積物から読

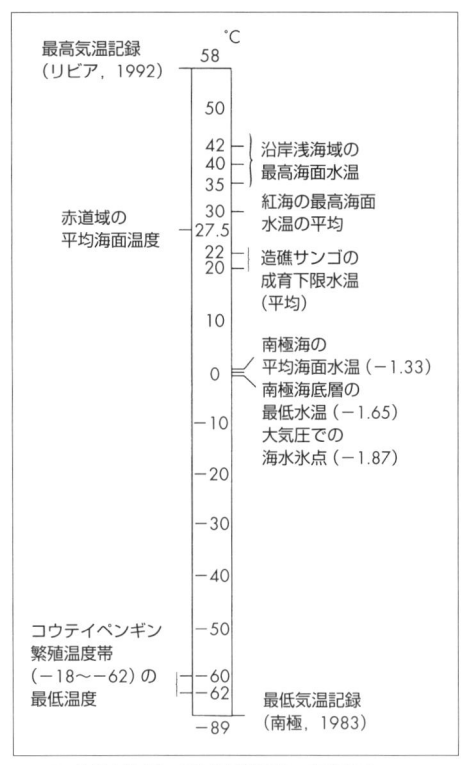

図2.7 海洋と陸域における環境温度の変動範囲

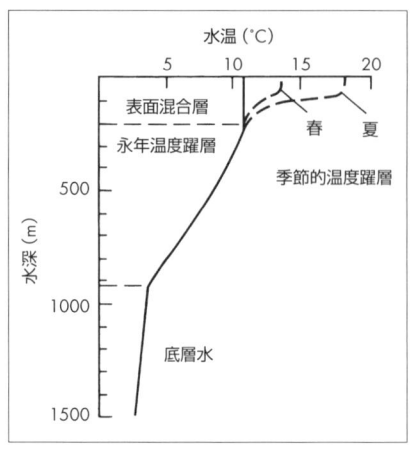

図2.8 温帯域における水温鉛直分布の模式図
冬には実線のように永年温度躍層の上に一定水温の表面混合層ができる．春や夏には表面が暖められて風も弱くなるので，破線のように季節的温度躍層ができる．

みとれることもあるし，また，現在の大規模な水温撹乱，たとえば太平洋のエルニーニョ現象などにみることもできる．エルニーニョは2～10年ごとに発生する周期的な海面水温変動で，海洋生態系や世界の気候に広く影響を与える．エルニーニョが1回発生するだけで，その海域の水産漁業に壊滅的な打撃を与えることもある．このエルニーニョ現象の詳細は6.7.2項で述べる．

2.2.2 水温の鉛直分布

風や波が起こす乱流混合により，海面から下層へと熱が移動する．低・中緯度域では，この作用によって，数メートルから数百メートルの深さにわたってほぼ均一温度に混合される**表面混合層**が形成される（図2.8）．混合層の下（外洋域では水深200～300 m）から水深1000 mまでは水温が急に低下する．この温度勾配がもっとも急な水層は**永年温度躍層**とよばれる．この躍層の上下での水温差は20℃もある．同時に，永年温度躍層は暖かく低密度の表層水と冷たく高密度の深層水との間にあるので，海水密度の変化も著しい．この急な密度変化によって，この水層は**密度躍層**ともよばれ，海水の鉛直循環を妨げるとともに，物質の鉛直分布にも影響を及ぼす．動物の鉛直移動も，この水温と密度の急な勾配によって制約を受けている．

永年温度躍層より深くなるにつれて，水温は少しずつ低下する．海洋における熱分布の構造を図2.9に示す．ほとんどの外洋域では，緯度によらず水深2000～3000 mの水温が4℃を超えることはない．さらに深くなると，0～3℃に低下する．赤道でも極域でも，深層水の温度差は2, 3℃以内である．ただ，海底に地熱活動がある場所で，高温熱水が噴出している場合はこの例外である（8.9節）．

温帯域では，夏季は表層に**季節的温度躍層**（図2.8）が形成される．これは，日射が強くなって海面水温が上昇し，同時に風が弱まったときにみられる．つまり，乱流による下層への熱移動がなくなり，表層水に熱的層構造がつくられる．秋季には，海面の冷却が始まり，風も強くなって乱流が起こり，表層混合によって季節的温度躍層が壊される．永年温

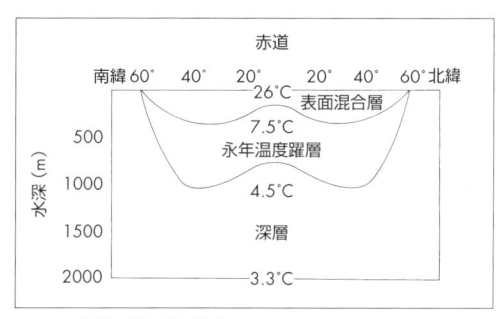

図2.9 海洋の鉛直断面模式図
熱的な層状構造と赤道における平均水温がわかる.

度躍層は地球規模で，季節的温度躍層は時間的に生物生産に大きな影響を及ぼしているので，海洋の熱分布構造については後節でさらに述べる．

海水温は生物分布にどのような影響を及ぼしているのだろう？

海洋生物の分布範囲を決定する主要因として，それらの生息環境の温度への生理的適応がある．海産動物の大多数（無脊椎動物と魚類）は**変温動物**（冷血動物）であり，水温とともに体温が変化する．一方，海産脊椎動物は**恒温動物**（温血動物）で，一定の体温を保っている．温度変動が大きい環境に生息できる動物は**広温性**といわれる．広温性の動物種は分布範囲が広いか，または温度変化の激しい場所に生息している．好適な温度幅が狭い動物は**狭温性**とよばれている．たとえば，造礁サンゴは20℃以上の水温が必要である．逆に，低温が好適な動物種もある．狭低温種は地理的に広く分布しているようである．たとえば，同じ低温域ならば，北極の浅海から赤道域の水深2000～3000mに至る広範囲にわたって，同じ種が生息している．

2.3 塩分

塩分とは海水に含まれる塩類量である．本書では便宜的に海水1kg中に溶解している無機塩類の全重量（グラム）をもって塩分と定義する．しかし，海水中の全塩類を乾固さ

せることは困難かつ煩雑なので，全塩類の重量としては測定しない．塩分は塩分計で測定するのが簡便かつ慣例的である．塩分計では，塩類含量が多いほど電気伝導度も高いことを利用して海水の電気伝導度から塩分への換算をする．主要元素はイオンの形で存在しているが，そのほとんどはナトリウムと塩素である．表2.1にあげた10種の主要成分だけで，海水に溶解している物質の99.99％に相当する．

この表に一般的かつ生物学的に重要な元素である酸素，窒素，鉄が含まれていないのはなぜだろう？

ほかの元素や化合物は表2.1にあげた成分より低濃度である．このうち，酸素や二酸化炭素などの溶存気体については後述する．生物過程にかかわる元素（硝酸態窒素など）は，表中のイオンとは異なり，濃度が大きく変動する．海水には溶存態有機物もあるが，塩分に影響するほどの濃度ではない．

海水塩類の主要成分は生物・化学反応の影響をほとんど受けないので，**保存的な挙動**を示すとされている．この性質は**海水組成の定常性**をもたらしている．つまり，塩分が変動しても，主要成分の構成比は変わらない．海水中のイオン比が変化するのは，異なったイオン比をもつ淡水が流入するような河口域などの限られた水域だけである．

表2.1 塩分35の海水の主要成分

イオン	濃度 ($g\ kg^{-1}$)	海水の全塩類重量に占める割合(%)	累計
塩素 (Cl^-)	18.98	55.04	55.04
ナトリウム (Na^+)	10.56	30.61	85.65
硫酸 (SO_4^{2-})	2.65	7.68	93.33
マグネシウム (Mg^{2+})	1.27	3.69	97.02
カルシウム (Ca^{2+})	0.40	1.16	98.18
カリウム (K^+)	0.38	1.10	99.28
重炭酸 (HCO_3^-)	0.14	0.41	99.69
臭素 (Br^-)	0.07	0.19	99.88
ホウ酸 (おもに H_3BO_3)	0.03	0.07	99.95
ストロンチウム (Sr^{2+})	0.01	0.04	99.99

2.3.1 塩分の変動範囲と分布

地球規模の気候変動は塩分の変動にも影響している．蒸発により，表層水の塩分は高くなり，降雨・降雪や河川流入などにより塩分は低くなる．高緯度域では氷雪の融解によっても塩分が低下する．

海水の平均塩分は約 35 であるが，全海洋的な海表面塩分の分布は必ずしも均一ではない（図 2.10）．塩分値は，図 2.11 に示したように，蒸発量から降水量を差し引いた曲線に沿っている．両半球とも緯度 20〜30 度の蒸発が多く，降水の少ない海域に高塩分が認められる．一方，低塩分は，降水が多く融氷もある極域とその影響を受ける海域に特徴がある．

外洋域の塩分範囲から外れている特殊な海域があるが，これは雨水や河川が流入する沿岸域や浅海域，あるいは半閉鎖的な海域にみられる．塩分範囲により海洋環境をおおまかに分類できる．

外洋域	32〜38（平均 35）	
沿岸域	27〜30	
河口域	0〜30	汽水域
半閉鎖水域	25 以下	
（バルト海など）		
高塩環境	40 以上	
（紅海，熱帯ラグーンなど）		

塩分変動のおもな要因は海面と大気の相互作用にあるので，深層よりも表層において塩分変動が大きい．図 2.12 は西大西洋の深度−塩分分布を表している．深度とともに塩分が急に変化する水層を**塩分躍層**とよんでいる．塩分躍層は低・中緯度域の混合層の下から水深約 1000 m の間にある．1000 m 以深では，どの緯度の海域でも塩分は 34.5〜35.0 である．

ほとんどの海域は塩分の日間変動が小さいが，蒸発・降水の多い海域や潮間帯・ラグーンなどの例外もある．外洋域の表層における塩分の平均年間変動幅は 0.3 程度しかない

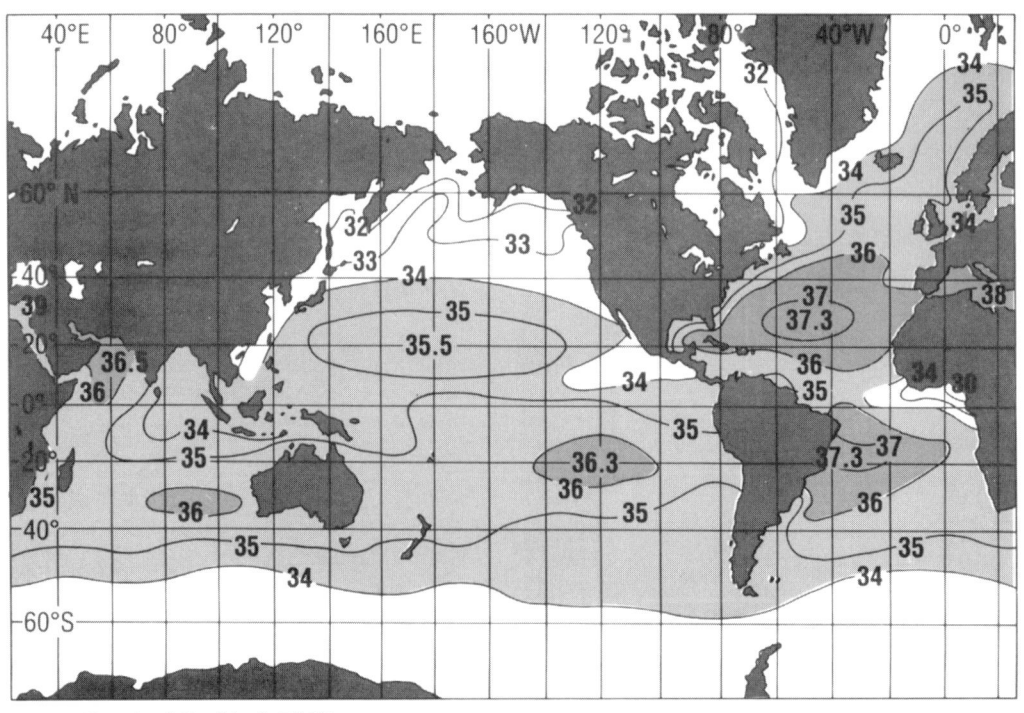

図 2.10 世界の海面塩分の分布（年平均値）
同じ塩分の点を結んだ線を等塩分線という．

が，沿岸浅海域では大きく変動する．

2.3.2 塩分の生物学的重要性

海産無脊椎動物のほとんどや原始的な魚類（サメ・エイなど）では，血液・体液の塩類濃度は海水の平均塩分と同じである．硬骨魚類では，血液の塩類濃度は海水塩分の約30〜50％しかないので，いろいろな生理学的問題が生じる．その一つとして，水には半透膜を通って低塩分側から高塩分側へ移動する性質（**浸透**）があるので，海産硬骨魚類の水分は体外へ出て，体内の塩分濃度は上がろうとする傾向にある．この水分損失に対抗するために，海産硬骨魚類は**浸透圧調節**という種々の生理的メカニズムを発達させている．たとえば，ほとんどの海産魚類はごく少量の

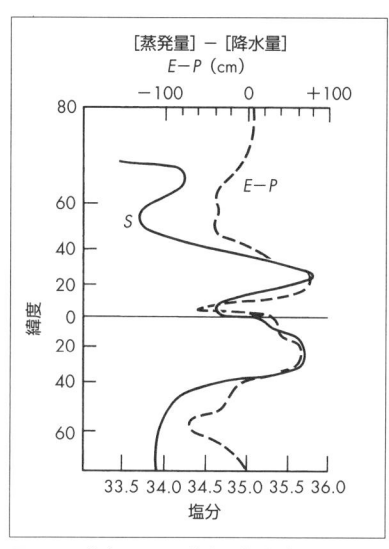

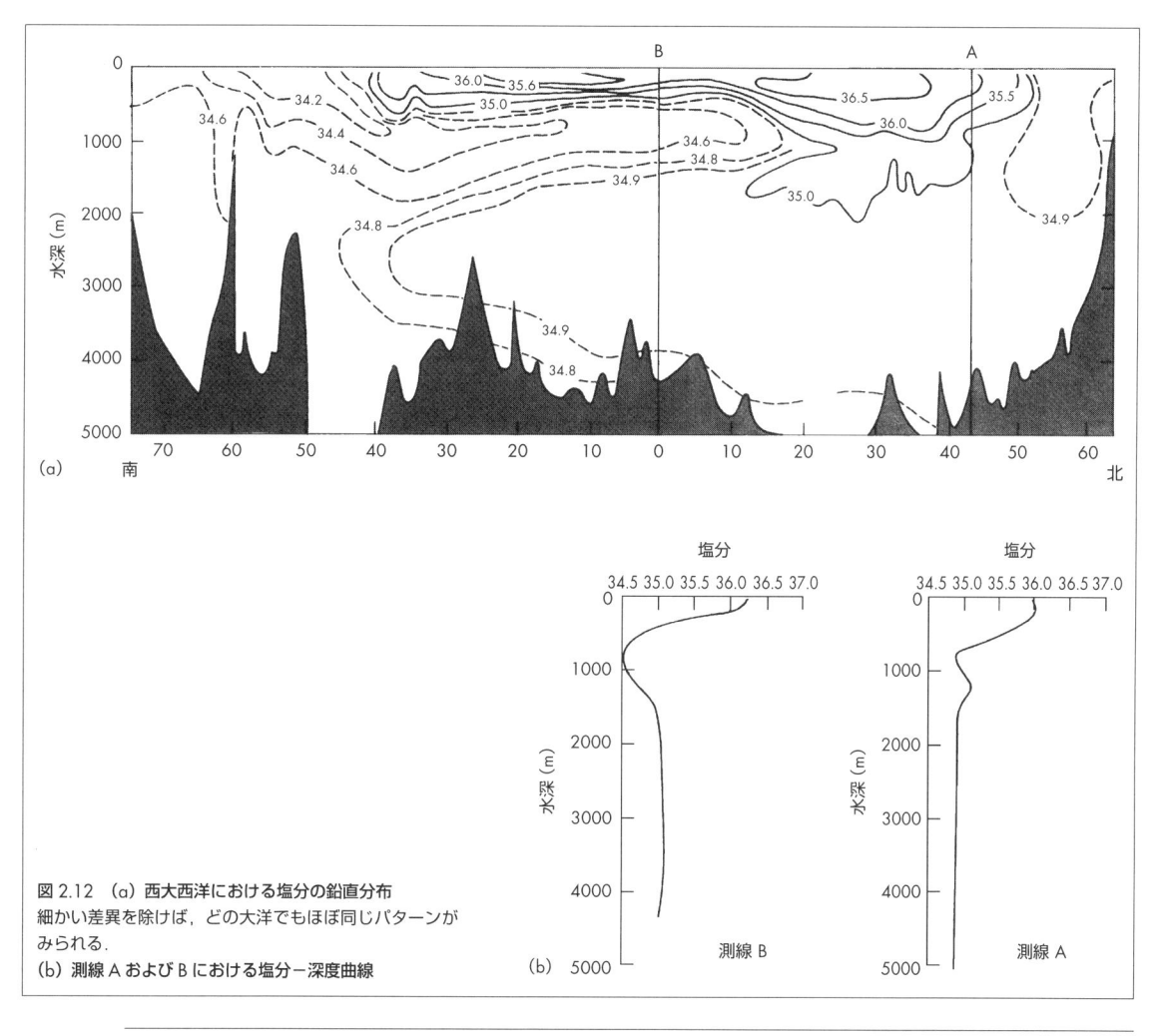

図2.11 緯度ごとの平均海面塩分（S，実線）の蒸発量と降水量の差（$E-P$，破線）を比較した図

図2.12 （a）西大西洋における塩分の鉛直分布
細かい差異を除けば，どの大洋でもほぼ同じパターンがみられる．
（b）測線AおよびBにおける塩分−深度曲線

尿しか排泄せず,塩類は鰓から排出している.このタイプの**能動輸送**では,腎臓が浸透方向に逆らってはたらくので,エネルギー消費を必要とする.ウミガメ,海鳥,海産脊椎動物なども,さまざまな方法で環境との浸透圧バランスを保っている.

塩分が急に変化する河口域に生息する動物(8.5節)や,淡水と海水を回遊する魚類等(6.6.1項)にとって,浸透圧調節の問題はとくに深刻である.広い塩分範囲に耐えられる生物は**広塩性**とよばれ,単なる不透性(たとえば,軟体動物の殻の密閉)から能動輸送の複雑な形まで,さまざまな方法で浸透圧調節を行なっている.一方,狭い塩分範囲にしか耐えられない**狭塩性**のものもいる.

2.4 密度

海水の**密度**(単位体積あたりの質量)は水温と塩分と水圧で決まる.塩分が上がると密度も上がる.温度が上がると密度は下がる.塩分と密度は物理的には独立した要因であるが,すでにみてきたように,海洋の中で無関係に分布しているわけではない.地球規模の気候が,海洋表層の温度・塩分分布を決めている.そして,個々の温度・塩分の組み合わせからいくつもの巨大な海水の塊が発達する.この水温-塩分特性によって各々の水塊が特徴づけられる.各々の**水塊**が異なる環境を形成し,異なる生物群集の生活の場になっている.

図2.13は,世界の主要な表層水塊を示している.これらの表層水塊は温度躍層の上にある.それぞれの水塊特性は海表面で決定し,その後,大気との接触がなくなると,水塊特性はほとんど変化しなくなる.つまり,ある水塊が水平・鉛直方向に移動したとしても,その特有な水温-塩分特性は長距離にわたって追跡できる.由来の異なる水塊の混合により新たな水塊も生まれるが,混合の度合いに応じてまったく新しい別の水塊ができることもある.

風系由来の海流にのって,表層水は水平に移動する(2.6節).海水の鉛直移動は密度変化を起こすが,鉛直移動は逆に水温と塩分の制御を受けている.図2.14は水温・塩分・密度の関係を表したものである.異なる水温-塩分でも同じ密度になることがあるので,密度だけでは水塊を特定できないということに注意したい.

表層水が下層水よりも低密度なら表層にとどまる(赤道域など).表層水は密度が増すと,周囲水塊と等密度になる深度まで沈降し

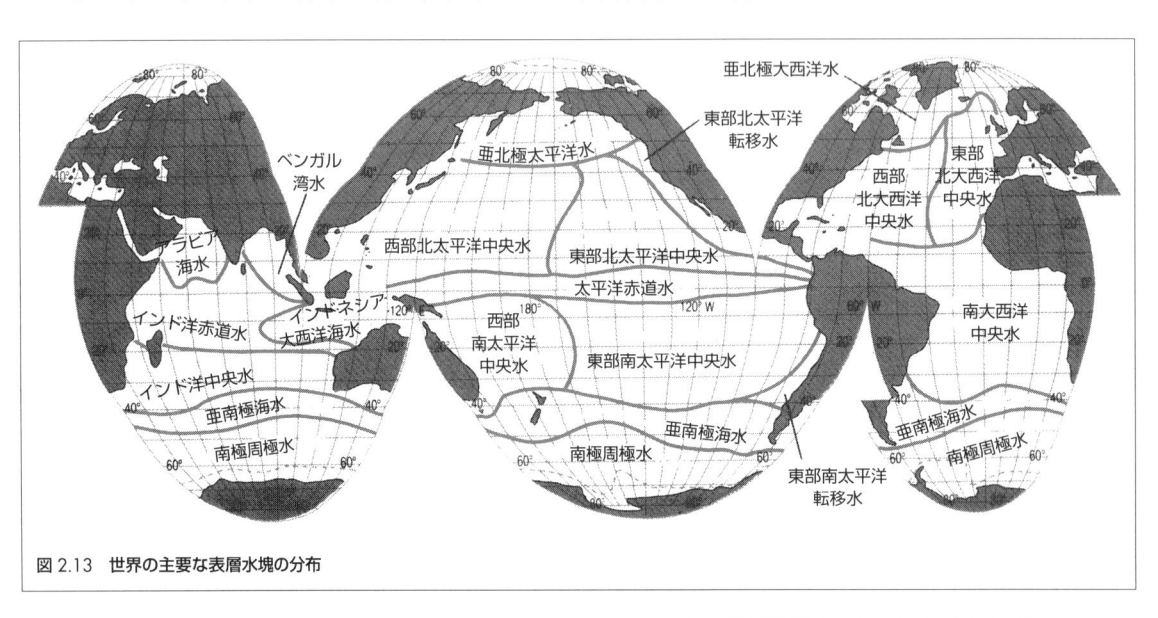

図2.13 世界の主要な表層水塊の分布

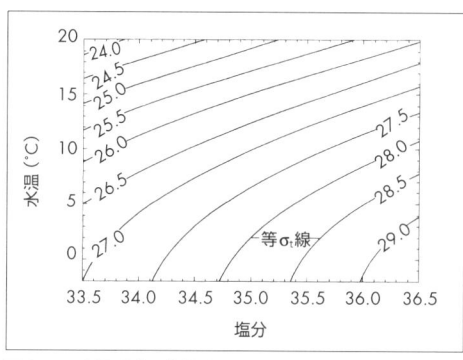

図2.14 水温（T），塩分（S），密度の関係を示すT-S図
等密度線の代わりに等σ,線を用いている．σ,（シグマt）は
（密度-1）×1000のことで，たとえば密度が1.02781なら
σ,は27.81になる．

ていく．図2.15は，水深約550～1500 mにある水塊を表したものである．これらの水塊は500 m以浅の水塊よりも高密度である．密度がもっとも高い水塊は，水深1500 mから海底までを占めている．

塩分の重要な作用には，水の最大密度温度の低下や，海水の氷点降下がある．図2.16に示すように，塩分25のときに最大密度温度と氷点が一致することに注意したい．一般に海水塩分はもっと高いので（平均塩分35），水温が低下して氷点に達するまで（塩分35で約-1.9℃）密度は増加しつづける．これ とは対照的に，淡水（塩分0）の最大密度温度は4℃であり，氷点である0℃に近づくとむしろ低密度になる．これは，淡水と海水の大きな相違点であり，海洋の大循環や海洋生物には重要な問題である．

最大密度の最深層水塊は，おもに南極周辺か，グリーンランドやアイスランドの近海で形成される（図2.17）．高緯度域の表面水は，冬季に冷却され，密度が増して沈降する．氷点まで冷却されて低塩分の海氷ができると，凍らなかった残りの海水はその分だけ高塩分になり，さらに密度が増す．この高密度の極洋水は海の深みへと沈降し，中間深度（南極中層水や北大西洋深層水）あるいは海底に沿って（南極底層水），赤道域へ向かって流れていく（図2.17）．とくに南極底層水は，大西洋・太平洋の北部にまで広がっている．深層水は，最終的に風が起こす湧昇によって表面に戻るので，ひじょうにゆっくりしてはいるが（数百年から千年程度），表層水－深層水の循環がたえまなく続くことになる．

中緯度域では冬季でも，冷却された海表面の海水は沈降し，それ以上冷却が進まないので海水が氷点に達することはない．したがっ

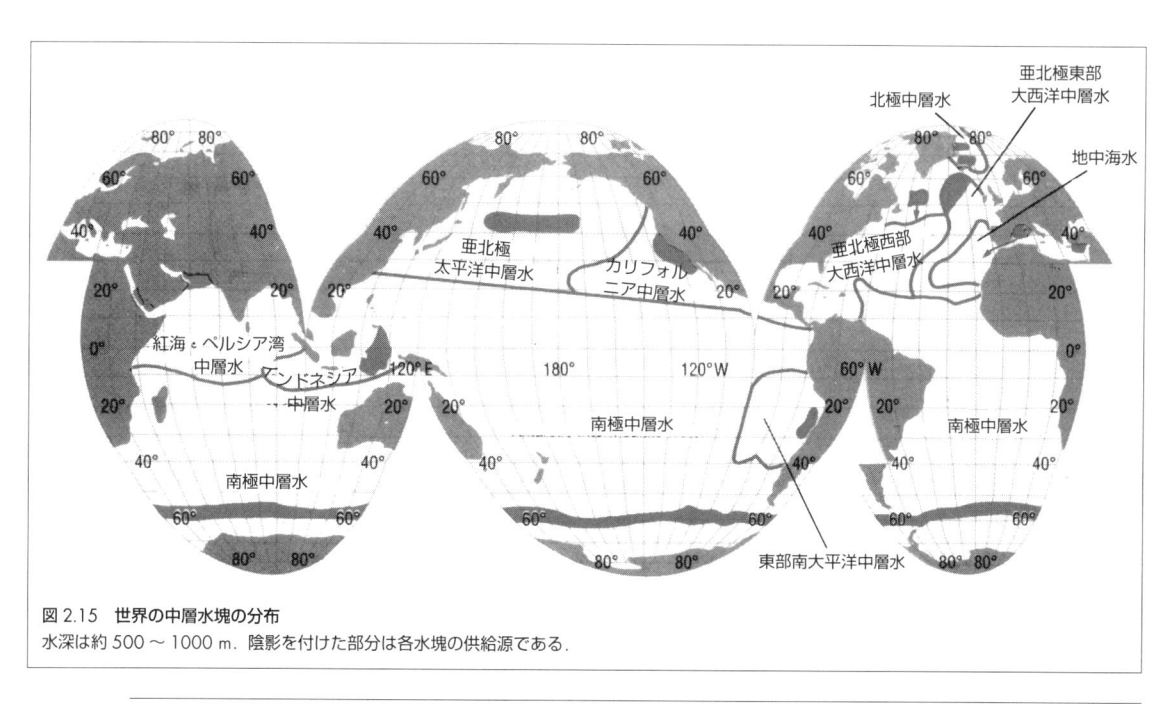

図2.15 世界の中層水塊の分布
水深は約500～1000 m．陰影を付けた部分は各水塊の供給源である．

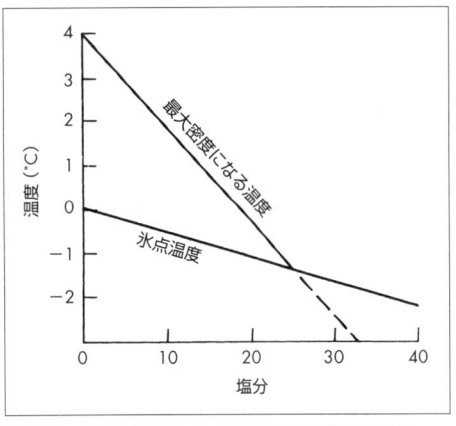

図 2.16 水の氷点温度・最大密度温度と塩分との関係

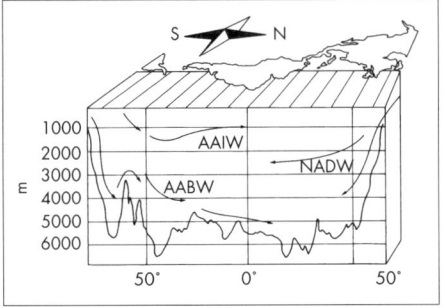

図 2.17 大西洋における中層・深層水塊の形成と移動
AABW：南極底層水，AAIW：南極中層水，NADW：北大西洋深層水

て海氷は形成されない．ただし，カナダ東岸沖のセントローレンス湾などの浅い縁海域では例外として結氷する．これとは対照的に，淡水湖沼では水が冷却されると4℃までは表面から水底へと沈降するが（4℃で最大密度になる），4℃以下に冷えるとむしろ水は低密度になるので，表面水はもはや沈降しなくなり，鉛直循環も停止してしまう．表面水はさらに氷点まで冷却され，水面に氷が張りはじめるのである．

高密度の海水が海底に向かって沈降すると，その周囲の海水が沈降水域に向かって水平に移動し，それに引っ張られて別の場所で海水上昇が起こる．つまり，沈降・水平移動・上昇という循環がみられる．この水平的および鉛直的な水の動きをさして**移流**という．海水の量は決まっているので，海水の移動なしに海水が集積したり除去されたりすることはない．海水の下降は**沈降**とよばれ，海水の上昇は**湧昇**とよばれる．沈降は酸素に富んだ表層水を深層に運ぶ．湧昇は必須栄養塩類（硝酸塩やリン酸塩など）を有光層に供給するので，植物による有機物生産を活性化させる．湧昇は海洋生物生産によってきわめて重要なので3.5節で詳細に論じる．

2.5 圧力

水圧（**静水圧**）も海洋生物に影響する物理的環境要因である．水圧は，ある深度で単位面積あたりに受ける水柱の重量として定義される．本書では，便宜的に，水圧と深度は直線関係にあるとするが，実際には，海水密度は深度とともに増加し，それに応じて水圧も変わる．

水圧にはいろいろな単位が使われている．図 2.18 に用いた水圧単位パスカル（$Pa = N\,m^{-2}$）を用いることが望ましい．水深 10 m における水圧は $10^5\,N\,m^{-2}$ あるいは 0.1 MPa（メガパスカル）であり，これはおおまかにみて，生物学者（とスキューバダイバー）が常用単位として従来用いていた 1 気圧（atm）や 1 バール（bar）に相当する．水深が 10 m 増すごとに水圧は 1 bar あるいは 1 atm 増すと覚えればよい．

圧力単位を何で表そうとも，深海に生息する生物が巨大な水圧を受けていることは明らかである．海洋の最深部では，生物の受ける水圧は 1000 atm（100 MPa）を超えている．海洋生物の中には，数百メートルも日周鉛直移動する，つまり大変幅広い水圧変化にさらされるものもある．

深海の高圧下で深海生物を採集しても，その生物への圧力を維持したまま研究することは困難なため，圧力が生物に及ぼす影響はま

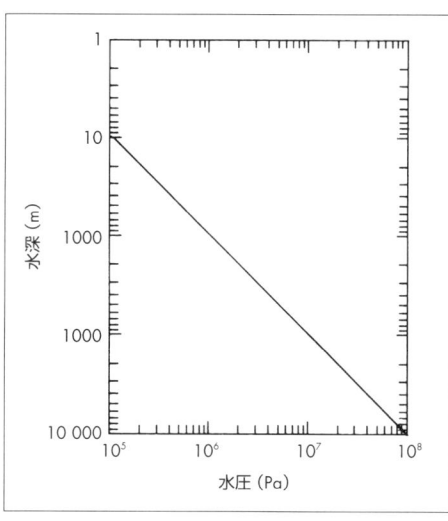

図 2.18 水圧と水深の関係（両対数表示）

だよくわかっていない．さらに，深海生物の代謝に及ぼす水圧の影響と低温や暗黒の影響を区別することも難しい．しかし，気体は高圧下で収縮するのに対し，液体はほんの少ししか収縮しないことは知られている．つまり，たとえば魚類の鰾（うきぶくろ）のようにガスで満たされた構造をもつ動物は水圧変化に弱く，そうでない動物は深度変化に耐えうる可能性が高いことになる．空気呼吸する海産哺乳動物はガスで満たされた肺をもつが，深くまで潜れるように，特殊な解剖学的・生理学的適応を遂げている．もっと一般的には，多くのプランクトンは水圧変化に反応し，実験的に圧力を変えると上昇あるいは下降することが示されている．終生を深海で暮らす動物はガスで満たされた器官をもたず，生化学的な高圧適応を遂げていると考えられる．

生息する深度域が広い動物は**広圧性**といわれる．一方，圧力変化に弱く，生息深度域の狭い動物は**狭圧性**である．実際に狭圧性の深海生物には生息が深海域に限られているものがおり，それらの正常な発生には高圧が必要である．

2.6　表面海流

主要な表面海流（図 2.19）はおもに洋上の卓越風に駆動され〔風成海流〕，表面海流と主要風系は密接に関連する．そのほか，地球の東向きの自転効果も加わって，海流は北半球では右側に偏向し，時計まわりの循環パターンを形成する．南半球では偏向は左側で反時計まわりの循環となる．

図 2.19 をみれば，北大西洋と北太平洋において時計まわりの大きな渦状循環（ジャイア渦）のあることがわかる．両大洋の赤道の北では貿易風が北東から定常的に吹いているので，西に向かう北赤道海流ができる．この海流は大陸にぶつかり，北向きに流れを変える．大西洋のメキシコ湾流や太平洋の黒潮がそれである．北緯約 40 度で，卓越する偏西風がこの海流を東向きに押しやる．そして，南向きのカナリー海流（大西洋）やカリフォルニア海流（太平洋）が形成されて，海流循環が完結する．

南半球のジャイア渦は反時計まわりであり，北半球のそれと鏡像関係になっている．南東から吹く貿易風は西向きの南赤道海流を起こす．これは南（左）に偏向し，南アメリカ東岸やオーストラリア東岸を南下するように流れる（ブラジル海流および東オーストラリア海流）．この海流はさらに大西洋ではアフリカ西岸，太平洋ではペルーやチリなど南アメリカ西岸を北上して南赤道海流に合流する〔ベンゲラ海流およびペルー海流〕．

これらのジャイア渦はすべて大洋西縁〔大陸東岸沖〕において海流が狭く，深く，速くなる．たとえば，メキシコ湾流や黒潮などの西縁境界流は流速 $200\ \text{cm s}^{-1}$ にも達し，東縁境界流（カナリー海流やカリフォルニア海流では $20\ \text{cm s}^{-1}$ 以下）の 10 倍も速い．この大きな海流も循環するにつれ，ほかの水塊と混合しつつ特性が少しずつ変わってくる．たとえば，ラブラドル海流（寒冷・低塩分）とメ

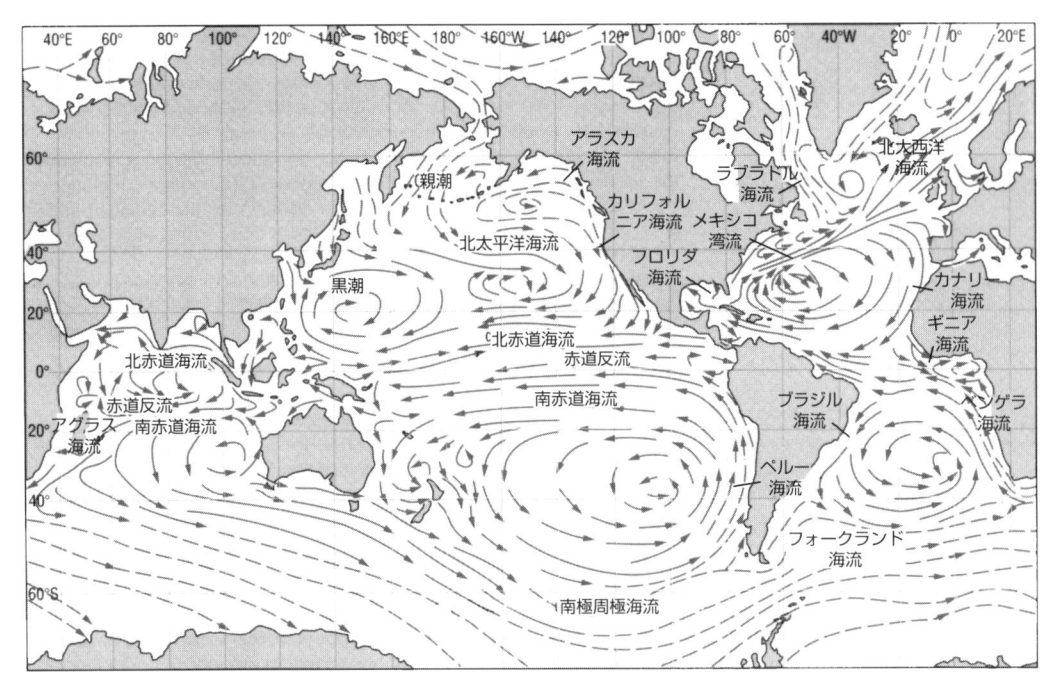

図 2.19 北半球の冬における主要な表面海流
寒流は破線で，暖流は実線で示してある．

キシコ湾流（温暖・高塩分）の合流に注意したい（図 2.19）．

2.6.1 海流の生物学的な重要性

海洋の循環は海洋物理学における重要な研究課題であり，表面海流の成因などを本書で説明することは困難である．しかし，海水移動が生物生産性に及ぼす影響には計りしれないものがあり，あえて海洋循環の基本パターンを本書で示した．海流が混合したり，大陸や大河口にぶつかったり，浅海域を移動すると，多種多様なパターンの鉛直循環が起こり，植物プランクトンに利用される栄養塩類の分布が影響を受けることにもなる．3.5 節では，このような植物生産の地理的差異を生じる機構を考えてみたい．海流のパターンはまた，プランクトン・ネクトン・ベントスの地理的分布にも影響を及ぼしている．

海洋は，地球表面を移動する動的な流体環境である．このため，ある期間中にプランクトン・ネクトンの同一の個体群や群集を追跡することが困難であり，これが生物海洋学者の悩みの種になっている．同一の場所で海水をくんでも，それは 1 時間前の海水と同じとはいいきれないのである．表面水の特定域に浮標や袋型海錨で目印を付けて水の動きを追跡したとしても，水深方向に移動する動物まで追跡することはできない．なぜなら移動先の水深の流れは，表面とは速さや方向が異なるかもしれないからだ．こうした理由で，生物過程の多く（たとえば，動物プランクトンの増殖）は室内実験で測定するなどの間接的な手法で推察している．

まとめ

● 海面に届く日射量は，時刻，季節，天候などで変わる．海面に達する日射の約 50 % は可視光線（約 400 〜 700 nm）であるが，この波長は植物の光合成に使われる波長とほぼ同

じである．海面の光合成有効放射（PAR）は 0（暗闇）から 2000 μE m^{-2} s^{-1}（太陽が真上にあるとき）の範囲にある．

● 異なる波長の光は，水中での吸収・散乱率が異なる，つまり減衰係数が異なる．赤色光はもっとも速く減衰し，澄んだ水では青色光がもっとも深くまで透過する．どの波長の光でも透過できる深度は，水中の懸濁粒子やクロロフィル量の多少に影響される．

● 海水中の光透過に基づいて，3 つの生態帯が定められている．有光層は植物の成長に十分な光量のある表層水層で，澄んだ外洋水では最大 150 m の水深にも達する．有光層の下限は補償深度で区切られるが，ここは植物の呼吸と光合成が 24 時間単位でつり合う深度である．弱光層は薄明の水層である．視覚的にはまだ十分な光量があっても，植物による生産には不足である．海洋の大部分の水属は無光層である．これは海底まで続く暗黒の層で，発光生物による光があるのみである．

● 赤外線は海洋表層の数メートルで吸収され，海洋のおもな熱源になっている．表面水温は緯度変化し，また季節変動もするが，40℃から−1.9℃（塩分 35 の海水の氷点）までの適度な変動幅に収まっている．

● 海洋の大部分で熱的な層状構造がみられる．水温がほとんど均一な表面混合層と，水温が急に低下する永年温度躍層，そして極域表面水起源の低温深層である．

● 季節変化が明瞭な中緯度域では，春季と夏季の海表層に季節的温度躍層が形成される．これは，風が弱まって表層混合が弱まると同時に日射が強くなって表面水温が上昇し，温度勾配の急な水層が形成されるためである．

● 外洋域の平均塩分は 35 で，主要なイオン 10 種が全溶解物質の 99.99％（重量比）を占める．沿岸域や閉鎖的な海域の塩分は，汽水域の 5〜25 から，紅海や浅いラグーンなど高塩環境の 40 以上まで，さまざまな値をとっている．塩分変動のおもな原因は蒸発（塩分上昇）と降水（塩分低下）である．

● 塩分が変化しても，主要イオンは生物・化学反応にあまり影響されないので，溶解物質の成分比は一定である．

● 塩分と水温の組み合わせで水塊が特徴づけられる．各々の水塊は起源が異なり，異なる環境を形成し，それぞれ異なるプランクトン・ネクトンの群集が生息する．

● 塩分，温度，水圧により海水の密度が決まる．表面海水の密度が上がると海水の沈降が起こる．高緯度域で形成された高密度海水は，海底に向かって沈降し，大洋の底層水塊を形成する．これは深層に溶存酸素を供給するはたらきをもっている．一方，湧昇は風成混合が成因の一つであり，植物の必須栄養塩類を表層水に供給するうえで重要である．

● 海水は塩類を含んでいるので淡水よりも低い温度で最大密度になり，より低い温度で結氷する（氷点降下）．これは冬季極域水の沈降（前項）を起こすだけでなく，極域や高緯度の浅海域を除いて，海氷の形成を妨げている．

● 海洋の表面海流は地球上の風系によって起こされ，海流の方向は地球の自転の影響を受けている．この結果，北半球では時計まわり，南半球では反時計まわりの大きな渦状循環（ジャイア渦）になる．海流が移動したり混合したりする様式によって，地理的に生物生産性が異なる．海水の水平輸送により，多くの海産種の地理分布が決まる．

● 水圧は深度に対して直線的に増大し，その増加率は深度 10 m あたり 0.1 MPa（メガパスカル）である．最深部に生息する生物は 100 MPa 以上の圧力を受けていることになる．

問題

①ボンベイ沖のアラビア海において（北緯約20度），海面での1日あたりの日射量（daily solar flux）は（a）9月と（b）1月でそれぞれだいたいどれくらいか？ 図2.2（c）を参照しなさい．

②水深10 mの光強度が海面光強度の50％のとき，減衰係数はどれくらいか？

③スキューバダイバーの初心者は，はじめてサンゴ礁に潜ったとき，写真や映画に比べて単調な色彩にがっかりすることが多い．これはなぜか？

④海における月光の生物学的役割は何か？ 図2.5を参照しなさい．

⑤環境の海水塩分はプランクトンやネクトンの浮力に対し，どのように影響するだろうか？

⑥（a）水温9℃，塩分33.5の海水の密度はどれくらいか？
（b）水温20℃，塩分36.5の海水の密度はどれくらいか？ 図2.14を参照しなさい．

⑦北極表層水が比較的低塩分（34.5以下）であることが結氷にどう影響すると思うか？ 図2.16を参照しなさい．

⑧図2.19には大陸にじゃまされず，太平洋・大西洋・インド洋を結んで世界を周回する海流が1つ示されている．この海流の名は何か，どこにあるか？

⑨2.1.2項で植物プランクトンの補償光強度（I_c）は1および10 $\mu E\ m^{-2}\ s^{-1}$ と述べた．これはそれぞれ何 $W\ m^{-2}$ に相当するか？ 付録2の変換係数を参照しなさい．

⑩プランクトン・ネクトン・ベントスのいずれでも海産動物の多くは変温動物なのに対し，陸上動物の多く（鳥類・哺乳類）は恒温動物である．この違いを説明しなさい．

⑪図2.11は海表面の塩分分布である．
（a）赤道域の低塩分（34.5）を説明しなさい．
（b）緯度57度で，南極域のほうが北極域よりも表面塩分が高いのはなぜか？

⑫図2.14を見て，高温・低温，高塩分・低塩分のどういう組み合わせが最大密度になるか考えなさい．

⑬本章で学んだ非生物環境要因を復習して，水深2000 mの深海における光・塩分・水温・水圧・密度などの環境条件を説明しなさい．

第3章 植物プランクトンと一次生産

海洋に生息する植物の大多数は植物プランクトンと総称される浮遊性の単細胞藻類である．大型のものは目の細かい網で採集できるが，多くは顕微鏡でやっとみえるサイズで，相当量の海水から沪過あるいは遠心分離してどうにか採集できる．外洋域には肉眼で十分みえるサイズの藻類，たとえばサルガッソー海のホンダワラ類（Sargassum）なども浮遊しているが，それらの分布海域は比較的限られている．同様に，付着性の大型海藻など底生藻類の分布も深所では光が減衰するので，沿岸浅海域に限られる．植物プランクトンは光のある海域ならどこにでも分布し，極域の海氷下でさえ生活している．海洋で優占する植物は植物プランクトンなので，海洋食物連鎖における植物プランクトンの役割はきわめて重要である．

3.1 植物プランクトンの分類

現在までに約4000種の海産植物プランクトンが記載されており，その数はこれからも増えつづけるだろう．主要な植物プランクトンの分類一覧を表3.1に示す．このうち，よく知られたグループについてのみ詳しく扱うことにする．

3.1.1 珪藻類

珪藻類（diatoms，図3.1）はもっとも詳しく研究されている浮遊性の藻類で，温帯域や高緯度域で優占分布している．珪藻は単細胞で約 $2\,\mu m$ から $1000\,\mu m$（1 mm）以上にもなるが，種によっては個々の細胞が粘着性の刺毛で連結し，群体を形成する．珪藻はすべて外部骨格である被殻を有するが，これは珪酸（シリカ）でできた2つの背殻（外殻と内殻）からなる．骨格の珪酸は細胞乾重の4〜50％にも達する．被殻には，刺・孔・条線・肋線など種ごとに特有の模様がある．珪藻類は白亜紀（約1億年前）に出現したが，地質学的な時間を経て海底に降り積もった被殻は**珪藻軟泥**とよばれる堆積物を形成している．

珪藻類は羽状類と中心類に大別される．羽状類は長く伸びた形をしていて，ほとんどは底生種であるが，ニッチア属（Nitzschia，図3.1 (c)）のような浮遊種が多く出現する海域もある．中心類は放射状あるいは同心円状の背殻をもち，1000種以上のほとんどが浮遊性である．Chaetoceros, Coscinodiscus, Skeletonema, Thalassiosira など（図3.1）が代表的な中心類である．

浮遊性の珪藻は運動器官をもたないので，自ら動くことはできない．珪藻は光合成を行うために有光層にとどまる必要があるので沈降を遅らせるさまざまな手段がとられている．たとえば，大きな表面積：体積比により摩擦抵抗を大きくする形態をとっている．細胞を鎖状につないで群体を形成することも表面積を増加させて沈降を遅らせることに役立っている．多くの種は，イオン調節を行なっており，体内のイオン濃度を海水濃度より低くすることも沈降速度の低下に役立っている．珪藻類はまた代謝の副産物として油分を生成・蓄積することで，細胞の比重が低下する．実験によると，細胞内塩類濃度が海水塩類濃度よりも低い生細胞は $0 \sim 30\,\mathrm{m\,d^{-1}}$ の速度で沈降するのに対し，細胞内外の塩類濃

表 3.1 海洋植物プランクトンの分類一覧

分類群	一般名	優占海域	代表属
シアノバクテリア Cyanobacteria	藍藻類 blue-green algae	熱帯域	*Oscillatoria* *Synechococcus*
紅藻類 Rhodophyceae	紅藻類 red algae	冷温帯域	*Rhodella*
クリプト藻類 Cryptophyceae	クリプトモナス類 cryptomonads	沿岸域	*Cryptomonas*
黄金色藻類 Chrysophyceae	クリソモナス類 crysomonads	沿岸域 低温域	*Aureococcus*
	珪鞭毛藻類 silicoflagellates		*Dictyocha*
珪藻類 Bacillariophyceae （Diatomephyceae）	珪藻類 diatoms	全海域 （とくに沿岸域）	*Coscinodiscus* *Chaetoceros* *Rhizosolenia*
ラフィド藻類 Raphidophyceae	緑色鞭毛藻類 chloromonads	汽水域	*Heterosigma*
黄緑藻類 Xanthophyceae	黄緑藻類 yellow-green algae	—	ごくまれ
真正点眼藻類 Eustigmatophyceae	—	河口域	ごくまれ
プリムネシオ藻類 Prymnesiophyceae	円石藻類 coccolithophorids	外洋域	*Emiliania*
	プリムネシオモナス類 prymnesiomonads	沿岸域	*Isochrysis* *Prymnesium*
ミドリムシ藻類 Euglenophyceae	ミドリムシ類 euglenoids	沿岸域	*Eutreptiella*
プラシノ藻類 Prasinophyceae	プラシノ藻類 prasinomonads	全海域	*Tetrasalmis* *Micromonas*
緑藻類 Chlorophyceae	緑藻類 green algae	沿岸域	まれ
渦鞭毛藻類 Pyrrophyceae （Dinophyceae）	渦鞭毛藻類 dinoflagellates	全海域 （とくに暖水域）	*Ceratium* *Gonyaulax* *Protoperidinium*

度が等しい死細胞の沈降速度は2倍以上である．自然条件では，海表面水の乱流も植物プランクトンを表層にとどめる重要な役割を果たしている．

珪藻類は通常，単純な無性生殖で増殖する．これは，一細胞に2つの核ができ，被殻（2枚の背殻）が分かれ，各殻に内殻ができて娘細胞になる（図3.2）．この結果，2つの娘細胞はサイズが少し違う．つまり，親細胞の内殻からできた娘細胞は外殻由来の娘細胞より小さくなる．好適条件で無性生殖すれば速やかに個体群増殖できるが，これをくり返すごとに細胞サイズが微小化していく．

珪藻細胞がある最小サイズに達すると，珪酸質の骨格を失うとともに，遺伝物質の半分だけを有するようになって有性生殖を行なう．この細胞どうしが融合して接合子となり，大きく膨れて**増大胞子**になる．この後，細胞はさらに増大成長し，被殻の形とサイズがもとに戻る．

珪藻のある種，とくに浅海域に生息する沿岸種は，環境条件が悪化すると**休眠胞子**（図3.1（b））をつくる．この胞子は細胞質が濃縮し，固い殻を覆っているので重く，海底に沈んで休眠する．環境が好転すると休眠から目覚め，普通のプランクトン細胞になる．

3.1.2 渦鞭毛藻類

珪藻類の次に多く出現するのは**渦鞭毛藻類**（dinoflagellates）である（図3.3）．この単細胞藻類は単独に生活するものが多く，数種のみが鎖状の群体をつくる．珪藻類と異なり，渦鞭毛藻類は2本の鞭毛をもつので運動能力がある．

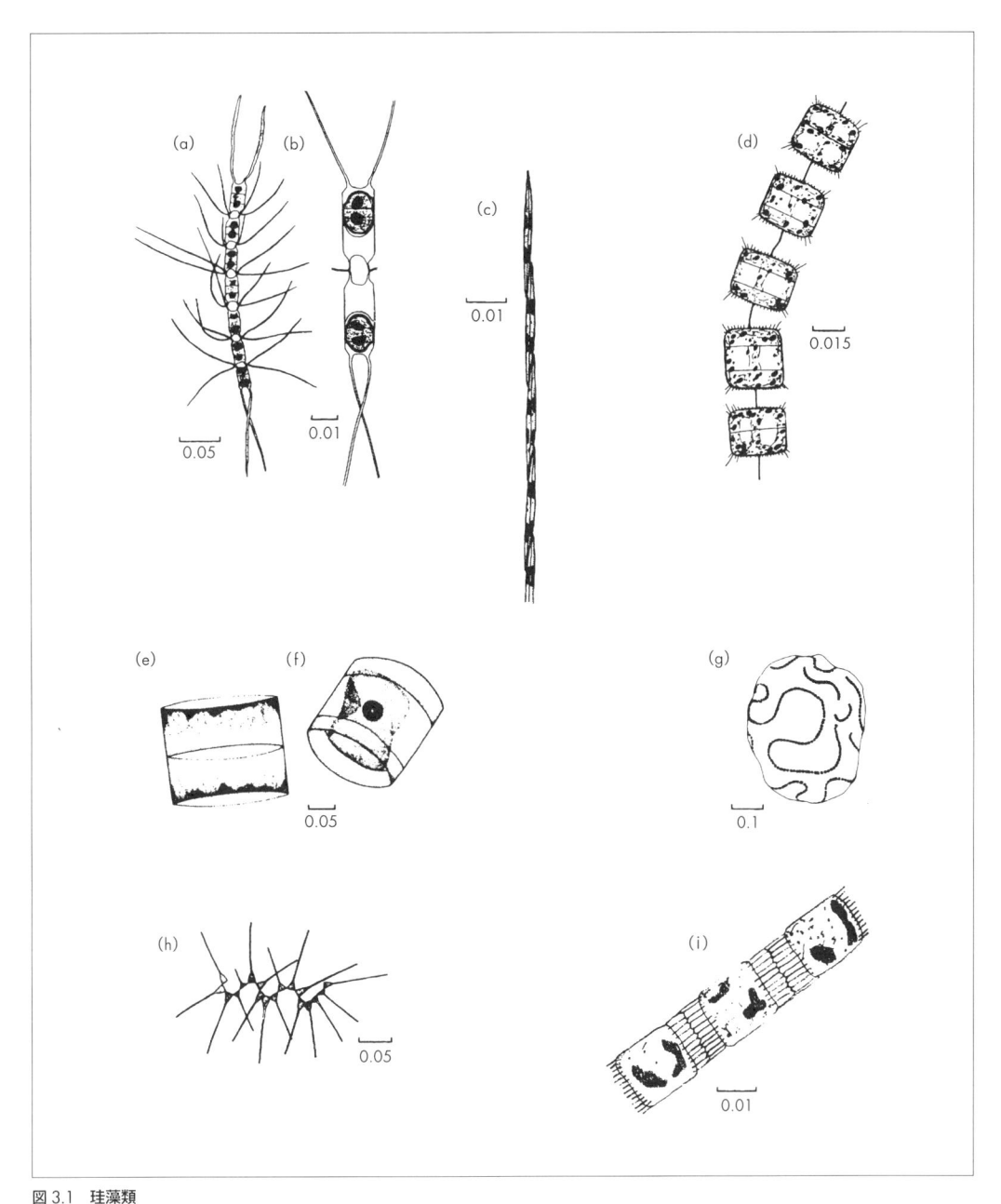

図 3.1 珪藻類
(a) Chaetoceros laciniosus の典型的な鎖状群体，(b) C. laciniosus の休眠胞子，(c) Nitzschia pungens の分裂中の鎖状群体，(d) Thalassiosira gravida の鎖状群体，(e) Coscinodiscus の被殻（双殻），(f) Coscinodiscus wailesii の側面，(g) Chaetoceros socialis の鎖状群体がさらに集まったゼラチン質コロニー，(h) Skeletonema costatum の鎖状群体，(i) Asterionella japonica の鎖状群体．スケールの単位は mm．

　渦鞭毛藻類は利用するエネルギー源が多様である．ある種はまったく**独立栄養**であり，光合成によりエネルギーを獲得して細胞の有機物をつくる．これとは対照的に，**従属栄養的生産**を行なう種もあり，他種の植物プランクトンや小さな動物プランクトンを捕食して必要なエネルギーを得ている．実際，渦鞭毛藻類の約 50% は葉緑体を欠いて光合成ができないまったくの従属栄養性である．この特性から分類すれば，動物プランクトンとみなすべきであり，4.2 節で再度とり上げることにする．ある渦鞭毛藻類は**混合栄養**で，独立

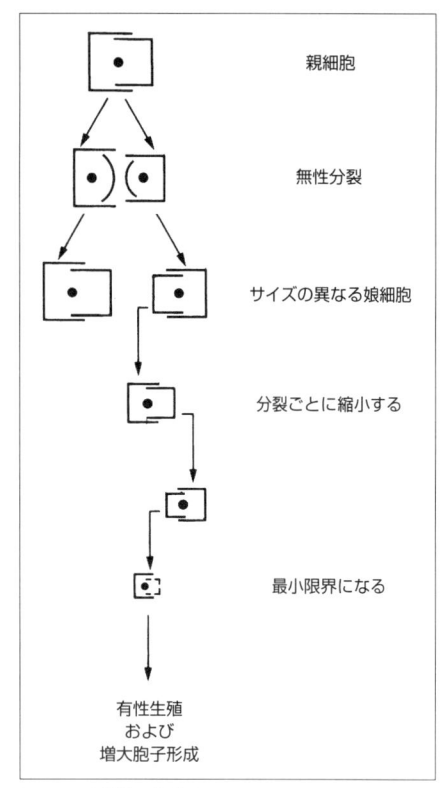

```
親細胞
  ↓
無性分裂
  ↓
サイズの異なる娘細胞
  ↓
分裂ごとに縮小する
  ↓
最小限界になる
  ↓
有性生殖
および
増大胞子形成
```

図3.2　珪藻類の生活環

栄養的にも従属栄養的にもエネルギーを獲得できる．さらに，寄生性や共生性の種も存在する（4.2節）．推定では1500～1800種の自由生活性で浮遊性の渦鞭毛藻類がいる．

渦鞭毛藻類は莢膜とよばれる厚いセルロース質の細胞壁をもつ種と，これをもたない種がある．しかし，分類学的には，渦鞭毛藻類は帯鞭藻網（Desmophyceae）と渦鞭藻網（Dinophyceae）に分けられる．帯鞭藻網は頂端（体前部）に2本の鞭毛がある（図3.3 (a), (b)）．細胞壁は2つの縦長の殻からなり，無性分裂で2つに分かれてそれぞれ同じサイズの娘細胞をつくる（図3.3 (c)）．帯鞭藻網の属としては *Prorocentrum* が代表的である．

浮遊性の渦鞭毛藻類の大多数は渦鞭藻網に属し（図3.3 (d)～(g)），この多くは莢膜をもつ種類である．細胞は横断溝により前体部と後体部に分けられ，1本の鞭毛が体後方へ伸び，もう1本が横溝に沿って細胞を回っている．ある種では莢膜が多数のセルロース片に細片化し，孔や小棘の装飾を有する．莢膜をもつ代表的な属は *Ceratium, Protoperidinium, Gonyaulax, Dinophysis* などで，莢膜をもたない代表的な属は *Gymnodinium* である．

渦鞭毛藻類の増殖方法は，無性的な二分裂であり，斜めに細胞分裂して同じサイズの細胞が2つできる．莢膜は半々に分かれ，娘細胞がそれぞれほかの半分を新生するか，分裂前に莢膜が消失し，娘細胞でまったく新しい細胞壁が形成される．条件が好適なら，渦鞭毛藻類は速やかに増加できる．渦鞭毛藻類は弱光および低栄養に適応し，夏季あるいは秋季に珪藻の大量発生の後に増加する．その適応力の一端は渦鞭毛藻類が水柱内を鉛直移動することにある．昼間は光はあるが栄養塩類が消費された表層で光合成を行ない，夜間は深所で高濃度の栄養塩類をとり込む．このため，渦鞭毛藻類は，成層して栄養塩類の枯渇した熱帯および亜熱帯水域において，数的にもっとも多い植物プランクトンとなっている（2.2.2項および図3.9）．

渦鞭毛藻類のある種では有性生殖も行なわれ，細胞壁の厚い休眠胞子（シスト）ができる．これは海底に沈んで何年も生残する．

植物プランクトンのブルームとは，好適な条件でどれかの種の個体数が突発的に増えること（大量発生）をさす．ある条件では渦鞭毛藻類が急速に増殖し，その赤茶色が水を染めるまで高密度になったものを**赤潮**という（3.1.3項の藍藻綱）．赤潮を起こす渦鞭毛藻類には無毒種と有毒種（後述）がある．いずれにせよ，赤潮は渦鞭毛藻類の数が急増して始まる．海水が赤みを帯びはじめたときの細胞密度は約200000～500000細胞 l^{-1}，ブルームが進行すると 10^8 細胞 l^{-1} を超えることもある．栄養塩類が枯渇してブルームが崩壊すると，死んだ渦鞭毛藻類由来の大量の有機物

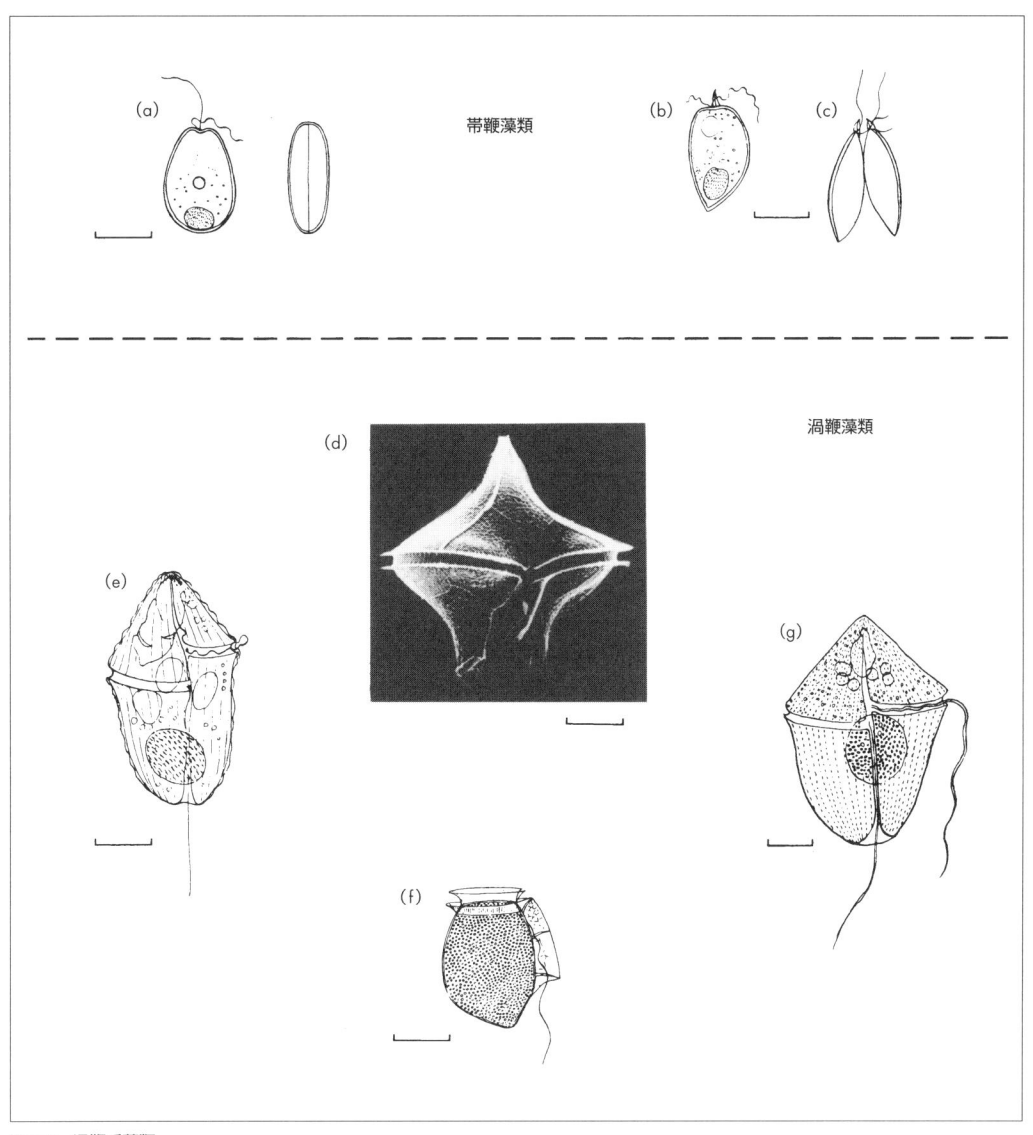

図 3.3 渦鞭毛藻類
(a) *Prorocentrum marinum*, (b) *Prorocentrum micans*, (c) 分裂中の *P. micans*, (d) *Protoperidinium crassipes*, (e) *Gymnodinium abbreviatum*, (f) *Dinophysis acuta*, (g) *Gonyaulax fragilis*. スケールはすべて 0.02 mm.

がバクテリアによって分解され，酸素が消費される．この結果，魚類が酸素欠乏で死に至ることがある．このような無酸素条件は，渦鞭毛藻類以外の植物プランクトンのブルームでも起こりうる．

赤潮を起こす渦鞭毛藻類のうち *Alexandrium, Pyrodinium, Gymnodinium* は**サキシトキシン**と総称される神経毒を生成する．サキシトキシンはストリキニーネの 50 倍，青酸カリの 10000 倍も毒性が強く，海水が赤くならない程度でもある種の動物や人間に有毒なことがある．これらの渦鞭毛藻類は成長と増殖の過程でサキシトキシンを細胞内に放出し，また一部を海水中に放出する．これらの有毒渦鞭毛藻類を動物プランクトンや沪過食性の貝類（ハマグリ，イガイ，カキなど）が捕食しても，とくに悪影響なく長期間にわたってサキシトキシンを濃縮する．しかし，魚類などの脊椎動物はサキシトキシンに弱く，サキシトキシンを濃縮した動物プランクトンを捕

食して毒死することがある．ひどい場合には，海鳥あるいはイルカやクジラさえ死ぬことがある．

人間のサキシトキシン最小致死量は体重1 kg あたり7〜16 μg で，サキシトキシンを濃縮したイガイ1個で**麻痺性貝毒症**（PSP）が起こり，死に至ることもある．サキシトキシンは熱に強く，毒貝を調理してもこの神経毒素は壊れない．北アメリカの医学史料によると，記録された発症例約1000件のうち約1/4が死に至っている．もっとも古い記録の一つによれば，1793年6月15日，カナダ西海岸沖で，キャプテン・バンクーバー号の船員がイガイ中毒で5名発症，うち1名が死亡している．1799年には，ロシアのアラスカ沖探検隊のうち100名がイガイ中毒で死亡している．麻痺性貝毒症はいまでも北アメリカの東・西海岸，中央アメリカ，フィリピンで問題となっており，ヨーロッパ，オーストラリア，南アフリカ，日本などでも発生している．1989年にもカナダで毒貝を食べて3名の犠牲者と105名の患者がでた．このときの神経毒はドウモイ酸で，それまで無害と考えられていた珪藻 *Pseudonitzschia* に由来するものだった．

似たような健康問題として，熱帯および亜熱帯諸国に発生する**シガテラ魚毒**（CFP）がある．これは有毒渦鞭毛藻類が付着した海草を魚類が食べ，食物網を通してそれを肉食魚類が食べ，それをさらに人間が食べるという毒の生物濃縮によるものである．温和な症状なら頭痛や嘔吐感ですむが，ひどくなると痙攣，麻痺，あるいは死に至ることさえある．

3.1.3 その他の植物プランクトン

円石藻類（coccolithophorids）は単細胞の植物プランクトンで，約150種の大部分は20 μm 以下のナノプランクトン（図1.2）である．円石藻類の特徴は，コッコリスとよばれる石灰質板片である．コッコリスの形と配置によって種を同定することができる．コッコリスは海底に堆積し，それが隆起してできたチョーク層（有名なドーバー白崖など）の主要構成物となる．渦鞭毛藻類と同様，円石藻類にも鞭毛が2本あるが，生活環には鞭毛を欠く運動性のない段階もある．円石藻類は，外洋域にも沿岸域にも，海表面近くにもみられることもあるが，大多数の種は暖水域の，しかも光の強くない水層にみられる．種類によっては，澄んだ熱帯外洋域の水深約100 m にもっとも多く生息している．*Emiliania huxleyi* は普遍種の円石藻で，極域を除くすべての大洋に生息している．*Emiliania* は広大なブルームを形成することがあり，北大西洋で発生した事例では約1000 km × 500 km の範囲―ざっとイギリスの面積に等しい―に広がるほどだった．円石藻類の増殖方法は縦分裂で，分裂後に不足分の殻が新生される．しかし，このグループの生活史は複雑で，いくつか異なったタイプの生活史段階があると思われる．

プリムネシオ藻類（Prymnesiophyceae）はコッコリスを欠き外見的には円石藻類と異なるが，円石藻類に近縁である．単細胞で運動性のある *Isochrysis* 属の種類はよく実験室内で培養されている．*Phaeacystis* 属の種類はゼラチン質の大きな群体を形成し，漁網を汚損したり，漂着して海岸を汚すことがある．*Prymnesium* は低塩分水域に特有で，ノルウェー沿岸域では養殖サケの鰓を介したガス交換を妨げて死に至ることがある．

黄金色藻類でもっともよく知られた海産種は，珪酸質小片の内部骨格をもつ**珪鞭毛藻類**（silicoflagellates）である．この単細胞藻類は小型（10〜250 μm）で，黄褐色の葉緑体を多数含有している．珪鞭毛藻類はわずか数種しか知られておらず，これらは寒冷海域に多く出現する．

ほかの藻類グループには微細な鞭毛藻類がある（表3.1）．珍しい種もあるが，多くは強

固な骨格構造をもたない微小な細胞（0.2〜2 μm）であり，採集と保存が困難なので，研究は手つかずのままである．ある鞭毛藻類は，せっかく首尾よく採集しても，沪過したり保存液に入れると壊れてしまう．それにもかかわらず，これら微細植物プランクトンは現存量が多く，生態学的に重要である．

最小および最大の植物プランクトンは，**藍藻綱**（Cyanophyceae）あるいは**シアノバクテリア**（Cyanobacteria）に属している．以前**藍色藻類**と称されていた．海洋シアノバクテリアでは *Oscillatoria*（旧 *Trichodesmium*）がもっともよく知られた属であり，熱帯外洋域の重要な植物プランクトンである．この細胞は鎖状に連結して細長い糸状になったり，さらに糸がより集まって幅数ミリメートルの肉眼でもみえる糸束になったりする．この藻類は窒素ガスを固定できるので，これには高い関心が寄せられている．なぜなら多くの植物プランクトンは，硝酸，亜硝酸，アンモニアなどの窒素化合物しか利用できないからである．これら化合物態の窒素源が少ない熱帯域でオシラトリア属が多いのは，その窒素固定能力のおかげだと説明されている．ほかの海洋シアノバクテリア，たとえば *Synechococcus* の窒素固定能は知られていない．*Synechococcus* はピコプランクトンで（図 1.2），温帯や熱帯の沿岸域と外洋域に多く生息し，海洋での密度は 10^6 細胞 l^{-1} にも達する．ほかの大型植物プランクトンがいない状況では，*Synechococcus* が主要な光合成生産者になる．近年になって，さらに小さな光合成生物（直径 0.6〜0.8 μm）である**原核緑色植物**（prochlorophytes）が発見された．これはシアノバクテリアに近縁で，沿岸域および外洋域に出現する．この生物の生態については研究例が少ないが，*Prochlorococcus* 属は赤道太平洋の外洋域における総一次生産の相当量をまかなっているらしい．

3.2 光合成と一次生産

植物プランクトンは水柱域の主要な**一次生産者**であり，**光合成**により無機物（無機炭素，硝酸塩，リン酸塩など）を有機物（脂質やタンパク質など）に変換するので，海洋食物連鎖の起点でもある．光合成は海洋生産の基礎なので，光合成でつくられた植物体の量は一次生産とよばれる．のちに5.5節や8.9節でみるように，ほかのタイプの一次生産，すなわちバクテリアの化学合成もあるが，これは海洋全体としては副次的な重要性しかない．光合成は，多数の化学反応が関与しているが，次式のように概略化できる：

光合成
（光エネルギーが必要）

$$6\,CO_2 + 6\,H_2O \rightleftharpoons C_6H_{12}O_6 + 6\,O_2$$
二酸化炭素　水　　　　炭水化物　酸素

呼吸
（代謝エネルギーが必要）

藻類が利用する二酸化炭素は，重炭酸イオン，炭酸イオンなどの形でもよい（5.5.2 項）．全炭酸（二酸化炭素，重炭酸，炭酸の合計）濃度は外洋水で約 $90\,mg\,CO_2\,l^{-1}$ であるが，この値は植物プランクトンの光合成には十分である．この生物生産様式は**独立栄養生産**ともよばれる．独立栄養生物はエネルギー源に有機物を必要としない．この過程では，植物細胞の炭水化物だけでなく，遊離酸素（二酸化炭素由来ではなく水分子由来）も生産されることに注意したい．この逆向きの反応が**呼吸**であり，酸化反応により炭水化物の高エネルギー結合が切られ，代謝に必要なエネルギーが放出される．すべての動植物は呼吸を行なう．光合成は昼間しか行なわれないが，呼吸は昼夜を問わず行なわれる．

光合成過程を駆動するには光エネルギーが用いられ，光エネルギーを化学エネルギーに変換するのは葉緑体中の光合成色素である〔ただし，シアノバクテリアや原核緑色植物

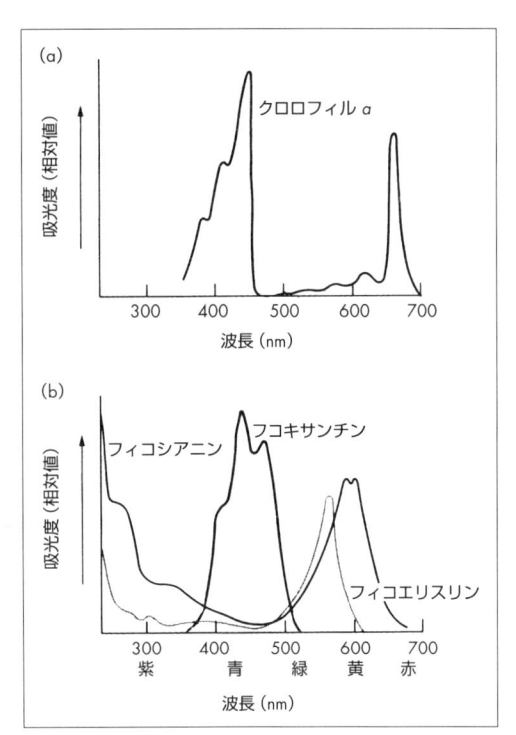

図 3.4 (a) クロロフィル a の吸収スペクトル
(b) フコキサンチン（キサントフィル類）およびフィコシアニン，フィコエリスリン（フィコビリン類）などの補助色素の吸収スペクトル

ン酸）が ATP（アデノシン三リン酸）になり，同時に $NADPH_2$（ニコチンアミドアデニンジヌクレオチドリン酸）がつくられる．これらの反応は光エネルギーを化学エネルギーに変換するので，光合成の**明反応**とよばれる．

明反応は，光を必要としない一連の反応系，すなわち**暗反応**と密接に関係している．暗反応では CO_2 が $NADPH_2$ によって還元され，ATP の化学エネルギーを使って高エネルギーの炭水化物（ふつうは多糖類）やほかの有機化合物（脂質など）が合成される．さらに，硝酸（NO_3^-）を還元してアミノ酸やタンパク質もつくられる．

光合成では二酸化炭素と水の元素〔水素，炭素，酸素〕のほかに窒素やリンを含む物質がつくられるので，植物プランクトンはこれらの元素について最低要求量がある．窒素は普通，溶存硝酸塩，亜硝酸塩，アンモニウム塩の形で植物プランクトン細胞にとり込まれる．リンは溶存態無機物（オルトリン酸イオン）の形でとり込まれるが，溶存態有機リンとしてとり込まれることもある．ほかの元素も必要とされることがある．たとえば，溶存態ケイ素は珪藻類の被殻形成に欠かせない．さらに，ビタミンや微量元素が必要なこともある．光合成生物がビタミンなどの有機成長因子を必要とした場合，これは**栄養要求性**と称される．これらの成長因子となる化合物は海水中に比較的低濃度で存在するが，その濃度は光合成や呼吸などの生物活動（分泌や分解など）によって変動する．場合によっては，これら必須栄養元素や必須栄養物質の濃度は一次生産を制限するほど低濃度になることがある．これは 3.4 節でさらに論じることにする．

3.2.1 バイオマスおよび一次生産の測定法

現存量とは，単位面積あるいは単位体積あたりの生物個体数である．植物プランクトン

には葉緑体がない〕．主要な光合成色素は**クロロフィル a** であるが，クロロフィル b・c・d，カロチン，キサントフィル，フィコビリンなどの**補助色素**も多くの藻類でエネルギー変換に用いられている．これらの光合成色素は波長約 400 ～ 700 nm の光（PAR）を吸収するが，吸収スペクトルはそれぞれ異なっている．クロロフィル a の吸収スペクトル（図 3.4 (a)）では，吸収極大が赤色域（650 ～ 700 nm）と青紫色域（450 nm）にある．図 3.4 (b) は補助色素の吸収スペクトルを示している．補助色素の色はしばしばクロロフィル a の緑色にまさる．このため，植物プランクトンは褐色や黄金色，ときには赤色にもみえるのである．

クロロフィルやほかの光合成色素が光を吸収すると，色素分子の電子のエネルギー準位が高くなる．この電子のエネルギーは一連の反応系に伝達され，ADP（アデノシン二リ

の現存量は，海水試料中の細胞数を顕微鏡で計数して求められ，試水体積あたりの細胞数として表される．しかし，植物プランクトンの細胞サイズは大小さまざまなので，単なる合計数ではバイオマスの評価に使えず，生態学的意義はほとんどない．**バイオマス**は，ある海洋の面積あるいは海水体積中の全生物の総重量（合計数×平均重量）と定義される．細胞体積がそのまま細胞重量を反映するわけではないが，植物プランクトンの個体数と個体体積の電気的計測が可能なので，これを植物プランクトンのバイオマス評価に応用する試みもある．この場合，バイオマスは試水単位体積あたりの総細胞体積（総数×体積＝mm^3）と表される．現存量とバイオマスの区別は必ずしも明確ではなく，この用語はしばしば同義語のように用いられている．

植物プランクトンのバイオマスを評価するもう一つの室内評価法は，海水中のクロロフィル a 量の測定である．クロロフィル a は植物プランクトン全種に含まれており，測定も容易で，かつ，これを測定することで植物プランクトン群集の生産能を推定することができるので，この方法が汎用されている．既知量の試水を沪過し，捕集された生物から植物色素をアセトン中に抽出する．抽出したクロロフィル a 量は，蛍光光度計で蛍光強度を測定するか，または，分光光度計で異なる波長の吸光度を測定して求められ，試水体積あたりのクロロフィル a 量，あるいは試料水柱の単位面積あたりのクロロフィル a 量として表される．

しかし，そのときどきの現存量やバイオマスを測定するよりは，植物物質が生産される「速度」，つまり**一次生産速度**を測定するほうが生態学的には有意義である．海洋の生産速度測定でもっともよく使われるのは **^{14}C 法** である．この方法では，植物プランクトンのはいった2本の海水試料びんに少量の放射性炭素でラベルした重炭酸（HCO_3^-）を加える．1本は光にあて，光合成と呼吸を行なわせる．もう1本は遮光して呼吸のみ行なうようにする．このあと，試水中の植物プランクトンを沪紙上に捕集し，単位時間あたりにとり込まれた放射性炭素量をシンチレーションカウンターで測定して一次生産速度（$mg\ C\ m^{-3}\ h^{-1}$）を次式で求める．

$$生産速度 = \frac{(R_L - R_D) \times W}{R \times t} \quad (3.1)$$

R は試水に加えた放射性炭素の総放射能，t は培養時間（h），R_L は"明びん"の放射能測定値，R_D は"暗びん"の放射能測定値である．W は試水中の全炭酸濃度（$mg\ C\ m^{-3}$）で，試水の塩分から算出あるいは化学滴定により測定できる．本法では生産速度は，単位培養時間（h^{-1}）に単位試水体積（m^{-3}）あたり，有機物に合成された二酸化炭素の量（$mg\ C$）として表される．この値は海域によって異なり，$0 \sim 80\ mg\ C\ m^{-3}\ h^{-1}$ の範囲で変動する．この方法はいろいろな水深の試水についても適用できる．有光層全体の生産を求めるため，また，比較を容易にするため，いろいろな深度からの結果を総合して，1日あたり，海面 $1\ m^{-2}$ の水柱で固定された炭素量（$g\ C\ m^{-2}\ d^{-1}$）として生産を表すのが普通である．単位時間あたりに有機物として固定された二酸化炭素量をバイオマス（クロロフィル a 量）で割ると，これは単位時間あたりの成長速度になり（$mg\ C[mg\ chl-a]^{-1}\ h^{-1}$），**同化指数**とよぶ（表3.2）．

上述の ^{14}C 法は，高精度ではあるが，厳密さには問題が残る．たとえば，暗びんでの二酸化炭素のとり込みは明びんでのとり込みを補正するためのブランクとされているが，光合成以外の生物活性が明ビンでも暗びんでも同じであることを前提にしている．しかし，これはおそらく正しくない．さらに，光合成中に植物プランクトンから可溶性有機物が放出されるが（**浸出**という過程），この分は沪

表 3.2 P_{max} と $\Delta P/\Delta I$ の代表的な値
P_{max} には同化指数（3.2.1節）の最大値を示してある．$\Delta P/\Delta I$ は図 3.5 の立ち上がりの傾きで，生産速度を日射フラックスで除した値を示してある．

P_{max}（同化指数） (mg C [mg chl-a]$^{-1}$ h^{-1})	備 考
2〜14	全般的な範囲
2〜3.5	低温（2〜4℃）
6〜10	高温（8〜18℃）
0.2〜1.0	低栄養海域 （黒潮など）
9〜17	高栄養・高温海域 （熱帯沿岸域など）

$\Delta P/\Delta I$（立ち上がりの傾き） (mg C [mg chl-a]$^{-1}$ h^{-1}) / (μE m^{-2} s^{-1})	備 考
0.01〜0.02	温帯海域
0.005〜0.01	亜熱帯海域
0.02〜0.06	ピコプランクトン （1.0 μm 以下）
0.006〜0.13 (年平均 0.045)	温帯沿岸域の 年間変動範囲

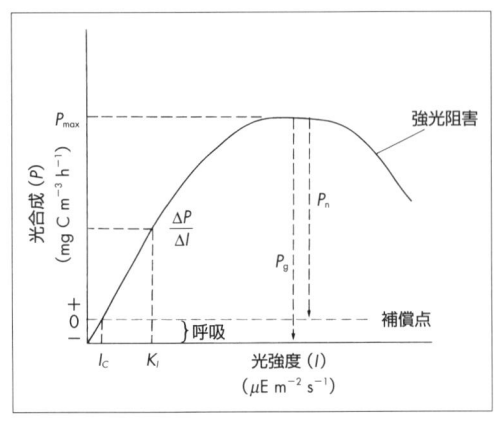

図 3.5 光強度（I）と光合成（P）の関係
I_c：補償光強度，K_i：半飽和定数（最大光合成 P_{max} の 1/2 のときの光強度），P_g：総光合成（総生産），P_n：純光合成（純生産）．絶対値は種ごとに異なるので図には示さない．

過捕集されないので測定できない．したがって，^{14}C 法は一次生産の測定のためもっとも実用的な方法ではあるが，誤測につながることもある．

これらのほかにも，広大な海洋にわたってクロロフィル濃度ひいては相対的な植物プランクトン現存量を測る方法が開発されている．蛍光光度計はある波長の紫外線を発してクロロフィル由来の赤色蛍光を測定し，体積あたりのクロロフィル量を見積もることができる．これはとても高感度で，船から曳航すれば（図 4.2）長距離にわたる海面クロロフィル濃度の変化を連続記録することができる．航空機や人工衛星を用いたリモートセンシングでは，より広範囲にわたって植物プランクトン現存量を見積もることができる．この手法は可視光線（あるいは PAR）の波長帯（400〜700 nm）における海面反射とクロロフィル濃度の間に一定の関係があるという事実に基づいている．クロロフィルは緑色なので，クロロフィルが増すにつれ海色は青から緑に変化し，その色調変化がクロロフィル濃度の評価に用いられる．人工衛星による測定は他の方法より精度が低く，深所の情報が得られないという制約もあるが，地球規模での相対的な植物生産分布の把握には有効である．

3.3 光と光合成

光（日射など）の量は，光合成の量にも速度にも大きく影響している．つまり，ある試水中の光合成は光強度に依存している．図 3.5 でわかるように，光合成はある最大値（P_{max}）に達するまで光強度とともに増大する．光強度が，その値以上になると，光合成が顕著に低下するが（**強光阻害**），これは強光による葉緑体収縮などの生理的反応によって生じる．

図 3.5 の曲線で呼吸量と光合成量がつり合う点は補償点とよばれ，このときの光強度（補償光強度 I_c）はすでに述べたように（2.1.2 項）有光層の下限となる．一次生産における**総生産速度**（P_g）という用語は光合成における全生物生産速度をさすのに用いられていて，一次生産における**純生産速度**（P_n）は総光合成速度から植物自身の呼吸速度を引いた分をさしている．

図 3.5 の曲線（強光阻害以前）は，2 つの独立な反応過程，つまり光依存反応（曲線の立ち上がり，$\Delta P/\Delta I$）と暗反応（P_{max}）から

成り立っていて，次の式で近似できる．

$$P_g = \frac{P_{\max}[I]}{K_I+[I]} \quad (3.2)$$

および

$$P_n = \frac{P_{\max}[I-I_C]}{K_I+[I-I_C]} \quad (3.3)$$

ここで，P_gとP_nはそれぞれ総生産速度と純生産速度であり，K_Iは半飽和定数（$P=P_{\max}/2$になるような光強度）で$10\sim 50\,\mu\mathrm{E\,m^{-2}\,s^{-1}}$の範囲にある．$[I]$はPAR光量で，$[I-I_C]$はPAR光量から補償光強度を引いた分である．

上式から，一定の生理条件下で成長している藻類は$P_{\max}$とK_Iの2つの定数で表される様式で光に反応することがわかる．実際に，植物プランクトンの種が異なれば$P_{\max}$値やK_I値も異なるし，同じ種であっても細胞ごとに光への反応が異なることもある（たとえば，海面近くの強光条件と深所の弱光条件への適応の違い）．一般に図3.5の光合成曲線では，立ち上がり部分の傾き（$\Delta P/\Delta I$，光依存反応）は細胞の生理状態によって変化する．光合成曲線の上限（$P_{\max}$，暗反応）は，栄養塩類や温度などの環境要因の変動に対応した値をとる．海面放射や"現場"光強度などへの対応は，植物プランクトンの種によって異なるので，環境条件が変われば，それを好適条件とする種も次々と変わり，群集内部における**種遷移**が起こることになる．$P_{\max}$値や$\Delta P/\Delta I$を表3.2にあげた．$P_{\max}$値は一般に高温かつ高栄養条件で大きいが，$\Delta P/\Delta I$はむしろ細胞特性に影響されることに注意したい．たとえば，一般に大型の植物プランクトンよりピコプランクトンのほうが$\Delta P/\Delta I$が大きい．その結果，深所の弱光条件下でもピコプランクトンは生育できることになる．

2.1.2項で海中での太陽光の減衰と補償深度の計算法を学んだので，式（2.1）と式（2.2）を応用して，海水柱内に鉛直混合がある場合の植物プランクトンの光合成を考えてみよう．この場合，有光層における「平均」光量$\bar{I}_D$がわかると解析に便利なので，これを次式で求めてみよう．

$$\bar{I}_D = \frac{\bar{I}_0}{kD}(1-e^{-kD}) \quad (3.4)$$

ここで，$\bar{I}_0$は海表面の日射量，kは光の海中での減衰係数，Dは平均光量を求める水層の深度である．

式（3.4）の応用例として，植物プランクトン個体群の総光合成量と総呼吸量がつり合うような鉛直混合深度（図3.6で$P_w=R_w$の深度）を求められる．この深度は**臨界深度**（D_{cr}）とよばれている．式（3.4）を変形して，$\bar{I}_D$をI_C（補償光強度）に置き換えると，

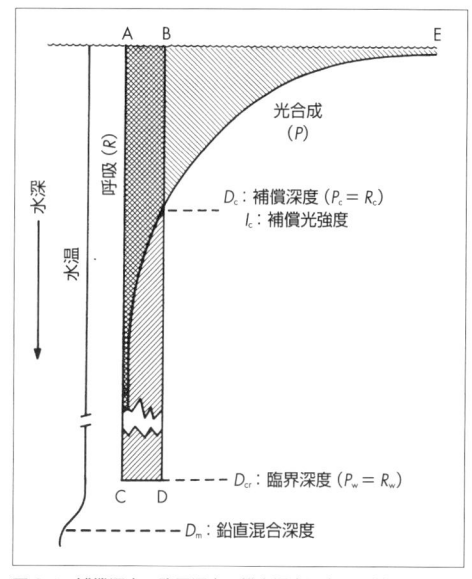

図3.6 補償深度，臨界深度，鉛直混合深度の関係
補償深度（D_c）の光強度は補償光強度（I_c）で，単一細胞の光合成（P_c）と呼吸（R_c）がつり合っている．これより浅いと光合成が呼吸を上回り（$P_c>R_c$），これより深いと呼吸が光合成を上まわる（$P_c<R_c$）．補償深度の上下で植物プランクトンが混合するときは水柱の平均光強度（$\bar{I}_D$）を考えなければならない．$\bar{I}_D=I_c$となるような水深を臨界深度（D_{cr}）といい，水柱の光合成（P_w）と水柱の呼吸（R_w）が等しくなる．ABCDで囲まれた部分の面積は植物プランクトンの呼吸を表し，ACEで囲まれた部分の面積は光合成を表す．臨界深度とは2つの部分の面積が等しくなる水深である．図のように臨界深度が鉛直混合深度よりも浅いと$P_w<R_w$となるので，純生産はないことになる．臨界深度が鉛直混合深度より深いときにのみ純生産が得られる．

臨界深度が求められる．

$$D_{cr} = \frac{I_0}{kI_C}(1 - e^{-kD_{cr}}) \tag{3.5}$$

kD_{cr} が0より十分大きければ（$kD_{cr} \gg 0$），式 (3.5) は次式に簡略化できる．

$$D_{cr} = \frac{I_0}{kI_C} \tag{3.6}$$

臨界深度の生態学的な重要性は図 3.6 によって明らかである．すなわち，呼吸による消費量（ABCD で囲まれた部分）と光合成による生産量（ACE 部分）が等しいときには，その深度が式 (3.6) で求められた臨界深度と一致している．嵐などの海水鉛直混合によって，植物プランクトンが臨界深度以深にまで沈められると，純光合成量はマイナスになる．しかし，鉛直混合が臨界深度より浅ければ，純光合成量はプラスになる．したがって，海面放射（I_0），減衰係数（k），補償光強度（I_C）からなる簡単な式を用いれば，温帯緯度域における植物プランクトンの春季生産がいつ始まるかなどを見積ることができる．

3.4 増殖速度における栄養塩類の影響

3.2.1 項で，生産速度は単位時間あたりに固定される炭素量で表されることを説明した．炭素量は実測できる量なので，容易に得ることができる．生産速度は，同化指数によっても表される．同化指数とは，1時間にクロロフィル a 1 mg あたり生産される炭素量（mg）であり，光合成測定値をクロロフィル a 単位で標準化できるので，いろいろな海域での光合成を比較するのに便利である．

植物プランクトンの成長を細胞数の増加で表す方法がある．単細胞生物の増殖は，次式のように指数関数で表される．

$$(X_0 + \Delta X) = X_0 e^{\mu t} \tag{3.7}$$

ここで，X_0 は実験開始時の細胞数，ΔX は経過時間 t において増加した細胞数，μ は比増殖速度である．ΔX が光合成炭素量で表される場合は，X_0 も細胞数ではなく炭素量にして，単位の統一をはかる必要がある．

式 (3.7) からは**倍加時間**が導かれる．これは，細胞数が倍加するのに要する時間である．植物プランクトンの倍加時間は次のようにして求められる．

$$X_t = X_0 e^{\mu t} \tag{3.8}$$

ここで，X_t は式 (3.7) の $(X_0 + \Delta X)$ である．X_0 が2倍になるのに要する時間（倍加時間）d は

$$\frac{X_t}{X_0} = 2 = e^{\mu d} \tag{3.9}$$

を変形した次式から求められる．

$$d = \frac{\log_e 2}{\mu} = \frac{0.69}{\mu} \tag{3.10}$$

二分裂で増える生物では倍加時間がすなわち**世代時間**である．

増殖定数（比増殖速度）μ に及ぼす栄養塩濃度の影響は，光合成の場合次のように表すことができる（式 (3.2) および式 (3.3)）．

$$\mu = \frac{\mu_{max}[N]}{K_N + [N]} \tag{3.11}$$

ここで，μ は栄養塩濃度 [N]（ふつう μM（マイクロモル）で表す）における比増殖速度（時間$^{-1}$）であり，μ_{max} はその植物プランクトンの最大比増殖速度，K_N（μM）は栄養塩摂取の半飽和定数で $\mu = \mu_{max}/2$ における栄養塩濃度に相当する．

植物プランクトンの増殖速度が海水中の栄養塩濃度で制限されている場合は式 (3.11) が適用できる．しかし，栄養塩濃度が極端に

低いような海域では，大型の渦鞭毛藻類（3.1.2項）は栄養塩類に富んだ深所に移動することがある．栄養塩濃度が急増するような深度を**栄養塩躍層**といい，これは有光層より深いこともある．硝酸塩などの栄養塩類を細胞内にとり込んだ後，渦鞭毛藻類は日光の射す表層に戻って光合成をする．この場合，植物プランクトンの（光合成による）増殖速度は細胞外ではなく「細胞内の栄養塩濃度」に比例する．

　植物プランクトンの増殖に必要な主要栄養塩類が不足することがある．一般に，マグネシウム，カルシウム，カリウム，ナトリウム，硫酸，塩素など（表2.1）は，植物の成長にとって十分な量が海水中に存在している．二酸化炭素は，湖沼では植物成長を制限することもあるが，海水には過剰なほどの量が存在する．これに対して，硝酸，リン酸，珪酸，鉄，マンガンなどの必須無機物質は，植物の生産を制限するほど低濃度になることがある．さらに，これらの必須物質は相乗的効果をもたらす場合がある．たとえば，代謝可能な形の鉄〔たとえばキレート鉄〕の濃度は，植物プランクトンによる無機窒素の利用能に影響する．これは，硝酸還元酵素や亜硝酸還元酵素に鉄が必要だからである．これらの酵素は硝酸や亜硝酸からアンモニアを生成し，そのアンモニアがアミノ酸合成に使われるのである．大型の珪藻類は鉄の制限を受けやすいが，小型の鞭毛藻類は低濃度の鉄でもとり込めるので鉄制限を受けにくい．鉄制限のある海域は硝酸塩濃度は高いがクロロフィル濃度は低い（high nitrate but low chlorophyll），いわゆる**HNLC海域**である．さらに，ビタミンB_{12}，チアミン，ビオチンなどの有機物質は，ある種の植物プランクトンにとって補助栄養的に必要であるが，これらの有機物質も海水には不足していて，植物プランクトンの増殖を制限している．

同じ水塊内に異種の植物プランクトンが多数生息している．これらすべてが等しく日光や二酸化炭素，栄養塩類などを要求して競争しているにもかかわらず，なぜ多種類の植物プランクトンが共存できるのだろうか？

　植物プランクトン種はそれぞれ増殖制限要因となる栄養塩類に対して特有の半飽和定数（K_N，式（3.11））をもち，最大比増殖速度（μ_{max}）も異なる．このように種特異的な増殖特性により，一様にみえる環境でも多種多様な植物プランクトンが生息できるのである．図3.7は，異なるK_N値とμ_{max}値をもつ植物プランクトンがある栄養塩濃度の変動に対応すること（式（3.11））を仮定して，その増殖速度の変化を示したものである．図3.7（a）では，種1（S1）のほうが種2（S2）よりもμ_{max}が大きいが，K_Nは同じなので，より高い栄養塩濃度までS1は増殖速度を増大できる．図3.7（b）では，S1とS2は同じμ_{max}をもつが，K_NはS1のほうが小さいので，S1のほうがより低い栄養塩濃度で最大比増殖速度に達する．図3.7（c）では，S1とS2はμ_{max}とK_Nがともに異なるので，栄養環境の変動に応じて種間競争での有利さが変化する．低栄養塩濃度ではS2のほうが速く増殖するから，S2が優占的となる．一方，高栄養塩濃度では，S1は高い最大比増殖速度の効果によってS1が優占的になる．

　増殖を制限する栄養塩が複数あり，光や温度，塩分などの物理的要因も異なる環境では，植物プランクトンの増殖を制限する要因が常に変化しつつモザイク状に並ぶのは明らかである．このモザイクに対する植物プランクトンの反応は種ごとに異なる．2つ以上の要因が同時に増殖を制限することはない，つまり，どれか1つの制限要因が増殖を律速する．この物理化学的モザイクが植物プランクトンの増殖をさまざまに制約し，多種の植物プランクトンの現存量比をつねに変化させつつ，その共存を可能にしている．

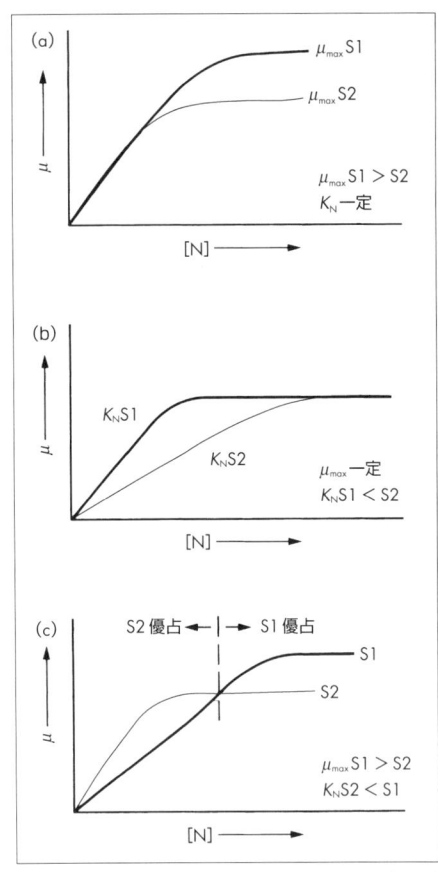

図 3.7 仮想の植物プランクトン 2 種（S1 と S2）の競争関係
いろいろな栄養塩－増殖曲線のパターンの組み合わせを想定している（a, b, c）．μ：比増殖速度，μ_{max}：最大比増殖速度，K_N：栄養塩とり込みの半飽和定数，[N]：環境中の栄養塩濃度，S1：種 1，S2：種 2．単位はすべて任意．種間競争の結果がどう変わるかは本文参照．

栄養塩類と植物プランクトン種の相互作用により，植物プランクトン個体群に多様性が生じる（図 3.8）．まず，単独種（種 1）と 2 つの制限要因（たとえば，硝酸塩とリン酸塩など）の場合（図 3.8 (a)）で，各栄養源について最低要求濃度（R_{I*}・R_{II*} 値）があるとする．これよりも低い栄養塩濃度だと，種 1 は他種と競争するまでもなく生存できない．ここに異なる最低要求濃度をもつ他種（種 2）が入ってくると（図 3.8 (b)），状況は複雑になる．この仮想例では，種 1 と種 2 とは異なる栄養塩濃度で増殖が制限されており，種 1 は栄養源 1 の利用にすぐれているならば，栄養源 1 が低濃度でも生存できる．栄養源 1 濃度がやや高くなる環境変化が起こると，種 1 は競争に勝ち，種 2 を駆逐するようになる．逆に，栄養源 2 が低濃度ならば，種 2 は栄養源 2 の利用にすぐれているので生き残ることができる．両栄養源ともに最低要求濃度以上において，両種が共存できる栄養環境領域がありうる．異なる最低要求濃度をもつ種をさらに加えていくと（図 3.8 (c)），それに応じていろいろな共存が起こりうる．

図 3.8 の例に関して，両栄養源ともに各植物プランクトンの K_N 値よりも高濃度ならば，種の優占性は μ_{max} で決まり，もっとも速く増殖する植物プランクトン種が優占種になる．栄養源濃度の両極端では，つまりひじょうに低くとも高くとも，植物プランクトンの多様性は低下する傾向にある．ひじょうに低濃度のときは最小の K_N 値をもつ単独種が優占する．ひじょうに高濃度では最大の μ_{max} 値をもつ単独種が優占するようになる．図 3.8 のような単純な図に，もっと多くの栄養源と生物種を加えると，物理化学的組み合わせの数はほとんど無限になり，それだけ多種の植物プランクトンがモザイク状に共存できる．

この物理化学的環境モザイクはあまり安定していない．光・温度環境は日周的にも季節的にも変動し，栄養塩濃度も変動するが，この変動自体が植物プランクトンの種組成などに影響する．たとえば，高濃度の栄養塩類を含んだ深層水が日周的に湧昇すれば，栄養塩濃度は散発的に変動することになる．このような栄養塩濃度の変動は，定常的な湧昇により栄養塩濃度が一定に保たれている場合と比べて，植物プランクトンの種組成に異なる影響を及ぼすであろう．一方，毒性物質は，栄養源とは逆効果の方向に作用する．つまり，毒性物質濃度が高くなるにつれて，選択的な成長阻害が増大し，やがては生物種の多様性が低下して，耐性のもっとも強い単独種だけが生存することになる．さらに付け加えると，植食性の動物プランクトンによる選択的捕食

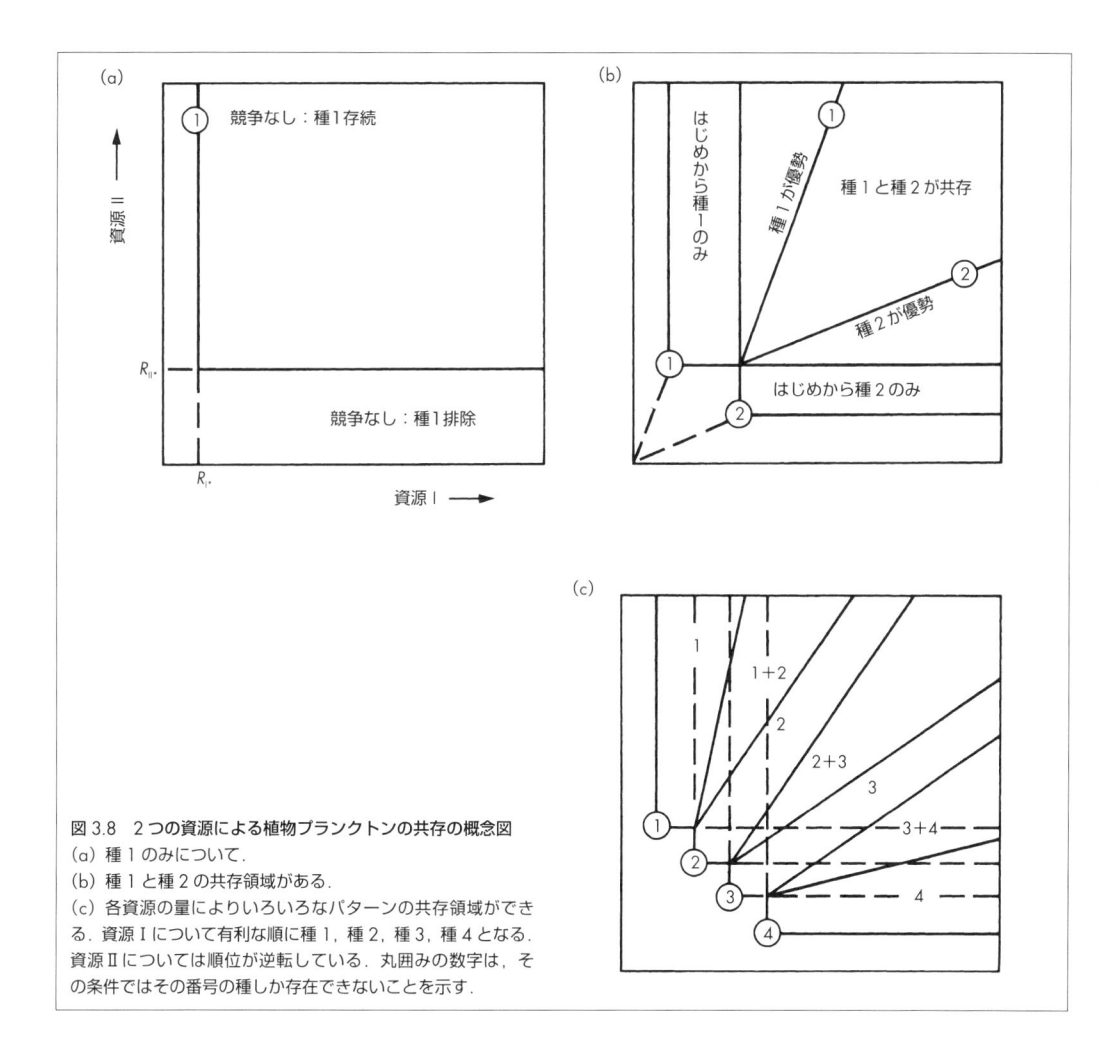

図 3.8 2つの資源による植物プランクトンの共存の概念図
(a) 種1のみについて．
(b) 種1と種2の共存領域がある．
(c) 各資源の量によりいろいろなパターンの共存領域ができる．資源Ⅰについて有利な順に種1，種2，種3，種4となる．資源Ⅱについては順位が逆転している．丸囲みの数字は，その条件ではその番号の種しか存在できないことを示す．

も，植物プランクトンの種構成比に影響している．

代表的な植物プランクトンの μ_{max} と K_N 値を表 3.3 にあげる．栄養塩類（とくに，制限的な濃度で存在することが多い硝酸塩やアンモニウム塩）の濃度に応じて，その水圏環境を分類することができる．必須栄養塩類が乏しく，一次生産性も低い水域は**貧栄養**とよばれる．**富栄養**の水域は，栄養塩類が高濃度であり，植物プランクトン光合成による生産量も多く，生産性がきわめて高い．この中間的な水域をさして**中栄養**という用語が使われることもある．富栄養水域は1種か2種の増殖の速い植物プランクトン，すなわち r-選択種（表 1.1）が優占する傾向にある．一方，貧栄養水域では異なる栄養塩類の制限を受け

表 3.3 植物プランクトンの最大比増殖速度（μ_{max}）と半飽和定数（K_N）の例

最大比成長速度（μ_{max}）〔1日あたりの世代数に変換した値〕（$= \log_e 2/\mu_{max}$）	備　考
0.1〜0.2	熱帯の貧栄養海域
0.4〜1.0	温帯の富栄養沿岸域
1.0〜3.0	熱帯の湧昇域および富栄養で高温下のピコプランクトン

半飽和定数（K_N）〔μM〕		
硝酸または アンモニウム	0.01〜0.1	貧栄養海域
	0.5〜2.0	富栄養外洋域
	2.0〜10.0	富栄養沿岸域
珪酸	0.5〜5.0	珪藻全般
リン酸	0.02〜0.5	貧栄養〜富栄養海域全般

た多くの K-選択種が競合する傾向にあり，全体的な栄養塩供給に応じて群集構造が平衡する傾向にある．

3.5 一次生産の物理的制限

　海洋植物プランクトンの生物生産に影響するおもな物理的要因には2つある．一つは光であり，もう一つは栄養塩類の豊富な深層水を有光層まで湧昇させる力である．この2つの要因の組み合わせにより，ある海域にどのような植物プランクトンが成長し，どのくらいの一次生産があるかがおおまかに決まる．この2つの要因によって，水産魚種も含めた海産動物の量と種類も決まる．

　赤道から両極へ向かって日射量は減少する．一方，風による鉛直混合は海表へ栄養塩類を湧昇させるが，このはたらきは赤道では弱く（海面が太陽で熱せられて水層が鉛直的に安定している），極域へ向かうほど強くなる．したがって，有光層における光量と栄養塩量は逆関係にあり，植物プランクトン生産パターンが緯度別に異なってくる．極域では，夏季に一度だけ，植物プランクトンの単発的なブルームが起こる．温帯域では，春季・秋季の年2回，植物プランクトンのブルームが発生する．熱帯域では，強い日射で海面が高温になり温度躍層が永続するので（2.2.2項），植物プランクトン生産は，年間を通して栄養塩に制限され不規則で少々の変動をするだけである．

　図3.9には，全海洋的な植物プランクトン生産の年間変動の概略を示してある．有光層の栄養塩濃度に影響する物理的要因も多いので，この図のように一般化できない場合もある．**前線**はその一例で，水温や塩分，密度の急な水平勾配が比較的狭い海域に形成される．また，リング状の循環流である**エディ渦**も，その例としてあげられる．これらの物理現象は，数千キロメートル（ジャイア渦など）から数キロメートル程度（潮汐前線，河口域前線など）まで幅広い規模で起こる．この規模の大きさは，その場所の地形や海洋気象によって決まる．いずれにせよ共通の特徴は，

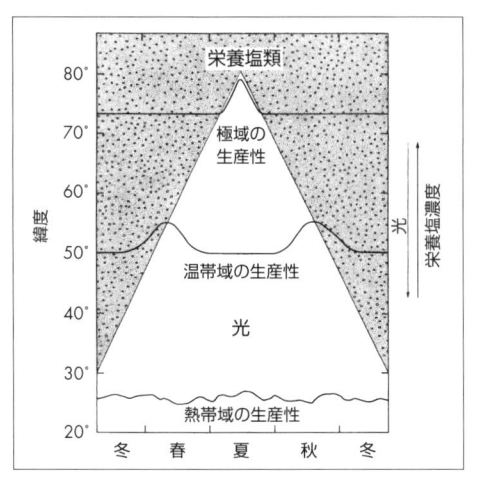

図3.9　熱帯域・温帯域・極域における海洋表層の光量（白地部分），栄養塩量（陰影部分）および一次生産の季節変化の比較
一次生産のスケールは任意．

数日から数か月の時間スケールで深層から有光層へ栄養塩類を運び上げる機構があることである．この機構は，季節風による表層水の混合，つまり図3.9で模式的に表した地球規模での植物プランクトン生産様式を定める要因と重なりあっている．このような機構による栄養塩の供給は，本来なら低生産である時期において，局所的に高い植物プランクトン生産をもたらすので，海洋中の「オアシス」的な存在になる．

3.5.1 海洋の循環と渦

　全海洋的な表層の大循環（海洋大循環；2.6節，図2.19，図3.10）は大規模なジャイア渦〔1000 km規模の渦〕である．これは**高気圧性循環**として，北半球では時計まわりに南半球では反時計まわりに，表層水を循環させている（表3.4）．北半球における時計まわりの渦では，表層水を循環の中心に引き込むので**収束循環**になる．図3.11 (b)は，この収束性のため，高気圧性循環で温度躍層が深くなる．この条件では，深層水から表層への栄養塩供給がないので，北大西洋のサルガッソー海のような収束循環域は生物生産の不毛海域となる．南半球では，循環の回転方向が

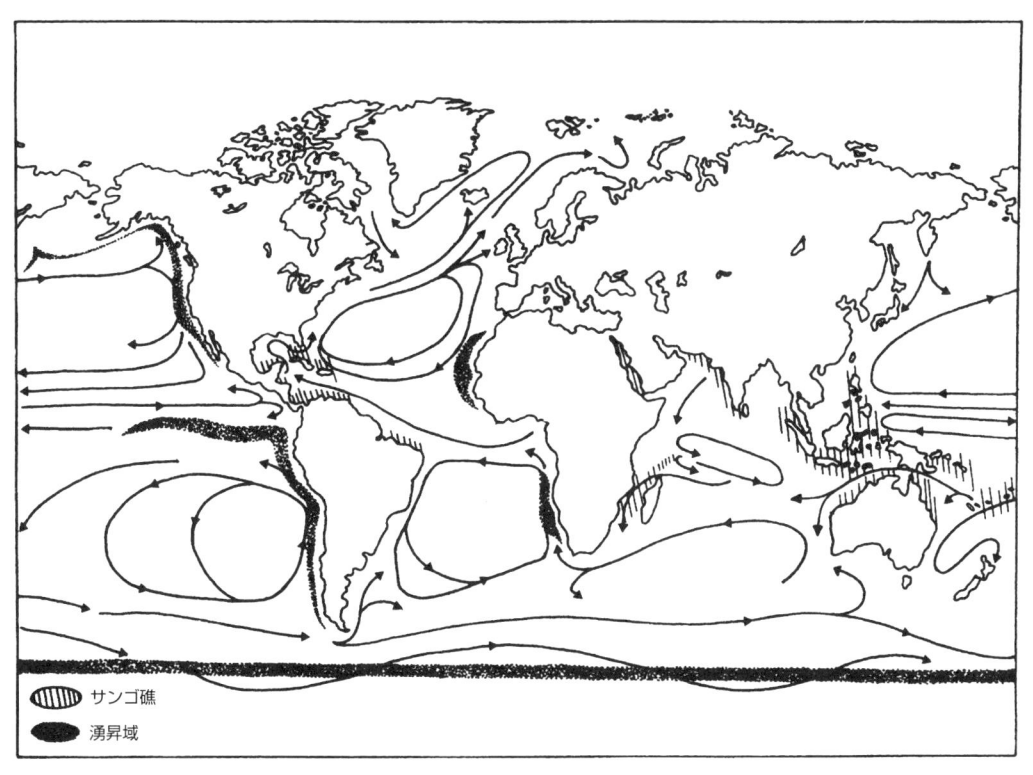

図 3.10 世界の海洋における湧昇域とサンゴ礁の分布

表 3.4 北半球・南半球における渦流

	低気圧性循環 または 冷水渦 発散, 高生産	高気圧性循環 または 暖水渦 収束, 低生産
北半球	↺	↻
南半球	↻	↺

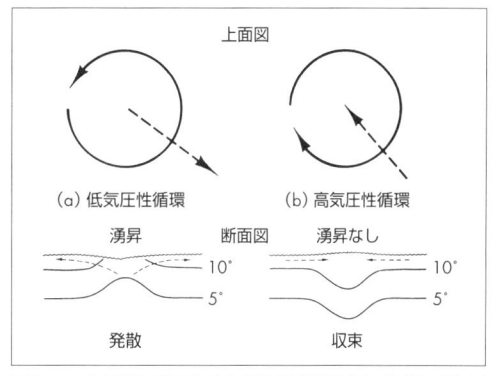

図 3.11 北半球における (a) 低気圧性循環および (b) 高気圧性循環の上面図と断面図
破線は海水の移動方向を示す. 冷水渦や暖水渦もパターンは同じだが規模が小さい.

北半球とは逆転するが, 海水の鉛直流方向も同様に逆転するので, 反時計まわりの循環が収束循環となり, 生産性が低くなる.

低気圧性循環では, 北半球では反時計まわりの, 南半球では時計まわりの表層循環流となる. これは**発散循環**なので, 温度躍層以深の水を引き上げるはたらきがある (図 3.11 (a)). これが豊富な栄養塩供給をもたらし, その海域の生産性を高める. アラスカ湾のアラスカ循環は発散循環で, 温度躍層以深からの上昇流速は年間 10 m と見積もられている. アラスカ循環の位置する北緯 50 度では日射量に制限があるので, もう少し南にあれば相当に高い生物生産性をもたらすであろう. アラスカ循環での生物生産は海洋循環による栄養塩供給の効果よりも, 実際には季節的な日射量の増減に影響されている.

渦はジャイア渦と同じ構造だが, 小規模 (直径数百キロメートル程度) である〔中規

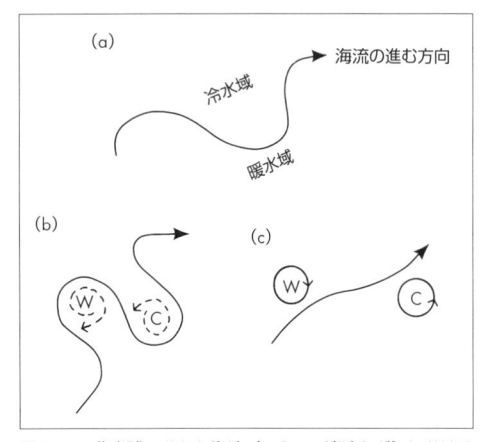

図3.12 北半球のおもな海流（メキシコ湾流など）における暖水渦（W）と冷水渦（C）の形成過程
(a) 暖水域と冷水域の間を流れる海流が蛇行して小さな渦ができ，(b) 蛇行とともに渦も発達すると，(c) 渦は海流から分離して暖水渦や冷水渦という循環流になる．暖水渦は冷水域に，冷水渦は暖水域にできることに注意．

模渦とよぶこともある〕．渦は湾流のような大きな海流から切り離されてできる．海流の大蛇行により分離した水塊が渦巻きを形成し，何年も続いて存在することがある（渦内での一次生産に影響するには十分な時間である）．図3.12の2種類の渦は，**暖水渦**（高気圧性）と**冷水渦**（低気圧性）である．それぞれの渦流の断面は，図3.11の低気圧性と高気圧性の循環に類似するが，規模はずっと小さい．この渦内に下向きあるいは上向きの流れができ（表3.4，図3.11），低水温（低気圧性循環）あるいは高水温（高気圧性循環）が持続する．しかし，低気圧性渦流と同様に冷水渦の中心部で等温線が持ち上がるとしても，それは必ずしも湧昇を意味しない．冷水渦で高い生産性があるとしたら，それは蛇行していた水がすでに栄養塩類に富んでいたからだろう．また，暖水渦の中心部が沈降しているわけでもない．

3.5.2 大陸縁辺での収束・発散

海流の風成循環により大陸縁辺に沿ってひじょうに大きな前線帯が形成される．これは**大陸発散前線**と称され，太平洋ではペルー海流やカリフォルニア海流に関係したもの，大西洋ではカナリー海流やベンゲラ海流に関係したものが有名である（図2.19）〔**沿岸湧昇前線**ともいう〕．このような海流は大陸の西岸沖を赤道へ向かって流れるが，地球の東まわりの自転によって海岸から離されるので，これを補うように沿岸湧昇が起こる（図3.10）．このような海域では，栄養塩に富んだ深層水が1年のうち何か月も表層に供給される．さらに，これらの海域は緯度10～40度にあるので，1年の大半は光合成に十分な日射がある．したがって，大陸発散前線は，海洋でもっとも生産性の高い海域の一つである．また，魚類や鳥類も多く，利用可能な生物資源の科学調査も数多く行なわれている．

生産性がきわめて高い湧昇のある大陸発散前線は，南極大陸周辺にも存在している．それは**南極発散帯**（**南極湧昇域**）として知られ，オキアミなどの動物プランクトンがきわめて豊かで，クジラやアザラシ，海鳥などの捕食者も多い（5.2節，図5.4）．

オーストラリア大陸西海岸にも湧昇がありそうだが，大規模な漁業は行なわれていない．ここには湧昇があってもよさそうなのに，北から強い暖水流が流入し，湧昇を抑えている（図3.10）．同様に，太平洋の赤道域の暖水が流入し，ペルー沖の湧昇を抑えることがある．温度躍層，すなわち栄養塩躍層が暖水によって押し下げられるのだが，これはエルニーニョとして知られている．

逆に，**大陸収束前線**は海流が赤道から離れる大陸東岸沖で起きやすい．こういう海域には，栄養塩に乏しい暖水が集積する．また，サンゴ礁が大規模に発達する海域でもある（図3.10）．代表例として，南太平洋のオーストラリア東岸沖に所在するグレートバリアリーフ（大サンゴ礁），インド洋マダガスカルのサンゴ礁，カリブ海のサンゴ礁などがあげられる．

3.5.3 地球規模の前線系

前述の大陸前線系も地球規模の前線と称されるほど大型であるが、大陸との関係がとくに強いので別扱いにした。ここで扱う**地球規模の前線系**は、異なる2つの海流の収束あるいは発散により形成される。たとえば、日本の北部沿岸域を流れる親潮は栄養塩に富んだ寒流、西太平洋の黒潮は安定した成層構造をもつ暖流である。この両者は、混合して北太平洋海流となり、日本から北米大陸西海岸へ向かって流れる。この黒潮と親潮が混合すると、ひじょうに大規模な前線帯が形成されるので、海洋生物の生産性がきわめて高くなる。同様な現象は、北大西洋のラブラドル海流（寒流）とメキシコ湾流（暖流）のぶつかる海域でも起こっている（図2.19）。

地球規模の前線系は南極大陸周辺の南緯57～59度でも形成される。ここには亜熱帯水と南極水の収束帯があり、いわゆる**南極前線（南極収束帯）**を形成している。この収束帯において沈降する海水は、全海洋の主要な低温深層水の源である（2.4節、2.17節）。

最後に、生産性に影響する地球規模の前線として、赤道横断的な発散流に起因する湧昇がある。赤道湧昇は、太平洋では北緯10度付近ではとくに顕著であり、カリフォルニア沖やペルー沖の沿岸湧昇にもつながっている。また小規模ではあるが、大西洋やインド洋でもみられる。

3.5.4 大陸棚縁辺前線

大陸棚縁辺前線は、大陸棚や堆（海底の小隆起）の縁辺に生じる。大陸棚の海域で水深が急に浅くなること、大陸棚で海流速度が変わること、潮汐による大陸棚水との交換などが大陸棚縁辺前線の成因である。大陸棚縁辺前線の形成過程は、混合状態の維持に関するポテンシャルエネルギー（PE）と水柱単位断面積あたりの潮流エネルギー消散率（TED）との比（R）を用いて解析できる。

$$R = \frac{PE}{TED} \tag{3.12}$$

この2つのエネルギー（PEとTED）は多くの変数を用いて定式化できるが、成層構造が温度躍層に由来する海域では、この変数の多くは定数で表される。定数でない変数のうち重要なのは、平均流速$|\overline{U}|$と水深hである。これを用いて成層指標を定式化すると、次式が成り立つ。

$$S = \log_{10} \frac{h}{C_D |\overline{U}|^3} \text{ (cgs 単位系)} \tag{3.13}$$

C_Dは摩擦係数あるいは抵抗係数であり、砂質の海底なら約0.003になる。成層指標はどの沿岸域でも容易に計算でき、通常は+3（高度に成層的）から-2（著しく乱流的）の間になる。$S ≒ 1.5$という値は植物プランクトンの生産には最適であり、その海域が過度に成層的あるいは乱流的でないことを示している。大陸棚や堆で流速が増して、乱流が栄養塩類を表層まで運び上げると、その栄養塩類は植物プランクトンに利用されるので、大陸棚縁辺前線では一次生産性が高くなる。しかし、植物プランクトンの最大現存量（クロロフィルa濃度）は、この前線よりもやや離れて存在する。

図3.13と図3.14に大陸棚縁辺前線を示している。ケルト海における事例で明らかなように、計算した成層指標値（図3.13（a））とクロロフィル極大値（図3.13（b））の水平分布は一致している。図3.14では、クロロフィルの鉛直分布極大が前線の混合水柱側と安定水柱側にみられる。

3.5.5 河口域前線

農業肥料や排水などに由来する、あるいは別由来の、高濃度の栄養塩類が、河川から海へ運び込まれることがある。このような栄養

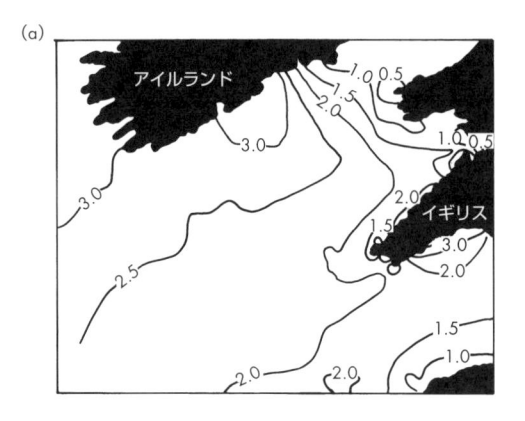

図3.13 (a) アイルランドとイギリスの間のケルト海における成層指標の平均値と (b) 4月のケルト海における表層クロロフィル a 濃度（$\mu g\, l^{-1}$）の分布

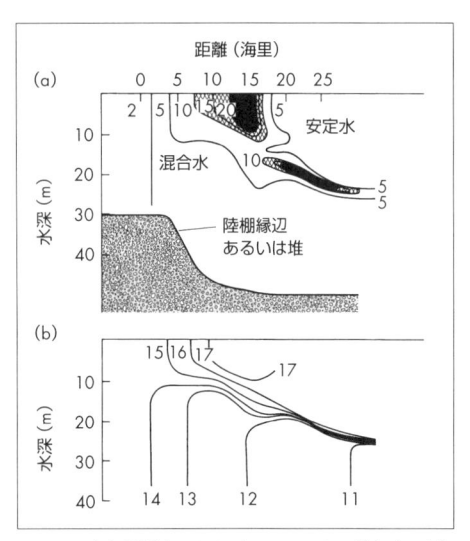

図3.14 (a) 前線域におけるクロロフィル a 濃度（$\mu g\, l^{-1}$）の分布と (b) それに対応した温度（℃）の分布

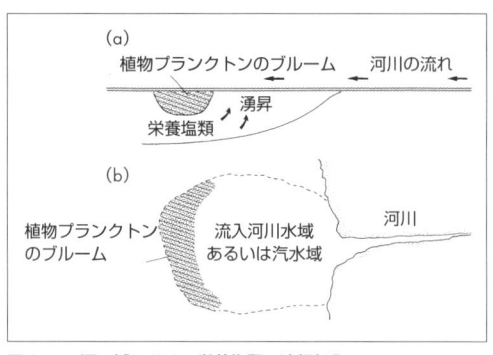

図3.15 河口域における栄養塩類の連行加入
(a) 断面図，(b) 平面図

が湧昇し，栄養塩類が連行加入するので，河口域の生産性がきわめて高くなる（図3.15）．河川流入の顕著な水域のどこに植物プランクトンのブルームが発生するか（あるいは前線の位置）は，栄養塩類の連行加入量，河川水から砂泥が沈降する度合い（これは深所まで光透過に影響する），混合層の深さ，動物プランクトンによる捕食などの複合要因で決まる．また，海洋気候の影響が汽水域での植物プランクトンのブルームに及ぶこともある．

3.5.6 島陰効果とラングミュア前線帯

有光層まで栄養塩類を運び上げる物理過程は，前述の5つの（3.5.1～3.5.5項）タイプに加えて，多種類の小規模な前線帯過程がある．その一つに，**島陰効果**がある．たとえば，島（あるいは海山）にぶつかった海流の撹乱により，温度躍層以深からの湧昇が起き，表層に栄養塩類が供給される．ハワイ近海における植物プランクトン量の増加過程として報告されたのが最初であるが，現在では多くの海域で同じ過程が存在することが知られている．たとえば，シリー諸島（イングランド南西沖）西方は低生産海域（$0.5\, \text{mg chl-}a\, \text{m}^{-3}$ 以下）として知られているが，そのなかに高生産水域（$4\, \text{mg chl-}a\, \text{m}^{-3}$ 以上）が 50 km にわたって形成される．同様な湧昇の結果として生物生産が増加することは，海流が複雑な海岸線の岬や湾部を通過するときにも起こっ

塩類は，河口域の生産性を上げ，沿岸域を富栄養化させる．さらに，河川水が沖に向かって流れると，その流れに引きずられて深層水

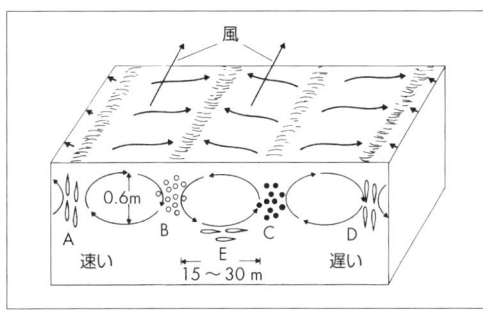

図 3.16 ラングミュア循環とプランクトン分布
中性浮力の粒子はランダムに分布するが，(A) 下方に遊泳する生物は湧昇部に集積する，(B) 浮上粒子は沈降部に集積する，(C) 沈降粒子は湧昇部に集積する，(D) 上方に遊泳する生物は流れの遅い沈降部に集積する，(E) 水平方向に遊泳する生物は比較的流れの遅い部分に集積する．

表 3.5 世界のいろいろな海域における年間一次生産性の範囲

海域	年平均一次生産 ($g\,C\,m^{-2}\,y^{-1}$)
沿岸湧昇域	500〜600
ペルー海流，ベンゲラ海流など	
大陸棚縁辺域	300〜500
ヨーロッパ棚，グランドバンク，パタゴニア棚など	
亜北極海域	150〜300
北大西洋，北太平洋など	
低気圧性循環域	50〜150
サルガッソー海，太平洋亜熱帯域など	
北極海（結氷域）	50 以下

ている〔日本近海での島陰効果は日本海の竹島付近にみられる〕．

小規模ながらも一次生産に影響する他の過程に**ラングミュア循環**がある．これは比較的静かな海面を風が定常的に吹くと，水平軸のまわりに直径数メートルの渦列が発生し，海水の湧昇と沈降を起こすものである（図 3.16）．この作用が及ぶ深度は，深層水から栄養塩類を運び上げるほどは大きくないが，プランクトンが集積して捕食作用が強化されるので栄養塩類の再生が速くなる．海面の浮遊物や泡などがいくすじもの縞模様になって伸びているのはラングミュア循環のためである．サルガッソー海では，ラングミュア循環によって流れ込んできた海藻（ホンダワラ類の *Sargassum*）の列ができる．

3.6 地球規模での植物プランクトン生産

地球のいろいろな海域の植物プランクトンの一次生産は，季節と場所で変化する．もっとも高い値である一次生産（$1\,g\,C\,m^{-2}\,d^{-1}$ 以上）は湧昇域（3.5.2 項）でみられ，もっとも低い値（$0.1\,g\,C\,m^{-2}\,d^{-1}$ 以下）は亜熱帯の収束循環（3.5.1 項）でみられる．太平洋および大西洋の亜寒帯域では夏季でこそ一次生産が $0.5\,g\,C\,m^{-2}\,d^{-1}$ 以上に達する場合もあるが，冬季の数か月間はほとんど純生産がない．

これらのいろいろな値の年間積算値を表 3.5 に示す．年間一次生産の海域ごとの違いは，人工衛星を用いたリモートセンシングで検出した全海表面のクロロフィル濃度分布によってもわかる．全体として，全海洋の一次生産は炭素量にして年間約 40×10^9 t である．この値は全陸上植物の光合成生産と同じ桁にあるが，分布はまったく異なっている．

陸上生態系では，生産性のきわめて高い地域は限られており，地域による生物生産のばらつきがひじょうに大きい．たとえば熱帯雨林の一次生産速度は $3500\,g\,C\,m^{-2}\,y^{-1}$ と見積もられているが，これは植物プランクトンの最高生産速度より 6 倍も高い．一方，陸域にある広大な砂漠地帯では光合成がほとんど行なわれない．これとは対照的に，海洋（地球表面の 71% を覆う）では有光層ならどこでも，たとえ極域の海氷下でも光合成生産が行なわれる．したがって，海洋の一次生産性は低くても，全海洋を合計すると，陸上の光合成炭素固定量にほぼ匹敵するのである．

海洋の生物生産は光や栄養塩類の利用性に応じて緯度や季節で変動する（図 3.9）．どの海域でも植物プランクトンの最大生産量は，これらの物理的要因でほとんど決まる．海域ごとの一次生産レベルはまた生物的要因の影響も受ける．たとえば，植物プランクトンが増殖すると有光層中の栄養塩濃度が低下し，またその数が増えると**自己陰影**が生じて光が透過しにくくなるので有光層が浅くなる．こ

こで植物プランクトン生産の一部を除去するよう植食性動物プランクトンによる採食というバランスがはたらく．そして，植物プランクトン群集が動物プランクトンに利用される様子も海域ごとに異なる．

一次生産速度が高いときは，一般に，植物プランクトンの現存量も多い．沿岸域のブルームの場合，クロロフィル a の現存量は $1\,mg\,m^{-3}$ 以下から $20\,mg\,m^{-3}$ 以上まで数日間で増加する．しかし，海域によっては，植物プランクトンの増殖分が動物プランクトンに捕食され，一次生産速度と植物プランクトン現存量の増加の一致が認められないことがある．このような状況は北太平洋の北緯50度あたりでみられる（図3.17）．ここでは，沿岸域の影響もなく，植物プランクトン（クロロフィル a）現存量は $0.5\,mg\,m^{-3}$ で一定し，1年を通してほとんど変化しない．しかし，この海域の一次生産速度は $50\,mg\,C\,m^{-2}\,d^{-1}$ 以下（冬季）から $250\,mg\,C\,m^{-2}\,d^{-1}$ 以上（7月）まで増大する．この生産速度の増大分は動物プランクトンに捕食されて，図3.17に示したように動物プランクトンのバイオマスを増大させている．この植物プランクトンと動物プランクトンの増加にかかわる密接な位相合わせ（フェージング）の影響は，その海底に生息する深海ベントスにまで及んでいる．なぜならば，北太平洋では植物プランクトンの大部分が水柱内で捕食されるので，沈降して底生動物の餌料になることが少ないからである（8.8.4項）．

対照的に，同緯度の北大西洋では，春季ブルームのクロロフィル a 現存量が 0.1 から $1.0\,mg\,m^{-3}$ まで10倍も増加することが特徴的である．太平洋と同様に一次生産速度も高くなるが，動物プランクトンによる捕食が一次生産の増大に追いつけず，植物プランクトンのごく一部が捕食されるだけなのでクロロフィル a 量が増加するのである．北大西洋のほとんどの海域では，秋季ブルームもある

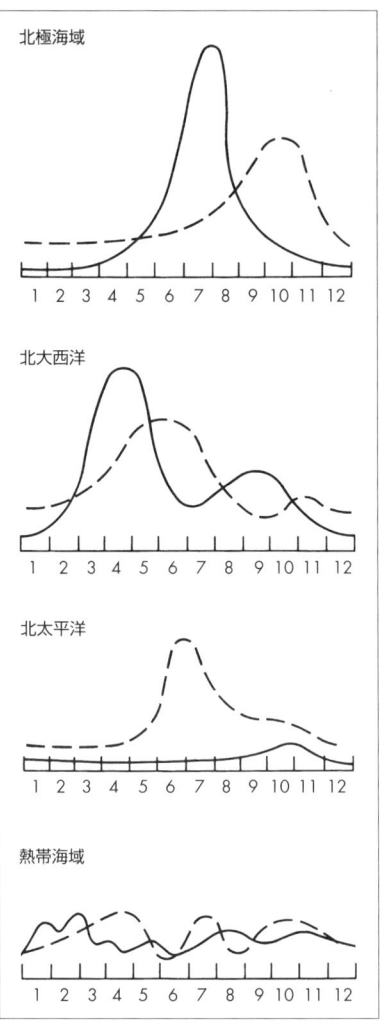

図3.17　海域ごとのプランクトン群集の周年変動
実線は植物プランクトン，破線は動物プランクトンを示す．横軸の数字は月．スケールは任意．

が，これは図3.17の植物プランクトンと動物プランクトンの第2ピークのことである．北大西洋では，植物プランクトンの大部分は捕食されないまま海底へ沈降し，底生動物の食料源になる．

植物プランクトンと動物プランクトンの周年変動について，北極海域と熱帯海域の例も図3.17に示した．北極海域では，海氷が消えた直後に単発のブルームが起き，それにやや遅れて動物プランクトン量の増加が続く．動物プランクトンがやや遅れて増加するのは，低水温で成長速度が遅いからである．熱帯海域では，植物プランクトンと動物プラン

クトンのバイオマスは年間を通してほとんど変化しない．台風などの影響でこの安定性が乱されると，植物プランクトン量がわずかながらも不規則的に増加することがある．熱帯環境では，植物プランクトン量のわずかな増加にも，動物プランクトンの成長がただちに反応する．

一次生産速度は深度によって変化し，植物プランクトンの鉛直分布も季節変化することがある．図3.18にはこれを時間を追って表してある．温帯域では，冬季は表層混合が強いので，海面近くの強光阻害を除いて，光合成は光減衰曲線（図2.5）に従うはずである．春から夏にかけて，海面付近の一次生産速度が高くなるが，これは植物プランクトン現存量の増加を伴う場合もある．夏季後半になると，海面付近で栄養塩類が枯渇し，一次生産速度の極大とクロロフィル量の極大は深層へと移っていく．

安定した水塊（熱帯や亜熱帯の海域の大部分など）では，栄養塩類，一次生産速度，クロロフィル a 量の鉛直分布は図3.18に示した夏季後半の分布様式に類似していて，水塊の年間を通した特性になっている．このよう

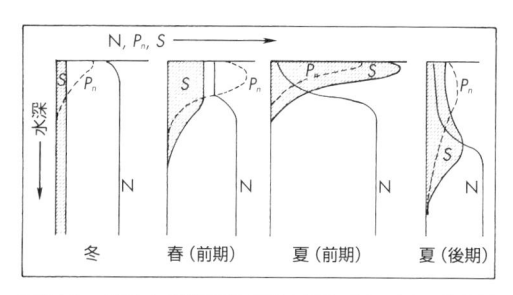

図3.18 成層した温帯海域における植物プランクトン現存量 (S)，日間純光合成 (P_n)，栄養塩類濃度 (N) の季節別深度分布
S (陰影部分)：mg chl-a m^{-3}，P_n (破線)：mg C [mg chl-a]$^{-1}$ d^{-1}，N (実線)：硝酸塩濃度 (μM)

な水塊のクロロフィル量の極大は，その水塊の長期的安定度にもよるが，水深20〜100m（ときには100m以深）の範囲にある．このような条件下では，有光層は鉛直的に2つの生物群集層に分けられる．上層の群集は栄養塩濃度に制限されており，上層中での栄養塩再生に関する生物学的および化学的過程の影響を強く受ける．下層の群集は光強度に制限されるが，深層から栄養塩類の供給を受けやすい栄養塩躍層に位置している．動物プランクトンや魚類には鉛直移動する種類もいるので，鉛直的に分離した2層の生物群集間にもいくらかの生物的移動がある．

まとめ

- 海洋の植物プランクトン群集は，多様な藻類グループで構成されており，独立栄養〔光合成〕を営み，海洋食物連鎖の起点になっている．光合成によって，二酸化炭素，水，無機栄養塩類から高エネルギーの有機物が生産される．
- 光合成は，一連の化学反応経路によって構成されている．明反応は，光エネルギーを化学エネルギーに変換するために，光量子を捕獲するクロロフィルや補助色素に依存している．暗反応は，二酸化炭素を還元して高エネルギー炭水化物を最終代謝産物として生産するが，光を必要としない．動植物の呼吸は，光合成の逆の反応経路であり，炭水化物に蓄えられている高エネルギーを遊離するのに酸素を用い〔酸化〕，二酸化炭素を放出する．
- 植物プランクトンは，光合成を行なうために硝酸塩やリン酸塩（そして珪藻類は珪酸塩）などの無機物を要求するが，これらの濃度が低いために植物生産が制限されることもある．ある種の植物プランクトンは栄養要求的でビタミンなどの有機物を要求するが，この濃度もまた制限要因となることがある．
- 植物プランクトンの量（現存量，バイオマス）は，細胞数や全体積，そしてもっとも一般的にはクロロフィル a 量から見積もることができる．一次生産速度については，植物プラン

第4章 動物プランクトン

　動物プランクトンを構成している種類は，分類学的にも体構造的にも多様である．サイズの範囲も，微視的な単細胞生物から直径数メートルのクラゲにまで及んでいる(図1.2)．動物プランクトンは，移動能力があるが流れに逆らって動くことはできない，と定義されている．また別の定義によれば，動物プランクトン（すべての動物とある種の微生物というべき）は**従属栄養性**である．つまり，動物プランクトンは，体構成物を合成するために，化学エネルギー源として有機物（無機物ではない）を必要としている．植物は太陽エネルギーにより二酸化炭素を還元して独立栄養生産を行なうが，動物はそれと異なり，炭素化合物などの必須物質を得るために有機物を摂取している．そして，動物はエネルギーの獲得様式で大別される．つまり，植物を食べるものは**植食動物**であり，動物だけを食べるものは**肉食動物**，おもに死んだ有機物を消費するのは**デトリタス食動物**である．しかし，多くの動物は，植物も動物のどちらも食べる**雑食動物**である．このように，多種多様な動物プランクトンはしばしば摂食対象で分類される．

　動物プランクトンは，サイズによる分類や食物連鎖での位置以外に，生息場所（外洋域か沿岸域か；1.2節）と動物分類学的な根拠に基づいても，いくつかの類型に分類される．さらに，浮遊生活をする期間の長さに応じて2つの様式に分類されている．つまり，全生涯を水柱内で過ごす**終生プランクトン**と，一生のある時期だけを浮遊生活で過ごす一時プランクトンである．**一時プランクトン**には，魚卵や仔魚（成魚は遊泳性である），二枚貝・巻貝・フジツボ・ヒトデなど底生無脊椎動物の幼生などがある．終生プランクトンと一時プランクトンの一般的特性については，それぞれ4.2節，4.3節で述べることにする．

4.1　採集方法

　$200\,\mu m$ 以上の動物プランクトン（図1.2）は従来，網目の比較的細かいネットをひいて採集している．プランクトンネットには，さまざまなサイズ，形，網目があるが（図4.1），その網目に応じたプランクトンや動きの遅いネクトンを採集するように設計されている．もっとも簡単なネットは円錐形をしていて，広い開口部に金属環がとりつけられ，細くすぼまった端には**コッドエンド**（cod end）と

図 4.1　'ボンゴ'（Bongo）ネット
同じプランクトンネットが2つ並列したもの．船上に揚収するところである．

よばれる採集びんがとりつけられている．このタイプのネットにはいろいろの長さ，直径，網目のものがあり，目的の深度で鉛直曳き，水平曳き，傾斜曳きすることができる．曳網中は海水沪過と動物採集が行なわれる．目的の深度範囲で網口の開閉する改良型ネットもあり，これをいくつか組み合わせれば，1回の曳網作業で異なる深度での採集が可能になる．こうして採集した試料を解析すれば，調査海域の動物プランクトンの鉛直分布がより詳細になる．動物プランクトンの多くは日周鉛直移動をするので，深度分布の時間的な変化を追跡するとよい．

どの種類のネットを使うかは，どの海域でなんの生物を採集したいかによって決まる．たとえば，小さな中型動物プランクトンの採集には，網目の細かいネット（網目約 $100 \sim 200\,\mu m$）が使われる．しかし，このネットは，比較的動きの速い大型動物プランクトン，たとえば仔魚などの採集には適していない．このネットではすぐに目詰まりするし，ネットの裂傷を避けるために曳網速度を遅くしなければならないからである．深層にいる動物プランクトンは，より大型化する傾向にあるが分布密度が低くなるので，網目の粗い大型ネットを用いるのが普通である．これらのネットには流量計がとりつけられていて，曳網中にネットが沪過する総水量を記録することにより採集した動物プランクトンの分布密度を定量的に評価することができる．最新の曳航式採集器（たとえば図 4.2 に示すような Batfish）だと，光学センサーを通過する動物プランクトンを計数・計測すると同時に，塩分・水温・水深・クロロフィル a 濃度を測定することができる．

一種類の採集器ですべての動物プランクトンを捕獲することはできない．たとえば $200\,\mu m$ 以下の動物プランクトン（ナノプランクトンやマイクロプランクトン）のすべてを採集できるネットはない．その代わり，目

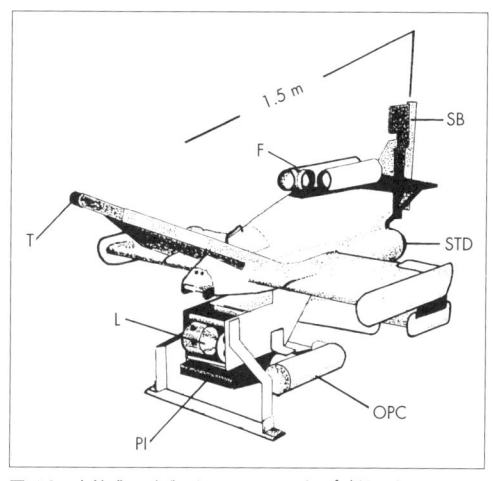

図 4.2　曳航式の'バットフィッシュ (Batfish)'プランクトン採集器
植物・動物プランクトン現存量と環境要因の計測も同時に行なう．F：クロロフィル a 用蛍光光度計，L：光センサー，OPC：光学的動物プランクトン計数器，PI：動物プランクトン採集口，SB：安定翼，STD：塩分・水温・深度計，T：曳航部

的の深度から採水器やポンプで採水し，それを沪過，遠心あるいは静置沈殿などにより濃縮して微小動物プランクトンを定量的に採集する方法がある．この濃縮試水では原生動物プランクトンや植物プランクトンを計数できる．

ある種の動物プランクトンは，視覚的に，あるいは曳航機器の前面にできる乱流を感知することで，採集器から逃避することが知られている．また，ゼラチン質動物プランクトンなどは壊れやすく，無傷のままネット採集することはできない．普通の保存液に浸漬しただけで，ただちに分解するようなものさえいる．ネットで採集される動物プランクトンの大部分は甲殻類である．その理由は，甲殻類の多くは遊泳力が弱いので逃避できないからである．また，外骨格があるのでネットや保存液による損傷や変形を免れるからである．つまり，現在の慣習的な調査法では，ほかの動物プランクトンに対する甲殻類の相対数は過大評価されていて，ネット採集されたプランクトンが調査海域におけるプランクトン群集の実勢を必ずしも代表していない可能性がある．甲殻類，とくにカイアシ類の優占

図 4.3 容積のわかっている枠内にいる動物プランクトン（幼形類）を計数するスキューバダイバー

性は再評価する必要があるだろう．

30 m くらいまでの水深ならスキューバダイビング（図 4.3）で，もっと深くなら潜水船あるいは無人探査機（ROV）で，現場の動物プランクトンを直接観察できる．ROVは母船とケーブルでつながれ，高解像度の水中ビデオカメラを搭載している．この手法により新種，とくに壊れやすい生物の新種が発見されている．また，ネット採集ではこれらの動物の数とバイオマスが過小評価されていたことが認識され，こうした生物の行動が新たに観察できるようになった．魚群探知機のソナーを改良した生物音響法もまた，オキアミ類などのように密集する大型動物プランクトンの生息する位置や密度の調査に使われている．

4.2 終生プランクトン：分類と生物学的特性

終生動物プランクトンには，原生動物を除く無脊椎動物のさまざまな分類群から約5000 種が記載されている（表 4.1）．一般的な海洋動物プランクトン群集を構成している主要グループを次に説明する．各グループの形態分類学的な記載に加えて，何をどのように摂食するのかを重点的に説明するが，これは食物網やエネルギー転送を論じるうえで重要になる．最小の動物プランクトンは単細胞**原生生物**である（表 4.1）．これには**渦鞭毛虫類**（dinoflagellates＝渦鞭毛藻類）の多くの種が含まれ，部分的に，あるいは完全に従属栄養的である（独立栄養種の議論は 3.1.2 項）．これら従属栄養性の渦鞭毛虫類は鞭毛で水流を起こして引き寄せ，あるいは細胞質を伸ばしてバクテリアや珪藻，鞭毛虫（鞭毛藻），繊毛虫などを捕食する．従属栄養のみに依存する種に対して，葉緑体をもつ種は独立栄養も行なうことができる．もっともよく知られた従属栄養性の渦鞭毛虫類は $Noctiluca\ scintillans$（夜光虫の一種，図 4.4）であり，直径 1 mm より大きなゼラチン質の球形になる．$Noctiluca$ は沿岸域で密度の高い群れを形成することがあり，小型動物プランクトン（魚卵も含む）や珪藻などの植物プランクトンを捕食する．

鞭毛を有する原生生物のもう 1 グループは，一般に**鞭毛虫類**（zooflagellates）とよばれるもので，無色で従属栄養性である．このグループの種はすべて葉緑体や植物色素を欠き，多くはバクテリアやデトリタスを摂食する．体はひじょうに小さいが（普通 2〜5 μm），増殖能力が高く，好適条件ではナノプランクトン群集において優占するので（細胞数にして 20〜80％），より大きな動物プランクトンの重要な食物源である．

海洋アメーバには**有孔虫類**（Foraminifera，図 4.5）がいる．有孔虫は多数の房室と小孔を有する石灰質の殻に特徴がある．浮遊種の大きさは 30 μm から数ミリメートルである．殻孔から細長い根足を出して，バクテリアや動植物プランクトンなどをとらえて食べている．有孔虫の既知の浮遊種数は 40 に満たないが（底生種は約 4000），終生プランクトンとしての生息密度はきわめて高く，とくに多

表 4.1　終生動物プランクトンの分類グループと代表的属

門 (phylum)	下位分類グループ	代表的な属
原生動物 Protozoa (従属栄養性原生生物)	渦鞭毛虫類 Dinoflagellates	Noctiluca（夜光虫）
	鞭毛虫類 Zooflagellates	Bodo
	有孔虫類 Foraminifera	Globigerina
	放散虫類 Radiolaria	Aulacantha
	繊毛虫類 Ciliata	Strombidium
		Favella
刺胞動物 Cnidaria (旧 腔腸動物)	クラゲ類 Medusae	Aglantha（ツリガネクラゲ）
		Cyanea（ユウレイクラゲ）
	クダクラゲ類 Siphonophores	Physalia（カツオノエボシ）
		Nanomia
有櫛動物 Ctenophora	有触手類 Tentaculata	Pleurobrachia（テマリクラゲ）
	無触手類 Nuda	Beroe（ウリクラゲ）
毛顎動物 Chaetognatha		Sagitta（ヤムシ）
環形動物 Annelida	多毛類 Polychaeta	Tomopteris（オヨギゴカイ）
軟体動物 Mollusca	異足類 Heteropods	Atlanta（クチキレウキガイ）
	有殻翼足類 Thecosomes	Limacina（ミジンウキマイマイ）
		Clio
	無殻翼足類 Gymnosomes	Clione（ハダカカメガイ）
節足動物 Arthopoda (甲殻綱 Crustacea)	枝角類 Cladocera	Evadne（エボシミジンコ）
		Podon（ウミオオメミジンコ）
	介形類 Ostracoda	Conchoecia
	カイアシ類 Copepoda	Calanus
		Oithona
	アミ類 Mysids	Neomysis（イサザアミ）
	端脚類 Amphipoda	Parathemisto
	オキアミ類 Euphausiids	Euphausia（オキアミ）
	十脚類 Decapoda	Sergestes（サクラエビ）
		Lucifer
脊索動物 Chordata	尾虫類 Appendicularia	Oikopleura（オタマボヤ）
	サルパ類 Salps	Salpa（トガリサルパ）
		Pyrosoma（ヒカリボヤ）

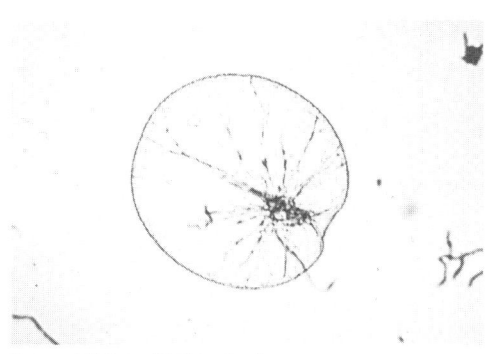

図 4.4　夜光虫の一種（*Noctiluca*）
従属栄養性の渦鞭毛虫（直径 1 mm）

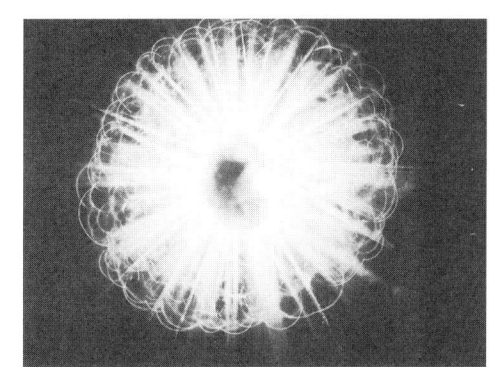

図 4.5　ツノウキガイ（*Hastigernia pelagica*）
浮遊性の有孔虫．中心殻を房室が囲み，そこから多数の針状突起が出ている．根足が針状突起に沿って伸びる．根足は粘着性があり，これを用いて小型のカイアシ類や微小動物プランクトンを捕食する（直径約 3 mm）．

く生息する海域は北緯 40 度から南緯 40 度の間で，ここでは一般に海表面から水深 1000 m まで幅広い深度にわたって生息している．有孔虫が死ぬと，殻は海底に沈んで大量に堆積する．こうして形成された堆積物は**有孔虫軟泥**として知られている．

　放散虫類（Radiolaria，図 1.7，図 4.6）は球状のアメーバ様原生生物であり，珪酸質で有孔の中央嚢がある．多くは雑食性で，放射状の軸足を用いて食物をとらえる．バクテリア，他種の原生生物，小型甲殻類，植物プラ

図 4.6　大型の放散虫
中央に珪酸質の球状骨格がある．カイメンに似た骨格の内側から多数の軸足が放射状に伸びる．軸足の表面は粘着性があり，これを用いて有鞭毛虫や小型のカイアシ類などを捕食する．写真の白い点は放散虫と共生的に生息する藻類である（約 1 mm）．

ンクトン（とくに珪藻）などが捕食される．個々の放散虫のサイズは 50 μm 程度から数ミリメートルにまで及ぶ．ゼラチン質の群体を形成し，それが長さ 1 m 前後に達する種類もある．放散虫はどの海域でも出現するが，とくに低温水域でよくみられ，多くの種は深海性である．この生物の遺骸からなる珪酸質堆積物は**放散虫軟泥**とよばれている．

浮遊性の**繊毛虫類**（Ciliata）には普遍種が多く，しかも大量に出現することも多い．繊毛は移動に用いられるが，摂食に口縁繊毛を用いるものもいる．繊毛虫が摂食できる餌は，鞭毛藻あるいは鞭毛虫，小型珪藻，バクテリアなどである．**有鐘類**（Tintinnids）は，海産繊毛虫類の中でも大きな分類群で 1000 種以上もある．タンパク質性の花びん型外殻が特徴であるが，これは生分解されるので海底に堆積しない．有鐘類は小型ではあるが（約 20〜640 μm），外洋域と沿岸域のどちらにも広く分布し，おもに珪藻ナノプランクトンや光合成鞭毛藻を捕食するので，その生態学的な役割はきわめて重要である．沿岸域では，有鐘類は植物プランクトン生産の 4〜60 % を捕食することもあると同時に，さまざまな中型動物プランクトン〔カイアシ類など〕の

食物になっている．

クラゲ類（Medusae）は外洋域および沿岸域に多い，なじみ深い動物である．あるものは終生プランクトンであるが，生活環に無性底生期〔ポリプ形〕をもつものもいる．クラゲ類は刺胞動物門のいくつかの分類群にまたがっているが，共通した特徴として原始的な体構造をもち，刺胞という刺細胞のある触手で動物プランクトンなどを捕食する．傘の直径が数ミリメートルの小型種から *Cyanea capillata*（キタユウレイクラゲ）のように 2 m に達する大型種まである．また，*C. capillata* は北方域に普遍的に出現し，長さ 30〜60 m に及ぶ触手を 800 本以上ももっている．浮遊性の刺胞動物として知られているものに，**クダクラゲ類**（Siphonophores，図 4.7）などの群体，つまり特殊化した機能をもつ個体が多数集合して，1 つの生物形態をもつものもある．*Physalia*（カツオノエボシ）はもっともよく知られた群体種である．この熱帯産のクダクラゲは熱帯海面に浮遊し，触手を下方へ 10 m も伸ばす．この触手は大きな魚を捕獲し，また遊泳者を刺すこともある．そして，アンドンクラゲ類はさらに危険である．オーストラリアの熱帯域に産する *Chironex fleckeri*（ハブクラゲの仲間）は地球でもっとも有毒な生物で，この毒クラゲのせいで 19 世紀に少なくとも 65 人の犠牲者が出た．*Chironex* は大きな個体になると長さ 5 m に及ぶ触手を 60 本ももち，猛毒を使ってエビなどの餌生物を即死させる．

クシクラゲ類（Ctenophores）はクラゲの近縁であるが，体構造がかなり異なっているので別の門（有櫛動物門）に分類されている．体は透明で，縦に八列並んだ癒合繊毛（クシ板という）を用いて遊泳する．刺胞動物と同様に肉食性であるが，刺胞はない．テマリクラゲ（*Pleurobrachia*）などは粘着細胞のある一対の長い触手を捕食に用いている．ほかの種（たとえば *Bolinopsis*（カブトクラゲ））で

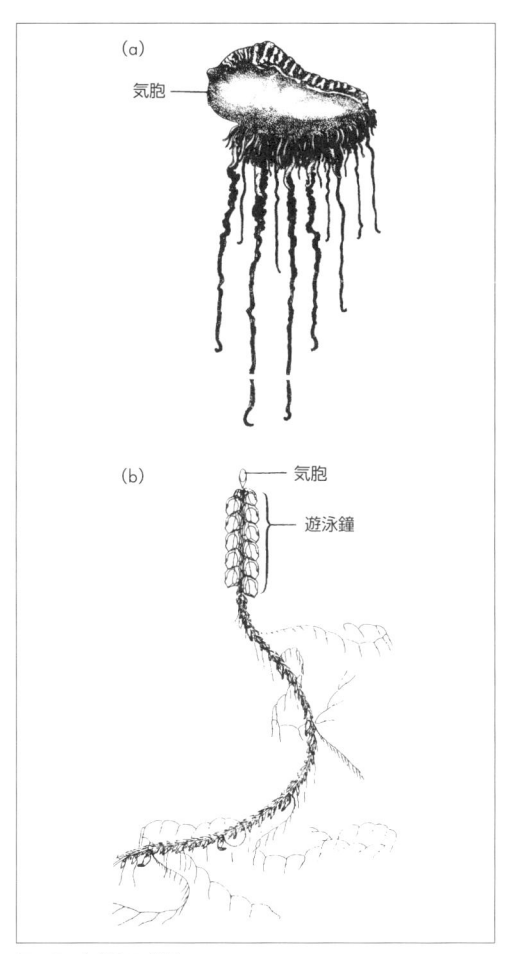

図 4.7 クダクラゲ類
(a) 表面浮遊性のカツオノエボシ Physalia physalis. 触手は長さ 10 m にもなる.
(b) 遊泳性の Nanomia sp. 長さ約 10 cm.
両種とも長い触手を使って捕食する.

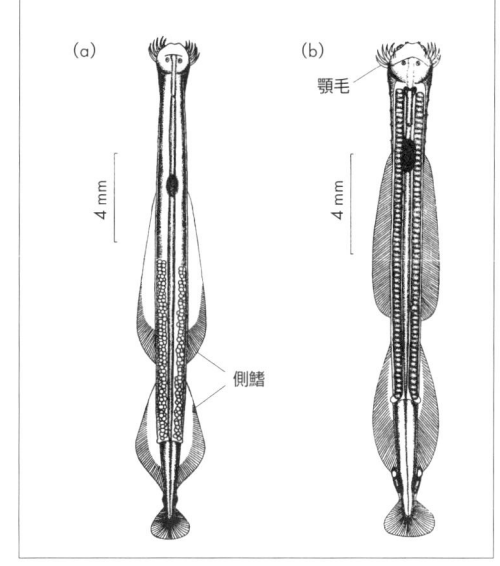

図 4.8 ヤムシ類
(a) ネッタイヤムシ Sagitta pulchra
(b) カタヤムシ Sagitta ferox

は繊毛のある口道耳状突起を捕食に用いる場合もある．クシクラゲ類は魚卵や仔魚を捕食するほか，カイアシ類のような小型動物プランクトンをめぐって稚魚と競合するので，直接的にも間接的にも魚類個体群に大きな影響を及ぼしうる．ウリクラゲ（Beroe）などは触手をもたないがひじょうに大きな口があり，これでほかの触手のあるクシクラゲ種を主要な餌として飲み込んでしまう．

ヤムシ（図 4.8）として知られる**毛顎動物**（Chaetognatha）は，海洋でもっとも豊富に分布する肉食性プランクトンの 1 グループである．雌雄同体で海産種のみが知られており，

数千メートルの深度にも分布している．体は透明の細長い流線型をしていて，ほとんどの種類は体長が 4 cm 以下である．じっとしていることが多いが，迅速な遊泳で獲物を追うこともできる．口の左右両側にあるキチン質の顎毛列を用いて小型動物プランクトンを捕食する．ヤムシ類は捕食した消化管内容物がその海域の動物プランクトンの種組成に対応しているので，選択的捕食はしないようである．ほかの門に属する終生プランクトンの蠕虫類も数例あるにはあるが，現存量はきわめて低い．例外として，**多毛類**（Polychaeta（環形動物門））の Tomopteris（オヨギゴカイ，図 4.9）があり，約 40 種が捕食者として世界中の海に分布している．

軟体動物門で終生プランクトンとして生活するものは数種しかいない．**異足類**（Heteropods）は，巻貝に近縁の小さな軟体動物グループ（約 30 種）であるが，底生性であった祖先の匍匐足から進化させた単鰭を波打ち運動させて遊泳する．10 mm 以下の小さならせん状の外殻に完全に隠れることができる種類や，殻が退化した透明な体が 50 cm

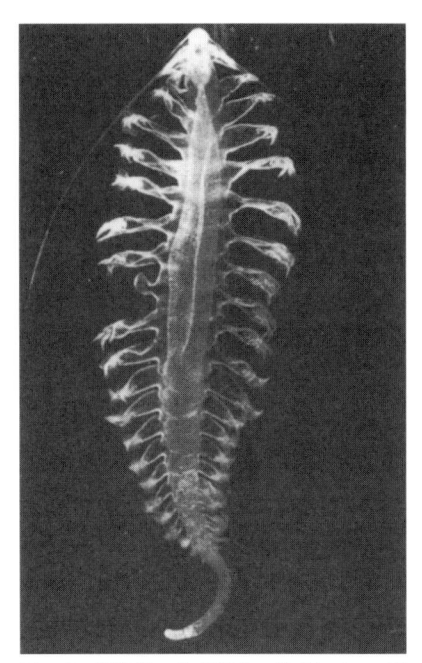

図4.9 浮遊性の多毛類オヨギゴカイの一種
Tomopteris helgolandica
疣足（いぼあし）が遊泳肢になり，一対の触覚が細長く伸びている．

にも達する種類がある．このように外観的な相違点はあるが，異足類には共通して顕著に進化した眼がある．この眼を用いて，ほかの軟体動物プランクトンやカイアシ類，ヤムシ類，サルパ類などを発見すると，獲物を追跡し，口から突き出た大きなキチン質の歯で捕食する．異足類は外洋暖水域に広く分布するが，ほかの肉食性プランクトンと同様に現存量は少ない．したがって，異足類の炭酸カルシウムの殻は海底堆積物中にまばらに散在するのみである．

殻のある**翼足類**（Pteropods），すなわち**有殻翼足類**（Thecosomes）は，終生プランクトン性の巻貝〔腹足類（Gastropoda）〕である．ほとんどの種類は，数ミリメートルから約30 mmの石灰質の薄い外殻をもっている．原始的な種類の殻はらせん状に巻くだけであるが，進化した種類では形態に変異があると考えられている．下位グループの一つPseudothecosomesは体が大きいが（30 mm以上），真の殻を欠く代わりに軟骨性の内骨格をもっている．有殻翼足類は共通して，底生性であった祖先の足から進化した一対の翼足や癒合した翼足板を用いて遊泳する．多様な構造であるにもかかわらず，有殻翼足類はすべて懸濁物食者である．大きな粘液質の網を水中に広げ，その下に身をひそめている．その網に餌がからまるとそれを引き込んで摂食する．からまる餌は小型動植物プランクトンやデトリタスなどである．有殻翼足類，とくに極洋に生息する種類は，表層できわめて大量に出現することがある．また，有殻翼足類は，サバ，ニシン，サケなどの漁業上重要な遠洋性魚種の重要な食物源になっている．有殻翼足類の生殖方法は変わっている．まず最初の性は雄で，雄どうしが交接し，精子を保持しているうちに雌に性転換する．雌になると，受精卵を浮遊性の粘液塊に生みつける．有殻翼足類が死ぬと，その石灰質の殻は海底に降り積もり，**翼足類軟泥**とよばれる堆積物を形成する．

有殻翼足類はほかの浮遊性腹足類に捕食される．それは殻のない翼足類で，**無殻翼足類**（Gymnosomes）とよばれている．無殻翼足類の成体に殻はないが，やはり一対の翼足を用いて遊泳する．これら約50種のうち，クリオネ（*Clione limacina*（ハダカカメガイ））がもっとも大きく（85 mmに達する），豊富に存在するので，もっともよく知られている．この種は北極域や亜北極域に生息し，有殻翼足類 *Limacina* 属（ウキマイマイ類）の数種だけを捕食する．ほかの無殻翼足類もやはり特定の有殻翼足類を捕食している．いずれも特殊な触手とキチン質の顎毛で獲物を捕らえ，被食者の軟体部を殻から引きずり出して飲み込む．

体節のある海産甲殻類のうち，海洋でもっとも優占しているのは**カイアシ類**（Copepoda）である．量的にもっとも多く，もっともよく知られている海産動物プランクトンは**カラヌス目**（Calanoida，図4.10（a）〜（c））に属

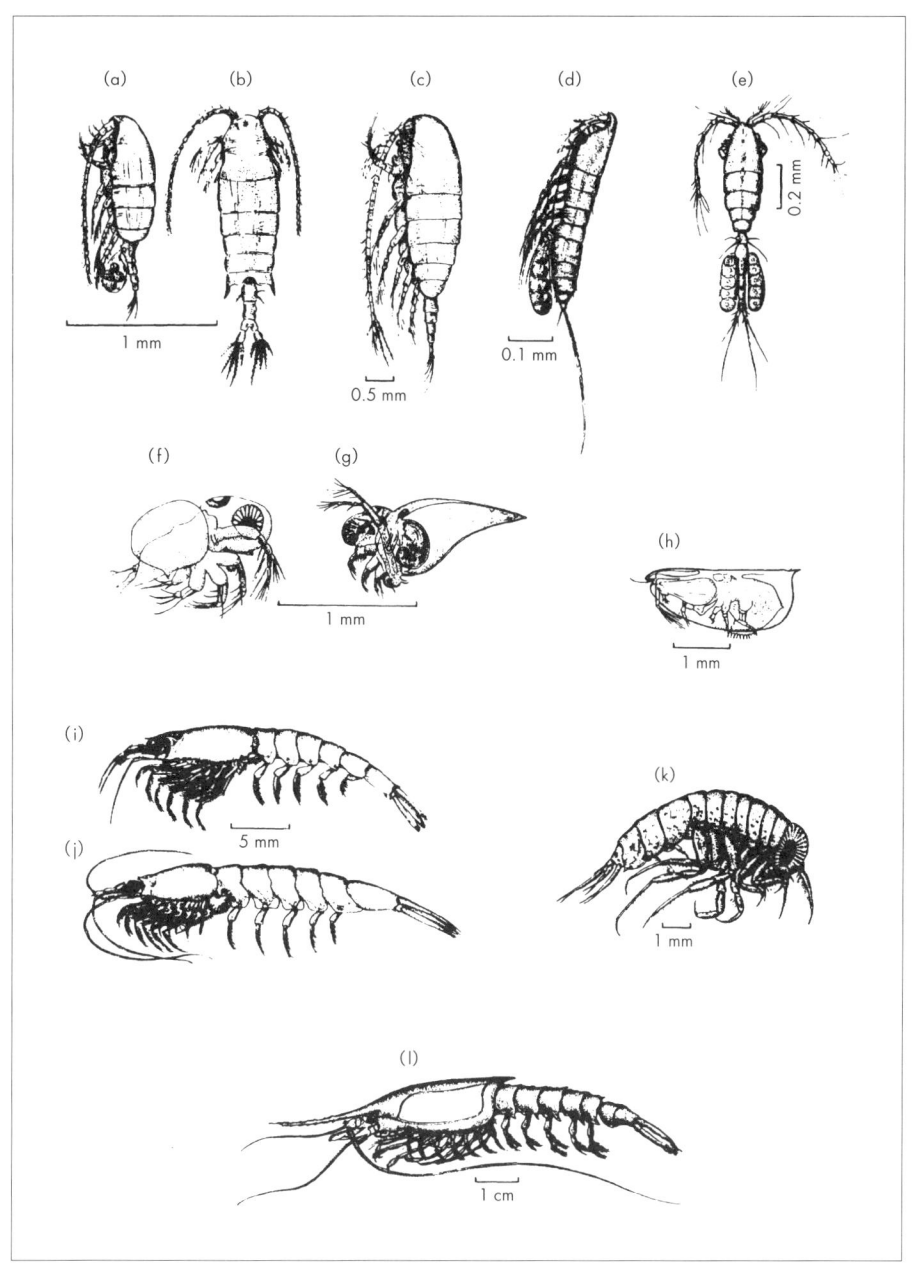

図 4.10 浮遊性の甲殻類
カラヌス目カイアシ類（a）*Pseudocalanus elongatus*，（b）*Centropages typicus*，（c）*Calanus finmarchicus*；
ハルパクチクス目カイアシ類（d）*Microsetella norvegica*；キクロプス目カイアシ類（e）*Oithona similis*；
枝角類（f）ウミオオメミジンコの一種，*Podon leuckarti*；（g）エボシミジンコの一種，*Evadne nordmanni*；
介形類（h）*Conchoecia elegans*；オキアミ類（i）*Thysanoessa inermis*，（j）*Meganyctiphanes norvegica*；
端脚類（k）*Themisto abyssorum*；アミ類（l）*Gnathophausia zoea*

するが，これには約 1850 種が含まれている．自由遊泳性のカラヌス類はすべての海域に分布し，ネット採集されるプランクトンの 70 % 以上を占める．すべての種で，体は頭・胸・腹部の 3 つに分かれる．まず，頭と第一胸節が癒合し，二対の触角と四対の口器付属肢をもつ．胸節には数対の遊泳肢がある．細い体後部〔腹部〕は無肢である．体の全長は普通 6 mm 以下だが，例外的に 10 mm を超す種もある．多くの種は，遊泳肢と口器付

属肢で水流を起こし，それに運ばれてくる植物プランクトン，とくに珪藻を捕食する．しかし，ある種は雑食性あるいは肉食性で，小型動物プランクトンを捕食する．雌雄異体で，受精卵は海水中に放出されるか，雌の体外卵囊に収められる．発生には12段階あり，各段階は外骨格の脱皮で区別され，新しい体節と付属肢でどの段階かわかる．最初の6段階はノープリウス幼生とよばれ，NⅠからNⅥと表記される．後の6段階はコペポディッド期で，CⅠからCⅥと表記され，CⅥは性的に成熟した成体である．

カイアシ類のもう一つの分類群であるキクロプス目（Cyclopoida，図4.10（e））は，触角が比較的短いこと，体後部の体節が多いことなどの点でカラヌス類と異なる．この目には1000種以上あるが，大多数は底生藻類の葉面上あるいは底泥中に生息する．浮遊種は約250種のみで，浮遊性の $Oithona$ 属・ $Oncaea$ 属の小型種は大量に出現することがある．キクロプス類のあるものは，特殊化した触角をもち，個々の小型動物プランクトンを捕獲する．

ハルパクチクス目（Harpacticoida，図4.10（d））に属するカイアシ類の大部分は沿岸種あるいは底生種である．約20種が終生プランクトンであるが，これらは小さく（体長1 mm以下），体各部を明確に区別できないのが特徴である．ある種は広く分布し，季節的あるいは場所的に大量出現する場合もあるけれども，プランクトン群集での生態学的重要性はそれほど大きくないように思われる．

オキアミ類（Euphausiids，図4.10（i）〜（j））は重要な海産甲殻類であり，86種が知られている．このエビのような体型をした動物は比較的大型で，多くの種が体長が15〜20 mmにも達し，ある種は100 mmを超えている．$Euphausia\ superba$（ナンキョクオキアミ）は南極海に生息するオキアミ（Krill）で，多くの大型動物の主要食料になっているほか，オキアミそのものも漁獲されている（5.2節，6.1節）．オキアミ類は遊泳が速く，大型ネットを視覚的に認識して逃避できるので採集しにくい．しかし，オキアミ種は，北太平洋や北大西洋，北極海における動物プランクトン現存量の大部分を占めており，これらの海域の魚類（たとえばニシン，サバ，サケ，イワシ，マグロなど）や海鳥の重要な食料であることが知られている．オキアミ類は一般に雑食性で，デトリタス，植物プランクトン，小・中型動物プランクトンを捕食する．大型種になると仔魚さえ捕食できる．オキアミ類は，カイアシ類と同様に，脱皮と成長によって体構造的に明確に区別できる幼生段階をもっている．

端脚類（Amphipoda，図4.10（k））は，体が側面から押しつぶされたような体形（側扁）なので，ほかの甲殻類と容易に区別できる．動物プランクトンの中では小さな分類群である．$Parathemisto\ gaudichaudi$ は両半球の高緯度域に広く分布する普遍種である．本種の成体は自由遊泳性の肉食動物で，カイアシ類，ヤムシ類，オキアミ類，仔魚などを捕食する．しかし，端脚類の多くはクダクラゲ類，クラゲ類，クシクラゲ類，サルパ類などに付着し，これらの動物を捕食するか，寄生するかである．卵生であるカイアシ類やオキアミ類などとは対照的に，端脚類は直接発生を行なう．つまり，保育囊から放出された幼生は，すでに成体のミニチュアである．

介形類（Ostracoda，図4.10（h））は，動物プランクトン群集では少数派である．その特徴として，蝶番のある双殻の外骨格に隠れることができる．深海性の $Gigantocypris$ 属は例外的に大型で直径20 mm以上にもなるが，ほとんどは小型である．この分類群の食性についてはあまり研究されていないが，腐肉性とみなされる種類がある．

枝角類（Cladocera）は原始的な甲殻類であり，淡水産が400種以上もいるのと対照的

に（*Daphnia*（ミジンコ）など），海産種は8種程度しか知られていない（図4.10 (f) 〜 (g)）．外洋でも季節的に短期間で高密度に増殖することもあるが，海産類の主要な分布は沿岸域や汽水域に集中している．枝角類は**単為発生**ができるので，好適な環境条件ならば速やかに個体数を増加できる．

アミ類（Mysids，図4.10 (l)）がプランクトン群集で優占することはほとんどない．このエビの形をした個体の多くは海底で生活するのが普通で，夜間あるいは繁殖群形成期には表層に浮上する．外洋では表層に生息する数種類が知られているが，ほとんどの種類は深層で生息している．もっとも多く分布し，もっともよく知られている種は汽水種か内海種であり，種類によってはアジア諸地域で漁獲対象とされている．

もっとも進化した甲殻類は**十脚類**（Decapoda）であり，イセエビ類やエビ類，カニ類などが含まれる．大半は底生性であるが，終生プランクトンやネクトンの生息形態をとる種類もいる．水柱種には約210種のエビ類がいるが，多くは体長10〜100 mmあるいはそれ以上で，大型の動物プランクトンである．遊泳力にすぐれ，通常のプランクトンネットの採集では逃げられてしまう．多くは日中150 m以深に生息する．雑食性あるいは捕食性の行動をとり，カイアシ類やオキアミ類などの浮遊性甲殻類をおもに摂食する．外洋水柱のエビ類は海水200〜2000 m^3に1個体程度の密度で生息するのが普通で，ビンナガマグロやイルカ，クジラなどの餌として重要である．

脊索動物（Chordata）の2グループは海産動物プランクトン群集の重要な構成者である．**尾虫類**（Appendicularia）は，底生ホヤ類にきわめて近縁の分類群であり，ホヤの幼生段階に形態が類似しているので，**幼形類**（Larvacea）ともよばれる．尾虫類の体はオタマジャクシに似ていて，大きく丸みを帯びた体幹に主要器官が集まり，長い筋肉質の尾索がある．ほとんどの種は，粘液を分泌して風船状のハウス（皮家）構造をつくり，そのなかで生活する．体長は一般に数ミリメートルであるが，ハウスは5〜40 mmになる．尾部の波状運動で水流を起こして，海水をハウス内に流入させるときに，網目構造の入水フィルターで大型の粒子や懸濁物をこしとる．さらに水流がハウス内を進んでいくと，次の網目構造の摂餌フィルターによってナノプランクトンやバクテリアが捕集され口部へと運ばれる．フィルターが目詰まりするとハウスは放棄されるが，これが1日に十数回もくり返されることもある．新しいハウスは数分以内に再分泌される．放棄されたハウスは，1000 m^{-3}以上もの密度に達することもあり，**マリンスノー**の形成に大きく関与している．マリンスノーとは，生物に由来する不定形の懸濁物であり，肉眼でみえる大きさがある．放棄されたハウスは，水柱中のほかの生物のよい食物源あるいは付着基質なので，バクテリアや原生動物がすぐにコロニーを形成する．幼形類は成長が速く，世代時間が1〜3週間と短い．幼形類はもっとも普遍的な動物プランクトンの一つで，70種前後が世界中の海洋に分布する．沿岸域や陸棚海域にとくに多く，その現存量は5000個体 m^{-3}に達することもある．

サルパ類（Salps）はプランクトン性の脊索動物のもう一つの綱であり，暖水表層にのみ分布している．各個体はゼラチン質の円筒形で，両端が開口している．筋肉のポンプ作用で海水を体内通過させ，その勢いで移動する．また，この水流により，体内の粘液ネットに食物粒子を接触させている．粘液ネットに捕獲された食物は，繊毛運動により食道へ運ばれて摂食される．食物は主に約1 μmから1 mmのバクテリアや植物プランクトンである．サルパ類はしばしば密集し，捕食も速いので，サルパ類のいる海域で微小生物の密

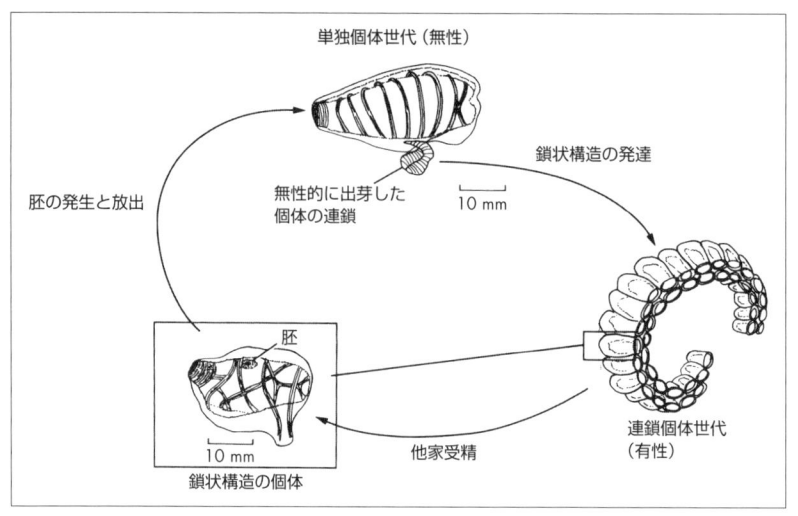

図 4.11 サルパ類の生活環

度が著しく低下することもある．サルパ類には，有性生殖と無性的出芽が交代するという変わった生活環がある（図 4.11）．サルパ類には 2 つの形態〔世代〕がある．一つは無性型の**単独個体**（1 ～ 30 cm 長）である．もう一つは出芽により数百個体がつながった鎖状構造で，長さ 15 m にも及ぶことがある．この鎖状構造，つまり**連鎖個体**は雌雄同体で，精子と卵（一卵のみ）の両方をつくる．しかし，この精子と卵は成熟期が異なるから，自家受精は起きない．他家受精の後に，単一の胚は親体内で成長し，最後には親の体壁を破って自由遊泳性の若い単独個体になり，生活環をくり返して無性的出芽を行なう．サルパ類および尾虫類は増殖が速く世代時間が短い r-選択種（1.3.1 項）の好例であり，環境条件が好適になると，ただちに大きな個体群をつくる．

4.3 一時プランクトン

底生性の海産無脊椎動物にはプランクトン幼生期のないものがある．この場合，幼体は成体のミニチュアであり，海底に付着した卵から孵化するか，親の体から直接生まれる．しかし，底生種の約 70 ％は卵や胚を水柱に放出し，その幼生はプランクトンとなる．種類によってさまざまであるが，これらの幼生は，数分から数か月（例外的に数年）の期間をプランクトンとして生活してから海中の基質に付着して成体へと変態する．プランクトンの期間，幼生は海流に漂うことによって親個体群から離れ，分布を広げていく．

底生無脊椎動物の一時プランクトン幼生のうち一般的なものを図 4.12 に示す．底生の巻貝や二枚貝の幼生は有殻の**ベリジャー幼生**（**被面子幼生**）であるが，この幼生には顕著な繊毛膜（面盤）があり，移動や採食に用いられる．定着性のフジツボは，幼生期に自由遊泳性の**ノープリウス期**を 6 期もつのが普通である．このノープリウス幼生は，カイアシ類やほかの浮遊性甲殻類のノープリウス期に似ているが，外骨格の最後端が尖っている〔逆三角形状である〕点が異なる．このノープリウス幼生期に続くのは**キプリス期**で，海中の基盤に付着して成体へと変態する．ヒトデ，ウニ，ナマコなどの底生棘皮動物にもさまざまなタイプの一時プランクトン幼生があり，その代表例を図 4.12 に示す．いろいろな門に属する底生蠕虫類も，それぞれ異なる幼生をもっている．その一例として，多毛類の**トロコフォア幼生**（**担輪子幼生**）がある．これには数列の繊毛環があり，定着生活に至

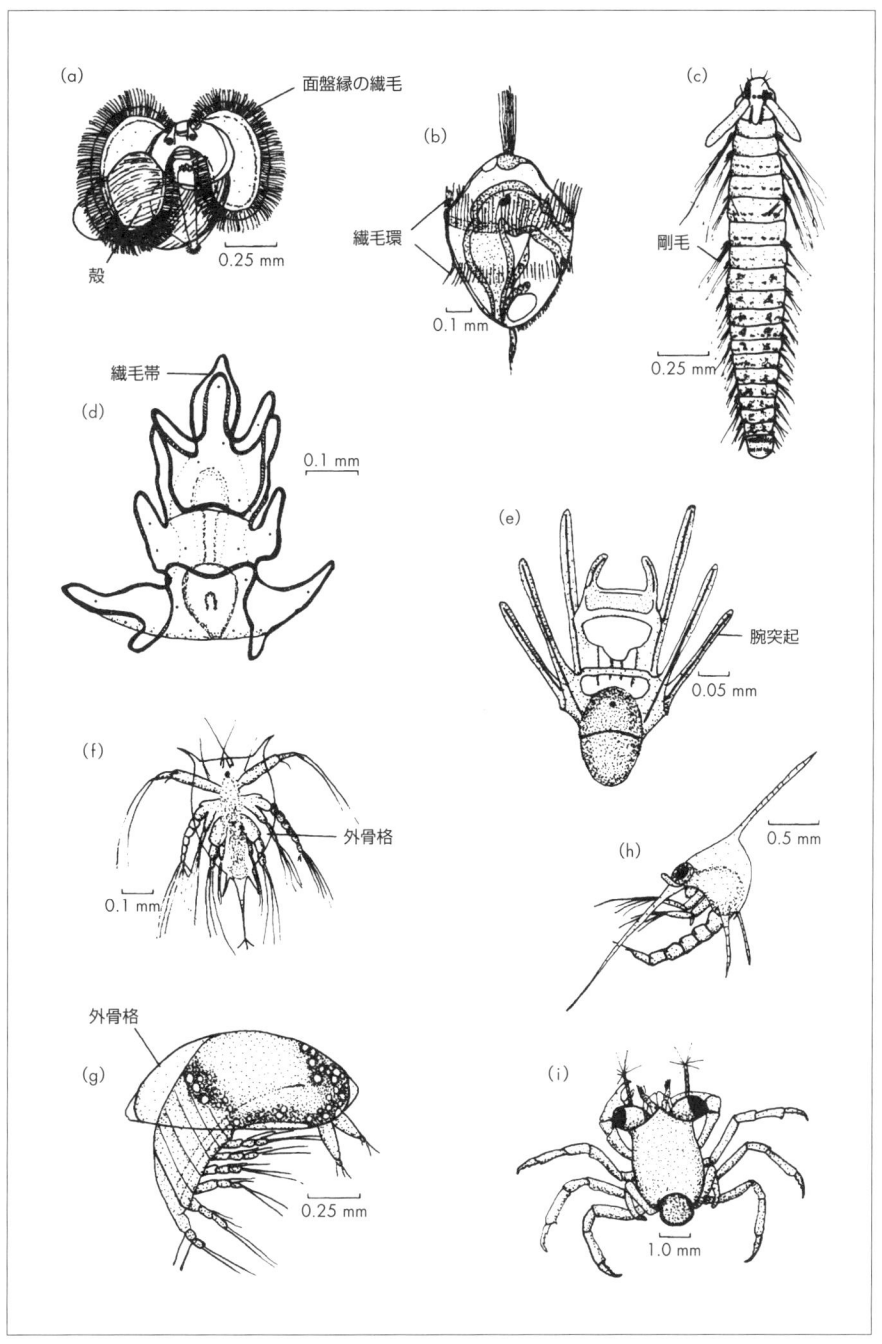

図 4.12 底生無脊椎動物の一時プランクトン幼生
(a) 腹足類のベリジャー幼生, (b) 多毛類のトロコフォア幼生, (c) 多毛類の後期幼生, (d) ヒトデのビピンナリア幼生, (e) ウニのプルテウス幼生, (f) フジツボのノープリウス幼生, (g) フジツボのキプリス幼生, (h) カニのゾエア幼生, (i) カニのメガロパ幼生

るまで体節と付属肢に発生段階がある．カニなど底生性の十脚類では，異なるいくつかのプランクトン幼生期を経るのが典型的であり，各発生段階は脱皮で区別される．カニ類は普通，突起のある**ゾエア幼生**で孵化し，底生生活にはいるまえに**メガロパ幼生**に変態するが，これは成体のミニチュアのようである．これらの例は，プランクトン群集の示す多様な幼生発生様式の一端を示したにすぎない．

浅所に生息する底生無脊椎動物にはプラン

クトン幼生をもつものが多いが，深海種ではプランクトン幼生のないものが多く，親から直接発生するか，幼生に対するなんらかの保護が認められる．これはおそらく深海にはプランクトン幼生の食物に適した懸濁物が少ないためと思われる．温帯域や冷水沿岸域では，水温上昇や植物プランクトン増加に対応して底生無脊椎動物の一時プランクトンが季節的に出現する．熱帯域では，底生無脊椎動物の生殖活動は多少にかかわらず一年間継続するが，降雨などの環境現象に関連した生殖活動の季節変動もある．このような海域では，幼生は一年中出現するが，量的な変動がある．

魚卵や仔魚（図4.13）も重要な一時プランクトンであり，**魚類プランクトン**と称されることもある．ある魚種は卵を基盤に産みつける．たとえば，サケ類は河川底の砂利中に産卵し，ニシンは海藻や海底に産卵する．しかし，海産魚類の多くは浮遊卵を放出する．これにはイワシ，カタクチイワシ（アンチョビ），マグロなどの多くの漁獲対象種も含まれている．これら浮遊性の魚卵は球形で透明，普通は直径1〜2 mmと小型なのが典型的である．魚卵には，多少の差こそあれ透明な卵黄が含まれ，発生途上の胚と孵化直後の幼生の栄養源となっている．油滴を含む魚卵もあるが，浮力に関係しているらしい．

底生無脊椎動物の一時プランクトン幼生と同様に，浮遊性魚卵の出現は成魚の産卵周期に依存しており，環境変化と関連することもしばしばである．胚発生速度は魚種ごとに特異的であるが，海水温とも密接に関連していて，低水温では孵化が遅い．産卵後，数日から数週間以内に孵化するのが一般的である．産卵数は多く，たとえば，ツノガレイ（*Pleuronecters*）の雌1個体は約25万個の卵を産む．ハドック（タラの一種 *Melanogrammus*）は50万個，タラ（*Gadus*）は100万個以上も産卵する．この卵数に産卵魚数を掛けると，年間の魚卵生産は膨大であることがわかる．イギリス海峡において産卵されるイワシ卵数だけでも 4×10^{14} 個を超えると推定されている．明らかに，このなかから生き残って成魚になるのはごくわずかである．ほとんどは，終生プランクトンや成魚の重要な食物源になっている．

一般に，魚類でも底生無脊椎動物でも，卵の大きさと産卵数との間には逆相関が認められる．大きな卵を少し産む，あるいは小さな卵をたくさん産むことに，自然選択上，何か有利な点があるのだろうか？

卵の大きさに応じて，2つの生活戦略をとりうる．あるものは大きな卵を少数産むが，それは全体の大きさとエネルギーに限りがあるからである．大きな卵にはより多くの卵黄が含まれ，大きな卵から孵化した仔魚はやはり大きい．仔魚が大きければ，それだけ生存率も高くなる．おそらくは，大きい仔魚ほど捕食されにくいし，よりうまく逃げられるからであろう．一方，多くの種は膨大な数の小さな卵を産むが，これには栄養物はないに等しいほどしか含まれていない．したがって，孵化した仔魚は小さく，多くの捕食者に食べられてしまうし，孵化後ただちに捕食できるか否かが生死を分ける．このような小さな卵からの仔魚の死亡率は，大きな卵からの仔魚

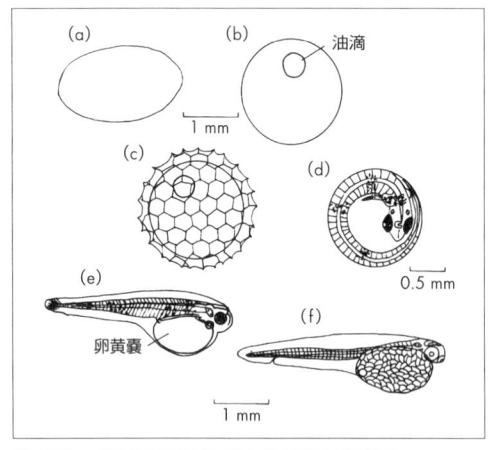

図4.13 一時プランクトンとしての魚卵および仔魚
(a) カタクチイワシの卵，(b) サバの卵，(c) ハダカイワシの卵，(d) タラの発生中の卵，(e) 孵化したてのタラ仔魚，(f) 孵化したてのヨーロッパマイワシ仔魚

の死亡率に比べると，はるかに高い．しかし，この高死亡率は卵数の多さで相殺される．

　孵化後の数日間は卵黄嚢にまだ残りの卵黄があり，口や腸などが発達するまで栄養供給をまかなえる．卵黄が使い果たされ，仔魚が捕食を始めると，今度は餌となるプランクトンに依存するようになる．この依存性は仔魚自体がプランクトン生活をしている期間，つまり，十分大きく成長してネクトンになり，海流に関係なく捕食場所を自ら探せるようになるまで継続する．同時に，仔魚は大型動物プランクトンやネクトンなどの水柱性（漂泳性）捕食者に摂食される危険にさらされている．これが，プランクトン期の高い死亡率の理由である．したがって，成魚に至るまでの生存率はきわめて低いのがふつうである．たとえば，タラの初期死亡率は 99.999％ にもなると推定されている．

4.4　鉛直分布

　これまでに動物プランクトンをいろいろな基準で分類してきたが，それは大きさや生息場所，分類学上の位置，プランクトン生活をする期間などに基づいていた．このほかに，海洋水柱での生息深度による分類もある．

　生涯を通じて海表面で生活し，体の一部が水面上にあるような生物は**プリューストン**とよばれる．これらは海流よりも風によって受動的に運ばれるので，このように特殊な分類に区分される．海面最表層の数ミリメートルから数十ミリメートルに生息するのは**ニューストン**である．生態学的には，この両者を区別することは難しく，本書では海洋の最表層に生息する生物として一括して扱うことにする．この群集は熱帯海域でよく発達し，次にあげる例の多くは典型的な暖水種である．プリューストンの例として，群体クラゲの *Physalia*（カツオノエボシ，図 4.7 (a)）や *Velella*（カツオノカンムリ）などの分類群があり，水面上に浮き出た気泡体をもつ点で共通している．カツオノエボシの触手は長く，海面下の動物プランクトンや小さい魚を捕獲できる．カツオノカンムリの触手は短いので，海面付近の食物（カイアシ類，甲殻類幼生，魚卵，オキアミ類など）を捕獲する．これらの触手には刺胞があるが，ウミガメや海表面で生活する軟体動物などは，これらの刺胞動物を捕食してしまう．アサガオガイ（*Janthina*）やルリガイは，粘液性の浮嚢いかだを形成する巻貝で，海面に浮くいかだに逆さまにぶら下がって生活する．この巻貝は，カツオノエボシやカツオノカンムリなどのプリューストンを捕食している．アオミノウミウシ（*Glaucus*）は裸鰓類（Nudibranch）の一種で，消化管内の特殊な気嚢に空気をためて海面に逆さに浮いている．これもカツオノエボシやカツオノカンムリを捕食し，被食者の組織とともに刺胞も摂食している．アオミノウミウシには，刺胞を獲得するという特異な能力があり，刺胞は繊毛によってウミウシ背部の乳頭状突起先端の特殊な嚢に運ばれる．獲得した刺胞は，ウミウシの防御に転用され，ウミウシが捕食者に襲われると刺胞を射出する．浜に打ち上げられたアオミノウミウシに触ってしまった海水浴客は数時間も持続する痛みを訴えることになる．プリューストンとして外洋域に分布する唯一の昆虫がいる．半翅類の *Halobates* 属（ウミアメンボ類）の昆虫である．この羽のないアメンボは，海水に浸った状態では生きられない．したがって，浮遊する刺胞動物やカイアシ類などのプリューストンのみを捕食している．

　海の最表層には，さらに小型の生物もいる．波が砕けてできる泡沫は有機物が蓄積して栄養に富んだ基質であり，しばしばバクテリアの凝集した膜がみられる．この表層数ミリメートルに生息するバクテリアは，密度がその直下層の 10～1000 倍も高く，有鐘類（Tintinnids）などの原生動物の食物源になるので，生態的に重要なニューストンとなって

いる．また，最表層では日射が強すぎて光合成が強光阻害を受けるので，植物プランクトン密度が低い．したがって，バクテリアと原生動物がカイアシ類の重要な食料源になっているのであろう．無脊椎動物の一時プランクトンの幼生や仔魚なども，この最表層に多く分布している．実際，カタクチイワシ（アンチョビ）やボラなど，魚種によっては卵の浮力が大きく，卵が海表面の薄膜に付着している．さらに海の最表層数センチメートルには，多種多様な仔魚が養われている．種類によっては近表層に長期間とどまるが，普通は夜間にのみ海表層に日周移動してくる一時ニューストンが多い．この日周性は動物プランクトンと同様である．このように，最表層，すなわち海洋と大気の境界には多数の生物が生息しているので，海鳥（ウミツバメ，アジサシモドキ，フルマカモメなど）の格好の捕食場所になっている．多くの海鳥はバイオマスの多い最表層水をすくいとるのに適応した細長い偏平な嘴(くちばし)をもっている（6.5節と図6.2）．

海洋と大気の境界において，ニューストンが適応しなければならない特殊な環境要因とは何だろうか？

この海洋と大気との境界層，つまり海の最表層では，太陽光の赤外線や紫外線がひじょうに強い．とくに紫外線は多くの生物に有害である．また，植物プランクトンによる生物生産は強光阻害を受けるので，この層に生息する動物プランクトンに植食性の種類はほとんどいない．表面混合によって最表層とその直下層2～3mは水温も塩分もほぼ均一だが，天気が穏やかならこの両層の水温と塩分の24時間変動に差のあることがわかる．さらに，この最表層に終生生活する生物は荒天時には波浪に身をさらされる．そして，潮間帯の生物と同様にニューストンは海と空との両側からの捕食にさらされている．

ニューストンは強光条件下で生活している．視覚的な捕食に対して，どのように防御しているのだろうか？

ニューストン，とくにカニの幼生や仔魚は，ほとんど透明なので視覚的にみつけることは難しい．しかし，熱帯産のニューストン（たとえばカツオノカンムリ（*Velella*），ウミアメンボ（*Halobates*），アサガオガイ（*Janthina*），アオミノウミウシ（*Glaucus*）など）は，紫や青の色素で鮮やかに彩られている．この彩色は強い紫外線への防御機能と考えられるが，同時に，熱帯外洋域の海の色にうまく溶け込んで，捕食者の目をごまかすカムフラージュとしても有効である．アサガオガイやアオミノウミウシには**逆陰影**という手段もある．つまり，体の下側は上側（海面側）より体色が明るく，これもまた，捕食者の目をごまかすのに役立つ．魚などの捕食者は下から近づくが，これら軟体動物幼生の明るい体下部は明るい空の色を背景にみえにくくなっている．一方，空からの捕食者には，濃い体色が海の濃い青色に溶け込んで，やはりみえにくい．ニューストンの防衛策は透明化や迷彩化だけではない．たとえば，水表性カイアシ類は捕食者が攻撃すると海面上に跳び出す能力を発達させている．

サルガッソー海では特殊な海表面群集が発達している．浮遊海藻のホンダワラ（*Sargassum*）が，50種類以上の動物に一風変わった生息場所を提供している．ここのホンダワラの総重量（湿重）は400～1000万tと推定されている．動物の多くは底生性であり，ヒドロ虫類（hydroids），イソギンチャク，カニ，エビ，そのほかの甲殻類で占められている．このホンダワラ生態系における**固有種**（特定の生息場所に限定されている）として生息するカニや魚は，それらの色や形をホンダワラに似せた特殊な防御カムフラージュを施している．

どの海域でも，海表面から水深200～

300mまでは**表層**（図1.1）とよばれる．この層で終生生活する動物プランクトンは多いが，夜間にのみ移動してくるものもいる．この層だけで一日中生活するものだけが真の表層性である．表層は有光層と弱光層とを合わせた深度を占めており（2.1.2項と図2.5），多種類の生物を豊富に生活させている．実際に，小型甲殻類（カイアシ類など）や有殻翼足類，サルパ類，幼形類，一時プランクトン幼生など，多くの植食動物や雑食動物が生息しているが，これらの種の多くは比較的小型で透明である．

表層の下から水深約1000mまでの層は**中層**（図1.1）である．この層で一日中生活する生物を中層種とよぶ．中層性の動物プランクトンは表層性の近縁種よりも大型の傾向がある．この深く静かな（乱流のない）層では，壊れやすい透明な**ゼラチン質動物プランクトン**が多様化・大型化できるのである．たとえば，深海性の幼形類（*Bathochordaeus*属）は2mにも達するハウスをつくり，長さ40mに達するクダクラゲ類は既知の動物で最長である．この層には，オキアミ類のように，夜間に表層へ移動して植物プランクトンを捕食する植食者もいる．しかし，この層に生活する動物の多くは，大型の粒子を捕食する肉食性かデトリタス食性である．

表層から沈降してくる懸濁態有機物は，永年温度躍層の密度勾配（密度躍層）の効果により約400〜800mの深度域に集積しやすい．この有機物は豊かな食物源としてバクテリアによって分解されるばかりか，群れ集まった動物プランクトンにも捕食される．したがって，この層では分解と呼吸の活動が大きくなり，多量の溶存酸素が消費される．そして，この生物活動により，溶存酸素濃度が通常の$4〜6\,mg\,l^{-1}$から$2\,mg\,l^{-1}$以下，場所によってはほとんど無酸素状態にまでも低下して，**酸素極小層**が形成される．溶存酸素は海面で大気から溶解し，表面水が沈降して深層へ運ばれてくる．したがって，酸素極小層は，生物による呼吸活性が高い層であると同時に，海洋物理的な酸素補充の少ない中間層でもある．コウモリダコ（*Vampiroteuthis*）など，この低酸素帯に生息するよう適応した種もいる．それ以外の種は酸素極小層に出入りするだけである．

中層種の多くは体色が赤や黒色のものが多い．たとえば水柱性のエビ類では，日中は水深500〜700mに生活する種類は鮮やかな赤色をしたものが多く，より浅い層に生活する種類は透明ないし半透明なものが多い．中層性の動物プランクトンと魚の多くは，青から緑の波長への感度が高い大きな眼をもっている．この波長の光は海中をもっとも深くまで透過して，生物が発する光の波長とも一致している．

生物発光とは生物が光ることで，発光する海洋生物種にはバクテリア，渦鞭毛藻類，無脊椎動物（水柱性，底生性），魚類などが知られている．両生類や爬虫類，鳥類，脊椎動物による生物発光は知られていない．淡水無脊椎動物では1種のみ生物発光することが知られている．生物発光する海洋生物のほとんどは浅海種であるとしても，1000m以深の深海では生物発光が唯一の光源であるから，深海種の生物発光のもつ生態的な重要性はそれだけ高いことになる．中層の弱光層に生息する甲殻類，ゼラチン質動物プランクトン，魚類，イカ類の90％以上が発光する．

生物発光の生化学的機序はまだ十分に解明されていないし，種によって異なるようでもある．しかし，共通した生物発光機構として，有機化合物のルシフェリンが酵素のルシフェラーゼにより酸化される際に発光する．この反応に関与する物質は生細胞により合成される．しかし，アンコウに近縁の魚（*Porichthys*）は，捕食した発光甲殻類からルシフェリンを得ている．この魚は酵素ルシフェラーゼを自ら合成するが，発光甲殻類のいない海域では

発光することができない．生物発光の生化学において，化学反応エネルギーは熱として放出される代わりに，酸化反応物のオキシルシフェリンを励起するために用いられる．この化合物（下式で＊をつけたもの）は"励起"されてから，その励起エネルギーを光子として放出する，つまり発光するのである．

$$\text{ルシフェリン} + O_2 \xrightarrow{\text{ルシフェラーゼ}} \text{オキシルシフェリン}^*$$
$$\longrightarrow \text{オキシルシフェリン} + \text{光}$$

上式の化学反応は**発光細胞**あるいは**発光器官**で行なわれる．

生物発光は，海洋生物間におけるさまざまな情報手段になりうるが，この光信号のもつ役割は行動学的にも生態学的にも不明である．プランクトン種のあるものは，撹乱を受けると生物発光するので，捕食者に対する防御作用とも考えられている．クラゲ類，クダクラゲ類，クシクラゲ類，介形類，深海イカなどには，発光する触手を切り離して，あるいは雲状の発光物質を放出して，捕食者の注意をそらし，自らは暗闇へ逃げ去ってしまうものがいる．ペラゴスを海中で下方からみると日光が逆光になって陰影が鮮明に映るので，それを消すために生物発光を一種のカムフラージュに用いられていることもある．視覚の発達している動物は，同種間で他の個体との情報交換に生物発光を用いている可能性がある．たとえば，オキアミ類は大型の捕食者に追われるときに，高密度の群集をつくる合図として，あるいは繁殖のために集合する合図として，発光しているのかもしれない．クダクラゲ類や深海魚のあるものは，近くにいる獲物をおびき寄せるために生物発光し，獲物をとるエネルギーを節約している．発光能力は生物ごとに別個に進化し，多種多様な役割を果たしている．

生物発光は，水深1000 mから3000～4000 mに広がる暗黒の**漸深海層**や，これより深い**深海層**の生物でもみられる（図1.1）．これら深海域に生息する動物プランクトンや魚類は，体色が深紅あるいは黒っぽくなる傾向があり，眼の大きさも中層種より小さい．生産性の高い表層水から遠く離れているので，深海では種数も個体数も少ない．深度とともに動物プランクトン量が減少する様式を，太平洋海域を例にとって図4.14に示した．平均してみると，ネット採集できるプランクトン量は，海面から水深1000 mまでで1桁（から1.5桁）減少し，水深が1000 mから4000 mになるとさらに1桁減少する．このバイオマスの指数的な減少に合わせるかのように深海種の世代時間は長くなり，生産性は低くなる一般傾向がある．

鉛直分布を別の視点から眺めてみよう．海底付近，あるいは一時的に海底に下りて生活するような水柱種があり，これらは**近底生性**とよばれている．この生物群には，多くの甲殻類（とくにエビ・アミ類）とカレイやヒラメなどの底生魚類（底魚）が分類される．浅海域では，これらの生物は夜間に海底を離れることもある．

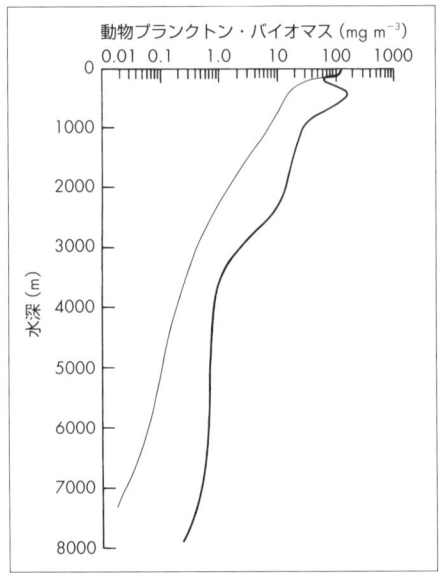

図4.14 7月の北西太平洋（太線）と熱帯太平洋（細線）でネット採集された動物プランクトンのバイオマスの鉛直分布（クラゲ類とサルパ類は除く）

本書の深度区分は，深度とともに環境条件が変化し，生息深度が異なればそこにすむ生物の生活戦略も変わってくるという認識に基づいている．それでもなお，本書で論じる鉛直的生態区分は恣意的であり，個体や種が各区分にきちんと対応して分布するわけではない（図4.22）．多くの動物プランクトンは異なる鉛直水層間を移動するので，中層，漸深海層，深海層など，きちんと区別できないのである．さらに，鉛直分布が緯度によって変わる生物もいる．これはとくに広圧性の寒冷種でよくみられる．たとえば，ヤムシの一種 *Eukrohnia hamata* は，極域では表層に生息するが，低緯度域では低温深層にしか出現しない．

4.5　日周鉛直移動

　プランクトンの行動でもっとも特徴的なのは，24時間周期の鉛直移動である．これはしばしば"diurnal"鉛直移動といわれているが，"diurnal"は（昼間の）"nocturnal"（夜間の）の反意語であり，昼間の現象を意味する語である．24時間リズムの現象には"diel"（日周の）を用いる．**日周鉛直移動**（DVM：diel vertical migration）とは，一般には夜間における上方移動と昼間における下方移動である．この現象はチャレンジャー号探検航海（1.4節）以来知られているが，この普遍性や生態学的意義について十分に満足できる説明はなされていない．日周鉛直移動は，動物プランクトンのすべてのグループ（淡水種でも）にみられ，渦鞭毛藻類さらには頭足類や魚類などの遊泳種においても知られている．日周鉛直移動は（すべてではないが），多くの表層や中層に生活する生物にみられるほか，研究例は少ないが漸深海層のエビ類においても知られている（図4.15）．

　日周鉛直移動があるため，同一海域でも昼間と夜間では，曳網採取したプランクトンの種組成や個体数に差が認められる．図4.16

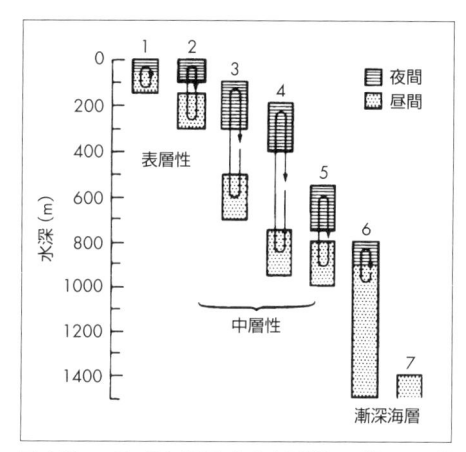

図4.15　いろいろな深度に生息する遊泳エビ類の日周鉛直移動の模式図
1～7の各深度グループには複数種が含まれる．

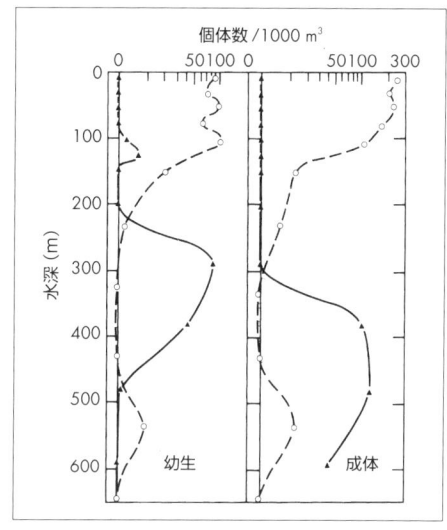

図4.16　カリフォルニア海流のある測点におけるオキアミの一種 *Euphausia hemigibba* の幼生および成体の昼間（実線）と夜間（破線）の分布

はその一例で，カリフォルニア沖のオキアミの幼生と成体の昼夜分布を比較したものである．

　昼間と夜間とを過ごすための好適な深度は種ごとに異なり，さらに，生活戦略（図4.16）や性によっても異なる（たとえば，*Calanus finmarchicus* の雌成体は移動能が高いが，雄はそれほどでもない）．また，この好適深度は，季節や地理上の位置，気象条件（曇天，荒天など）によって変わることもある．しか

し，海産動物プランクトンには大別して3種類の移動様式が存在する．

（1）夜間移動 日没近くに始まる上方移動1回と，日の出近くの下方移動1回で特徴づけられる．これは海産動物プランクトンでもっとも普遍的な様式である．

（2）薄明移動 24時間のうちに2回の上方移動と2回の下方移動が特徴である．日没とともにもっとも浅くまで上昇し，その後，真夜中に下降する．次いで，日の出時に上昇し，その後，昼間深度に下降する．

（3）逆転移動 あまり一般的ではない．昼間に海面まで上昇し，夜間にもっとも深くまで下降する．

24時間の鉛直移動距離は種々さまざまであり，一般には大型で遊泳力の大きいものほど移動距離も長い．しかし，小型のカイアシ類や翼足類でさえ，24時間周期で2回，数百メートルも移動することがある．それよりも遊泳力の大きいオキアミ類や水柱性エビ類には800 m以上も移動するものもある．カイアシ類やフジツボとカニ類幼生の場合は，上方移動速度が $10 \sim 170 \, \text{m h}^{-1}$ と測定されており，オキアミ類では $100 \sim 200 \, \text{m h}^{-1}$ の速度で遊泳する．鉛直移動範囲には温度躍層や密度躍層が影響するようであるが，水温や密度の急勾配を横切り，水圧の変化にも耐えて鉛直移動するものもいる．

海洋生物の日周鉛直移動に対応して**深部散乱層**（DSL：deep scattering layer）が観察される．これはソナー記録上に観察される音波反射層（音波散乱層）である．音響測深図では海底の偽像のようにみえるので（図4.17），当初は物理的な現象だと考えられた．しかし，この層が24時間にわたって移動する場合があり，この周期性は動物の日周鉛直移動に原因があると考えられた．昼間は水深約100～750 mに5層もの音波散乱層が記録されることもあった．夜間は，これらの層は海面近くまで上昇して拡散するか，あるいは，ほかの層と重なり合って水深約150 mまで達するような幅広い層を形成する．これら音波散乱層を構成する生物は，おもに大型甲殻類（オキアミ類，エビ類など）や音波反射のよい浮袋をもつ小型魚類（ハダカイワシ類など）であるが，翼足類や大型カイアシ類などの動物

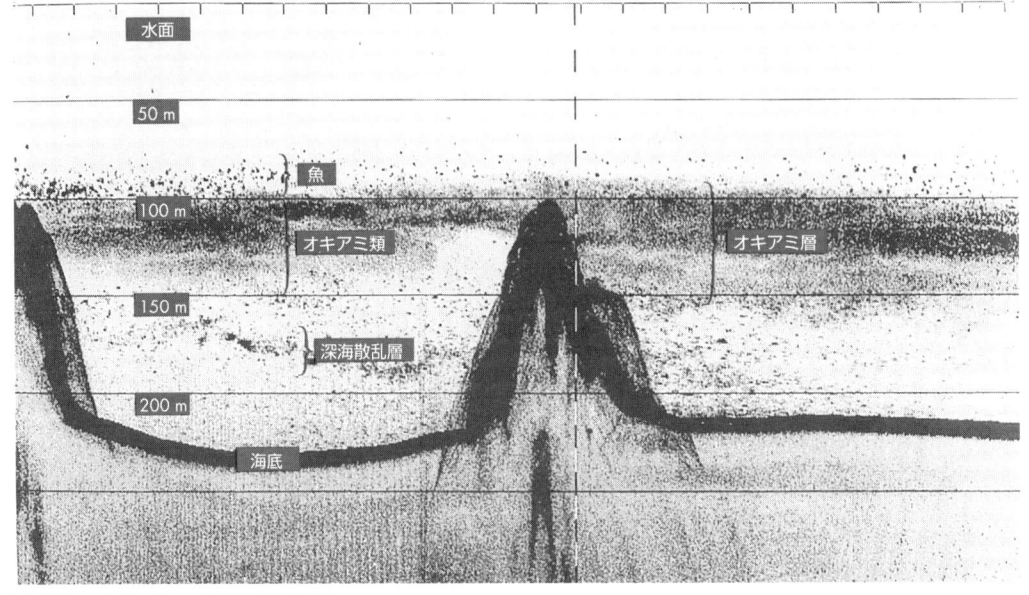

図4.17 カナダ・サニッチ湾の音響測深図
オキアミの昼間分布による深部散乱層（水深75～100 m）と未確認生物による深部散乱（水深175 m）がわかる．魚は個々の点で表されるが，小型で数の多いオキアミなどは雲のようにみえる．測線の中ほどで海底が急に125 mほど高くなっている．

プランクトンという場合もある．

　海洋生物の日周鉛直移動が明暗周期に同調しているという事実から，移動を開始・同期させる刺激要因として光強度の変化が重要であると考えられる．光強度変化は，重力や水圧変化とともに，海洋生物の移動すべき方向を決める手がかりにもなる．季節的な光強度の変化，あるいは日ごとの変化（たとえば，晴天－曇天，星夜－月夜）により，生息深度域が変わることもある．極洋域の夏などの白夜期は，海洋生物の鉛直移動はほとんど行なわれない．日食で光強度が低下すると，昼間でも上方移動をするかもしれない．室内実験では，移動のための時間調整は人為的に設定した明暗周期に同調することもあるし，しないこともある．光以外の要因もあるのであろう．その一つの要因として，空腹が考えられている．空腹になると，暗黒に守られて安全な深層から生産性の高い表層へ索餌のために上方移動してくるのである．

光などの要因が海洋生物の日周鉛直移動を誘起するとしても，かくも多種類の生物がこの行動をとることの説明にはならない．鉛直移動しなければならない理由とは何だろうか？

　この質問への解答として，多くの仮説が提唱されてきた．しかし，いろいろな生物の日周鉛直移動を説明しうる普遍的な機構を想定し，それに固執するのは非現実的であろう．次に仮説のいくつかをあげるが，これらは互いに否定しあうわけではなく，それぞれが特定の種の鉛直移動をよく説明している．

（1）一日中，暗黒域あるいは薄明域に生活する動物は視覚的捕食者に襲われにくいので，昼間は深所に移動することによって身を守っている．そして，夜間に食物の豊富な表層へと上方移動する．

　海洋および淡水域の日周鉛直移動をよく説明する仮説として，これを支持するたくさんの証拠がある．たとえば，捕食者たる魚類が多いときに被食者たる動物プランクトンの日周鉛直移動が活発になる場合がある．また，45年間にわたる北大西洋産カイアシ類（*Metridia lucens*）の調査により，このカイアシ類が表層に滞在する時間は季節変動し，夜の短い夏季にはより長い時間を深所で過ごす．しかし，食物〔植物プランクトン〕がもっとも豊富な春季には，日長時間からの予想するより長く表層に滞在する．つまり，食物がもっとも豊富なときには，捕食される危険を冒してでも採食するほうが重要なのだろう．

（2）捕食していない時間を低温深層で過ごして自らの代謝活性を下げて，エネルギー消費を節約する．こうして節約するエネルギーから移動に要するエネルギーを差し引いても，まだ差益があるのか否かは明らかにされていないが，遊泳に要するエネルギーは著しく小さく，基礎代謝エネルギーの数パーセント程度しかない．

（3）水柱内を鉛直移動していると異なる流向と流速の流れに遭遇する．その結果，上昇するたびに異なる索餌場所に出ることになる．この新しい場所は，前夜の場所より食物が多いかもしれないし，少ないかもしれない．それでも移動能力に限界のある小型生物は，鉛直移動することで食物の乏しい場所にとどまらずにすみ，生産的な場所を食いつぶすこともない．この確証を得るために食物濃度を実験的に変えた場合，供試実験種ごとに相反する結果が得られている．すなわち，ある例では食物が少ないと鉛直移動が抑制されたが，ほかの例では逆の結果になっている．

　海洋生物の日周鉛直移動には生物学的にも生態学的にも重要な意義がある．たとえば，ある個体群すべてが同時に同じ深度へ移動するわけではないので，結果的に個体群の母集団から一部の個体群に転出転入が起こる．このような個体群間での個体の出入りは遺伝的

混合を促進するので，特に水平移動能力の乏しい種には重要な過程である．

海洋生物の鉛直移動のもう一つの重要性は，有光層で生産された有機物を深層へと輸送促進していることである．鉛直移動を行なう生物群がハシゴ状に連結し（図4.15），海洋食物連鎖で重要な役割を果たしている．すなわち，有機物が夜間に浅所で摂食され，昼間に深所へ運ばれている．植食動物は有光層で植物プランクトンを摂食し，深所へ移動して糞粒やほかの有機物片を排出する．また，これら植食動物は深層の肉食動物に捕食される．そして，この肉食動物はもっと深い所へ鉛直移動する．このように能動的な鉛直移動を行なう有機物が動物自身であれ糞粒等であれ，有機粒子の受動的な移動よりはずっと速く沈降する．

4.6 季節的鉛直移動

鉛直移動様式が季節的に変化する生物もいるが，この理由は繁殖サイクルに関連して生活史のいろいろな発達段階ごとに好適な生息深度が変わるためである．北太平洋ではカイアシ類の優占種が示す鉛直移動に劇的な変化がみられる．カナダ西岸の沿岸域では，*Neocalanus plumchrus* の成体は水深350～450mで越冬し，その期間は捕食活動をしない．そして，12月から4月にかけて産卵する（図4.18）．卵は浮上して中層でノープリウス幼生（4.2節）が孵化する．ノープリウス幼生は2月から4月にかけて表層付近で生息し，一次生産が最高になる3月から6月にかけてコペポディッドV期にまで成長する．6月はじめまでにコペポディッドV期に達した個体は植物プランクトンを捕食し，大量の脂質を蓄積してから深所へ移動する．貯蔵脂肪分を消費しながら成熟して交配し，冬季に産卵する．これに対して，沖合域では生活環がやや異なり，深所（250m以上）での産卵は6月から2月に行なわれ，水深100mの浅所にコペポディッド初期個体が出現するのは10月である．この種でも鉛直移動が認められ，浅所では幼生が発達し，深所では交配と産卵が行なわれる．同様な鉛直移動パターンが認められる他の例として，北太平洋に普遍的な大型カイアシ類 *Neocalanus cristatus*

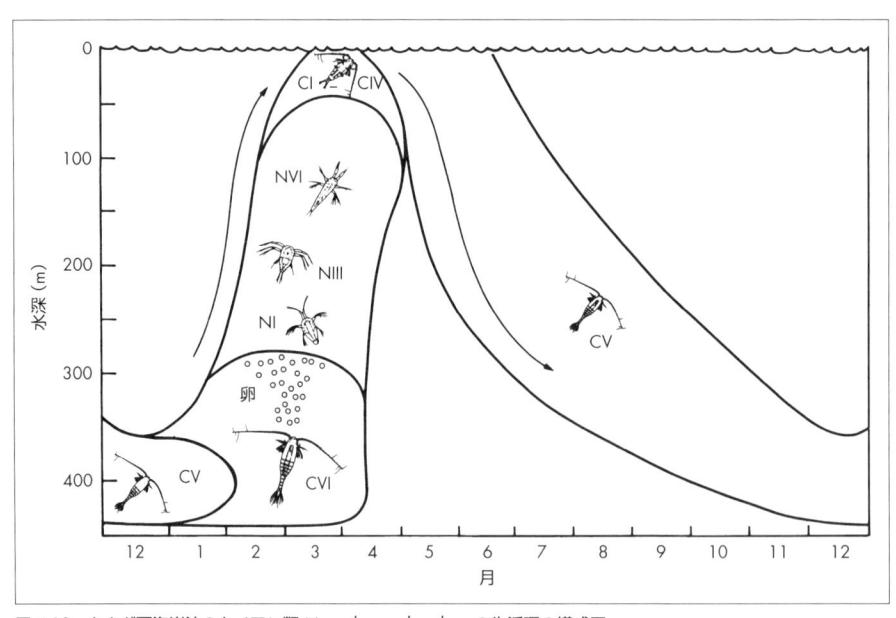

図4.18 カナダ西海岸沖のカイアシ類 *Neocalanus plumchrus* の生活環の模式図
卵，幼生（ノープリウスI～VI期，コペポディッドI～V期）および成体（コペポディッドVI期）の周年的な深度分布を示す．C：コペポディッド期，N：ノープリウス期

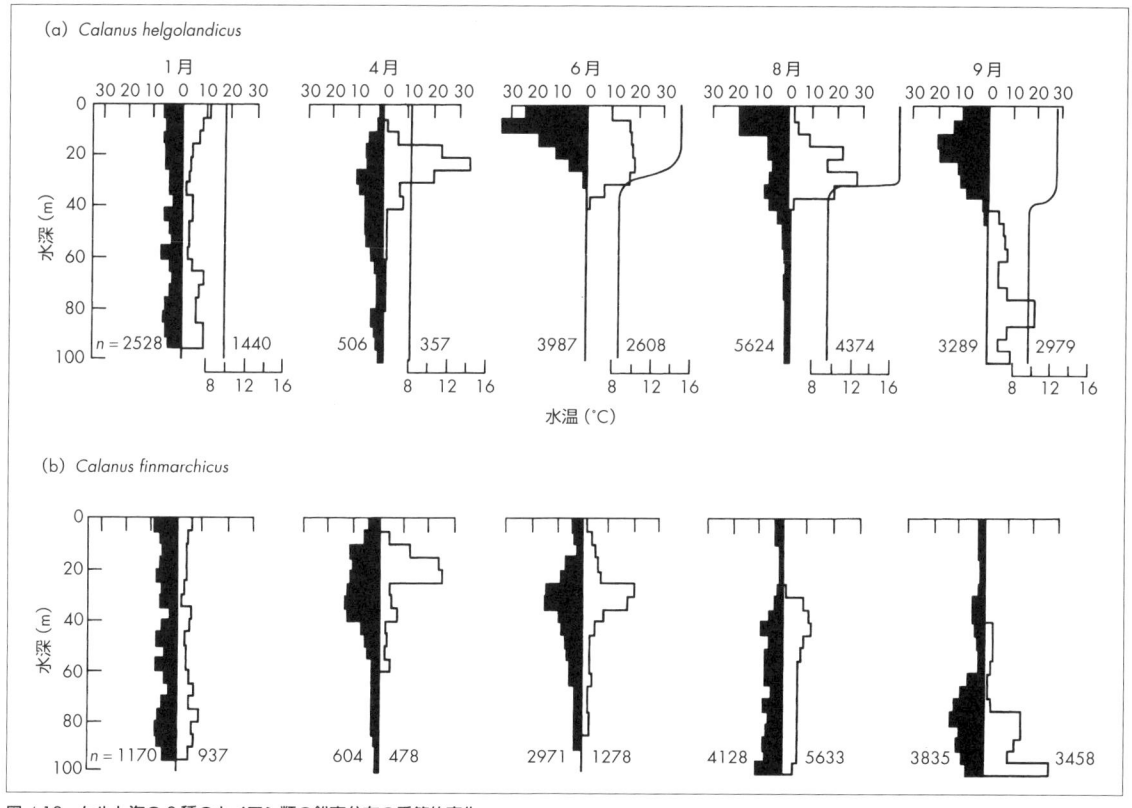

図 4.19 ケルト海の 2 種のカイアシ類の鉛直分布の季節的変化
(a) *Calanus helgolandicus* と (b) *C. finmarchicus* のコペポディッド Ⅴ・Ⅵ 期における昼間（白地）と夜間（黒地）の分布．採集個体数 (*n*) は深度 5 m ごとにまとめた．実線は昼間の水温鉛直分布である．

がある．その成体は水深 500～2000 m に生息して産卵すると，幼体は上方へ移動して水深 250 m 以浅で生活する．

図 4.19 は北大西洋の植食性カイアシ類 2 種（*Calanus helgolandicus* と *C. finmarchicus*）の季節的および日周的な鉛直移動を示したものである．ケルト海の冬季には，両種のコペポディッド Ⅴ・Ⅵ 期は海面から水深 100 m までの深度幅に均一に分布し，昼夜の分布差はほとんどない．春季（4 月）になると両種とも浅所に集まりはじめ，日周鉛直移動がみられるようになる．7 月から 8 月に明瞭な温度躍層が形成されると，これら 2 種の分布には相違が認められるようになる．*C. helgolandicus* は，暖かい浅所で発達し，日周鉛直移動も行なう．これに対して *C. finmarchicus* は，温度躍層以深の冷たい深所へ移住し，昼夜の生息深度はほとんど変わらない．9 月下旬には，両種とも昼間は 40 m 以深に生息するが，*C. helgolandicus* は夜間に海表面へ浮上する鉛直移動がまだ盛んである．

ナンキョクオキアミ（*Euphausia superba*）も，生活環の中で顕著に生息深度を変える．このオキアミは表層で産卵するが，卵はすぐに水深 500～2000 m まで沈降し，そこで孵化する．孵化した幼生は徐々に表層へ向かって泳ぎ，そこで初期発生が終わる．幼生と成体は，海面あるいは海面付近に分布する．寿命は 2～4 年と推定されるが，この間，発生段階ごとに異なる流向の海流にのるような鉛直移動をするので，南極大陸から離れ，また戻ってくるように移送される．南極域で普遍的な種類のカイアシ類やヤムシ類も同様な季節的鉛直移動を行なう．南半球の夏季には，これらの種は南極発散帯の海域から北向きに流れる表層水に分布している．冬季には，南

向きに流れる深層流にのって，南極発散帯の海洋で海面に浮かび上がってくる．

一般に，広範囲な季節的鉛直移動を行なう生物種は温帯域や寒帯域，あるいは湧昇域に生息している．これらの若い個体は生産性の高い表層水内部で生活し，その成長に必要な食物を獲得するために鉛直移動をする．温帯域では，夏季から秋季の期間に表層の生産が低下し，後期幼生や成熟成体は深層へと移動する．低温で生産性の低い深層では生物の代謝が遅くなり，捕食もしない状態—**休眠**—になるものもいる．捕食しない代わりに，表層に生活していた間に貯蔵したエネルギーを消費して生き延びている．

日周あるいは季節的な鉛直移動により，いろいろな流向と流速の海流にのって水平移動できる．それにもかかわらず，動物プランクトンの個体群は，それぞれ特定の地理分布を示している．特定の季節的な鉛直移動様式をもつことで，その種が好適な生息場所（南極の動物プランクトンなど）や湧昇域（北アメリカやアフリカの西岸沖の年間湧昇サイクルに関連して）に長くとどまれることもあろう．日周鉛直移動でも同様に，好適な生息場所にとどまることができる．たとえば，河口域に生息する種は，河口域にとどまるために日周移動を潮の干満に同期させる．この場合，適当に時間調整して移動できない個体は自然淘汰されることになる．つまり，行動様式が物理システムに対応できない個体はその水域から除去されるのである．当然の結果として，ある種では水域ごとに鉛直移動様式を違えることが知られている．地理的条件によって個体群を存続させるために，この様式が変わりうるのである．種内および種間での移動様式に変移があるのは，異なる環境に対応して個体群を存続させるための適応の結果なのであろう．

4.7 終生プランクトンの動物地理学

動物地理学とは，生物の分布を記載し，その分布様式に関する生理生態学的な理由を明らかにする学問である．現在における海洋生物の分布は，地質学的な期間にわたる現象や変化にも影響されているから，過去を調べる必要もある．

陸上環境に比べて水柱環境には，終生プランクトン個体群の間には遺伝子の交流や拡散を妨げる物理的な障壁がほとんど存在しない．しかし，異なる水塊間には，物理化学的条件や生態学的特性に加えて水理学的な障壁がある．ある動物プランクトンは環境変動に幅広く対応できるので広範に分布している．これとは対照的に，水温や塩分などの環境要因への適応範囲が狭い種がいるが，これらは水塊を特定するための**生物指標**に用いられる．このように，ある水塊を特定するために指標種を使う場合は，いつも検定用に十分量が採集できるような種類に限って，たとえば有孔虫類，カイアシ類，ヤムシ類などが適用されている（たとえば図6.9）．

2.2.1項で述べたように，世界の海洋は南北に水温勾配が形成されていて，それに応じた環境域が存在する．その環境勾配にもかかわらず表層性動物プランクトン種の約50％は熱帯から亜熱帯の海域を経て温帯海域に至るまで広く分布している．表層性終生プランクトンの約1/3のみが熱帯から亜熱帯の暖水域に分布が限定されている．寒帯から温帯域に限定される種類はさらに少なくなる．しかし，このなかの数種類は**両極分布**をしている．両極種は，北極域とその周辺および南極域とその周辺に分布しているが，その間の温帯域と熱帯域には生息していない．代表的な両極種として，翼足類のミジンウキマイマイ（*Limacina helicina*）〔北極亜種は *L. helicina helicina*，これに対応する南極亜種は *L. helicina rangi*〕とその近縁種（*L. retroversa*），端

脚類（*Parathemisto gaudichaudi*），クダクラゲ類（*Dimophyes arctica*（カドナシフタツクラゲ）），および珪藻数種がある．また，近縁性が著しく強いので共通の祖先種から分かれたと考えられる北極種と南極種もある．このような対をなす種の例として，無殻翼足類の *Clione limacina*（ハダカカメガイ，北半球種）と *C. antarctica*（南半球種）がある．この2種は形態的に異なるが，極域での食物連鎖上における位置は同じであり，両種とも *Limacina helicina*（ミジンウキマイマイ）と *L. retroversa* だけを捕食している．両極種が存在する原因として，深層低温水が両極間を移動していることが考えられる．あるいは，普遍種であったものが，他種の動物プランクトンとの競争に負けて低緯度域から高緯度域に追いやられたとも考えられる．

深海には水理学的な障壁は少なく（2.4節），中層と漸深海層に生息するプランクトンは一般的に分布範囲が広いが普遍種ではない．なぜなら，これらの多くは，いずれかの大洋に分布が限定されているからである．たとえば，北太平洋の漸深海層における動物相のほぼ大半は固有種で占められている．北太平洋における深海性カイアシ類の約20％は南極種でもあるが，南極域が全大洋の深層水の最大供給源であることを考えれば驚くにあたらない（2.4節，図2.17）．

陸上動物と同様に，海洋の表層性動物の種数は低緯度域から高緯度域にかけて減少する．動物プランクトン分類群のほとんどは低温域で種数が少なく，翼足類などは亜熱帯境界（北緯45度，南緯45度）よりも高緯度にはほとんど分布していない．高緯度で種の多様性が減少するのと対照的に，表層性寒冷種の個体数は増加する傾向にある．この多様性と現存量の緯度による相違の解釈には多くの仮説があるが，まだ議論検討の余地がある．

"全球的熱帯－亜熱帯性"の水柱種が，大西洋，太平洋，インド洋の温暖水域に比較的多数生息している．これらには，*Janthina*属（アサガオガイ・ルリガイの仲間）や *Glaucus atlanticus*（アオミノウミウシ）などのニューストン種が多く（4.4節），表層性のオキアミ類，ヤムシ類，端脚類などもいる．これらが広範囲に分布するのは，古生代から第三紀後期にかけて数億年も存在した古代テチス海（年代については付録1参照）由来の暖水塊が永続しているためであろう．これと対照的に，動物プランクトンの場合には，暖水種の多くは一，二の大洋に生息が限定されている．これは，パナマ地峡のような地理的・水理的な障壁が地質学的過程によって形成され，主要な大洋間における種の交流が不可能になったからであろう．

人間は動物プランクトンの分布に影響を及ぼすだろうか？

スエズ運河などの建設は動物プランクトンの分布に影響を及ぼしている．1869年の運河開通以来，紅海から地中海へ約140種が移入している．動物プランクトンが船舶のバラスト水とともに偶発的に運ばれて分布が変えられることもある（9.3節）．有櫛動物の *Mnemiopsis leidyi*（クシクラゲの一種）が北アメリカ大西洋岸から汚濁の進行している黒海へ移住するようになったのは，この一例だと考えられている．この捕食性クラゲは1990年には約10^9 tまでバイオマスを増やした．このクラゲが黒海の生物群集や水産資源に与える影響は，他のすべての人為的要因による影響よりも大きいと考えられている．

北大西洋と北太平洋は北アメリカ大陸により約1億5000万年～2億年前に隔離された．しかし，両大洋の温帯域の動物相には，かなりの共通性がみられる（表4.2）．クラゲ類 *Aglantha digitale*（ツリガネクラゲ），毛顎類の *Eukrohnia hamata*（クローンヤムシ），異足類の *Limacina helicina*（ミジンウキマイマイ）や *Clione limacina*（ハダカカメガイ）な

表 4.2 北大西洋および北太平洋の表層でネット採集される動物プランクトンの優占種
2つの欄にまたがる種は両大洋に分布している.

グループ	北大西洋	北太平洋
刺胞動物 Cnidaria	Aglantha digitale (ツリガネクラゲ)	
環形動物 Annelida	Tomopteris septentrionalis (オナシオヨギゴカイ)	
毛顎動物 Chaetognatha	Eukronia hamata (クローンヤムシ)	
	Sagitta serratodentata	Sagitta elegans
	Sagitta maxima (キタヤムシ)	
端脚類 Amphipoda	Parathemisto pacifica	
カイアシ類 Copepoda	Calanus finmarchicus	Calanus pacificus
	Calanus helgolandicus	Neocalanus plumchrus
	Euchaeta norvegica	Neocalanus cristatus
	Pleuromamma robusta	Eucalanus bungii
	Acartia clausi	Acartia longiremis
	Metridia lucens	Metridia pacifica
	Oithona spp.	Oithona similis
	Oncaea spp.	
	Scolecithricella minor	
	Heterorhabdus norvegicus	Pseudocalanus minutus
		Pseudocalanus parvus
オキアミ類 Euphausiacea	Meganyctiphanes norvegica	Euphausia pacifica (ツノナシオキアミ)
	Thysanoessa longicaudata	Thysanoessa longipes
軟体動物 Mollusca	Limacina helicina (ミジンウキマイマイ)	
	Limacina retroversa	
	Clione limacina (ハダカカメガイ)	
サルパ類 Salps	Salpa fusioformis (トガリサルパ)	

どは，両大洋と極域に分布する種類の代表である．一方，カイアシ類やオキアミ類の優占種は，北太平洋と北大西洋では，属が同じくらいがせいぜいで，種のレベルでは著しく異なっている（表4.2）．このような種の分化と分布の現状は，太平洋・北極海・大西洋の間で海水の流れが断続的に変化したことを反映している．現在，ベーリング海峡を抜けて南下する流れはないが，太平洋から北極海への海流はある．この海流は，海峡が開けて以来続いているのだろう．北極海と大西洋の間の海水交換はもっと規模が大きい．今日の分布状況からすれば，太平洋と大西洋間の動物プランクトン種の伝播分散は，北極海を通路としてきたようである．しかし，鮮新世から更新世（付録1）の時期に，北極海が冷却されて，生物の分布に不連続が生じ（北大西洋と北太平洋に生息するが，北極海にはいない），それ以降は異なる種へと進化したのであろう．

地球を一周できる海域帯は南半球にある．すなわち，南極大陸とアフリカ，オーストラリア，南アメリカの各大陸の間を通り抜ける海域帯である．この広い海域において，動物プランクトンは南極大陸を中心とした同心円状の運続分布をするが，これは同心円状の等温線と時計まわりの大循環に一致している．しかし，南極から離れる海流（北向き）と南極に近づく海流（南向き）があり，4.6節で指摘したように，これらの海流における季節的な鉛直移動が南極周辺の個体群を維持するのに役立っていることも重要である．南極海における水柱性動物相は北極海よりもずっと多様性に富んでいるが，この両極海における相違は南極海域の高い生産性に関係しているかもしれない．

4.7.1 不均一分布

ある地理的範囲において，あるプランクトン種の個体分布は均一でもランダムでもなく，いろいろな大きさの"塊"になっていることが多い．この**不均一分布**は，植物プラン

クトンにも動物プランクトンにも，海洋生物種でも陸上生物種でもあてはまる．植物プランクトンの不均一分布は，3.5節で説明したように栄養塩類の利用性を決める物理過程の影響を受け，海洋大循環からラングミュア循環までさまざまなスケールの分布パターンに関係する．動物プランクトンの不均一分布はこの植物プランクトンの分布に関連するかもしれないが，ほかの要因があるかもしれない．

動物プランクトンの水平分布における小規模な不均一性（微細分布）は，広い地理分布よりも調べにくい．それは動物プランクトンの採集方法に難点があるためである．一般に，採集のための曳網距離は数十メートルから数キロメートルに及び，その距離にわたって個体数が平均化されて計数されるので，この距離より小さい規模の分布は隠れてしまう．特別に計画された採集により，また，スキューバダイビングや潜水船による潜航調査などの直接観察により，動物プランクトンの微細分布パターンが明らかにされてきている．この小規模な不均一分布には，いろいろな物理・化学・生物的要因が関与しているのだろう．

いろいろな水平混合と乱流混合によってプランクトン個体群が集積あるいは分散する．3.5節で論じたように，湧昇による混合は表層での栄養塩濃度を高めるので一次生産が増加し，その結果として動物プランクトン数も増加する．一方，沈降による混合は，生物の生産や集積において逆の効果を与える．鉛直混合のある水域は，大規模な大陸棚縁辺前線（3.5.4項）から，中規模な冷水渦や暖水渦（3.5.1項），さらに小規模なラングミュア循環（3.5.6項）に至るまで，規模に応じて動物プランクトンの分布と現存量に影響を及ぼしている．この規模の違いは，図4.20に示すキロメートル規模の動物プランクトンと植物プランクトンの不均一な分布から，図4.21に示すメートル規模の動物プランクトンの不

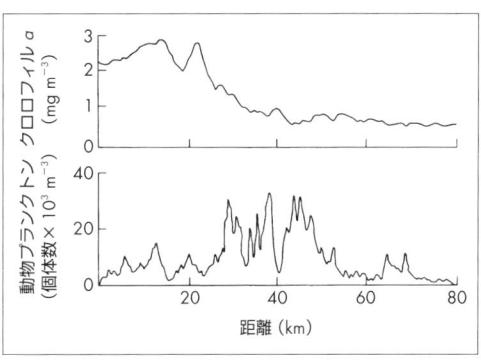

図4.20 植物プランクトン（クロロフィルa濃度）と動物プランクトンの分布におけるキロメートル規模での不均一性
1976年5月北海北部の水深3mの夜間データに基づく．

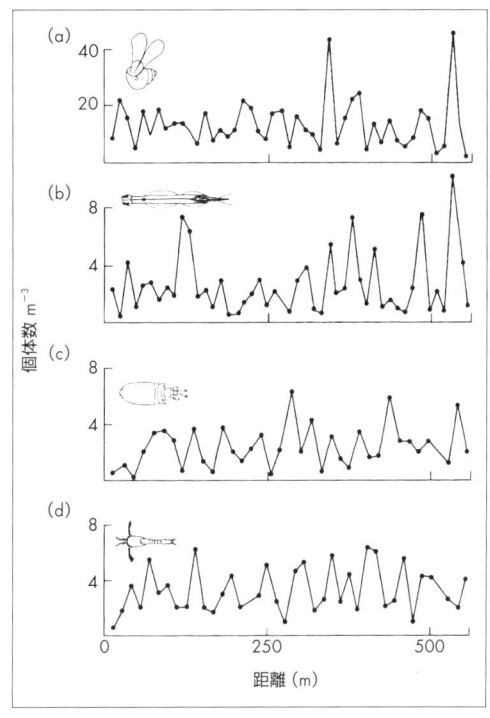

図4.21 カリフォルニア沖の動物プランクトン分布におけるメートル規模での不均一性
(a) 有殻翼足類 *Limacina*，(b) ヤムシ *Sagitta*，
(c) カイアシ類 *Corycaeus*，(d) オキアミの幼生

均一な分布として現れる．これらの図は水平方向の不均一分布を示しているが，動物プランクトンは鉛直的にも不均一な塊を形成する．図4.22にベーリング海におけるカイアシ類の鉛直分布を示す．表層と中層で種組成が異なること，そして，生活環の異なる段階あるいは雌雄で異なる水深に分布することに注意されたい．

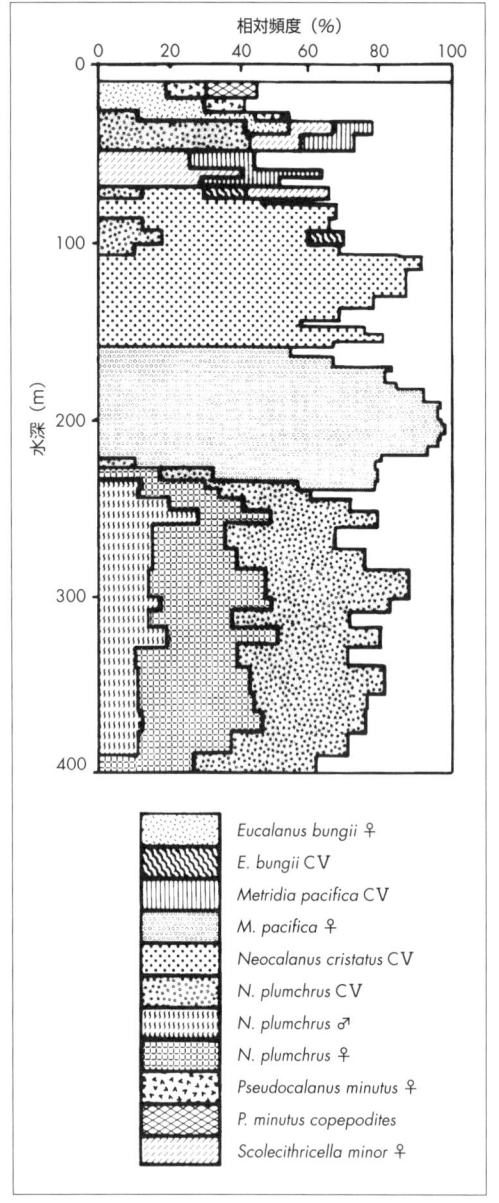

図4.22 夏季ベーリング海におけるカイアシ類群集の鉛直的な層状分布
昼間に採集された個体の分布．♀：雌，♂：雄，CV：コペポディッドV期（4.2節）

凡例:
- Eucalanus bungii ♀
- E. bungii CV
- Metridia pacifica CV
- M. pacifica ♀
- Neocalanus cristatus CV
- N. plumchrus CV
- N. plumchrus ♂
- N. plumchrus ♀
- Pseudocalanus minutus ♀
- P. minutus copepodites
- Scolecithricella minor ♀

動物プランクトンの不均一分布をつくりだす生物学的あるいは生態学的な理由は何だろうか？

不均一分布は動物プランクトンと食物との相互作用によって生じるかもしれない．数か月の時間規模では，一次生産に伴って二次生産も増加することがある（沿岸湧昇など）．しかし，もっと短時間，もっと小さな空間の規模では，動物と植物のプランクトンの分布は重なり合わない傾向にある（図4.20）．激しい捕食により植物プランクトン数が減少することも一因なのであろう．また，ほかの要因として，植物プランクトンと動物プランクトンの増殖速度の差もあるだろう．植物プランクトンは好適な光と栄養の条件下で速やかに増殖できるが，動物プランクトンは増殖が遅いために植物プランクトンに大きな遅れをとることが多い．結局，植物プランクトンの現存量が極大に達して栄養塩類が極小となっても，動物プランクトンは現存量がまだ少なく，これから増殖を始めようとしているのである．

種によっては生殖も不均一分布の一因である．繁殖目的で形成された動物プランクトンの集合体が小規模な不均一分布を生じることもあるが，密な集合体（スウォーム）にまで発達する機構はいまだ不明である．また，1つの集合体から，あるいは1つの卵塊から孵化した子世代はしばらくの間，集合した状態でとどまってから分散する傾向がある．

Euphausia superba（ナンキョクオキアミ）の不均一な分布は，そのバイオマスの大きさと食物連鎖における重要性と直接的に水産資源として利用される可能性の点で大きな社会的関心を集めている（6.1節）．ナンキョクオキアミは摂餌時に密な集合体（スウォーム）を形成する．この集合体は，個体密度がひじょうに高いが，移動は自由にできる．また，オキアミ類は群れ（スクール）を形成するが，これは個体群全体として一定方向に一定速度で泳ぐものである．群れの形成は，捕食者に対する防衛策とも考えられるが，捕食者のほうが，そのように仕向けているのかもしれない．たとえば，ある暖水性オキアミ種は，サメやクジラによって密な群れを形成させられる．クジラの場合は，気泡を出して"ネット"で囲むようにオキアミを集める．一般に，ク

ラゲ群や魚群などの捕食者が高密度になると，被食者数が局所的に減少するので，この状態が進行すると不均一分布が形成されることになる．

図 4.22 に示した個体や生物種の鉛直分布は，鉛直移動のため 24 時間のうちに変化することもある（4.5 節）．一般に，移動する種では夜間はいろいろな水深に分散し，昼間は深所に濃集する傾向がある．鉛直的な隔離はおそらく，密度躍層や温度躍層などの物理的要因，光強度への好悪，その他の微小環境的な要因などによるものと思われる．

プランクトンの不均一分布の要因となる物理的・生物的過程を表 4.3 に要約する．すでに述べたように，不均一分布は数千キロメートルにも及ぶ大規模なものから 10 m 以下のごく小規模なものまで存在する．あるプランクトンの集合が継続する時間も，その不均一分布の成因に応じてさまざまである．湾流から派生した渦に捕らえられた動物プランクトンはひじょうに大規模な集合体を形成し，これは数か月から数年も継続する．大型動物プランクトン（オキアミ類など）やネクトン（イカ・魚類）の繁殖目的の集合は数日しか継続しないが，そこからかえった子孫どうしは何日も何か月もいっしょに生活することがある．成体に比べると，水流の影響を受けやすいからであろう．ラングミュア循環に起因する不均一分布は，風速と風向が一定している間だけ継続する．また，波浪の作用で表層性プランクトンが集積したり分散する様式はつねに変化している．このように，不均一分布の規模は，空間的にも時間的にもさまざまに変移する．

4.8　動物プランクトン群集構造の長期変動

プランクトン群集構造の長期変動が記録されている海域はほんの少ししかないが，その記録によると 10 年単位で動物プランクトン群集の現存量と種組成が大きく変わったことが明らかである．このプランクトン群集の変化はしばしば地球環境変動と結びつけて論じられる．気候の長期変動は海洋生態系と生物生産の変化，すなわち**レジームシフト**（regime shift（生態環境変動））という重大な影響を及ぼす．次にその例をあげる．

動物プランクトン調査の最長記録は，北東大西洋にて約 50 年間にわたって商船が定期航路で連続プランクトン記録器（CPR）を曳航した記録だろう．図 4.23 はこの海域における過去 40 年間の植物および動物プランクトン現存量の減少傾向を示している．1980 年代前半に小さな増加がみられるが，全体的には減少傾向である．同様な減少傾向は南カリフォルニア沖でもみられ，1987 ～ 1993 年の大型動物プランクトンのバイオマスは 1951 ～ 1957 年より 70 ％も低かった．この海域では，プランクトンの減少と海洋気候変

表 4.3　動物プランクトンの不均一分布の要因となる物理的・生物的過程の時空間規模

空間規模（km）	物理的過程	生物的過程	時間規模（日）
1000 +	渦流（サルガッソー海など） 沿岸湧昇（ペルー海流など） 水塊境界（南極収束帯など）		1000 +
100	暖水渦・冷水渦 潮汐前線 季節的沿岸湧昇	季節的増殖 （春季ブルームなど） 植物・動物プランクトン間の 増殖速度の違い（速・遅） 月周期（魚の産卵など）	100
10	乱流 （河口域混合，島陰効果など）	生殖周期 捕食	10
1		日周現象（鉛直移動など）	1
0.1		生理的適応（浮力，光適応など）	0.1
0.01	ラングミュア循環，波浪	行動的適応（捕食集合など）	0.01

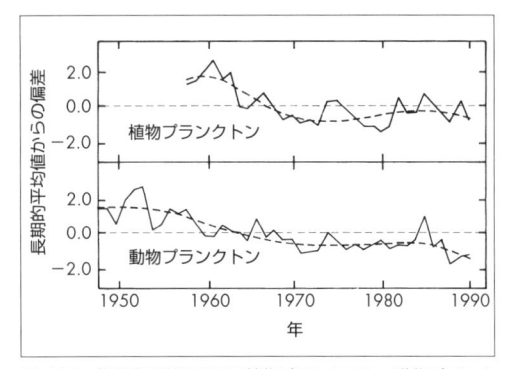

図 4.23 北東大西洋における植物プランクトン・動物プランクトン現存量の長期変動
長期的平均値からの偏差（実線）とそれを統計的になめらかにした全体的傾向性（点線）．

動が相関していた．つまり，プランクトンのバイオマスが低下した40年間にカリフォルニア沖の表面水温が約1.5℃上昇し，温度躍層の上下の温度差が拡大したのである．これにより水柱の成層が強くなり，風成の湧昇が起きにくくなった結果，低栄養塩類のレジーム（生態環境）が植物プランクトンの生産を抑制して，動物プランクトンの数も減ったのである．この変動が自然の気候変動サイクルの一部であり近い将来にもとに戻るのか，あるいは，いわゆる地球温暖化のせいなのか（もとに戻らないのか）は不明である．もし，地球温暖化が進行して全海洋的に成層が強くなったら，現在，栄養塩類の湧昇を享受している海域で生物生産が大幅に低下するという悪影響が起こりうる．

海洋気候変動が生物生産を増大させることはあるのだろうか？

カリフォルニア海流域でプランクトンのバイオマスが低下した一方で，太平洋のほかの海域ではプランクトン現存量は増加していた．北太平洋の中央部（北緯26～31度，西経150～158度）では水柱クロロフィルa濃度が $3.3\ \text{mg m}^{-2}$（1968～1973年）から $6.5\ \text{mg m}^{-2}$（1980～1985年）と倍増した．さらに北の亜寒帯域では1956～1962年から1980～1989年にかけて，動物プランクトンのバイオマスと魚類・イカ類の現存量が倍増していた．これらの増加は，冬の風が強くなって鉛直混合も強くなり，大量の栄養塩類が有光層に運ばれたことと相関している．

プランクトン群集の種組成にも長期変動がみられる場合がある．北海の中央部では，1958年から1970年代後半にかけて終生プランクトン性のカイアシ類（4.2節）が優占していた．しかし，1980年代と1990年代前半には一時プランクトンであるウニ類とクモヒトデ類の幼生が数的に優勢となり，現存量の点でも終生プランクトンのどの種よりも多かった．この種組成の変化は，この海域の大型ベントスの現存量が2倍から8倍増えたことと関連していた．北海で底生棘皮動物だけが増えたことの理由はいまだに不明である．

まとめ

- 海洋動物プランクトン群集には，微視的な小型の原生動物から数メートルにも達する大型の種類まで存在する．終生動物プランクトン種は一生を水柱環境で過ごす．一時プランクトンは，多くの底生無脊椎動物や魚類の卵や幼生であり，この期間を浮遊して過ごす．
- 動物プランクトンは細かい目の網を曳いて採集するが，これですべての種がとれるわけではない．網目より小さいもの，網から逃げるもの，曳網や採集後の処理により体が壊れてしまうものなどがいる．スキューバダイビングや無人探査機，潜水船で直接的に観察することにより，壊れやすい種類や網から逃げる種類に関する知見が大幅に増加している．
- 一時プランクトン幼生の増減パターンは成体の生殖パターンに関連する．熱帯海域では，

一時プランクトンは周年にわたって観察される．高緯度海域では，成体の生殖が水温上昇や植物プランクトン生産増加に関連しているので，それらの幼生の出現は季節的である．

● 水温，光，一次生産，水圧，塩分など環境要因の鉛直分布によって，海洋水柱のいろいろな深度に異なる環境が形成される．表層，中層，漸海深層，深海層などの鉛直区分は恣意的かもしれないが，異なる深度帯にはやはり異なる動物プランクトンが生息している．深海層種の生活型や形態行動は表層種のそれとは異なっているし，動物プランクトンのバイオマスは深度の増加につれて指数的に減少している．

● 日射量が深度とともに減弱するにつれ，情報伝達手段としての生物発光の重要性が増してくる．多種多様な生物に発光能力が認められるが，その生物学的意義は種ごとに異なる．餌をおびき寄せるために光を発するものもいれば，捕食者を寄せつけないために発光するものもいる．配偶者をひきつけるために生物発光するものもいれば，繁殖集合体を形成するために発光するものもいる．

● ほとんどの動物プランクトンは好適深度をもっている一方，多くの種が海中を日周鉛直移動する．夜間に上方移動を1回，夜明けに下方移動を1回で特徴づけられる夜間移動型がもっとも普遍的である．日周鉛直移動の適応上の意義は種によって異なっているようである．たとえば，摂食時間以外は低温水層にとどまって代謝エネルギーの低下に役立っているかもしれないし，視覚的捕食者の攻撃を避けているのかもしれない．遊泳力の弱い動物は上方移動中の水平移動により新たな摂餌場所を訪れることができる．

● 日周鉛直移動には生物学的かつ生態学的な重要性がいくつかある．たとえば，異なる個体群の交流により，遺伝的交換が増すであろう．これは，母集団を構成する個々の小個体群の鉛直移動が必ずしも正確に同調していないからである．移動のタイミングに早い・遅いがあり，その結果として，個体群間に出入りが生じることになる．日周鉛直移動がもつほかの重要性として，有光層で生産された有機物の深層への輸送が高速化されることもあげられる．

● 高緯度域では季節的に大規模な鉛直移動が行なわれることがあるが，これは一般に生殖サイクルや幼生発達に関連している．このような移動の特徴として，食物の乏しい冬季には動物の成体は深層に分布しているが，植物プランクトンが豊富な春季や夏季になると若い動物個体が表層に出現する．

● 水柱中を鉛直移動することにより動物プランクトンは流向と流速が異なるいろいろな海流にのることができる．したがって，特定の海流様式に適合した日周移動や季節的鉛直移動をすれば，その個体群は好適な海域にとどまることができる．

● 現在の動物プランクトンの分布は地質学的な時間を経過して形成されたものであり，生理的かつ生態的な要因とともに過去の歴史的分布様式も反映している．

● 水温や塩分などの物理化学的要因の緯度的な勾配によって水塊が形成されるが，表層性動物プランクトンは特定水塊との結びつきが強い．中層性や漸深層性の種類は分布域が広く，これは深くなるにつれて環境条件が均一になることの反映である．

● 表層性・中層性の動物プランクトンは，低緯度になるほど多様性が高くなるが，現存量や個体数は少なくなる傾向にある．逆に高緯度では多様性は低いが，現存量は多い．

● 動物プランクトンは分布域内において時空間的な"塊"をつくっている．この不均一分布の要因として，物理的な乱流や混合，あるいは塩分変化など化学的な環境勾配への反応，"食う－食われる"の相互作用や生殖などの生物学的現象が考えられる．

● プランクトン現存量や種組成の長期記録によ

ると10年規模の大きな変化がみられる．植物プランクトンのバイオマスの減少はおそらく温暖化による成層構造の強化と湧昇の抑制に起因する．逆に，強風がさらに激しくなることで有光層への栄養塩供給が増え，植物および動物プランクトンも増えるような海域もある．

問　題

① 毛顎動物，有櫛動物，クラゲ類など多数の動物プランクトンのうち，海洋の浅い層で生息するものは体が透明である．このように有光層に生息する動物にとって，透明な体にはどのような利点があるのだろうか？

② サルパ類の生殖には2型あるが，このように複雑な生活環を発達させた理由は何だろうか？

③ 深海動物プランクトンの赤い色には，どのような適応上の意味があるか？

④ 図4.15に示されたオキアミの鉛直移動様式はどのように表されるだろうか？　また，幼生と成体では鉛直移動様式に違いがあるだろうか？

⑤ *Calanus helgolandicus* と *C. finmarchicus* にとって，鉛直移動様式が季節的に変化する利点は何だろうか？

⑥ 図4.20において，(a) クロロフィル a 量と動物プランクトン数は概して逆関係にあるが，これを説明しなさい．また，(b) 昼間だったら，動物プランクトン数はもっと多いか少ないかを述べなさい．

⑦ 浮遊性甲殻類に多くの発生段階があるのはなぜだろうか？

⑧ 底生動物の多くが一時プランクトン幼生を生活史の発達段階にもつのはなぜだろうか？

⑨ 海底堆積物になる骨格物質をつくるプランクトンの種類をあげなさい．

⑩ 表4.2にあげた動物プランクトンの主要グループのうち，おもに肉食性，植食性の種類を述べなさい（4.2節）．

⑪ 捕食者が餌を探し求める際，プランクトンの不均一分布にはどのような利点があるだろうか？

⑫ 図4.22では *Neocalanus cristatus* のコペポディッドⅤ期しか示していない．この種の成体はいつ，どこでみられるか？　4.6節を参照して答えなさい．

第5章 エネルギー流と物質循環

5.1 食物連鎖とエネルギー転送

食物連鎖は，エネルギーと有機物が海洋生物の栄養段階を通して転送される様式を直線的に表現したものである．それぞれの**栄養段階**は，エネルギー獲得手段が同じ，あるいは類似する生物群で構成されている．水柱域の食物連鎖は植物プランクトンに支えられている．栄養段階の最初に位置するこの独立栄養生物は，**一次生産者**として無機物から有機物を合成している．この浮遊性藻類を食べる植食動物プランクトン（原生動物，多種類のカイアシ類，サルパ類，多種類の幼生など）は次の栄養段階を構成し，**一次消費者**とよばれる．これに続く栄養段階として，まず植食動物種を捕食する肉食動物プランクトン（ヤムシ類などの**二次消費者**）があり，さらにそれら小型の肉食動物を捕食する大型の肉食動物（クラゲや魚類などの**三次消費者**）がある．栄養段階がいくつ存在するかは，その生物群集の生息環境や生物群集を構成する種数によって異なる．最高次の栄養段階は，人間以外に捕食者のいない動物の成体であり，サメや魚類，イカ，哺乳類などである．植物の一次生産に対して，それ以上の栄養段階で生産される単位面積あたり単位時間あたりの「動物」バイオマスは**二次生産**とよばれる．**栄養動態論**は，栄養段階間においてエネルギーと物質の転送に関する要因のうち，二次生産を制御する要因を解析する学問分野である．

動植物体の有機物にとり込まれる元素の窒素，炭素，リンなどは，食物連鎖を通って循環する（図5.1）．バクテリアは排泄物や遺骸などを分解する．**分解**により必須元素が無機物として遊離し，独立栄養生物が摂取できる形になる．しかし，エネルギーは循環することなく一方向にしか流れない（図5.1）．有機物のもつ化学エネルギーの大部分は，呼吸過程により有機物が二酸化炭素に分解される際に熱エネルギーとして放出されてしまうので，栄養段階間のエネルギー転送で損失する．結果的に各栄養段階のエネルギー量は栄養段階が上がるたびに減少するので，いかなる生物群集が栄養段階を構成しようとも，その生物数には限界があることになる．

一般に，栄養段階が上がるごとに個体サイズは大型化し，世代時間（あるいは生活環に要する時間）は長くなる．植物プランクトンの世代時間は時間単位あるいは日単位であるのに対し，動物プランクトンでは週単位か月単位であり，魚類では年単位となり，さらに海産哺乳類ではもっと長い．世代時間から現存量について推察すれば，植物プランクトンと魚類やクジラとの間には大きな差があるように思われる．しかし，低次栄養段階では世代時間が短いだけ生物生産速度が高くなるので，この世代時間の差がおもな相殺要因になって，栄養段階が上がっても総バイオマスはわずかしか減少しないと考えられる（図5.2）．微小植物プランクトンは数においてほかの生物群を卓越するとともに増殖も速い．しかし，少数だが世代時間が長い大型海産哺乳類のバイオマスの4倍を超えることはないだろう．

植物プランクトンによる一次生産は比較的容易に測定できる（3.2.1項）．これに対して

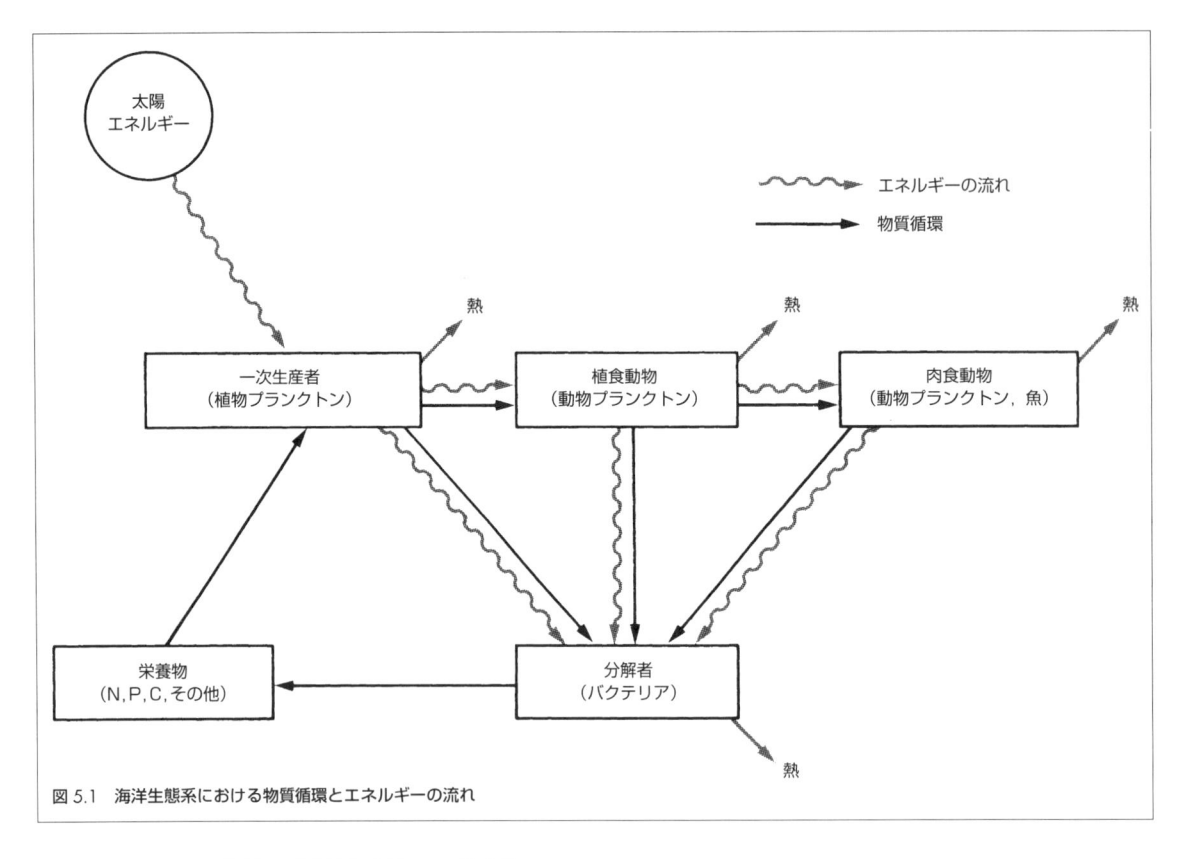

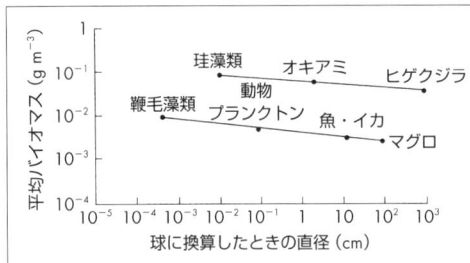

図 5.1 海洋生態系における物質循環とエネルギーの流れ

図 5.2 海洋食物連鎖における生物サイズとバイオマスの関係

動物プランクトンや魚類は，世代時間が長く，動物の個体群を追跡することには多くの難点があるために，水柱域で二次生産を測定することはかなり難しい．調査海域でデータを収集する方法もあるが，その調査限界と合わせて 5.3.1 項で論じることにする．また，動物プランクトンや魚類を飼育して実験的に測定する方法もあるが，これは 5.3.2 項で論じる．さらに，一次生産の実測値から海洋食物連鎖モデルを使って魚類の二次生産を推定する方法がある．この間接的な方法を応用する際には，栄養段階間におけるエネルギー転送効率を知ることが不可欠である．

栄養段階間のエネルギー転送効率は**生態効率**（E）とよばれ，ある栄養段階から次段階へと転送されるエネルギー量を，その栄養段階が受けとったエネルギー量で割った値と定義される．生態効率の実測は難しいので，次式で定義する**転送効率**（E_T）で近似的に簡素化してもよい．

$$E_T = \frac{P_t}{P_{t-1}} \tag{5.1}$$

ここで，P_t は特定の栄養段階 t での年間生産量，P_{t-1} はその前の栄養段階（$t-1$）での年間生産量である．この生産の式ではエネルギー（cal（カロリー）や J（ジュール）），バイオマス（炭素量など）のどれを用いてもよい．植物プランクトンから動物プランクトンへのエネルギー効率では，E_T は植食動物〔一次消費者〕の生産を一次生産で割った値になる．次の段階での転送効率は，二次消費

者（肉食性動物プランクトンなど）の年間生産を植食動物〔一次消費者〕の年間生産で割ったものになる．

海洋生態系における転送効率は，植物から植食動物への間では約20％，高次栄養段階の間では15〜10％と概算されている．これは呼吸によるエネルギー損失（図5.1の熱損失）が80〜90％にもなることを意味する．

式 (5.1) が扱っているのは，連続した栄養段階間のエネルギー消費量である．生物生産のすべてが生きたまま捕食されるわけではない．すなわち，植物プランクトンや動物プランクトンがすべて捕食されるのではなく，あるものは自然死し，その非生体の有機物（デトリタス）に含まれるエネルギーは別の経路で腐食動物や分解微生物に利用される (5.2.1項)．このデトリタスや水柱群集が底生群集によって利用・循環される．

海洋生態系における栄養段階間のエネルギー転送量に加えて，その環境における栄養段階の数を知ることも二次生産の見積りに必要である．エネルギー転送の際に生じるエネルギー損失と，栄養段階を連結する数によって最高次捕食者（魚類，イカ，海産哺乳類など）のバイオマスが決定される．生息域ごとに栄養段階の数が異なるし，さらに，その数は一次生産者の個体サイズの影響も受けている．図5.3に示すように，栄養段階の数は外洋域における最大6から，大陸棚域における4程度，湧昇域の3までさまざまである．外洋域のように優占植物プランクトンのサイズが小さいほど，その食物連鎖は長くなることに注意したい．このような環境では，鞭毛虫類や繊毛虫類などに属する海洋原生動物が最初の連結者として重要になる．たぶん，これらの原生動物が一次生産の大部分を摂食しているのであろう．この原生動物は次に，微細植物プランクトンを直接捕食できないカイアシ類などの動物プランクトンによって捕食される．これとは対照的に，湧昇域では長い鎖状の珪藻が優占するが，これを捕食する動物は大型動物プランクトンや魚類なので，食物連鎖が短くなる．結果的に，湧昇域などの高生産海域では，最高次捕食者のバイオマスが大きくなる．図5.2に，生産性の高い海域と低い海域におけるバイオマスと食物連鎖の長さとの対比を示した．

ある海域の栄養段階数と一次生産量から，目的の栄養段階における二次生産量 ($P_{(n+1)}$) を次式を用いて求めることができる．

$$P_{(n+1)} = P_1 E^n \qquad (5.2)$$

ここで，P_1 は年間の一次生産量，E は生態効率，n は栄養段階間の転送数（栄養段階数から1を引いた値に等しい）である．この式を応用する場合の問題点は，生態効率と栄養段階数の値がどこまで正確かである．たとえば，E 値を2倍しただけで，P 値の桁が上がることもある．もっと信頼性のある生態効率値や栄養段階数が得られるまで，この方法による漁獲予測は不確実かつ不正確である．このような欠点があるとしても，式 (5.2) は，種々の海域における生物生産を比較するうえで有用である．

表5.1は，3つの主要な水柱域における一般的な一次生産値（3.6節より）と栄養段階数から，外洋域よりも湧昇域のほうがはるか

表5.1 3タイプの海域における一次生産および魚類生産の比較

	外洋域	沿岸域	湧昇域	合計
全海洋における面積比	89％	10％	1％	100％
一次生産性の平均 （g C m^{-2} y^{-1}）	75	300	500	—
一次生産の合計量* （10^9 t C y^{-1}）	24	11	1.8	36.8
エネルギー転送数	5	3	1.5**	—
平均生態効率（％）	10％	15％	20％	—
魚類生産性の平均*** （mg C m^{-2} y^{-1}）	0.75	1000	44700	—
魚類生産の合計量* （10^6 t C y^{-1}）	0.24	36.2	162	198.44

* 全海洋面積 362 × 10^6 km^2 から各海域の面積を計算した．
** 湧昇域の栄養段階数は 2〜3 なので（図5.3），エネルギー転送数 1〜2 の平均をとって 1.5 とした．
*** 式 (5.2) の $P_{(n+1)} = P_1 E^n$ から計算した．

に多数の魚類（やクジラ）を生産するという結論を導いている．面積比を考慮しても，湧昇域は沿岸域の4倍の生物生産がある［最下段］．実際に，世界の漁獲量の大半は湧昇域からである．沖合30〜80 kmの海域で大量に漁獲できることの経済効果にも留意したい．これとは対照的に，外洋域では広大な面積にもかかわらず現存量が少ないので，水産漁獲のコスト効率が低くなる．

5.2 食物網

食物連鎖の概念は，複雑な自然界のシステムを理論的に単純化しようとする試みにほかならない．海洋において単純に直線的に連結している食物連鎖はまれにしか存在しない．事実上すべての生物種は複数の動物種に捕食され，ほとんどの動物は複数の生物種を捕食している．このようなエネルギー構造を正確に理解するためには，重なり合った多様な生物相互作用から構成されている**食物網**として表したほうがよいであろう．1つの生物種を，便宜的に1つの栄養段階にあてはめることはかなり無理がある．植物プランクトンも動物プランクトンも捕食する雑食性の種もあるし，**デトリタス**を摂食する種もある．デトリタスとは種々の有機物片の総称であり，糞粒や動植物体の破片，甲殻類の脱皮殻，幼形類が捨てたハウス，翼足類が捨てた捕食用の網などが含まれる（p.60, 63）．成長と発達に応じて，あるいは，餌料となる生物種の増減に対応して，食物（と栄養段階）を変える動物もある．さらに，寄生者として宿主からエネルギーを得る種類もあるし，共食いも珍しいことではない．そのうえ，図5.3に示した大陸棚の例もあるように，底生域と水柱域の食物網は関連しあっている．底生種には，植物プランクトンや動物プランクトンを直接捕食する動物（フジツボやイガイなど）もいるし，水柱域の生物生産に間接的に依存する動物もいる．

高緯度海域は生物種数が少ないので，極洋における食物網は他海域のそれよりも単純になる傾向がある．図5.4に南極海の食物網を図示した．北極海も同様であるが，基本的に2種類の一次生産者が存在することに注意したい．水柱の植物プランクトンと海氷内の藻類である．後者，すなわち**氷生藻類**はとくに氷中や氷底の低い光強度に適応した付着性藻類である．南極海に豊富なオキアミは食物網の中心的な存在であるが，これはオキアミが植食動物としての地位を優占し，また，肉食性の動物プランクトン，魚，イカ，ヒゲクジラ，アザラシ，海鳥などにとって重要な食料源だからである．このオキアミの現存量が，いかに膨大であるかは，標準的な大きさの1頭のシロナガスクジラが夏季に毎日8 t（4000万個体以上）のオキアミを食べる，と述べれば十分わかるだろう．図5.4に示すように，複数種の捕食者が単一食物源に集中的に依存する場合，その食料源が制限的になると捕食者間で食物をめぐる競争が起きる．また南極海における商業捕鯨によってヒゲクジラが減少あるいは除去された場合は，食物網を通るエネルギーの流れが大きく変化する．表5.2には，ヒゲクジラ減少前後のオキアミ消費量の比較を示してある．ヒゲクジラのバイオマスが激減し，アザラシや海鳥などの競合種が有利になった．そこで，それらの個体群サイズが約3倍になった．

種間競争はまた，漁獲対象となる最高次捕食者のバイオマスを減少させることがある．たとえば，カイアシ類などの捕食をめぐって，稚魚とヤムシ，クラゲ，クシクラゲなどの肉食動物プランクトンが競争する．この結果，被食者（もともとは一次生産）のわずかな部分しか魚類に転送しないことになる．この食料をめぐる競争関係と，その結果として高次栄養段階へ転送されるまでのエネルギー損失が図5.5に図示されている．捕食性動物プランクトンは，底生種の幼生である一時プラン

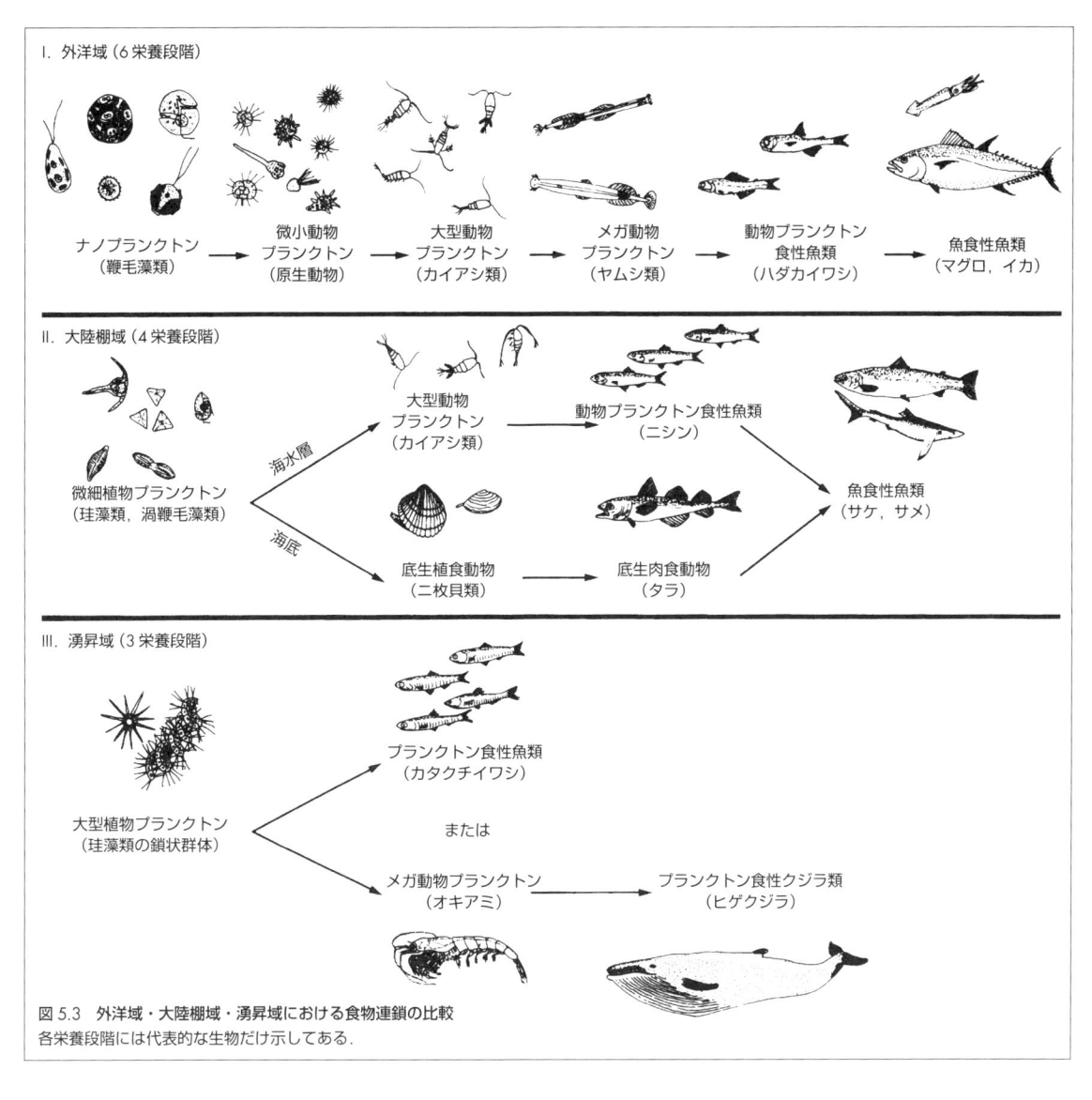

図 5.3 外洋域・大陸棚域・湧昇域における食物連鎖の比較
各栄養段階には代表的な生物だけ示してある.

クトンを捕食するので，水産対象外のベントスのみならずイガイやハマグリなど水産貝類の生産量を低下させる．

食物網は食物連鎖よりも現実に即しているが，生態学的な定量化は難しい．**エネルギー収支**の研究では，一次生産の実測値を食物網への入力エネルギーとして，それが食物網のさまざまな経路を通って各栄養段階へ転送される様式を解析するが，この研究で十分に調査された海洋生態系はほとんどない．しかし北海は，長年にわたって水産上重要な海域であったこと，比較的小さな海域であること，主要な海洋研究所に近いことなどが幸いして，集中的に研究されている．図 5.6 は，北海における食物網のエネルギー流に関する定量解析結果を，個々の種というよりむしろ主要な生物群について示している．

図 5.6 に示した北海の食物網は，一次生産が $90 \, \text{g C m}^{-2} \, \text{y}^{-1}$ であることに基づいて，動物プランクトンが植物プランクトンのすべてを捕食し，その約 30 ％が排泄されると仮定している（この仮定は現実的ではないかもしれない），水柱性植食者による生物生産を $17 \, \text{g C m}^{-2} \, \text{y}^{-1}$ と仮定したのは，この生態系における優占植食者であるカイアシ類 *Calanus finmarchicus* を用いた室内実験と野外実験の

図 5.4 南極海の食物網の一例

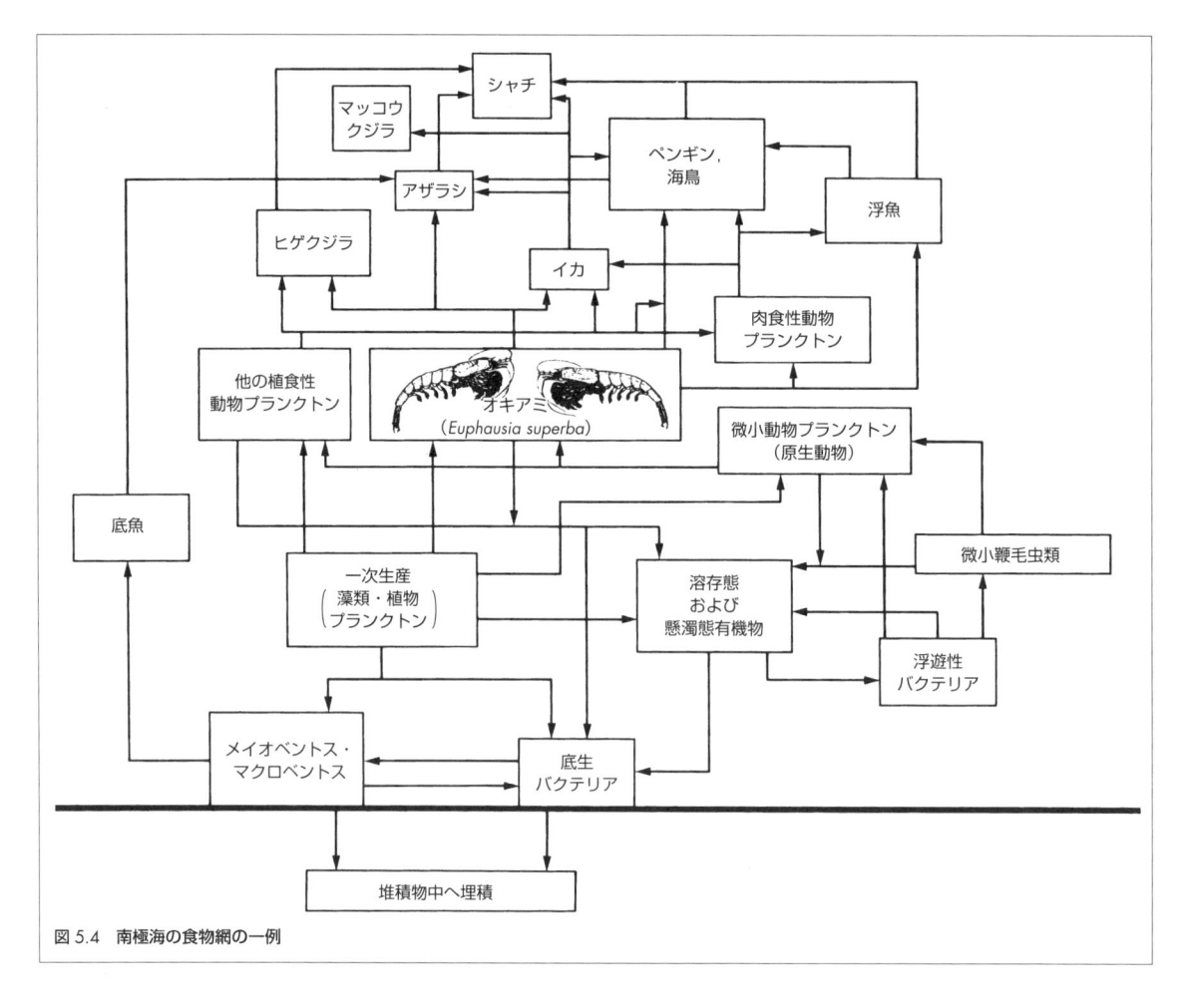

表 5.2 ナンキョクオキアミの捕食者内訳の推定
1900 年と 1984 年の比較

捕食者	オキアミ消費量 (10^6 t)	
	1900 年	1984 年
ヒゲクジラ類	190	40
アザラシ類	50	130
ペンギン類	50	130
魚類	100	70
イカ類	80	100
合計	470	470

結果に基づいている。次の栄養段階での生産量は、植食動物による生物生産の 50 % が肉食性の無脊椎動物プランクトン（ヤムシ類やクシクラゲ類など）に利用され、残りの50 % が魚類に利用されると仮定して推算している。ここでは、2 タイプの肉食動物グループに等量にエネルギー分配されると仮定しているが、魚類のほうがエネルギー要求が高く、呼吸損失分も大きいので、魚類による生物生産量のほうが低めになると考えられる（たとえ魚類がさらに無脊椎動物を捕食したとしても）、糞粒が沈降し、バクテリアが糞粒を分解しながら生産したものを底生無脊椎動物が摂食する過程なども、同様な仮定に基づいて求められている。漁獲活動を通して人間に到達する量は $0.7\,\mathrm{g\,C\,m^{-2}\,y^{-1}}$ と見積もられている。これは植物プランクトンによる一次生産の約 0.8 % である。

図 5.6 で示している生物生産量は必ずしも実測値ではないし、いくつもの仮定に基づいて推算されているが、このモデル自体は水柱域と底生域との生物生産を関連させて説明しており、複雑な生態系を定量化しようとする試みである。問題点はあるとしても食物網の

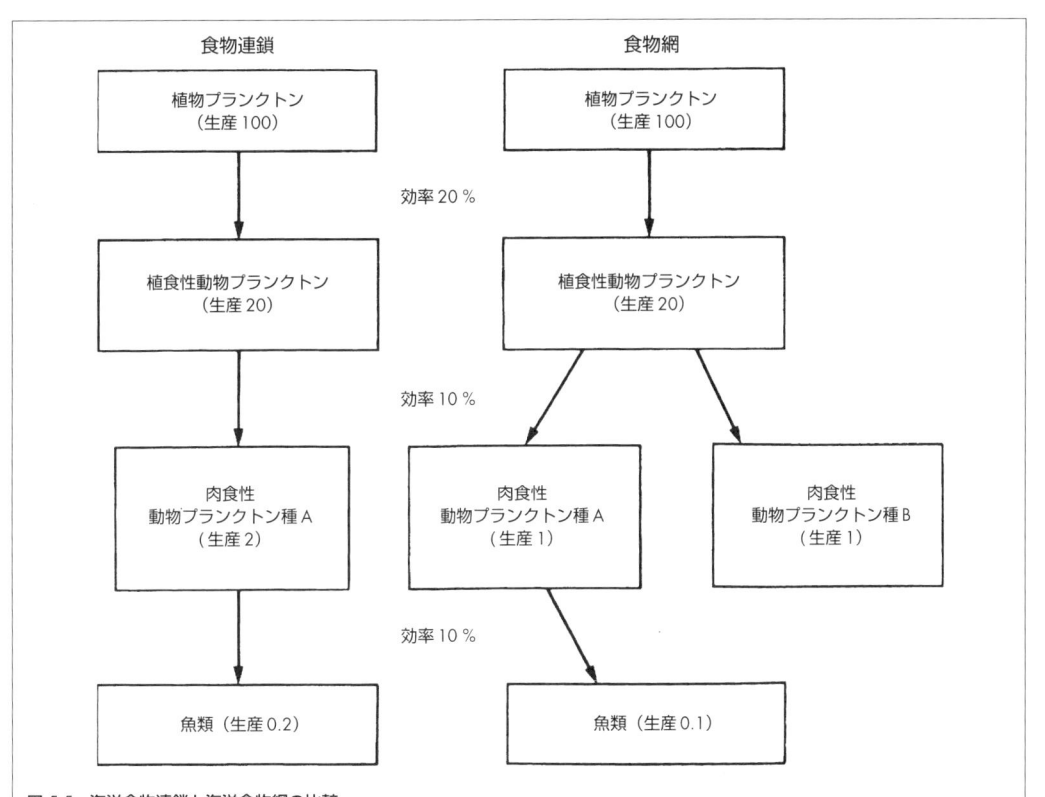

図 5.5 海洋食物連鎖と海洋食物網の比較
どちらも植物プランクトン生産 100 を起点とする．食物連鎖は魚類生産 0.2 を生じるが，食物網は半分の 0.1 しか生じない．これは食物網では 2 種の肉食動物（A と B）が競合し，魚類が種 A だけを捕食して，種 B は捕食されない場合の例である．

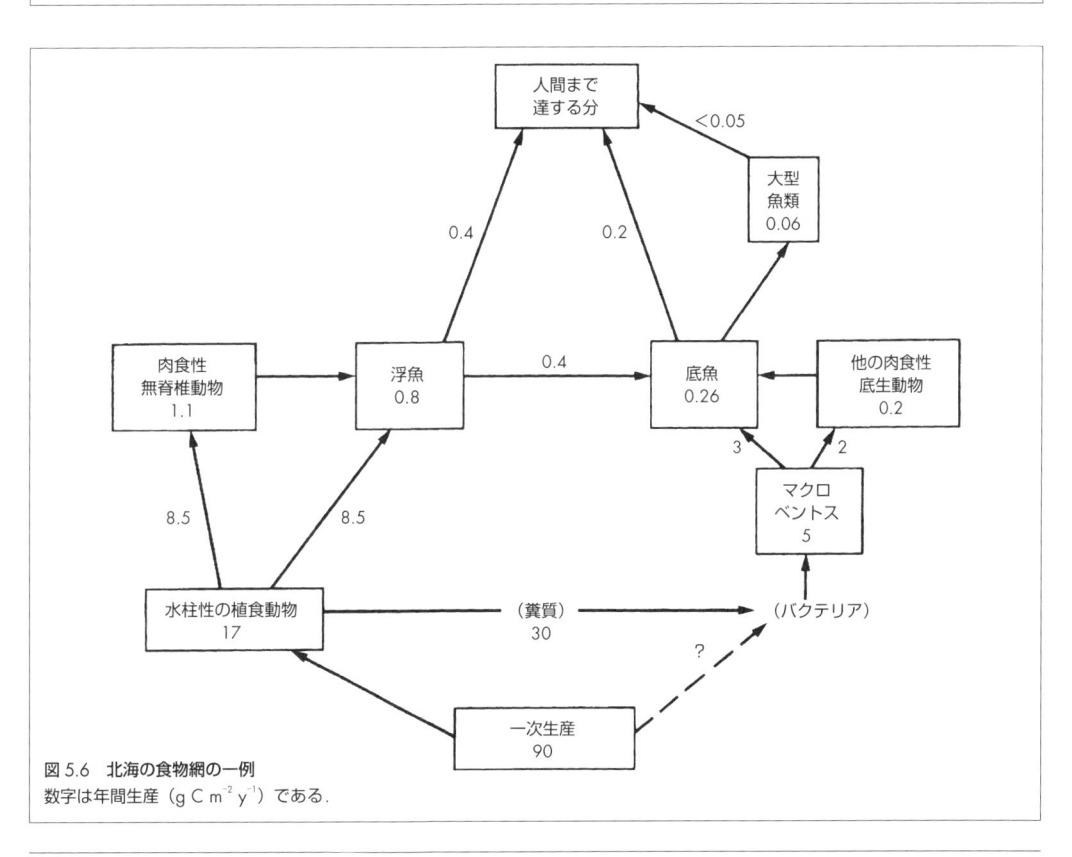

図 5.6 北海の食物網の一例
数字は年間生産（$g\ C\ m^{-2}\ y^{-1}$）である．

研究の発展にはおおいに有益であろう．栄養塩類の利用度に対する一次生産と二次生産の相互作用の解析や，生物生産量を決定する要因の検出も可能になるであろう．また，種間関係やエネルギー流に特定な様式が存在し，それが持続する理由も解明されるであろう．さらに，汚染や漁獲などの環境撹乱に対して食物網がどのように反応するかを知っておくことも重要である．

5.2.1 微生物ループ

海洋における栄養塩の再生は，低次と高次の栄養段階の相互作用における重要な過程である．この過程は，植物プランクトン起点の典型的な食物連鎖（生食連鎖）と表裏関係にある微生物ループ（腐食連鎖）のはたらきで行なわれる．微生物ループはバクテリアと原生動物プランクトンによって構成されている（図5.7）．動植物プランクトンやネクトンが自然死したもの，糞粒，甲殻類の脱皮殻，翼足類が捨てた捕食網，幼形類が捨てたハウスなどから構成されている懸濁態デトリタスは，バクテリアにより分解される．バクテリアはまた動物からの排出や植物プランクトンからの浸出などによって放出された溶存態有機物を同化するが，これは溶存態栄養物から懸濁態バイオマスへの変換である．このように微生物ループは，微小サイズの懸濁態有機物(POM)および一般に溶存態有機炭素(DOC)として測定される溶存態有機物（DOM）の両方を利用することで食物連鎖効率の向上にきわめて重要である．

海洋の有光層におけるバクテリア密度は一般に約 $5 \times 10^6 \, ml^{-1}$ 程度である．適当な栄養物があり，バクテリア食者もいなければ，$10^8 \, ml^{-1}$ にまで増加することもある．一方，深層水では $10^3 \, ml^{-1}$ 以下になることもある．海洋のバクテリア数はおもにナノプランクトン，とくに原生動物による捕食の影響を受けているが，もっと大きい動物プランクトンにもバクテリア食者がいる（たとえば幼形類；4.2節）．ナノプランクトンの中でも鞭毛虫類がバクテリアに対してとくに貧食である．従属栄養性の鞭毛虫類密度は $10^3 \, ml^{-1}$ が普通である．しかし，バクテリアが増加しはじめると，鞭毛虫類もただちに反応して捕食量と増

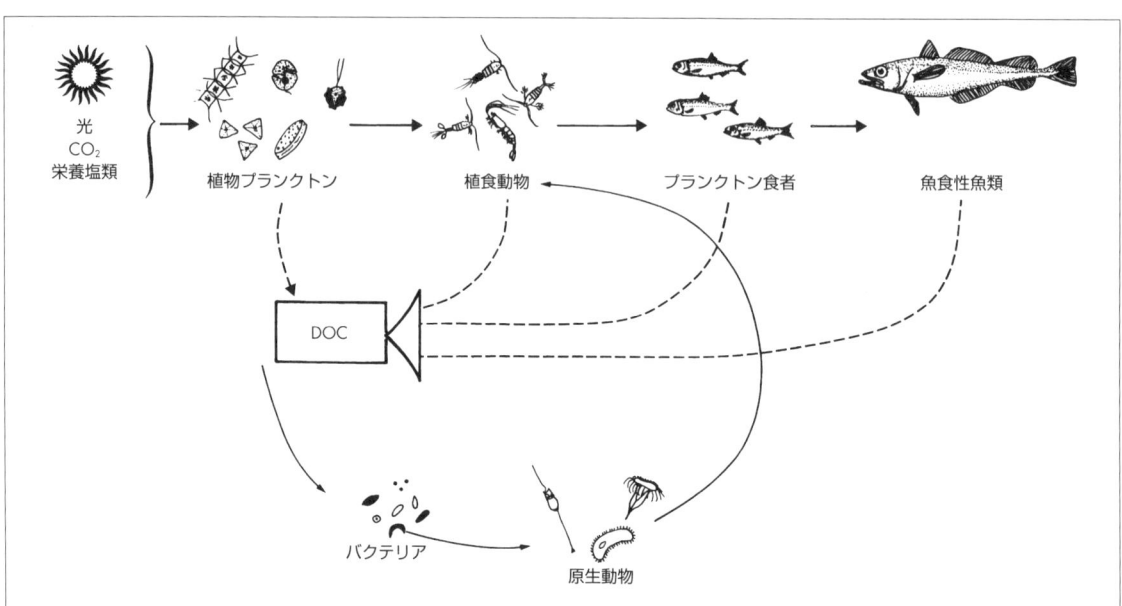

図5.7 海洋の生食連鎖（植物プランクトンから魚食性魚類へ）と微生物ループ（バクテリアと原生動物）の関係
点線は代謝過程における溶存態有機炭素（DOC）の放出を示す．DOCは従属栄養性バクテリアの炭素源となる．従属栄養バクテリアから原生動物，そして大型動物プランクトンに至る．生食連鎖とは別の食物連鎖（腐食連鎖）がある．

殖速度を増すので，バクテリア現存量の大幅な増加は抑制される傾向にある．小型のバクテリア食者は，バクテリア生産から高次栄養段階への転送における重要な連結役を果たし，大型生物，とくに泸過食性の甲殻類の食物源になっている．一般に，カイアシ類やオキアミ類などの泸過食動物は，泸過用の付属肢が粗すぎて微小粒子を捕集できないのでバクテリアを直接捕食できない．

前述の物質循環経路の概観を図5.7に示したが，ここでバクテリア活動と海洋食物網が密接に関連していることは明らかである．植物プランクトン現存量の変動が時空間的にバクテリア現存量の変動を引き起こしている場合が多い．この例として，クロロフィル a 濃度が $0.5\ \mu g\ l^{-1}$ から $100\ \mu g\ l^{-1}$ へ増加すると，バクテリア密度が約 $10^6\ ml^{-1}$ から $3\times 10^7\ ml^{-1}$ まで増加する（図5.8）．植物プランクトンの指数増殖期において，その代謝産物の一部が溶存態有機物として浸出し，それがバクテリアの栄養源になることも一因である．また植物プランクトンがブルーム期から衰退期に入ると，**植物デトリタス**（死んだ植物プランクトン由来の懸濁粒子）が集積し，溶存態代謝物の放出が増加する．植物プランクトンのブルームに続いてバクテリアの顕著なブルーム（あるいはパルス）がみられるのは，まさにこのときである．つまり，温帯海域の食物網は，高い栄養塩類・珪藻類・泸過食性動物プランクトンという構造から微生物ループ・バクテリア食性動物プランクトンが優占する構造に，季節的に変化することがある．同様に，植物プランクトンとバクテリアの関係は，バクテリオプランクトン（浮遊性バクテリア）の鉛直分布に影響を及ぼす．バクテリアは密度躍層で最大密度分布を示すのが普通であるが，これはその上部の有光層から植物デトリタスが沈降して密度躍層に集積するためである．これをバクテリアが活発に分解するので，この層に酸素極小層ができる

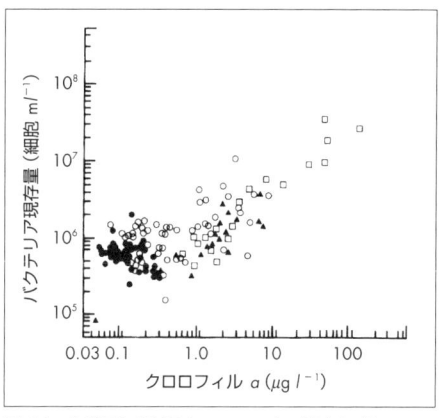

図5.8 有光層におけるクロロフィル a 濃度とバクテリア現存量の関係
●：北太平洋大循環の中央部, ○：南カリフォルニア沿岸,
▲：その他の海域, □：淡水域

（4.4節）．一般に，バクテリアは植物デトリタスや浸出液を栄養源にしているので，光合成産物を50％以上も利用すると考えられる．

しかし図5.8では，植物プランクトンとバクテリアとの現存量は，クロロフィル a 濃度が低いところ（$0.5\ \mu g\ l^{-1}$ 以下）では直線関係にはならない．バクテリア密度が直線関係から逸脱して高いのである．これは，極度に貧栄養的な水域では，その微生物相はバクテリアによって優占され，バクテリア密度は植物プランクトン密度とは無関係になることを示している．栄養塩濃度が制限的になるほど低い海域では，必須元素をめぐってバクテリアと植物プランクトンとの競争も起こるであろう．このような状況では，原生動物がバクテリアを捕食してこの競争に影響を及ぼすこともある．

海洋ウイルスは最小かつ最多（$10^3 \sim 10^9\ ml^{-1}$）の海洋生物であるが，微生物ループのみならず海洋生態系全般における意義はほとんど未解明である．ウイルスは表面近くに多く深所に少ないことから，ウイルス粒子と海洋表層の生物過程との関係が示唆されている．たとえば，病原性ウイルスが海洋バクテリアや多くの植物プランクトンに感染することがわかっているし，ウイルス感染による

植物プランクトン群集の種組成変化や一次生産低下などが実験的に示されている.

微生物ループに関する研究は生物海洋学では比較的新しい学問分野である. 微生物や原生動物のサイズが微細であること, そのために採集, 保存, 同定が難しいことなどが妨げになっていたからである. この微生物ループが, 栄養塩をめぐる種間競争や栄養塩の再生を通して一次生産に影響を及ぼし, また, 微生物生産と高次栄養段階の連結を通して二次生産にも影響を及ぼしているが, 今後は, これらの影響をより詳しく解明する必要がある.

5.3 二次生産の測定

5.3.1 野外調査

いろいろな海域における一次生産量の推定が可能であり (3.2.1項), 食物連鎖の最高次魚類の漁獲統計からも"少なくともこれ以上"の一次生産量があるだろうという推定が可能である. これに対して, 中間的な栄養段階や漁獲対象外の最高次栄養段階に属する捕食者 (クラゲ, クシクラゲ, 雑魚など) による二次生産の推定は, 必要とされてはいるがきわめて困難である. ある環境では, 一次生産が二次生産のよい指標になりえないことがある. たとえば, 富栄養化の進行した海域では (3.4節), 植物プランクトンの増殖は捕食に勝るであろうし, その海域の優占植物プランクトン種が必ずしも望ましい食料源とはかぎらないからである. いずれにせよ, 一次生産の大部分は, 典型的な食物連鎖に利用されることなく, 微生物—デトリタス経路にはいっていく. また, 最高次栄養段階での二次生産量を評価する際, 漁獲統計にのみ頼っていては, 漁獲対象種以外の生産が除外されているので, 評価は過小となる.

二次生産は野外調査のデータから評価できる. 動物プランクトン個体群の生物生産は, その期間を生存したか否かにかかわらず, 単位時間内に新たに生産される動物プランクトンのバイオマスとして定義する. この定義において, バイオマス (B) は,

$$B = X \times \overline{w} \qquad (5.3)$$

と表されるが, X は個体群中の個体数, $\overline{w}$ は個体の平均重量である. そして, t_1 時から t_2 時の期間の生物生産 (P_t) は次のように表される.

$$P_t = (X_1 - X_2)\frac{\overline{w_1} + \overline{w_2}}{2} + (B_2 - B_1) \qquad (5.4)$$

ここで, 添字の1と2は, その値が t_1 時, t_2 時に得られたことを示している. $(B_2 - B_1)$ はその期間内におけるバイオマスの増加分である. 式の残りの部分 (個体数の減少分に平均重量を掛けたもの) は, 生産されたバイオマスのうち捕食や移流などによって失われた部分である.

理想的には, ある個体群の**コホート**(**同時出生集団**) の個体数や成長の変化を自然条件下で長期的にわたって追跡することが望ましい (コホートは特定可能な世代群である). しかし, これが満たされることはほとんどなく, 確かな成長測定に十分なほど長期にわたって同じ水塊を追跡調査することは不可能である. そこで, 次善の策として, 現存量の大きい種類について個体数と重量の相対的変化を発達段階を通して追跡する試みが行なわれている. とくにカイアシ類は優占的で, 発達段階も区別しやすいので, 生産測定の対象にしばしば選ばれる. そこで, 1年間に1世代を生産するようなカイアシ類の例を示す.

図5.9は, カイアシ類の一種の個体数が発生段階を経るにつれて変移する様子であり, 孵化直後のノープリウス幼生からコペポディッドI・III・V期を対象としている (4.2節). 個体数 (X) の変動は, 自然死, 集合体の形成, あるいは海水交換などの自然過程によるものかは不明である. 生産量を求

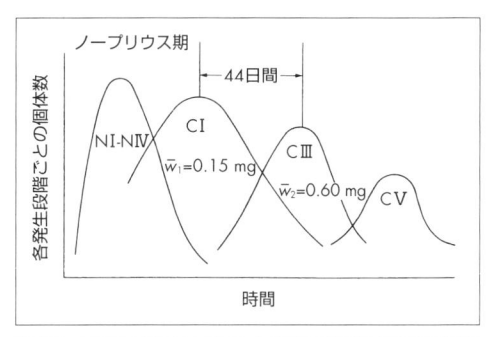

図5.9 1年に1世代というカイアシ類を仮定した場合の各発生段階ごとの個体数の変化
ノープリウス期などは段階ごとの区別が難しいのでひとまとめにした．$\bar{w}_1$と$\bar{w}_2$はそれぞれコペポディッドⅠ期とⅢ期の平均体重である．

めるには，体重の変化，すなわち成長量を求める必要がある．これには，各発生段階において個体群が最多になる時期の個体数と，各段階の平均体重を求めればよい．コペポディッドⅠ～Ⅲ期の44日間に，平均体重は0.15 mgから0.60 mgに変化している．コペポディッドⅠ期とⅢ期の最多個体数を，それぞれ80 m^{-2}と30 m^{-2}であるとすれば，これで計算に必要な情報がそろったことになる．

動物プランクトンは生活環の諸段階で成長速度が異なるので，ある個体群のP_t値は経時的に変化する．最大成長期には生産量がプラスの値になるであろう．温帯海域では，P_t値が最大になるのは食料が豊富で動物プランクトンも若い春季であろうと思われる．一方，冬季には食料は少なくなり動物プランクトンの成長も止まる（体重減少もある）ので，P_t値がマイナスになることもある．このようにP_t値が変化するので，より正確な二次生産量を算定するには，それぞれの種の生活史の各段階を網羅して成長量の増減を測定する必要がある．したがって，年間の二次生産量は，それらの時点間で算出される生産量（P_{t1}, P_{t2}など）の合計となる．つまり，次式で表される．

$$P_t = P_{t1} + P_{t2} + P_{t3} \cdots P_{ti} \tag{5.5}$$

この二次生産量の算出方法は発生段階が明確な種類にのみ適用でき，生殖と発生が季節的に行なわれる水域においてのみ実施できる．暖水域では，動物（カイアシ類などの甲殻類を含む）の生殖は多少なりとも連続的で，新しい若い個体が絶えず供給されるので，いろいろな齢やサイズの群が混じっている．また，多くのプランクトン種では発生段階が区別しにくく，個体サイズや体重でさえ齢の指標になりうるわけではない．このよい例は，有殻翼足類（4.2節）である．若い個体はまず成体サイズの殻をつくり，徐々に成長するにつれて殻の内部を埋めていく．甲殻類は，各発生段階の成長が外骨格のサイズに限定される**限定的成長様式**に従っている．一方，ほかの多くの動物プランクトンは**非限定的成長**により，好適条件下では多少なりとも連続的に成長することができ，食物が少なくなれば小さくなる（バイオマスを失う）．野外調査のデータ処理には多くの問題がつきまとうので，研究の方針としては，長期にわたって制御された条件下で個体群を実験的に調査することもある．次に，二次生産研究のための実験的方法を論じる．

5.3.2 実験的生物海洋学

海はあまりにも広く，水は絶えまなく流れている．前項で述べた理由により，ある生物海洋学的過程については実験条件下で研究する必要がある．

研究内容に応じて，目的にかなった実施方法を次の中から選ぶことになる．

（1）**室内実験** 比較的少量の水の中での個体を対象にした実験．

（2）**閉鎖生態系実験** 栄養段階間の相互作用や環境撹乱への反応を研究するために，大量の自然海水を閉鎖して行なう実験．

（3）**数値モデルシミュレーション** 物理・化学的環境要因の影響も考慮して，複雑な生物過程や生態相互作用についてコンピュータを用いて研究する．

これらのうち，どれか1つの方法ですべてが解決できるとは思えない．また，試験管を振る室内実験でも人工衛星によるデータ収集でも，得られた結果には一長一短がある．図5.10は，上述の3種類の実験と野外調査を組み合わせると，自然現象をよりよく理解できることを示している．野外調査と実験で得られた情報を数値モデルに入れると，実際の条件と現象がシミュレーションできる．実験的な方法は水柱域と底生域の生態学の双方に適用できるが，次においてはプランクトン生態学に対象を絞って論じることにする．

(1) 室内実験

室内実験は動物プランクトンの食料要求や栄養段階間の転送効率を調べるために行なわれる．このような実験はほとんどが甲殻類，とくにカイアシ類を用いている．供試動物が大量にほとんど無傷のままに採集でき，飼育もできるからである．また，室内実験の大半は植食種で行なわれているが，食料になる植物プランクトンの培養が容易なことも理由の一端である．肉食性の動物プランクトン，たとえばヤムシ類や無殻翼足類の数種類も室内実験に用いられているが，この場合，食料となる動物プランクトンは，飼育できるものを与えるか，あるいは，できるだけ無傷な状態で海から採集したものをただちに与えなければならない．底生動物の生物生産に関する調査にも，実施手法を改変すれば，同じ原理と式を適用できる．捕食や二次生産に関する実験的研究は，摂取した食物エネルギーはある割合で生物生産に用いられるという前提に基づいて行なわれる．残りのエネルギーは呼吸や排泄に費やされるか，まったく利用されずに糞として排出されると仮定している．これをエネルギー利用別に表示すると次式のようになる．

$$G = R - E - U - T \tag{5.6}$$

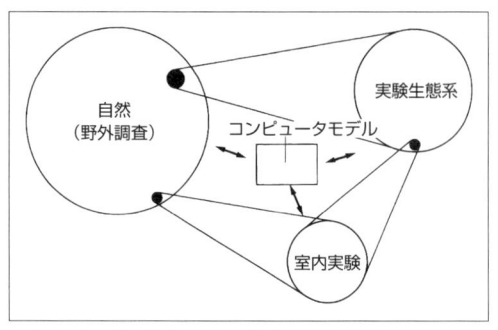

図5.10 生物海洋学研究における野外調査，実験，コンピュータモデルの相互関係

ここで，成長（G）は二次生産量であり，Rは食物摂取分，Eは排出糞質分，Uは排泄物分（アンモニア，尿素など），Tは呼吸量分である．このエネルギー収支の単位は単位重量あたりのジュールあるいはカロリーで表される．普通は，排泄物分は無視できるほど小さいと考えられるので，次式のように単純化できる．

$$AR = T + G \tag{5.7}$$

ここで，R，T，Gは上述のとおり，Aは食物摂取量に対する同化食物量（実際に利用された量）の割合である．したがって，ARは同化食物分をさすことになる．式（5.6）と式（5.7）の根拠を図5.11に図示しておく．

捕食実験は一から数十の既知数の個体を海水容器に入れ，既知量の食物（餌生物）を与えて行なう．対照実験は食物だけ加えて動物を入れない容器で行なう．これは摂食に無関係の食物量変化を補正するために必要である．沪過食性植食者の場合は植物プランクトンの増殖を抑えるため，実験容器を暗所に置かなければならない．食物となる植物プランクトン細胞を均一に分散させて懸濁させておくために機械的手段を講じる必要もある．一定期間にわたって培養した後，食物量を再測定する．食物となる細胞数は顕微鏡で計数できるし，食物細胞が微小で適当な形の粒子ならば電気的粒子計数装置を使って計数することもできる．

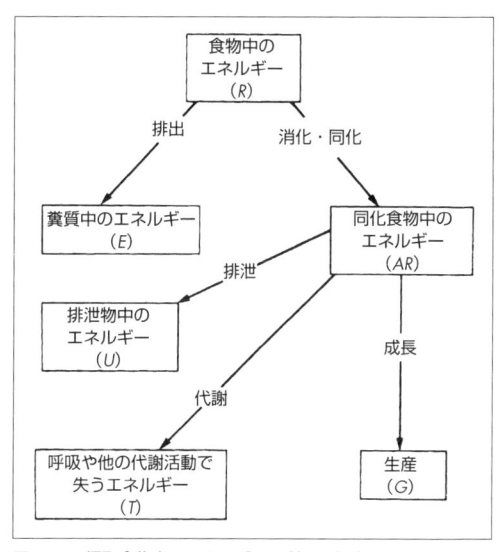

図 5.11 摂取食物中のエネルギーの利用と損失

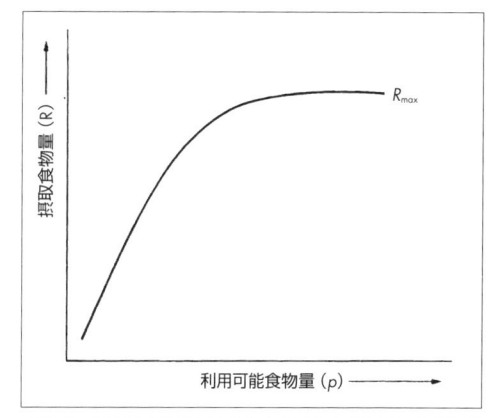

図 5.12 利用できる食物量（p）と摂取した食物量（R）の関係
食物がある程度以上存在すると，摂取量は飽和値（R_{max}）で一定となる．

採食速度（時間あるいは日あたりの植食動物の個体あたりに食べられる藻類細胞数）や**捕食速度**（時間あるいは日あたりの肉食動物の個体あたりに食べられる餌料動物数）を求める方法は数多くある．採食速度・捕食速度は，**摂食速度**（時間あるいは日あたりの1個体が摂取した食物の重量あるいはエネルギー量）に変換すると，比較の意義が増す．摂食速度は，水温や食物の質と量など多数の要因に影響される．通常，直接に関連するのは摂取食料の量と濃度であり，次のような関係式で表される．

$$R = R_{max}(1 - e^{-kp}) \tag{5.8}$$

ここで，Rはある食料密度（濃度）pにおける食料摂取量，R_{max}は最大摂取量（飽食量），kは食料密度と摂食量を関連づける採食速度定数である．つまり図5.12に示すように，食料が増えるにつれてある最大レベルまで摂食量も増すのである．

実際の同化食物量（式（5.7）のAR）を求めるため，食料摂取量と糞量から同化効率（A）を次式で算出する．

$$A = \frac{R - E}{R} \times 100\% \tag{5.9}$$

ここで，Rは食料摂取量，Eは糞量である（式（5.7）の同化効率Aは百分率でないことに注意）．同化効率は食料の質や捕食動物の齢などにより異なるが，一般に肉食動物で高く（約80〜90％以上），植食動物ではやや低い（約50〜80％）．デトリタス食動物の同化効率がもっとも低く，40％以下が普通である．

肉食動物，植食動物，デトリタス食動物の間で同化効率が異なるのはなぜだろうか？

肉食動物の同化効率が高いのは，餌料と捕食者の体成分（生化学的成分）が似ているからである．植食動物では植物質，とくにセルロースなど炭水化物の消化が悪いので同化効率が低くなる．デトリタス食動物では，食料の大半が骨格成分など消化しにくいものなので，同化効率が最低である．

呼吸経路による生物の損失（式（5.6），式（5.7）のT）は室内実験で測定できる．既知量の海水に実験動物を入れたびんと入れないびんを同時に用意する．一定時間の培養を行なったあとに，溶存酸素濃度を化学的にあるいは酸素電極で測定して，2つのびんの濃度

差をもって呼吸量とする．呼吸速度は水温と正の相関を示すが，動物の体サイズとは負の相関を示す．すなわち，小さい動物ほど単位体重あたりの呼吸速度が高い．一般に，同化された食料（AR）の40～85％は代謝維持に用いられている．

小型動物プランクトンと大型動物プランクトンの呼吸速度の差は，1日あたりの摂取食物量にどのように影響するだろうか？

小型動物プランクトンは，単位体重あたりの呼吸速度が高いので，体重の割には大量の食物を必要とする．ごく小型の動物プランクトン（甲殻類のノープリウス幼生など）は，1日あたり自体重の100％以上もの食物を摂取することがある．対照的に大型種（オキアミ成体など）は1日あたり自体重の20％程度しか摂食しない．

式（5.7）を用いれば，動物プランクトンの成長による生物生産（G）を，摂食速度（R），同化効率（A），代謝による損失（T）の値を用いて間接的に求められる．ある条件では，実験動物の体重を経時的に測定して成長を直接求めることもできる．ある動物の成長量（$G = \Delta W/\Delta t$）を摂取食物量（R）との関係において表す式が2つある．一つは**総成長効率**（K_1）を表す．

$$K_1 = G/R \times 100\% \qquad (5.10)$$

他式は成長量（G）と同化食物量（AR）の比である**純成長効率**（K_2）を表す．

$$K_2 = G/AR \times 100\% \qquad (5.11)$$

K_1値とK_2値は，水温や食物濃度の影響を受けるし，齢によっても変化する．また，エネルギー収支式の全生産の一部として雌の産卵も加わるが，一般に，食物が増えると産卵数も増している．同化された食物が成長や子世代に変換される効率（K_2）は，動物プランクトンや魚類において30～80％が普通である．これは，陸上哺乳類の成長効率（2～5％程度）よりもずっと高い値である．この違いは，変温動物（無脊椎動物プランクトンや魚類）は恒温動物（温血動物）よりも代謝維持エネルギーが少なくてすむからである．また，陸上動物は重力に抗するためのエネルギーを消費しなければならないが，水柱性動物（漂泳動物）は海水中に浮いていればよいのである．

エネルギー要求やエネルギー利用区分に関する研究から，海洋食物連鎖を制御する生態学的原理を定式化するための基本情報が得られる．つまり，いろいろな栄養段階においてこれだけの動物を生産するためには，どのくらいの食物が必要かを概算することができる．逆に，ある海域の一次生産量が明らかであり，室内実験で得られたエネルギー収支関連値を適用すれば，必要な条件下での二次生産量をより正しく予測できる．

動物プランクトンのエネルギー収支に関する室内実験を行なえば，いろいろな動物の比較研究に有用な値が得られ，生態学的栄養動態論や野外調査に基づく転送効率も評価できるようになる．しかし，室内で飼育できる種類は限られていること，実験条件はつねに人為的であること，実験結果を自然条件（食物条件や，たえず変化する環境条件など）に外挿しなければならないことなどが問題点として残っている．

(2) 閉鎖生態系実験

実験的閉鎖生態系は，動植物プランクトンの個体群を長期にわたって調査研究するために，大量の天然海水を人為的に閉鎖したシステムである．これにより研究対象の植物プランクトン個体群が海流に運ばれて入れ替わってしまうという海洋調査の問題が解決される．この実験システムが十分大きければ，クシクラゲ類や魚類などのプランクトン食者を

も含んだいくつもの栄養段階の相互作用を調査研究することができる．閉鎖生態系を設置するにはいくつかの条件を満たす必要がある．十分量のプランクトンを入れて，かつ，自然条件を再現させるためには，100～1000 m^{3}の海水をとり込む必要がある．太陽光が水柱中を透過しなければならない．水柱中の水温や栄養塩類，塩分の鉛直分布も自然条件のままを保つ必要があるし，有毒物質が溶出あるいは混入してはならない．このような条件は通常，無害な物質でできた透明な閉鎖容器を係留することで満たされる．

図5.13は，カナダのブリティッシュコロンビア州にあるフィヨルドに係留したCEPEX（人為的生態系汚染実験）という閉鎖システムである．各閉鎖容器は深さ30 mで，約1300 m^{3}の海水を閉じ込めている．この研究目的は，プランクトン群集と稚魚に及ぼす微量汚染物質の影響を試験することである．いくつかの閉鎖系を同時に用いることで，種々の汚染物質を異なる濃度で添加できるし，対照用閉鎖系の容器を用いれば，周囲の非閉鎖環境における条件と対比することもできる．実験は微量の銅（10～50 ppb），水銀（1～10 ppb），石油炭化水素（10～100 ppb），そのほかの海水（とくに沿岸水）の汚染物質になりうるものを用いて行なわれている．

図5.14には，CEPEXで行なわれた実験結果の例を示す．開始時にはすべての閉鎖系容器内で珪藻（*Chaetoceros*）が優占的な一次生産者であり，この種類は実験期間を通して対照閉鎖系容器（JとK）内において優占性を維持していた．ところが，銅を添加した実験閉鎖系容器（LとM）では，この珪藻のほとんどが3週間で死滅し（図5.14（a）），それに代わって光合成鞭毛藻が銅添加後1週間で増加しはじめた（図5.14（b））．この実験で生じた大型珪藻の鎖状群体（約500 μm）から20 μm以下の小型鞭毛藻への変移は，陸上植生にたとえれば木から草への変化であ

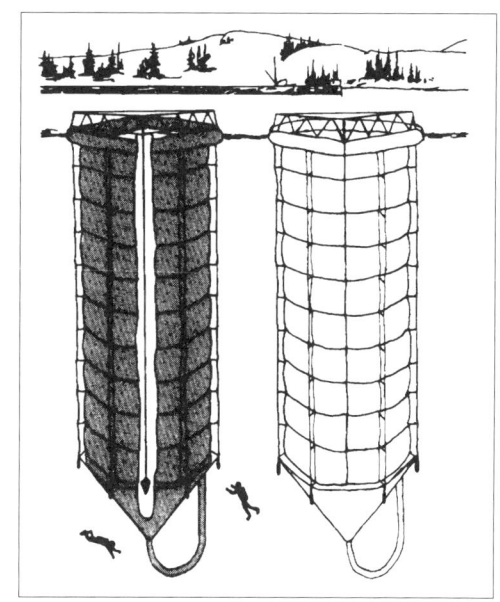

図5.13 海に浮かべた実験的閉鎖生態系
ポリエチレン製のコンテナは深さ30 mで約1300 m^{3}の容量がある．スキューバダイバーの大きさと比べてみよう．

り，閉鎖生態系全体への影響は大きかったと評価せざるをえない．植物プランクトン群集の変化は動物プランクトン優占種の変化を引き起こし，実験開始から約1か月後には銅添加閉鎖系と対照閉鎖系では，まったく異なる生態系になっていた．室内実験（小規模すぎる）や野外調査（水が移動し，対象生物が実験期間に物理的に入れ替わってしまう）において，このような結果を得ることは，ほとんど不可能である．

閉鎖生態系実験は，スコットランドのユー湖やアメリカのロードアイランドの海洋生態系研究所，中国の厦門（アモイ）など，いろいろな場所で行なわれている．すべての実験が汚染物質を扱っているのではない．ある実験では，光強度や鉛直混合強度の変化などによる自然撹乱がプランクトンの生態に及ぼす影響を試験するよう設計されている．このような研究により，物理的要因が生物過程に及ぼす影響に関する深い考察が得られるのである．

このような閉鎖実験系の短所にも触れておこう．最大の欠点は，容器内の海水に小規模

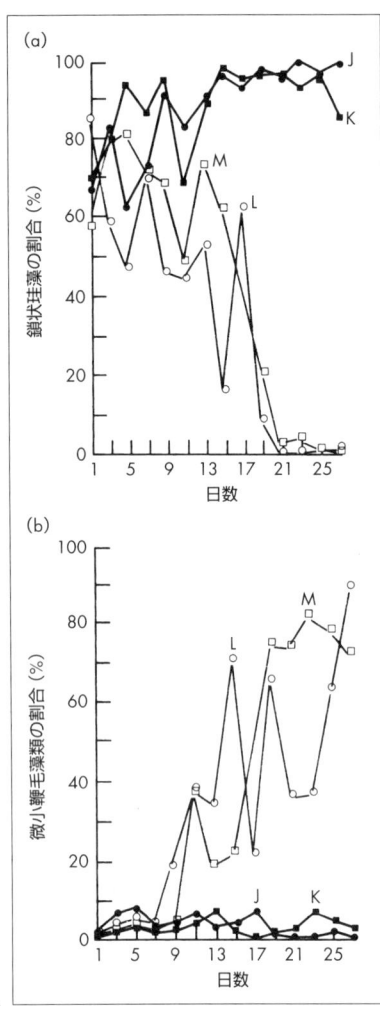

図 5.14 実験的閉鎖生態系を用いた実験結果
(a) 全植物プランクトンに占める鎖状珪藻 (*Chaetoceros*) の割合. (b) 全植物プランクトンに占める微小鞭毛藻類の割合. L・M：銅添加コンテナ, J・K：対照コンテナ（銅無添加）

な乱流がなくなることであろう．乱流による海水の混合は重要な生態的要因なので，乱流がない条件で実験を長期にわたって続けた場合，天然状態と似て非なる結果を得ることになる．また，ある海域で得られた結果をほかの海域に適用する場合に喚起しておきたい注意点がある．たとえば，スコットランドのユー湖と南シナ海とでは，物理的にも化学的にも生態学的にも，水環境が異なり，同じ実験手法を用いても，まったく異なる研究結果が得られることがある．

(3) 海洋生態系の数値シミュレーション

数値モデルは，海洋生態系の機能を知るためのもう一つの方法である．多くの情報源（野外調査，室内実験，閉鎖生態系実験，人工衛星など）からデータを収集して数理モデルに入力して自然現象のシミュレーションを行ない，将来を予測するのである．どのモデルを使うかは何が問われているかによる．ある水塊の酸素収支を予測するには比較的簡単なモデルで十分であるが，海洋食物網における数次にまたがる栄養段階の相互作用の解析には複雑なモデルが必要になる．

生態学の諸問題を扱う数値モデルを構築する一般的な手法は，環境要因と栄養構造を結合する非線形の経験式を数多く組み合わせた微分方程式をつくる（図 5.15）．たとえば，利用可能な光量や栄養塩濃度などはその生態系での生物生産を制御する**環境要因**と考えられる．光に影響される植物プランクトンの生理反応（3.3 節）のような非線形の**生理的要因**も考慮されるべきである．さらに，ほかの多くの因子が，これら 2 つの要因に微妙な干渉を及ぼしている．たとえば，水温の変化は生理的要因に影響するし，光の減衰係数は光要因に影響するであろう．このような干渉要因はもう一つの機能群をつくり，環境要因と生理的要因を強めたり弱めたりするので，**位相合わせ要因（フェージング要因）**とよばれる．

いろいろな栄養段階の相互作用を組み込んだ簡単なモデルの例を図 5.16 に示す．このモデル系では，植物プランクトンの増殖速度は光と栄養塩類で律速あるいは制限されている．動物プランクトンは植物プランクトンを採食するが，採食速度は植物プランクトン密度に依存する．クシクラゲなどのプランクトン食者は動物プランクトンを捕食するが，この場合も被食者密度に依存する．この採食モデルには，植物プランクトンが破砕されて生じた溶存態有機炭素（DOC）をバクテリア

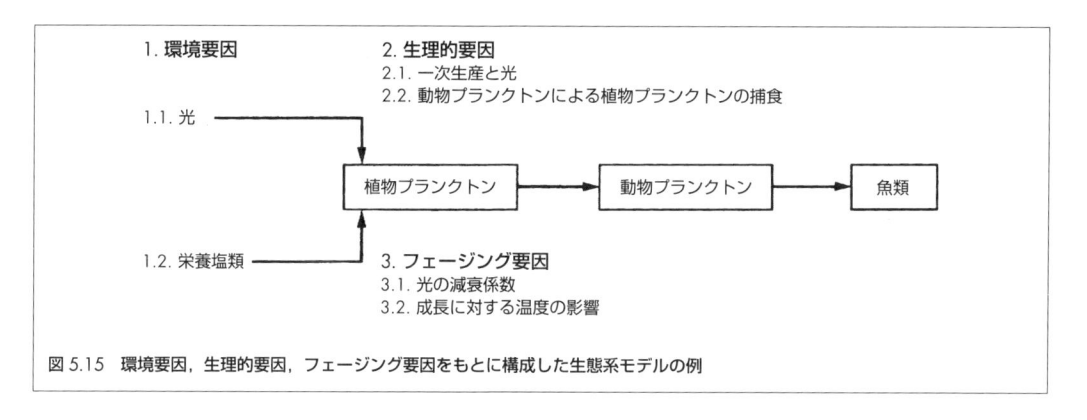

図 5.15　環境要因，生理的要因，フェージング要因をもとに構成した生態系モデルの例

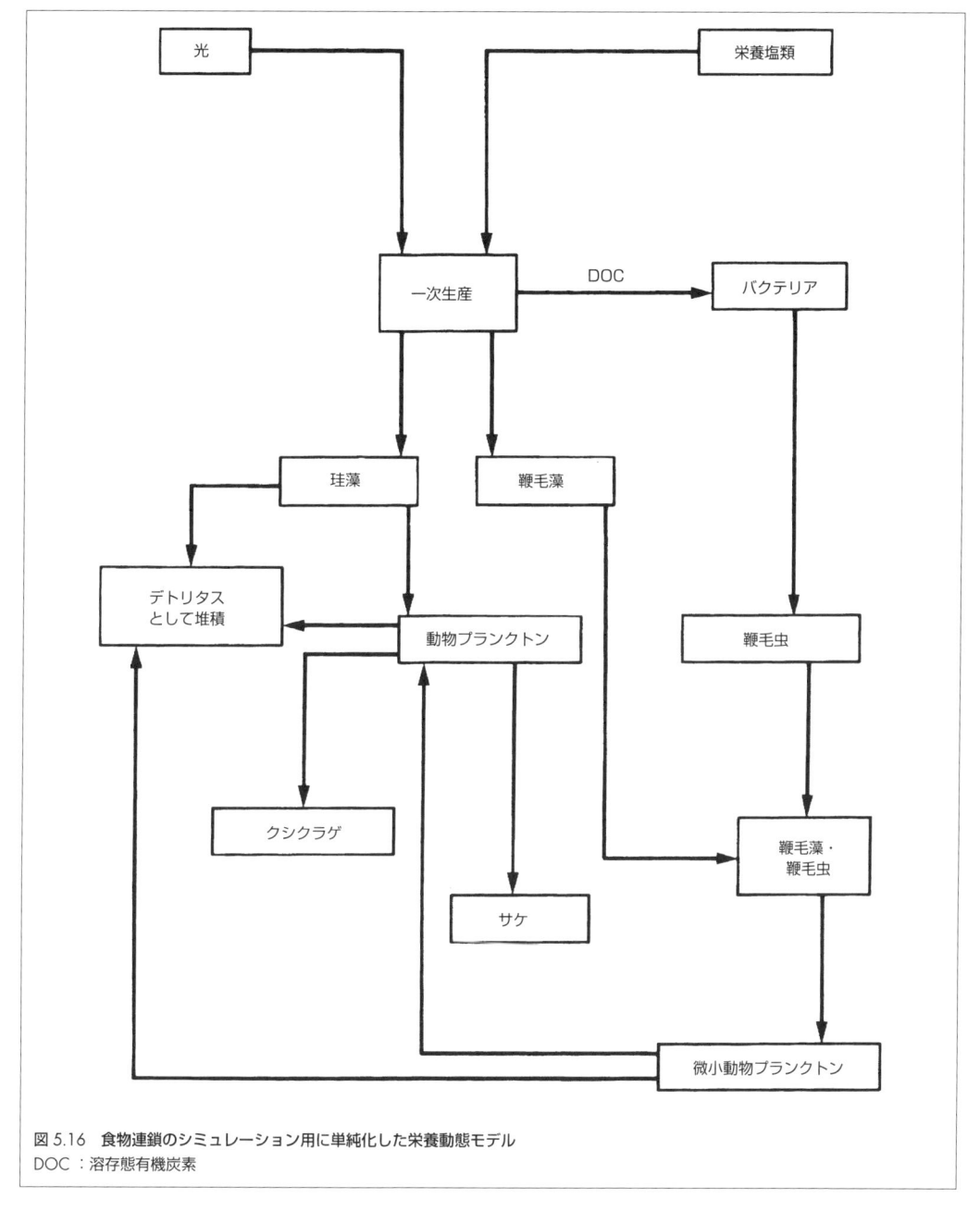

1. 環境要因
 1.1. 光
 1.2. 栄養塩類

2. 生理的要因
 2.1. 一次生産と光
 2.2. 動物プランクトンによる植物プランクトンの捕食

3. フェージング要因
 3.1. 光の減衰係数
 3.2. 成長に対する温度の影響

図 5.16　食物連鎖のシミュレーション用に単純化した栄養動態モデル
DOC：溶存態有機炭素

が分解し，その一部が鞭毛虫類や微小動物プランクトンを経由して，採食モデル系へと回帰するような微生物ループも組み込んでいる．このモデルは，パーソナルコンピュータでもシミュレーションすることができ，たとえば図5.17に示すような解析結果を得ることができる．

図5.17は単一の変数（光の減衰係数）の変動が動植物プランクトン量に及ぼす影響のシミュレーション結果である．減衰係数（k；2.1.2節）が0.2から0.3あるいは0.7 m^{-1}に上がると光量は減少する．予想されるように，減衰係数が増加すると植物プランクトン量は減少する．ところが，減衰係数が0.2から0.3 m^{-1}へ増加しても動物プランクトン量は「増加」している．この理由は，減衰係数が0.2から0.3 m^{-1}になると植物プランクトンの増殖は遅くなるが，ゆっくりと成長していた動物プランクトンによる採食が植物プランクトンの増殖に追いついて，それまでは食べ残していた分量（植物デトリタスとして水柱から沈降除去）まで食べきれるようになったためである．$k = 0.2$のときに，4日後に植物プランクトンが突然減少するのは，増殖の速い植物プランクトンが栄養塩類を使い果たし，植物デトリタスとして沈降するためである．このモデルは，中間的な光強度〔$k = 0.3$〕の場合に，動物プランクトンの生産が最大になる解析結果を与えるが，これはモデル解析をしないと容易にはわからない．生態系モデルの利用により，多くの栄養的関係は中間的な環境条件において最適となることが示されている．

シミュレーションモデルにも一長一短がある．まず，シミュレーションは実際の観測に勝らない．少しでも現実に近づけるためにモデルを改良しても，実際に起こる現象はあまりにも多くの変動要因から成り立っているので，モデルでは説明しきれないことがしばしばある．したがって，モデルは，起こりうるいろいろな可能性を予測するのにとどまることが多い．野外調査の実測データとの整合性が必要な場合は，生物学的な栄養動態モデルと物理環境モデルを総合して解析しなければならない．このようなモデルの一例として，イギリスのプリマス海洋環境研究所でつくられた「ブリストル海峡およびセバーン河口の生態系モデル」（GEMBASEとして知られている）がある．このモデルでは，1つの生態サブモデルが海洋物理学的に区分された7つの海域で応用され，これらの海域間の水交換を2つの物理モデルで求める．この物理モデルで得られた水交換情報を総合して，時間的尺度が水交換速度よりも遅い生態学モデルに入力するのである．

5.4 海洋と陸上における有機物生産の比較

上述の水柱環境における生物生産と食物網は，海洋という生息場所の生態学的特性をよく表している．したがって，読者はすでに海洋と陸上は生態学的にまったく異なることに気づいていることであろう．ここで，この二大環境における一次生産と二次生産の違いを次に要約する．

（1）外洋域の一次生産者はおもに微小植物プランクトンである（海藻のホンダワラ（*Sargassum*）は数少ない例外の一つである）．沿岸浅海域ではもっと大型の藻類や海草も一次生産に寄与しているが，それよ

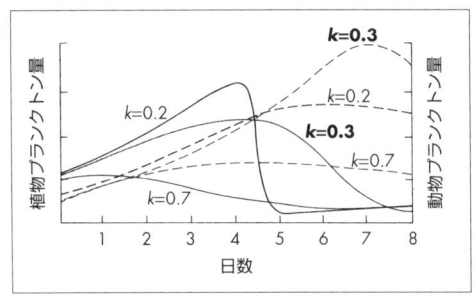

図5.17 減衰係数（k）から植物プランクトン（実線）および動物プランクトン（破線）の生産を予測するシミュレーションモデル
各生産量は相対値．

りも微小植物プランクトンの寄与のほうがはるかに大きい．それと対照的に，陸上の一次生産者の大部分は草木などの大きくて肉眼でもみえる大きさの種類で占められている．

(2) 植物プランクトンと陸上植物の基本構造はまったく異なっている．植物プランクトンはサイズが小さいので浮遊性が高く，表面積/体積比も大きいので栄養塩類を細胞壁ごしに直接摂取しやすくなっている．一方，陸上植物は，植物体を支持し栄養塩を吸収するために根が必要である．また，日光を最大限に浴びるために，重力に抗して幹や枝を伸ばしているが，これにはセルロースやリグニンなど強度を与える炭水化物を生産しなければならない．これに対し，植物プランクトンは，藻体を支える構造的な炭水化物は少しですみ，細胞の大部分がタンパク質で構成されている．

(3) 植物プランクトンは小型でタンパク質含量が高くバイオマスも比較的小さいので，海洋一次生産の大部分は植食動物によって速やかに採食され消化・同化される．したがって，水柱海域の一次生産のうち，分解経路に直接的にはいる分量はわずかである．陸上生態系では，海洋生態系とは異なり，一次生産の大半はセルロースやリグニンなどの採食・消化できない植物体成分で，幹枝や根に蓄えられている．陸上動物が全植物生産の5～15％以上を採食することはまれであるし，その採食部分の大半は消化することができない．陸上の光合成生産の多くは分解経路を通って，間接的に食物連鎖にはいっている．

(4) 水柱環境の一次生産は約50～600 g C m^{-2} y^{-1}の範囲にある．これに比べて陸上の一次生産は，乾燥地帯や寒冷地帯（南極など）での不毛状態から，草原地帯での約2400 g C m^{-2} y^{-1}，熱帯雨林での3500 g C m^{-2} y^{-1}まで変動幅が大きい．浅海域の底生植物のように一次生産性が陸上の値に匹敵することもある．しかし，全地球規模でみると海洋は「緑の大地」よりも単位面積あたりの一次生産性が低いのが普通である．

(5) 生態系間の生産性を比較の目安として，**P/B比（生産/バイオマス比）**を用いることがある．これは，年あたりの生産量（年間生産性）と，植物（あるいは動物）の年間平均バイオマスの比である．海洋の微小植物プランクトンは総バイオマスが比較的小さいが，増殖は速い．その結果，水柱海域における植物プランクトンのP/B比はざっと100～300である．これは，植物プランクトンが1年間に100～300回も入れ替わることを意味している．動物プランクトンのP/B比はこれよりだいたい1桁小さく，魚類ではさらに1桁小さい．対照的に陸上植物は，総バイオマスは大きいが成長が遅く長命である．さらに，一次生産の大部分はこのバイオマスの代謝を維持するために使われている．したがって，陸上植物のP/B比はきわめて小さく，約0.5～2.0である．

(6) 海産動物の多くは変温性（冷血性）の無脊椎動物や魚類であり，陸上食物連鎖で優占する温血性の鳥類や哺乳類よりもエネルギー要求がずっと少ない．また，水柱性動物は水中での浮力に支えられるので，わずかなエネルギー消費で移動することができる．一方，陸上哺乳類や鳥類（そして変温性だが大型の昆虫類）は，重力に抗しての歩行・匍匐・飛翔などに大量のエネルギーを消費している．つまり，水柱性動物のほうが大部分の摂取エネルギーを成長と生殖に向けられる．実際，海産変温動物の成長効率（生物生産量と摂取食物量の比）は1桁ほど高い傾向がある．また，陸上哺乳類や鳥類に比べて，海産変温動物は子世代数が多く，子世代の養育にはエネルギー

も手間もかけない．これらの特質はすべて海洋における高い二次生産性に寄与している．

(7) 陸上のバイオマスの大部分は植物が優占しているのに対し，海洋のバイオマスをおもに優占するのは動物である．海洋は，植物生産では全世界の約50％しか寄与しないが，動物生産では50％以上をまかなっている．

5.5 物質循環

有機物の合成にとり込まれる元素のすべては最終的に再循環されるが，元素の種類によって再循環速度に差がある．有機物から無機物に移行する過程は一般に**無機化**とよばれている．無機化は海洋水柱からデトリタスが集積する海底だけでなく，海洋中のあらゆる場所で進行する．無機物からの再循環過程は有光層では比較的速やかに進行するが（1つの季節内），海底に沈降集積した難分解性物質の再循環は著しく遅い（地質学的時間尺）．

図5.18は，いろいろな生物群による元素の循環経路を示している．海洋水柱には酸素が豊富に溶存しているので，従属栄養バクテリアの酸化的分解により有機物が分解される．分解産物である二酸化炭素 CO_2 と栄養塩類は植物プランクトンに再利用される．酸素の溶存しない**無酸素**環境では，代謝経路が異なっている．無酸素環境は海底の堆積物中や黒海などの限られた海域に存在する．黒海では，隣接する地中海との海水の交換や混合が海底地形によって著しく阻害されているので，水深200 m以深は無酸素である．無酸素条件下では，嫌気性バクテリアが硫酸基や硝酸基の酸素を使って有機物の分解を行なっている．この代謝過程における酸化反応によって，メタンや硫化水素，アンモニアなどきわめて還元的な化合物が同時に生成される．これらの化合物の化学エネルギーは大きいので，このエネルギーを使って CO_2 を還

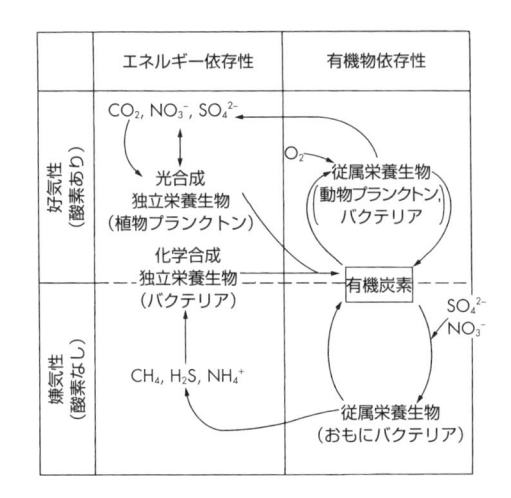

図 5.18 海洋生物のエネルギー供給源による区分
エネルギー源が光なら光合成独立栄養生物，無機化合物から化学合成独立栄養生物，有機化合物なら従属栄養生物とよばれる．少数のバクテリアはこれらを組み合わせて生きていける．海洋環境では，どのエネルギー源も時と場所により制限要因になりうる．有機化合物の供給は光合成や化学合成による生産に依存している．光合成は光量に依存する．化学合成は嫌気性従属栄養生物による還元型無機化合物の供給に依存する．したがって，各々のプロセスは相互依存的である．

元し，有機物を新たに合成するバクテリア（**化学合成独立栄養生物**）が生息している．このように無機物（亜硝酸，アンモニア，メタン，硫黄化合物など）を酸化して得られるエネルギーを用いて，CO_2 から有機化合物を合成する過程は**化学合成**とよばれる．

無機物の循環において生態学的にもっとも重要な要因は，植物プランクトンの増殖を制限する栄養塩類の循環速度である．海洋で欠乏しがちな栄養塩類のうち，硝酸塩（NO_3^-），鉄（生物が利用できる Fe として），リン酸塩（PO_4^{3-}），溶存ケイ素（$Si(OH)_4$）の濃度は，植物プランクトンの増殖における半飽和定数よりもずっと低い値である（3.4節）．珪酸（SiO_2）はケイ素を使って外殻を形成する生物群に制限的な影響を与えている．この生物群には，植物プランクトンとしては珪藻類と珪鞭毛藻類（3.1節），動物プランクトンとしては放散虫類（4.2節）がある．ケイ素は無機物の形でしか循環しないので，ケイ素循環は比較的簡単である．すなわち，生物は外殻の形成に溶存態ケイ素を用い，生物の死後

はこの外殻が海水に溶解する．リンの循環も化学的には比較的単純である．通常海水はアルカリ性なので，有機リン酸は比較的容易に加水分解して無機リン酸になり，植物プランクトンに再び摂取される．ケイ素やリンの循環が簡単なのに比べると，窒素の循環は次に述べるように複雑である．

5.5.1 窒素

窒素は，存在形態が多様なうえに，互いに容易には変換しないので，海洋の窒素循環（図 5.19）は複雑である．循環に関与する形態は溶存態の分子状窒素（N_2）のほかに，イオン態であるアンモニア（NH_4^+），亜硝酸（NO_2^-），硝酸（NO_3^-），および有機態の尿素（$CO(NH_2)_2$）などである．海洋で窒素はおもに硝酸態で存在しているが，これは植物プランクトンが摂取しやすい形態でもある．ただし，多くの植物プランクトンは硝酸態でもアンモニア態でも利用できる．ある種の植物プランクトンはアミノ酸や尿酸など小分子の有機化合物を摂取できる．いずれかの形態の窒素が植物プランクトンの一次生産を律速することが多いが，それは貧栄養型海域では通年，温帯域では夏季にみられる．鉄は硝酸還元酵素や亜硝酸還元酵素の合成に必須であり，これらの酵素がなければ硝酸や亜硝酸からアンモニアやアミノ酸を生成できない（3.4 節）．たとえ硝酸塩濃度が高くても，鉄濃度が制限要因になるほど低ければ，植物プランクトンは生産能力を最大限に発揮できなくなる．

海洋の窒素循環は，バクテリアの無機化代謝活動と動物の排泄，とくに動物プランクトンのアンモニア排泄によって促される．図 5.19 に示すように，アンモニアから亜硝酸，さらに亜硝酸から硝酸への酸化は**硝化作用**とよばれ，**硝化バクテリア**がこの化学反応を進める．逆に，硝酸の還元は無酸素的な堆積物中で起こるが，これは**脱窒素作用（脱窒）**とよばれており，**脱窒バクテリア**によって行なわれる〔硝酸 $NO_3^- \rightarrow$ 亜硝酸 $NO_2^- \rightarrow$ 一酸化窒素 $NO \rightarrow$ 亜酸化窒素 N_2O，窒素ガス N_2〕．窒

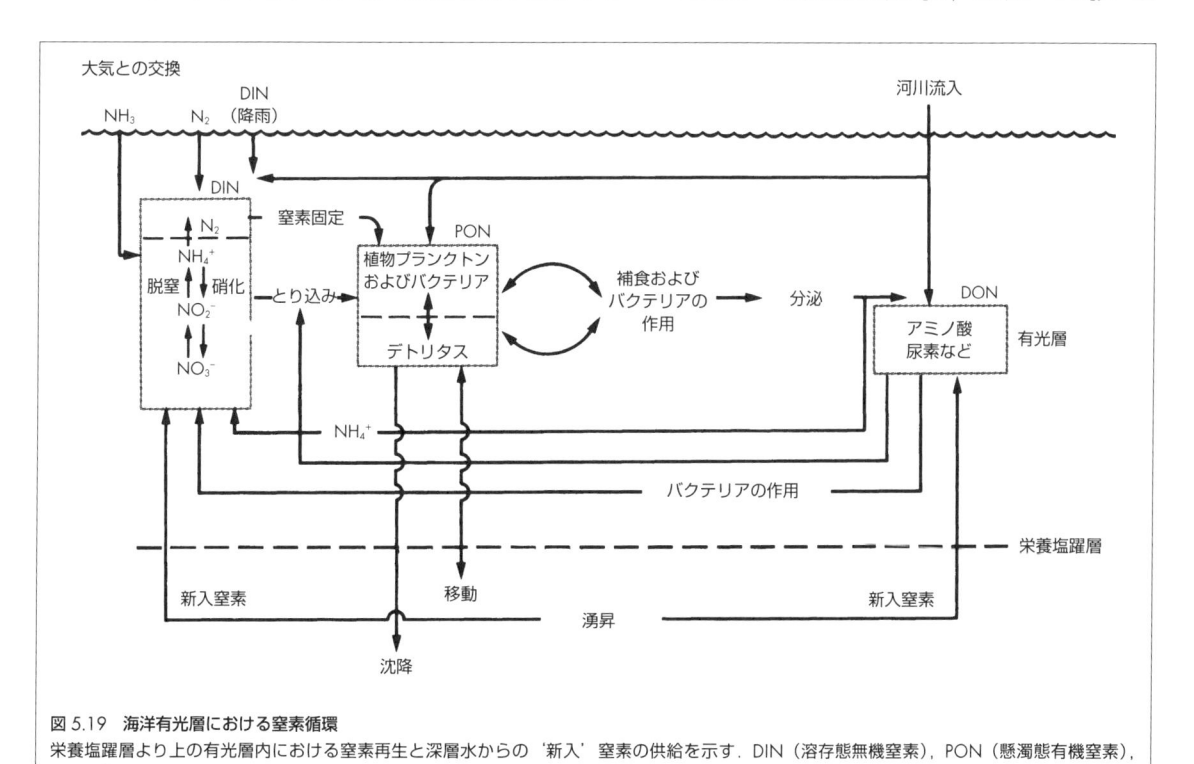

図 5.19 海洋有光層における窒素循環
栄養塩躍層より上の有光層内における窒素再生と深層水からの'新入'窒素の供給を示す．DIN（溶存態無機窒素），PON（懸濁態有機窒素），DON（溶存態有機窒素）の相互関係に注意．栄養塩躍層とは栄養塩濃度の鉛直分布の変化が大きい層をさす．

素ガスが有機窒素化合物に変換される**窒素固定**も窒素循環の一環である．この化学過程を行なえる生物は少数の植物プランクトン，とくにある種のシアノバクテリアだけである．溶存態有機窒素（DON）と懸濁態有機窒素（PON）は，ともにバクテリアの栄養源になる．バクテリアはタンパク質〔有機窒素化合物の一つ〕をアミノ酸やアンモニアに分解し，アンモニアを硝化している．その結果として，溶存態無機窒素（DIN）が環境海水中に放出されるが，これは植物プランクトンにより再利用される．またバクテリアは，微小動物プランクトンに捕食される過程を通しても窒素循環に関与している．

海洋の窒素循環で重要な要因は，一次生産に利用される窒素の供給源である．一次生産に用いられる窒素の一部は，有光層内部で有機物から分解・再生した無機窒素である．ほかの部分は，有光層外から供給される**新入窒素**に由来する（図5.19，図5.20）．新入窒素としては，鉛直混合により栄養塩躍層以深から有光層へ加入してくる硝酸が主体であるが，このほかに窒素固定や河川の流入と降水に由来するものもある．一方，再生窒素はおもにアンモニアや尿素である．新入窒素の供給量で漁獲量が決まるので（漁獲とは，海洋から窒素を除去することでもある），再生窒素と新入窒素の比（ひいては**再生生産と新生産の比**；図5.20）が重要になる．また，人為活動により過剰に放出された CO_2 は海洋に吸収されると考えられているが，これを促進するのは新入窒素である．つまり，新入窒素量に相当するだけ植物プランクトン生産が増大し，それだけ多くの CO_2 を吸収できるのである．

貧栄養型海域（たとえば，3.5.1項の大規模収束循環）は，有光層以深からの上昇流がないので新入窒素が少ない．一方，湧昇域では新入窒素が多い．新生産と全生産（新生産＋再生生産）の比は **f比**とよばれる．これと

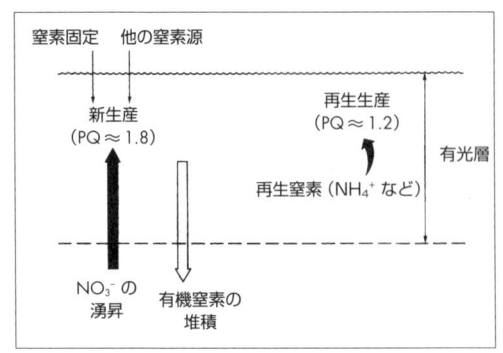

図 5.20 再生窒素と新入窒素による生産の比較
再生生産とは有光層内で再生されたアンモニア態窒素に基づく生産．新生産とは栄養塩躍層下から上がってきた硝酸態窒素に基づく生産．定常状態では湧昇窒素と沈降窒素がつり合っている．年間を通してみると，外洋域での新生産は再生生産の1/2〜1/3程度である．しかし，もっと細かくみればこの値は大きく変わりうる．PQ：光合成商（本文参照）

栄養塩濃度との関係を図5.21（a）に示した．f比の値は貧栄養域では0.1以下と考えられるのに対し，湧昇域では0.8にも達している．そして，海洋全体の平均は0.3〜0.5と推定されている．全水柱の一次生産の約1/3は新入窒素のある有光層，すなわち面積比ではせいぜい11％にすぎない沿岸域および湧昇域でまかなわれているのである（表5.1）．他の海域の一次生産はほとんど有光層で再生する窒素に依存している．

図5.21（b）は，肉食性魚類とイカ類の生産および全一次生産と新生産の関係を示している．魚類とイカ類の漁獲量が再生生産の部分にくい込むと，その系から窒素総量が減少することになる．しかし，漁獲量が新生産の範囲にとどまっていれば，その漁獲は持続可能である．したがって，貧栄養域よりも富栄養域のほうが，表層水から窒素を減少させることなく多量の漁獲が可能である．貧栄養域のf比が約0.1で全魚類生産が$2\,g$（湿重）$m^{-2}\,y^{-1}$なら，漁獲許容量は$0.2\,g$（湿重）$m^{-2}\,y^{-1}$（$2\,g$の0.1倍；図5.21（b））であることを示している．これに対し，f比が0.8の富栄養域で全魚類生産が$20\,g$（湿重）$m^{-2}\,y^{-1}$なら，漁獲許容量は$16\,g$（湿重）$m^{-2}\,y^{-1}$にもなる．すなわち，全魚類生産は10倍でも，漁獲許容量

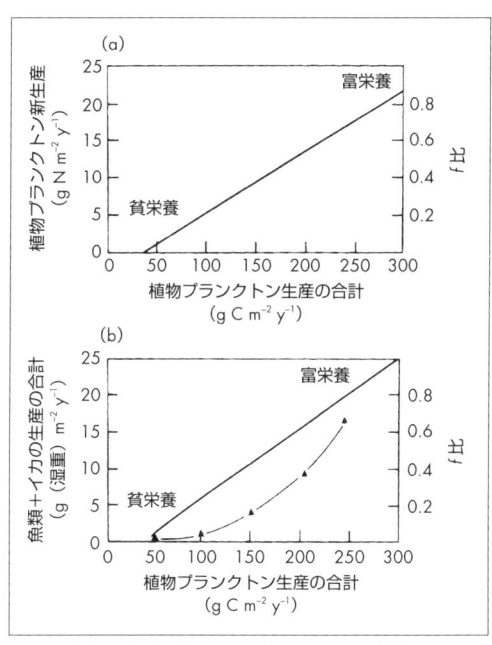

図5.21 (a) 貧栄養海域から富栄養海域における植物プランクトンの全生産（再生生産＋新生産）に対する新生産
(b) 貧栄養海域から富栄養海域における植物プランクトンの全生産に対する肉食性魚類＋イカの生産．
▲つきの線は新生産のみに基づく魚類生産で，これは持続可能な生産に相当する．これ以上の漁獲は窒素の枯渇につながる．

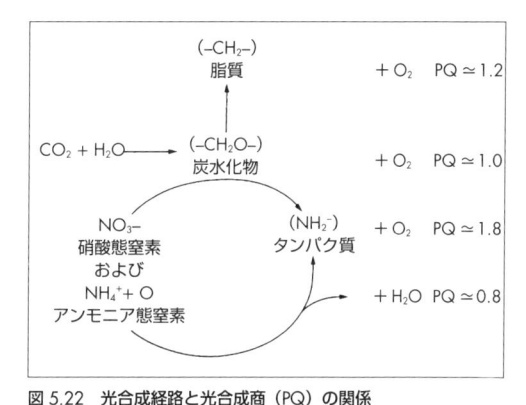

図5.22 光合成経路と光合成商（PQ）の関係
基本的な経路は上から2段目である．ここでは炭化水素だけが生産され，PQ は1.0 になる（1モルの CO_2 から1モルの O_2 が生じる）．タンパク質を合成するときの窒素源の形態によって PQ 値が変わる．

は80倍にものぼることになる．

図5.20の新生産・再生生産の違いを解析するのに，**光合成商**（PQ；放出された O_2 と吸収された CO_2 のモル比，O_2/CO_2 モル比）が用いられる．再循環窒素に基づいた再循環生産の PQ 値は約1.2，新入窒素に基づいた新生物生産の PQ 値は約1.8 である．この PQ 値の差は図5.22 に示すように，生産に用いられる窒素化合物の種類と光合成における反応経路の差に起因する．たとえば，炭水化物のみが生産されたとすると，1モルの CO_2 から1モルの分子状酸素〔O_2〕が放出されることになる（PQ = 1.0）．しかし，光合成では脂質も合成されており，脂質は炭水化物よりも還元的な化学構造を有しているので，酸素が余分に放出されて，PQ 値は1.2 になる．窒素が硝酸態（新入窒素）として摂取され，タンパク質合成過程へと還元された場合には，さらに多くの酸素が放出されるので，PQ 値は1.8 まで増大する．一方，アンモニア態窒素（再生窒素）がタンパク質合成に用いられた場合には，酸素が代謝過程に必要とされるので，PQ 値は1.0 以下になる．このように，硝酸態窒素を用いて盛んに増殖している植物プランクトン個体群の PQ 値は高く，再循環由来のアンモニア態窒素を用いる個体群が示す PQ 値は低くなる．PQ 値や窒素の鉛直輸送量を正確に求めることは難しいので，f 比については，まだまだ議論と考察の余地がある．

5.5.2 炭　素

炭素も，窒素やリンと同様に生物の必須元素ではあるが，海洋生態系における制限要因ではないという点で窒素と異なる．しかし，制限的ではなくとも，炭素の循環（図5.23）には，物理的・生物的過程に関していくつかの特質がある．

CO_2 は水への溶解度がきわめて大きいので大気から海洋に溶入しやすい．もし，海水中の CO_2 濃度が，大気中の CO_2 分圧（$0.3\,ml\,l^{-1}$）に依存し，CO_2 の海水－大気間の相対濃度，海水の水温や塩分などで決定するなら，海水 CO_2 濃度はかなり低いはずである．しかし，海洋では遊離 CO_2 は水と結合してイオン化し，次に示すように重炭酸イオンと炭酸イオンの形態をとる．

図 5.23 炭素循環の基本概念図

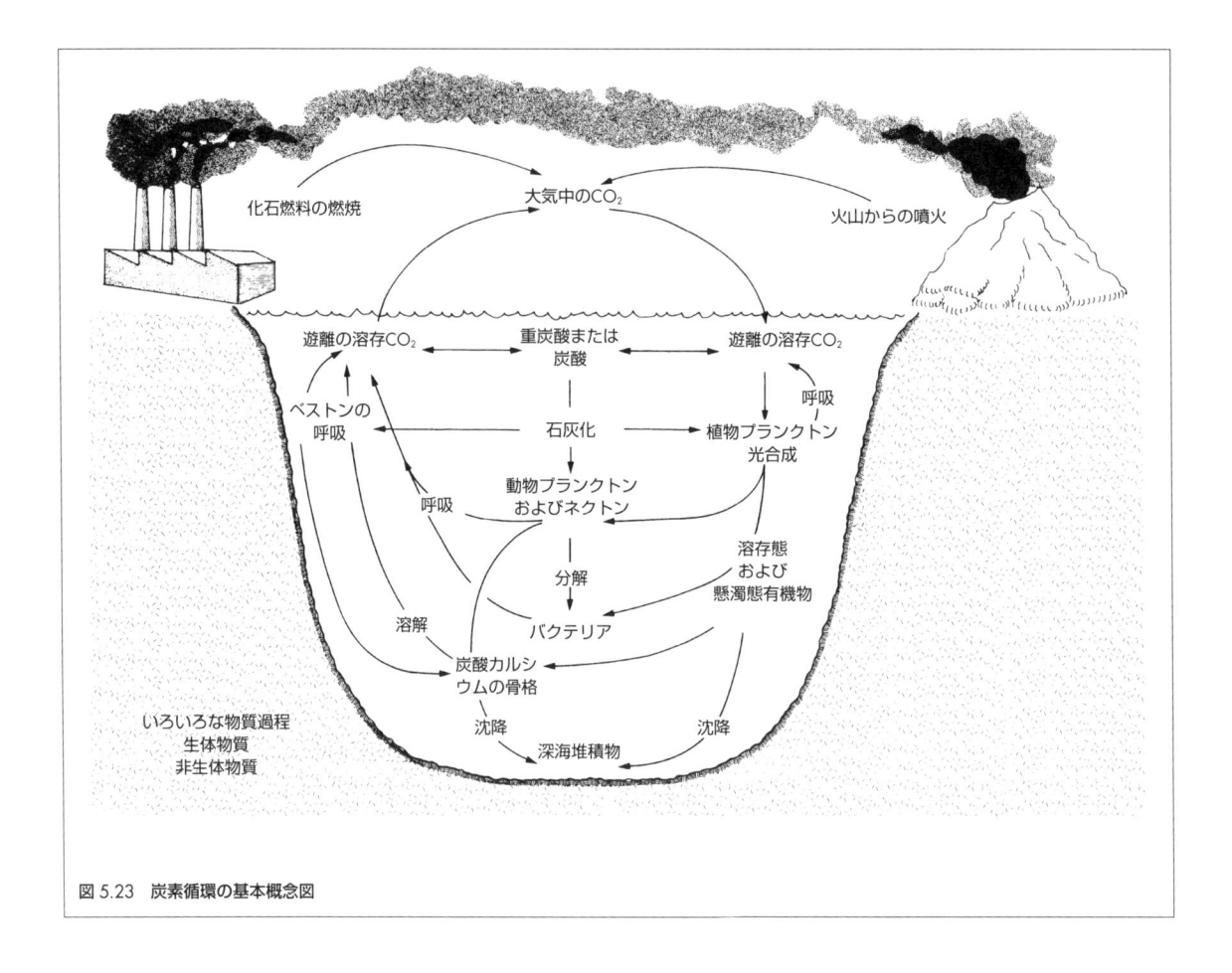

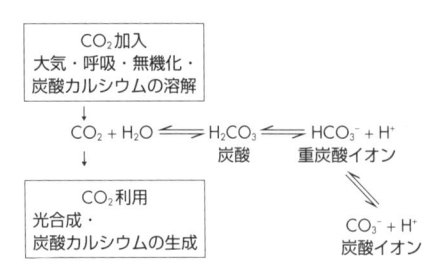

```
┌─────────────────┐
│ CO₂ 加入         │
│ 大気・呼吸・無機化・│
│ 炭酸カルシウムの溶解│
└─────────────────┘
         ↓
  CO₂ + H₂O ⇌ H₂CO₃ ⇌ HCO₃⁻ + H⁺
              炭酸      重炭酸イオン
         ↓                ⇌
┌─────────────────┐    CO₃²⁻ + H⁺
│ CO₂ 利用         │    炭酸イオン
│ 光合成・          │
│ 炭酸カルシウムの生成│
└─────────────────┘
```

上述のイオンは CO_2 の**結合形**で，海水中の溶存 CO_2 の大部分がこの形で存在する（とくに HCO_3^-）．海水中の全 CO_2 濃度は平均すると $45\,\mathrm{m}l\,l^{-1}$ だが，上述の化学平衡反応により，ほとんどすべての部分は結合形の HCO_3^- や CO_3^{2-} として存在し，CO_2 貯蔵庫として機能する〔全 CO_2 濃度は実質的に全炭酸濃度ということになる〕．海水中にガス成分として溶存する CO_2 濃度は $0.23\,\mathrm{m}l\,l^{-1}$ である．遊離 CO_2 が光合成により除去されると，平衡反応は左側へ傾き，結合形イオンから遊離 CO_2 が放出される．このため，光合成が盛んなときでも CO_2 は制限要因にならないのである．逆に，動植物やバクテリアの呼吸により CO_2 が放出されると，それだけ HCO_3^- や CO_3^{2-} が生成される．

前述の化学反応では水素イオン H^+ が放出される．これは，海水の pH（8 ± 0.5）はおもに HCO_3^- と CO_3^{2-} の濃度で決まることを意味する．無機化過程や呼吸代謝などで海水に CO_2 が加わると，H^+ 数が増加し，pH は下がる（酸性側に傾く）．光合成により CO_2 が除去されると，逆の平衡反応が起こり pH は上がる．海水はこのように pH 緩衝液としても作用するのである．

ある種の海洋生物は**石灰化**過程で CO_3^{2-} とカルシウム Ca を結合させて，石灰質の骨格をつくる．ここで炭酸カルシウム $CaCO_3$ は，**カルサイト**（方解石）あるいは**アラゴナイト**

（霰石）の形で存在する．アラゴナイトのほうがやや溶解しやすい．生物の死後は，石灰質骨格は沈降しつつ溶解し，CO_2が海水に再放出されるか，あるいは石灰質骨格が堆積物中に埋積してCO_2が炭素循環から除去される．

以上に説明した諸過程を要約すると，図5.23に示すように，炭素循環を単純化することができる．ここで一般論として，光合成によって無機炭素CO_2は有機炭素に変換され，高次栄養段階で摂食される．この一部は無機物質である重炭酸イオンとして再生され，あるいはCO_2ガスとして海面から放出される．一方，CO_2は海面から溶入し，海洋中では呼吸過程での無機化によって生成される．海面から溶入するCO_2量は放出される量よりも大きいと考えられている．

全海洋における全炭酸（溶存CO_2＋HCO_3^-＋CO_3^{2-}）量は約38×10^{12}tと推定されている．これは大気中に存在する全CO_2量の50倍である．化石燃料の燃焼によって，大気中CO_2量は年間に約0.2％の割合で増加しているが，この増加分が海洋に吸収されるか，あるいは大気中に蓄積して，いわゆる「温室効果」による地球温暖化を引き起こすかを知ることはきわめて重要である．

海洋における炭素循環と大気中のCO_2とのバランスに関して，生物海洋学が次の3つの点で重要である．第一に，食物連鎖にとり込まれるCO_2量は，有光層での光合成を増進する新入窒素量に依存する（5.5.1項）．第二に，海底堆積物中にとじ込められるCO_2量は，深海の化学，生態学，堆積過程，さらには溶存態と懸濁態との有機炭素を再循環させる微生物ループ（5.2.1項）に依存する．第三に，海洋生物の炭素殻へのCO_2とり込みは，地質学的な期間にわたる最大のCO_2吸収過程である．現時点の推定では，50×10^{15}tのCO_2が石灰岩として，12×10^{15}tが有機堆積物として，38×10^{12}tが溶存態無機炭酸として存在する．炭素の転送量を図5.23の経路ごとに測定することは，地球化学的にも生物学的にも難しいが，全地球的な炭素収支を解明するうえで避けて通れない問題である．

まとめ

- 食物連鎖は，一次生産者から植食性か肉食性かを問わず，消費者レベルを経て最高次捕食者レベルまで，食物に含まれるエネルギーと有機物の直線的転送を表している．代謝維持にはエネルギーが必要であり，また，熱に変換される生化学エネルギーもあるので，栄養段階間の転送ごとにエネルギーは損失していく．しかし，食物中の化学元素は有機物の分解を通して再循環されている．この分解過程で生じる溶存態無機化合物は，植物プランクトンに再吸収され，光合成により有機物に変換される．

- 植物プランクトンと高次栄養段階の消費者は，体のサイズは著しく異なるが，世代時間もそれに応じて異なるので（数時間から数年まで），海洋食物連鎖の各栄養段階におけるバイオマスはほぼ同じになる．

- いろいろな海域での二次生産を見積もるため，$P_{(n+1)} = P_1 E^n$の式が用いられる．この式は，その海域の一次生産と食物連鎖の栄養段階数および栄養段階間のエネルギー転送効率（生態効率）を関連づけている．

- 食物連鎖内の栄養段階数と植物プランクトン優占種のサイズは逆相関の関係にある．たとえば，栄養に富む湧昇域での食物連鎖は大型鎖状珪藻類による高い一次生産があり，栄養段階数が少なく，魚類（あるいは海産哺乳類）のバイオマスが大きいことが特徴である．一

方，栄養に乏しい外洋域では，ナノプランクトンの鞭毛藻類による一次生産性が低く，食物連鎖は長く〔栄養段階数が多く〕，その分だけエネルギー損失が多くなり，高次捕食者のバイオマスは小さくなる．

● 食物網は，生物間のエネルギーの流れをより現実に即して表しているが，食物連鎖より複雑である．"食物網"という手段により，海洋生物間の複雑な関係，すなわち，同じ食物を求めて多くの生物種が競争していること，生活史の中で食物が変わること，あるものはデトリタスを主食としていること，海では共食いがよくみられることなどを容易に理解できる．また，この関係は最高次捕食者が利用できるエネルギー量に影響を及ぼしている．たとえば，食物をめぐるクシクラゲと魚類の競争や，クシクラゲによる魚卵や仔魚の捕食は，漁獲対象魚種の現存量を大きく低下させることがある．

● バクテリアと原生動物プランクトンは微生物ループにおいて相互作用している．微生物ループとは従来の食物連鎖（植物プランクトン－動物プランクトン－魚類）と表裏関係にある新しい概念の食物連鎖である．微生物ループでは，バクテリアが溶存態と懸濁態のデトリタスを利用し，バクテリアによる生物生産が原生動物に消費され，これがさらに大きな動物プランクトン（無脊椎動物の幼生や尾虫類など）に消費される．バクテリアは溶存態栄養塩類を再循環させて植物プランクトンによる再利用を可能にするばかりか，バクテリア自身がバクテリア食性プランクトン（原生動物プランクトンなど）の食物源になるので，バクテリアによる生物生産も高次栄養段階へと転送される．

● 海洋食物網と陸上食物網には大きな違いがある．海洋における一次生産の大部分は増殖の速い微小植物プランクトンが行なっており，この大半は植食動物に消費・同化される．一方，陸上植物の多くは大型で，成長が遅く，消化しにくい体成分を多く含んでいる．陸上植物は全生産の15％以下しか摂食されないばかりか，この一部のみが消化されて同化されるにすぎない．これに加えて，海洋動物の多くは変温性なので，代謝エネルギーを少ししか必要としない．これに対して，陸生の鳥類や哺乳類は恒温性なので，多くの代謝エネルギーを必要としている．このように海洋食物連鎖では，一次生産の大半が摂食されるうえにエネルギーが高効率で転送しているので，陸上に比べて二次生産がずっと大きくなっている．

● さまざまな手法により一次生産をかなり正確に測定でき，漁獲統計からは「少なくともこれ以上」という高次生産の見積りが可能である．しかし動物プランクトンや小型ネクトンによる中間的栄養段階での二次生産の定量はかなり難しい．野外データからの二次生産測定も試みられているが，対象となる海域が広すぎるのと，水塊と生物が絶えず移動しているので，そのような方法の実行は難しい．このために，これに代わる実験手法が試みられている．たとえば，種類ごとにエネルギーを区分けして定量する室内実験が行なわれている．制御された生態系実験では，栄養段階間の相互作用が，より大きな規模で同時に調査されている．コンピュータによるシミュレーションモデルは，さまざまなデータを数学的モデルに入れて自然現象をシミュレートするものである．

● "無機化"という用語は，食物網を通った元素が再循環される過程をさしている．生態学では，制限要因になりうる必須栄養塩類（硝酸塩，鉄，リン酸塩，ときに溶存ケイ素など）の再循環速度が重要となる．これらの栄養塩類のうち，硝酸塩は低濃度なので，植物成長に制限的であることが多い．窒素はいろいろな形態をとるので，海洋における窒素循環は複雑である．この場合，窒素のおもな存在形態は硝酸塩であり，植物プランクトンにもっ

ともよく利用されている．アンモニアや亜硝酸塩，溶存態 N_2 を利用する植物プランクトンもいる．生理作用によって，いろいろな形態の懸濁態や溶存態の有機窒素がつくられ，またいろいろな種類のバクテリアにより，ある窒素化合物から別の形態への転送が進行する．

● 有光層内で水柱性生物（漂泳生物）が再生する窒素（おもにアンモニア尿素）と，深層水の湧昇や河川流入により有光層に新入する窒素（おもに硝酸塩）を区別することは重要である．新入窒素と再生窒素の比（ f 比）は，湧昇域では高く，貧栄養域では低い．新入窒素が主要な源である生物生産は光合成商（PQ）が高くなるが，これは硝酸からタンパク質が合成され，化学量論的に酸素分子が放出されることを示している．光合成生産が再生窒素（アンモニアなど）に基づく場合は，代謝の生化学反応に酸素分子が必要なのでPQ値は低くなる．新入窒素がたえず供給されれば一次生産が増加し，最終的には持続可能な漁業生産をも増大することになる．

● 炭素は生物の必須元素であるが，海洋では制限要因になっていない．これは，溶存する二酸化炭素ガスが重炭酸イオンや炭酸イオンと化学平衡にあるためである．二酸化炭素ガスが大気から海洋中に溶け込み，代謝（おもに呼吸過程）によって溶存量が増えると，それに平衡して重炭酸イオンと炭酸イオンへ移るので，CO_2 は海洋にさらに溶け込むことができる．逆に，溶存する CO_2 ガスが生物学的に摂取されると化学平衡反応が逆側に傾き，重炭酸イオン，炭酸イオンから CO_2 ガス分画が増加する．人為的活動によって大気へ放出される CO_2 量が増加するにつれて，どれだけの CO_2 量が海洋に吸収され，どれだけが大気中に残留・蓄積するかを解明することは，地球温暖化を考察するうえでますます重要になってきている．

問 題

① 呼吸過程に伴うエネルギー損失の結果として，(a) 連続した栄養段階間における生物数の相対値，および，(b) 一次生産量と二次生産量の相対値はどのような関係にあるだろうか？

② 純一次生産速度が $150\,g\,C\,m^{-2}\,y^{-1}$，植食性カイアシ類の年間生産量が $25\,g\,C\,m^{-2}$ であるような海洋生物群集において，植物プランクトンから動物プランクトンへの転送効率を計算しなさい．

③ 高次の栄養段階では呼吸損失が大きく，転送効率が低いのはなぜだろうか？

④ 一次生産の大部分が植食動物プランクトンに捕食されず死んで沈降するならば，転送効率の値はどうなるだろうか？

⑤ 図5.2を参照して答えなさい．
 (a) 南極海と赤道太平洋ではバイオマスに何桁の差があるだろうか？
 (b) この差は，どのような要因によって定められるだろうか？（図5.3および3.5節も参照しなさい）．

⑥ ある沿岸域における一次生産が $300\,g\,C\,m^{-2}\,y^{-1}$ であり，主要漁獲種がニシン（動物プランクトンを捕食する）である場合，平均生態効率を10％と仮定すると，ニシンの年間最大漁獲量（$g\,C\,m^{-2}$）はどれくらいと予想されるか？

⑦ 従属栄養性の鞭毛虫類や幼形類のほかに，バクテリアを捕食できる動物プランクトンをあげなさい（4.2節）．

⑧ 図5.8で示されているように，クロロフィル a 濃度とバクテリア現存量とが，北太平洋の大循環中央部で最低値であり，淡水域で最高値であるのはなぜか？

⑨ 上述の情報と式（5.4）を用いて，コペポディッドⅠ～Ⅲ期の44日間における1日あたりの平均生産量を求めなさい（図5.10）．

⑩無殻翼足類の *Clione limacina*（ハダカカメガイ）は，有殻翼足類の *Limacina helichina*（ミジンウキマイマイ）を月あたり 7.5 mg（乾重）捕食して，体重が 5.0 mg（乾重）増加する．*Clione* は 90％の効率でこの餌を同化する．(a) *Clione* の総成長効率と (b) *Clione* の純成長効率を求めなさい．

⑪図 5.14 において，微量の銅を環境水中に添加すると，一次生産者が連鎖状珪藻から小型鞭毛藻に遷移することが示されている．食物連鎖のほかの部分について，優占種と栄養段階数はどのように変化するだろうか？ 必要なら 5.1 節を参照しなさい．

⑫図 5.16 のモデル例で，どれが (a) 環境要因で，どれが (b) 生理要因か？

⑬図 5.17 のモデル結果で，光の減衰係数が $k = 0.7$ において動物プランクトン生産が最低になるのはなぜだろうか？

⑭(a) ある海域の一次生産が 300 g C m^{-2} y^{-1} で，その 30％が再生窒素に依存している場合，f 比はどれくらいか？
(b) この一次生産と f 比をもつ海域はどういう場所にあるだろうか？
3.6 節を参照して答えなさい．

⑮ある海域が貧栄養型から富栄養型になるにつれて，漁獲許容量が指数的に増大するのはなぜだろうか？ 図 5.21 の (a) と (b) を参照して答えなさい．

⑯どのような海洋生物が CO_2 を石灰質骨格にとり込んで炭素循環に影響を及ぼしているか？ 3.1 節，4.2 節を参照しなさい．

⑰CO_2 は光合成に不可欠な物質である．ここで CO_2 は，硝酸塩のように海洋における植物プランクトン生産の制限要因であると考えてよいだろうか？

⑱ある外洋域で一次生産が 1000 g（湿重）m^{-2} y^{-1} であり，一次生産者から一次消費者への転送効率が 20％，これよりも高次栄養段階への転送効率が 10％とする．一次生産のどのくらいまでが最高次栄養段階の魚類まで変換されるだろうか？

⑲植物プランクトンから最高次捕食者までの生物種が最初に出現した地質的時代を考慮すると（付録 1 参照），図 5.3 のさまざまな食物連鎖の進化に関して考えられることを述べなさい．

⑳魚食性魚（マグロなど）を除去して，プランクトン食性魚（イワシなど）を残した場合，その海域の漁業に生じる影響を述べなさい．また，各栄養段階におけるエネルギー転送と生物数に及ぼす影響についても考察しなさい．

㉑北大西洋のある海域で，動物プランクトンを捕食するイカナゴの生産が漁獲統計のうえからヘクタール（ha）あたり年間に 0.5 トン（t）（湿重）と見積もられていた．この海域での植物プランクトンによる生物生産は 200 g C m^{-2} y^{-1} である．魚乾重の 50％が炭素であり，乾重は湿重の 20％と仮定すると，この系における平均生態効率はどのくらいになるだろうか？ （1 ha = 10000 m^2）

㉒室内実験，閉鎖実験生態系，シミュレーションモデルのそれぞれにもっとも適した場合を次から選びなさい．
(a) 農業地帯から沿岸海域への農薬の流入に関する影響を研究する．
(b) 河口堰をつくった場合，環境に対して起こりうる影響を調べる．
(c) 動植物の生理特性を調査する．

㉓ヤムシ（*Sagitta elegans*）は 1 日あたり 5 mg のカイアシ類を捕食し，0.75 mg の糞質を出す．この肉食動物の同化効率を算出しなさい．

㉔カキの養殖量を増加させるため，小さな湾に栄養塩類を添加することは適切だろうか？

㉕新たに加入する窒素の量が一定であるとして，ある海域に生息する魚の多くが漁獲された場合，そこの生産性に何が起こるであろうか？

第6章 ネクトンと水産海洋学

　ネクトンの大部分は魚類である．しかし，大型甲殻類やイカなどの頭足類，ウミヘビ類，ウミガメ類，海産哺乳類などが主要なネクトン種となる海域もある．大型のネクトンや海鳥は捕食を通して海洋生物群集に大きな影響を及ぼすことがある．また，これらの動物の多くは食料や毛皮その他の有用な産物として珍重されている，あるいは過去に珍重されていたことがある．現在では，魚類がおもな漁獲対象ネクトンであるが，イカ類の水揚げも増加している．海産哺乳類やウミガメ類の漁獲は，種の保存を訴える世論のため減少している．

6.1　遊泳性甲殻類

　遊泳性のエビ・カニ類にはネクトンに分類される種類もあるが，それらはあまり知られていないし，漁獲対象になるほど豊富な種類も少ない．漁獲される甲殻類の95％は底曳き採集される底生種である．しかし，近年になって資源量の豊富なオキアミ類（4.2節），それもとくにずば抜けて豊富なオキアミ種への関心が高まっている．

　クジラ資源の減少に対する捕鯨禁止にともなって，ヒゲクジラの主食であるナンキョクオキアミ（*Euphausia superba*，図5.4）が代替漁獲の対象として関心を集めている．この大型のオキアミ（長さ5〜6 cm）は人間の食物というより，乾燥して家畜，家禽（ニワトリなど），養殖魚などの飼料に加工される．1960年代からロシアと日本の船団がオキアミ漁を開始し，最大漁獲量は1986年の44.6万tである．ロシアは経済的な理由で撤退し，1994年のオキアミ漁獲量は日本とチリを合せて約10万tしかなかった．これは海洋で年間に捕食される量の4億7000万t（推定）に比べれば微々たるものである（表5.2）．オキアミ漁獲量は少なくとも年間2500〜3000万tまで可能と推定されているが，これは現在の世界の魚類漁獲量の約1/3にも相当する．遠洋の南極で行なうオキアミ漁には経費がかかり，また，個々の群れは巨大でも，群れどうしは離れているし，水深150〜200 mに分布することさえある．それでも，群れの存在を音波で探知できれば，大型漁船による1回の曳網で10 tくらいは収穫できる．このようなオキアミ漁（とクジラ資源の回復）が南極海の生態系に及ぼす影響は明らかではないが，オキアミが南極海食物網の中心である以上，オキアミ漁の拡大には注意を払ってしかるべきである．

　日本の北東沿岸域では，小型種であるツノナシオキアミ（*Euphausia pacifica*）の漁獲も行なわれている．これには，春季に表層に群れをなすので，容易に捕獲できるという特有の事情がある．このオキアミは年間約6万tの水揚げがあり，養殖用の飼料に加工される．これはタンパク質とビタミンA（養殖魚の肉質と体色をよくすると考えられている）のよい供給源である．

6.2　遊泳性頭足類

　軟体動物の頭足類にはイカ類（図6.5 (g)），コウイカ類，タコ類（*Octopus*属など）などが含まれる．現在，頭足類の水揚げの約70％はイカ類である．控えめに見積もって

も，世界中で年間約1000万tのイカ水揚げが可能とされている．この大きな現存量にもかかわらず，イカ類の生物学・生態学に関する知識は驚くほど少ない．

イカ類のサイズは，数センチメートルの小型種から長さ20 m（触手を含む），重さ270 kg以上にも達する伝説的な深海巨大イカ（Architeuthis（ダイオウイカ））まである．この巨大イカは無脊椎動物の中でも最大級の種類である．イカ類はすべて漏斗から水を噴射して進み，その遊泳能力と運動性は魚類に対抗しうる．大型イカ類には秒速10 mで泳ぐものがいる．また，種々の動物プランクトンや小型魚類・イカ類を餌にして，1日に体重の15～20％も摂食するので，食物をめぐっても魚類に対抗している．

この豊富なイカ類を大量に漁獲して主要な食物源にしている国もある．1981年に日本は太平洋でのイカの流し網漁を始めている．流し網は，網目が90～120 mmで，横幅が8～10 m，縦幅が50 kmにも広がる帯状の網である．夜間，この網を海中に鉛直に下ろし，風や潮にまかせて8時間ほど流すと，イカや魚が網にかかる．日本・韓国・台湾は，太平洋に約800隻の流し網漁船を操業して年間30万tのイカを漁獲していたほか，大西洋やインド洋でも推定200隻の流し網漁船を操業していた．流し網はほとんどみえないので，イカ以外の海洋生物種も混獲してしまう．北太平洋では，副次的にサケがとれるのが普通（そして違法）である．南太平洋では，水産上の価値が高いビンナガマグロが1988年に6万tも捕獲されていた．1989年にはすでに流し網による混獲への懸念が大きくなってきた．対象外の魚種（サメも含む）やウミガメ類を非選択的に捕獲することに加えて，太平洋だけでも年間75～100万羽の海鳥と2～4万頭の海産哺乳類が流し網で死亡したと推定された．流し網で死亡している大型動物プランクトン（サルパ群体やクラゲなど）の数はわからない．この膨大な数の海洋生物の捕獲が深刻視されるようになり，1993年には公海流し網漁に関する緊急措置案が国連総会で採択された．流し網はまだ一部で使用されているものの，その被害は減少している．

イカ類を選択的に漁獲する方法がある．日本では年間約50万tのスルメイカ（Todarodes pacificus）が，イカだけを捕獲する手法で漁獲されている．スルメイカは，東シナ海の北部（北緯約32度）で産卵し，千島列島付近（北緯45度）まで北上してから日本近海に帰ってくる期間の1年間で，約4000 kmも回遊するという特徴がある．

6.3 海産爬虫類

海洋環境に適応した爬虫類はそれほど多くない．それらのうち，8種類のウミガメがもっともよく知られているが，その6倍以上の種類があるウミヘビと，ガラパゴス諸島に生息する藻食性のイグアナ（トカゲ類）も1種類いる．また，沿岸域に生息するワニ類もいて，その最大種はオーストラリア産のCrocodylus porosusである．

ウミガメ類は熱帯海域に普通みられるが，温帯域まで移動あるいは海流によって運ばれることもある．外洋でクラゲや魚を食べるものや，浅海域で海草を食べるもの（アオウミガメ）などがいるが，すべての種類は長距離を回遊して陸地へ戻り，特定の砂浜を巣場所として産卵する．しかし，ここも必ずしも安住の地ではなく，さまざまな捕食者，とりわけ人間に食べられてしまう．産卵直後の稚ガメは海へ向かってはいすすむ間に海鳥やカニに捕食され，海にたどりついても魚に狙われる．成体になっても，食用の肉として，あるいは装飾用の甲羅の価値が災いして，ほとんど絶滅寸前にまで捕獲されつくしている．ウミガメ全種はいまや絶滅危惧種あるいは絶滅危機種と考えられており，ウミガメの禁漁だ

けでなく，ウミガメ製品の禁輸を盛り込んだ保護措置が多くの国々でとられている．インド太平洋やカリブ海では，ウミガメの卵を集めて孵化するまで保護し，稚ガメを海に放流するという保護努力も行なわれている．これらの保護措置がウミガメの個体数の回復に役立っているかどうかは，しばらく様子をみなければならない〔インド太平洋は，東南アジア沖の太平洋およびインド洋海域をさす〕．

ウミヘビ類は鼻孔と肺で呼吸するが，まぎれもなく海産動物であり，沿岸汽水域やサンゴ礁あるいは熱帯外洋域に生息している．約60種のほとんどは海で子を産む．ウミヘビは大きな群れをなし，小魚やイカをかんで毒菌から毒を注入して殺し，それを捕食する．ウミヘビはそれほど攻撃的ではないが，その猛毒で人を死に至らしめることもある．ウミヘビの捕食者はオオワシやサメ，海産ワニ類くらいである．ウミヘビ類の分布はすべてインド洋か太平洋の暖水域に限られている．したがって，パナマ地峡で海水面運河を通した際には，カリブ海や大西洋の暖水域へのウミヘビの分布拡大が懸念されていた．現在のところ，パナマ運河には淡水域があるので，それがウミヘビの分布拡大の障壁となっている．

6.4 海産哺乳類

異なる陸上哺乳類から進化して，別々に海洋環境に適応した哺乳類に3つのグループ（目），すなわち，クジラ・イルカなどのクジラ類，アザラシ・アシカ・オットセイ・セイウチなどの鰭脚類，ジュゴン・マナティーなどの海牛類がある．すべて温血性（恒温性）で，授乳という哺乳類の特徴を備えており，空気呼吸（肺呼吸）を行なう．

クジラ目（Cetacea）には，クジラとイルカで知られる海産哺乳類の76種前後がある．約5500万年前に陸上生活していた祖先動物が海に入って進化したと考えられている．クジラ類ではヒゲクジラ類が最大である（図6.1）．ヒゲクジラ類には体長31 mにも達する生物史上最大の動物シロナガスクジラも含まれる．

ヒゲクジラ類は，約10種からなる**ヒゲクジラ亜目**（Mysticeti）に分類されている．大型のサメと同様，この巨大なクジラも動物プランクトンを主食とし，**ヒゲ板**とよばれる特殊化した角質の板でプランクトンをこして食べる．ブラシのようなヒゲ板が上顎口蓋の両側に垂れ下がり，ヒゲ板で集めた食物を舌でとり込む．また，ザトウクジラやナガスクジラは，サバやニシンなどの比較的大きな魚の群れを捕獲できるし，コククジラは底生動物を吸いとって捕食する．

大型のヒゲクジラ類には，冬季は低緯度域で繁殖し，夏季は高緯度域で索餌をするという季節的回遊を行なうものがいる（たとえばコククジラやザトウクジラ）．小型のヒゲクジラ類は，長距離の回遊はしないが，食料の多少や環境変化に応じて移動を行なっている．

ハクジラ亜目（Odonticeti）には66種類あるが，これらすべてが歯を有し，噴気孔はヒゲクジラ類では2つあるのに対し，ハクジラ類では1つなのが特徴である．ハクジラ類には，ヒゲクジラ以外のクジラとイルカに分類される（図6.1）．ハクジラ類はイカや魚類の強力な捕食者であり，シャチにいたっては，ほかのクジラ類やアザラシ・アシカさえも襲う．ヒゲクジラ類が海洋表層の餌に依存するのと異なり，ハクジラ類は数百メートルもの深度まで潜って索餌する．海産哺乳類の最深潜水記録はマッコウクジラのもので，大イカを追って2200 m以深まで潜ったとされている．ハクジラ類のある種では獲物をとらえるのに**音響定位**（エコーロケーション）を用いる．これは発した音，パルスの反響で物体の位置などを知る方法である．また，少なくともある種では，餌をとる際に群れをつくって

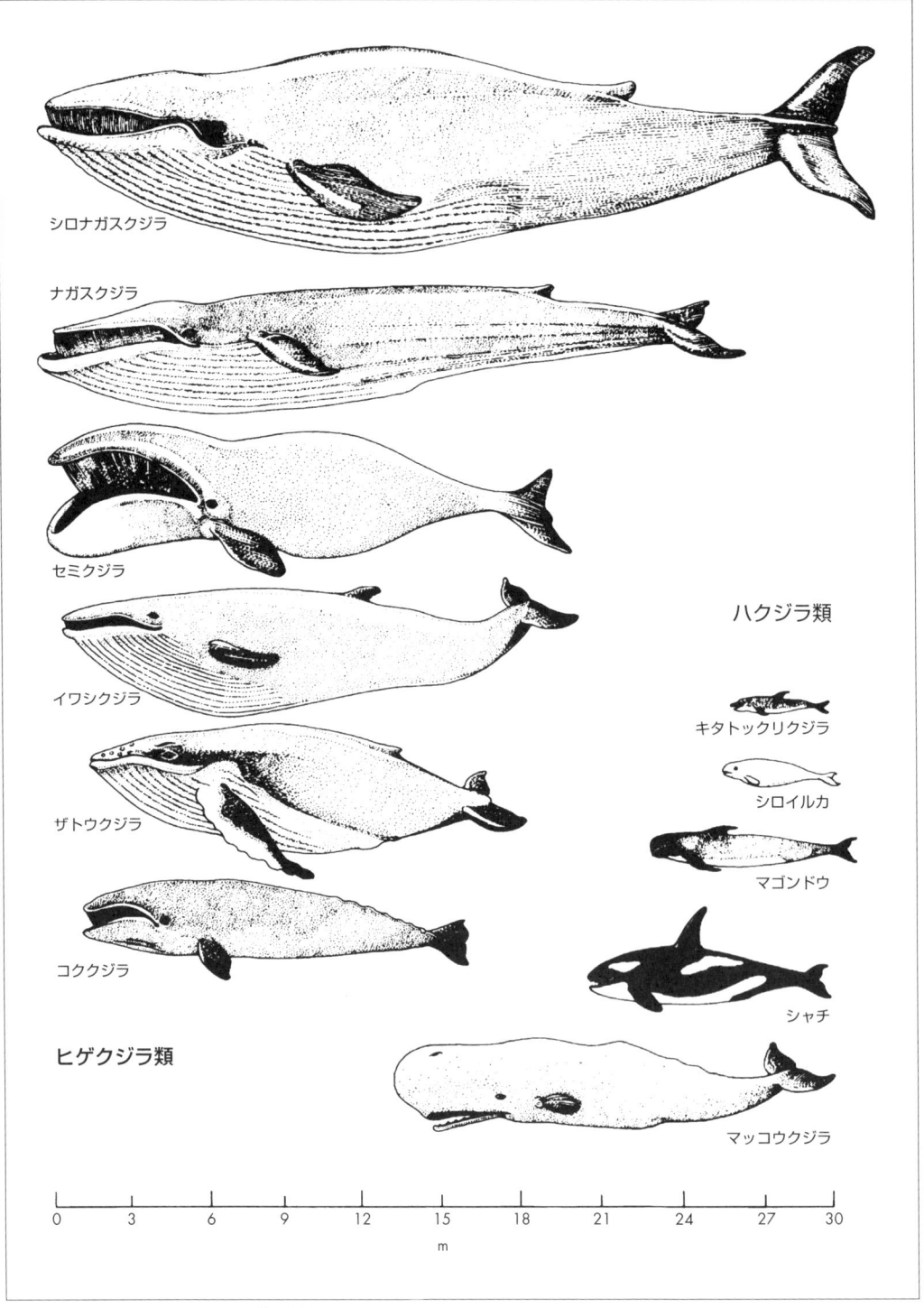

図 6.1　ヒゲクジラ類とハクジラ類の体長比較

協調行動することも知られている．

　クジラ類全体として，あるいはマッコウクジラだけでも，世界中の人間による全漁獲量以上の海洋生物生産を消費しているという研究結果もある．たとえば，1979年から1982年の期間において，アメリカ北東部沖のジョージ堆でクジラ類18種による年間餌消費量は4.6〜46万tであったが，同海域で

の漁獲量は11.2〜25万tであった．地中海ではイカは人間の重要な食物源となっているが，人間によるイカの消費量の2.3倍をクジラ類が消費しているらしい．また，捕鯨活動が南極海のクジラ個体数を激減させる以前には，ヒゲクジラ類は年間約 190×10^6 t のオキアミを捕食していたと思われるが，この量は全海洋の漁獲量の2倍以上に相当する（6.7.1項）．これらの統計値をみれば，漁師がクジラ類を商売敵とみなすのも不思議ではない．

エスキモー人は大昔から海産哺乳類を捕獲しているが，文書記録に残っている最初の捕鯨は9〜11世紀に北ヨーロッパ沖で行なわれており，18〜19世紀には捕鯨が一大産業になっている．クジラからはおもに灯火用として油が，婦人服用としてヒゲ板が利用されてきたが，日本の場合を除いて鯨肉の利用はそれほど重要ではなかった．20世紀初頭に，捕鯨船の機械化と高速化が発展して，炸発式の捕鯨銛(もり)が登場してからはクジラ頭数が激減し，種によっては絶滅の恐れもでてきた．1946年の**国際捕鯨委員会**（IWC）の設立後も捕鯨量は増え続け，1960年代には年間捕獲数が6.5万頭にも達した．クジラ13種について，捕鯨以前と現在の個体数（推定）を表6.1に示す．このうち9種は，1970年以来絶滅の危機に瀕する種類，あるいは保護の必要な種類としてあげられている．クジラの低い繁殖能や遅い成長を考えると，個体群の回復には何十年もかかるであろう．ただし，ミンククジラだけは現在もずいぶんと増え続けている．わりと小型の南半球産ミンククジラはあまり捕獲されずにすみ，餌料のオキアミを競っていた大型ヒゲクジラ類が減少したことも，ミンククジラの個体群が増加した原因であろう．1986年にIWCは絶滅の危機にひんするクジラ類個体群の回復を期して，恒久的な捕鯨禁止案を提議し，1991年に議決された．1994年にIWCは南極周辺に $28 \times 10^6 \text{km}^2$ のクジラ保護海域を設定し，世界のクジラ類の約90％を恒久的に保護する措置とした．しかし，これらの手段では，他の要因による死亡を低減できない．流し網や巾着網などに，毎年数万頭ものイルカなど小型鯨類が罹網している．また，沿岸域に生息あるいは一時的に進入するクジラ種は，その海域での環境破壊や汚染の被害を受けている．カナダ東部のセントローレンス河口域に生息するシロイルカ（シロクジラ）や，ほかの多くの水域に生息するカワイルカ類が環境汚染の脅威にさらされていることは疑いない．

海産哺乳類の第二のグループ（目）として

表6.1 クジラ種個体数の過去と現在（国際捕鯨委員会の推定による）

一般名	学名	推定個体数	
		捕鯨以前	現在
ヒゲクジラ類			
シロナガスクジラ	*Balaenoptera musculus*	228000	10000*以下
ナガスクジラ	*Balaenoptera physalus*	548000	150000*
イワシクジラ	*Balaenoptera borealis*	256000	54000*
ニタリクジラ	*Balaenoptera edeni*	100000	90000
ミンククジラ	*Balaenoptera acutorostrata*	140000	725000
ホッキョククジラ	*Balaena mysticetus*	30000	7800*
セミクジラ	*Eubalaena glacialis*	推定なし	1000*以下
ミナミクジラ	*Eubalaena australis*	100000	3000*
ザトウクジラ	*Megaptera novaeangliae*	115000	10000*
コククジラ	*Eschrichtius robustus*	20000以上	21000*
ハクジラ類			
マッコウクジラ	*Physeter catodon*	2400000	1950000*
イッカク	*Monodon monoceros*	推定なし	35000
シロクジラ	*Delphinapterus leucas*	推定なし	50000

* 国際自然保護連合あるいはアメリカ政府により絶滅危惧種に指定されている．

4本の鰭脚をもつ**鰭脚類**（Pinnipeds；鰭脚目 Pinnipedia）があり，アザラシ，アシカ，セイウチなどが含まれる．クジラ類と対照的に，鰭脚類は陸上か氷上で繁殖集団〔ハーレム〕を形成し，休息する．世界中の海域で32種が，また，バイカル湖では淡水産1種が知られているが，種数も個体数もその大半は両極の寒冷域に生息する．多くは魚類やイカ類を主食としているが，セイウチはきば〔上顎犬歯〕を使って海底を掘り，二枚貝などの軟体動物やそのほかの底生動物を捕食している．鰭脚類は群れをつくって移動するのが普通であり，長距離の回遊を行なうこともある．

以前は，アザラシやアシカは毛皮や油を，またセイウチはきばを利用するために乱獲されていたが，それも現在ではおさまりつつある．しかし，カリブ海産のモンクアザラシは絶滅し，ハワイ産や地中海産も絶滅の危機にひんしていると考えられている．

海産哺乳類の第三のグループ（目）としてマナティーやジュゴンが属する**海牛目**（Sirenia）がある．海産哺乳類の中では海牛類だけが植食性であり，藻類ではなく大型植物を栄養源としている．この食物要求のため，その分布は沿岸浅海域から河口域，河川に限られる．海牛目の4種すべてが暖水域に生息し，陸には上がらない．乱獲によって個体数が激減する以前の古い記録によれば，マナティーやジュゴンが大集団を形成していた報告があるので，海牛類には高度な社会性があるらしい．海牛類は，陸近くに生息するわりには動作が緩慢であり，その肉，油，獣皮は文化的に重んじられてきたので，よい捕獲対象となっている．かつてはジュゴンの分布は広く大西洋まで広がっていたが，今日ではインド洋と太平洋に限られている．マナティーには3種あり，このすべてが大西洋の熱帯海域に限って分布している．

海牛類に属する第五の種類はすでに絶滅したステラー海牛（*Hydrodamalis gigas*）である．この巨大な動物の存在は，Vitus Bering（ビトゥス・ベーリング（デンマーク人））隊長指揮下の北太平洋探検航海において外科医かつ博物学者として参加した Georg Wilhelm Steller（ゲオルグ・ビルヘルム・ステラー（ドイツ人））により，一度報告されただけである．この航海に用いられた船（*St. Peter*）は1741年にアリューシャン列島の西端の小島付近で難破した．ベーリング隊長と乗組員の多くは，上陸したその日のうちに病死したが，生存できた者はラッコやアザラシを食べて生き延びた．さらに，近くに海牛を発見し，捕獲して肉と油を得ている．記録によると，この海牛は長さ10 m，重さ10 tに達したらしい．口蓋と下顎を覆う角質のプレートを擦り合わせて，コンブなどの大型海藻を食していた．また，小さな群れを形成して，動作は緩慢で，おとなしい性質だったようである．生存者たちは，1742年にロシアに移り，この海牛の発見を伝え，その後，ベーリング海捕鯨船団などは，この海牛を冬季食料として利用しはじめた．この海域には約2000頭のステラー海牛が生息していたと推定されるが，発見からわずか27年後の1768年に最後の1頭が殺されてしまった．化石記録によると，2万年前には遠くカリフォルニアまで生息していたようである．憶測ではあるが，貝塚などに残る骨から察しても，ステラー海牛は先史時代から簡単に捕獲されてきたのであろう．

6.5 海鳥類

海産爬虫類や海産哺乳類と同様に，海鳥類は陸上種から進化して海洋環境に再適応したものである．海鳥類には，定義の仕方によって種数に幅があるが，260〜285種が属している．これは，世界中の鳥類の約3％に相当する．もっとも海洋環境に適応した鳥類には，ウミスズメ，アホウドリ，ミズナギドリ，ペ

ンギン，カツオドリなどがあり，全生活の50〜90％を海洋で過ごしている．この仲間には陸上種や淡水種が少ない．一方，シギやチドリなど海浜生活する鳥類は，海中に食物を求めてはいるが，遊泳はできない．

外洋性の海鳥類は，さまざまな捕食方法を発達させていろいろの餌を摂食している（図6.2）．これは嘴や翼の構造が種ごとに異なる点に反映されている．ハサミアジサシ類・カモメ類・ミズナギドリ類などは海の最表層からニューストンをすくいとって摂食している．ペリカン類，アジサシ類，カツオドリ類などは水中深く飛び込んで，動物プランクトンやイカ・魚類を摂食する．ペンギン類，ウ類，ウミガラス類，ツノメドリ類などは翼や脚を使って遊泳し，水中摂餌行動にすぐれている．コウテイペンギンは250m以深まで潜ることもあるが，海鳥類の大部分が食物を求めるのは海表である．海鳥類の捕食が海表面の生物に及ぼす影響は無視されがちであるが，けっして無視できないものであろう．

海鳥類は世界中に分布しているが，大きな群体がみられるのは生産性が高く食物の潤沢な海域の近くである．たとえば，南極はオキアミやイカ・魚類が豊富であり，これに依存する何百万羽ものペンギン（6種）が生息している．同様に，南アメリカ西岸沖の沿岸湧昇（p.46）が起こる海域の島々には大規模な海鳥の群落がある（図6.10）．湧昇域のような海洋前線域では生物生産性が高く（3.5節），これに沿って海鳥が集まることも多い．一方，熱帯の低生産性海域には海鳥はほとんど生息していない．海洋環境の季節変化に応じて海鳥の分布も変わるし，索餌や繁殖のため長距離の移動（渡り）を行なうものもある．

コオバシギは沿岸性の海鳥であるが，食料を求めて長距離の"渡り"を行なう．アメリカ産の亜種（*Calidris canutus rufa*）は，夏季にアルゼンチン南端で潮間帯のイガイの幼貝を摂食し，3月には移動を始めて，ハマグリ

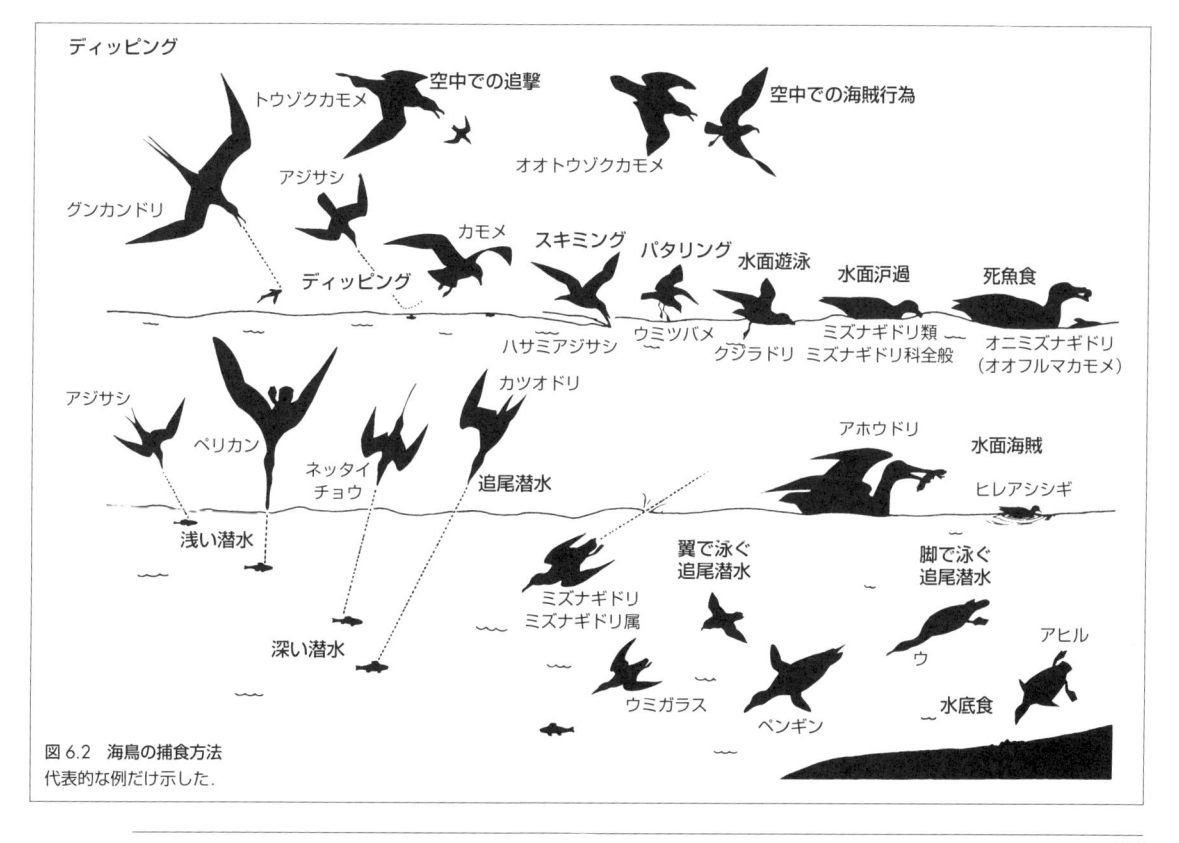

図6.2 海鳥の捕食方法
代表的な例だけ示した．

類・イガイ類・蠕虫類を捕食しながら南アメリカ海岸沿いに北上する．アメリカ東海岸沿いを進みながら，10万羽以上が5月下旬までにデラウェア湾に集まる．この時期はちょうどカブトガニ（図7.7（g））の産卵期にあたり，何百万もの卵を抱えたカブトガニが何千も岸に寄ってくる．この卵はコオバシギにとって高栄養の食物源となり，カナダ北極域の島々までの渡りに必要なだけのエネルギーを供給することになる．繁殖地に到着すると，雌1羽あたり体重の50％以上に相当する4個の卵（約75g）を産む．コオバシギが北極域において生活する時期は，昆虫類や水生生物の現存量が最大になる時期でもあり，南方への移動が始まる7～8月にはアメリカ西海岸で海産無脊椎動物の現存量が最大になる時期でもある．コオバシギは潮間捕食をする数週間の期間に体重を約40％増やし，南アメリカへの渡りに備えるのである（海鳥の捕食が底生動物へ及ぼす影響については8.5節）．

気候変動に関連して餌の量が変動し，その結果として海鳥類の個体群密度も変動する．たとえば，ペルー沖の無人島における海鳥の個体群に関する記録がある（6.7.2項）．鳥類は，進化の歴史を通して自然の気候変動の範囲内で生存できるように適応してきた．しかし，残念なことに進化上の適応では対処できないほど急速な人為活動による変化のため，新たな死亡原因が増加している．

すべての海鳥は陸上で繁殖活動を行なうが，ここは最大の危機にさらされる場所でもある．海鳥は陸上ではとても弱く，陸棲哺乳類やヘビなどの捕食者から，卵や雛鳥はおろか自分自身を守ることもできない．海鳥の多くは，哺乳類の捕食者が生息せず，また容易に近づけないような場所として岩島に営巣する．しかし，ネコ，ネズミ，ブタなどの捕食者が故意あるいは偶発的にもち込まれたために，海鳥個体群が攪乱あるいは破壊された例が多数ある．

図6.3 乱獲で絶滅したオオウミスズメ
John James Audubon（ジョン・ジェームズ・オーデュボン（1785～1851））が絶滅の9年前（1835年）に描いた'飛べない鳥'の絵．

ある種の海鳥は羽毛，食肉，卵，油脂などを得るために捕獲されてきた．しかし有史以来，人間の捕獲によって絶滅させられた海鳥は1種類だけである．それは北大西洋の離島にだけ生息するオオウミスズメ（オオウミガラス（*Pringuinus impennis*，図6.3）である．この北半球の海鳥は，南半球のペンギンに相当するほど生態学的に重要な役割を果たしていた．つまり，ペンギンと同様，体が大きくて（体高1m）空を飛べず，海に餌を求めて潜水していた．この海鳥は1534年に数十万羽が発見されてから300年間で絶滅させられてしまった．その初期には地元漁師の食肉用に捕獲されていたが，後期には羽毛や油脂のために商業的に捕獲され，1844年6月3日にファンク島で最後のオオウミスズメが殺されてしまった．捨てられた何千もの死骸が肥料となり，岩だらけだったこの島に草が生えた．今ではこの島はツノメドリやウミスズメの保護地になっている．

沿岸域の汚染で死ぬ海鳥が増加している．石油汚染の海洋生態系への影響は周知のことであるが，原油の流出による最大の被害者は海鳥類である．多くの場合，石油が流出する海域の範囲を狭めても，海鳥類の死亡率は高いままであろう．たとえば，1989年にアラスカ沿岸域で起きたエクソン・バルディス号の原油流出事故によって，推定50万羽もの

海鳥が死んでいる．残留農薬も食物連鎖を通じて海鳥の体内に濃縮されて，ペリカンやミサゴなどの卵殻を薄くし，孵化率を低下させている．海洋に流入して海鳥類に悪影響を及ぼしうる毒性物質には，有機塩素やPCB（ポリ塩化ビフェニル），水銀などの重金属もある．また，沿岸地帯の開発によって繁殖地が減少していることも深刻な問題である（第9章）．

漁業活動が増大していることも海鳥類の数に影響を及ぼしている．北大西洋や太平洋では，多数の海鳥が流し網にかかって死んでいる（6.2節）．また，多数の海鳥が，漁獲によって餌生物が減少する影響を受けているであろう．たとえば，ノルウェーでは，未成熟のニシンを乱獲したために，それを主食にしていたツノメドリが減少してしまった．

海鳥類は，ほかの多くの動物と同様，新たな死亡原因の発生と急激な環境変化にさらされている．過去6000万年にわたる適応進化も，原油流出や流し網に対してはほとんど役に立たないだろう．これは，繁殖能が低いうえに，繁殖年齢に達するまで時間がかかるような海鳥種にとくにあてはまる．法律に基づいて保護対策を講じ，魚類資源や営巣・繁殖地を保全する措置を行えば，海鳥類の種の保存に十分な効果をあげることができよう．

6.6 海産魚類

魚類は海産脊椎動物の中で最大かつもっとも多様性に富んだグループであり，次に述べる3群（綱）に大別される．

無顎綱（Agnatha）　この綱には，顎のないヤツメウナギやメクラウナギなどの原始的な現生魚種のほとんどが分類される．この分類群は約5億5000万年前のカンブリア紀に進化したが，現在は約50種を数えるのみである．

軟骨魚綱（Chondrichthyes）　ここに属するサメやエイなどは**板鰓類**（Elasmobranchii）ともよばれ，軟骨性の骨格をもち，鱗のないことが特徴である．これも原始的な分類群であり，4億5000万年前に出現して，現在は約300種類が属している．

硬骨魚類（Osteichthyes）　ここには硬骨の骨格をもつ**真骨魚類**（Teleostei）が分類される．これは現生魚類の中でもっとも繁栄し，その大多数を構成している．硬骨魚類は約3億年前に進化し，現在は海産種のみでも2万種以上にもなる．

無顎類（Agnatha）

メクラウナギやヤツメウナギの体型はウナギのように細長く，鱗をもたない（図6.4(a)）．口器は吸盤状の円口で，ほとんどの種はほかの魚を捕食する．腐食性のメクラウナギは死んだ魚や半死状態の魚の体内にもぐり込んで，その内部から食い荒らす．一方，ヤツメウナギは吸盤状の円口でほかの魚に寄生的にとりつき，肉部を破って内臓や体液を摂食する．メクラウナギ類はすべて海産であるのに対し，ヤツメウナギ類には海産種も淡水種もいる．ヤツメウナギは，仔魚期は河川に生息して小型無脊椎動物を捕食しているが，変態の後に海へ移動して発生過程が終わる種類もある．つまり，生涯の一時期を淡水で過ごすのである．

軟骨魚類（Chondrichthyes）

サメ類（図6.4(c)）は，一般には大型魚を追い回す貪欲な捕食者と思われがちであるが，多くの種類は腐食者でもある．逆説的に解説するならば，サメ類でもっとも大型の種類，たとえばウバザメ（*Cetorhinus maximus*）やジンベイザメ（*Rhincodon typhus*）などは，体長がそれぞれ14 mと20 mにもなるのに，これらはおとなしいプランクトン食者である．両種ともに歯は小さく，特殊化した鰓を用いて海水からプランクトンをこしとって食べる．エイ類は体が平たく，多くは底生生活に適応している．大多数は底生生物（とくに甲殻類，軟体動物，棘皮動物）を捕食するが，

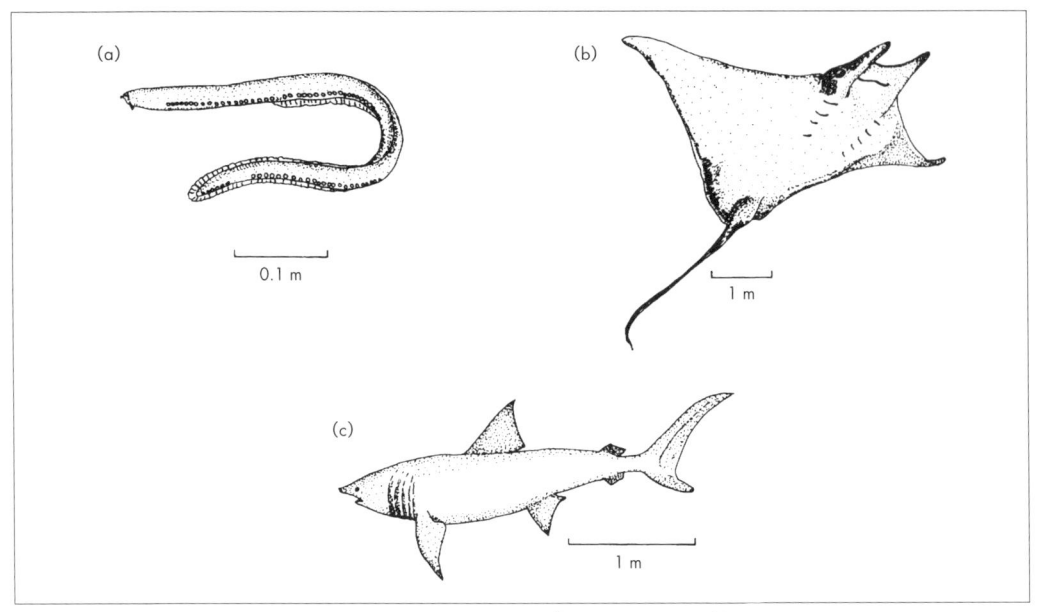

図6.4 (a) ヤツメウナギ，無顎類に属する原始的な魚類．軟骨魚類の (b) イトマキエイと (c) サメ

魚類を捕食するものもいるし，大型のイトマキエイ（図6.4 (b)）はプランクトン食者である．

サメ類とエイ類は一般に体内受精で生殖し，大型の卵を少数産卵する．サメ類とエイ類は胎生の種類も多い．ガンギエイ類は卵のはいった保護嚢を海中の基盤となる物体表面に産みつけ，数週間から数か月して仔魚が孵化する．

サメの肉や鰭（フカヒレ）の需要は増大傾向にあり，とくにフカヒレはアジア諸国で珍重されている．サメ釣りが盛んな地域ではサメ個体数が激減し，また，他の魚種を目的とした操業で混獲されるサメも多い．

硬骨魚類（Osteichthyes）

硬骨魚類は種類数が多く，海洋環境のさまざまな場所に生息し，解剖学的・行動学的・生態学的に多様性に富んだ分類群である．

硬骨魚類の中でもっともなじみ深いのは水産魚種（図6.5 (a)〜(f) および図6.9）である．それらは経済的に重要なので生物学的特性がよく知られている．これらの魚種は体の大きさ，生息場所の環境，餌生物の種類などに適応して多種多様な餌を摂食する．偏食的にプランクトンだけ，あるいは魚だけを捕食する場合もあるし，プランクトンも魚も捕食する種類もいる．ニシン，イワシ，カタクチイワシ（アンチョビ）など個体数が多い魚種は栄養段階が低く，おもに動物プランクトンを捕食し，大型の鎖状珪藻も摂食することもある．タラ類などの大型魚種は，仔魚期は小型動物プランクトンを捕食し，稚魚になると大型動物プランクトン（オキアミなど）を捕食するようになり，成魚では魚食者になる．硬骨魚類のうち水柱域で最大のものは，マグロやカワマス，カマスなどの魚食種である．タラ類などは中層から海底直上までの水柱域で魚や底生無脊椎動物を捕食する．厳密な底魚は生涯を通して海底付近に生活しており，底生生物（二枚貝類，蠕虫類，甲殻類など）を捕食するもの（ウシノシタなど）や，仔魚を捕食するもの（オヒョウ，ホシダルマガレイなど）がいる．

浮魚類にとって食料源の量は物理的要因によって変動する．魚種によっては，餌生物が豊富になる時期にその場所へ索餌回遊することによって食料源の季節変化に対応している．たとえば太平洋のマグロは，食料となる

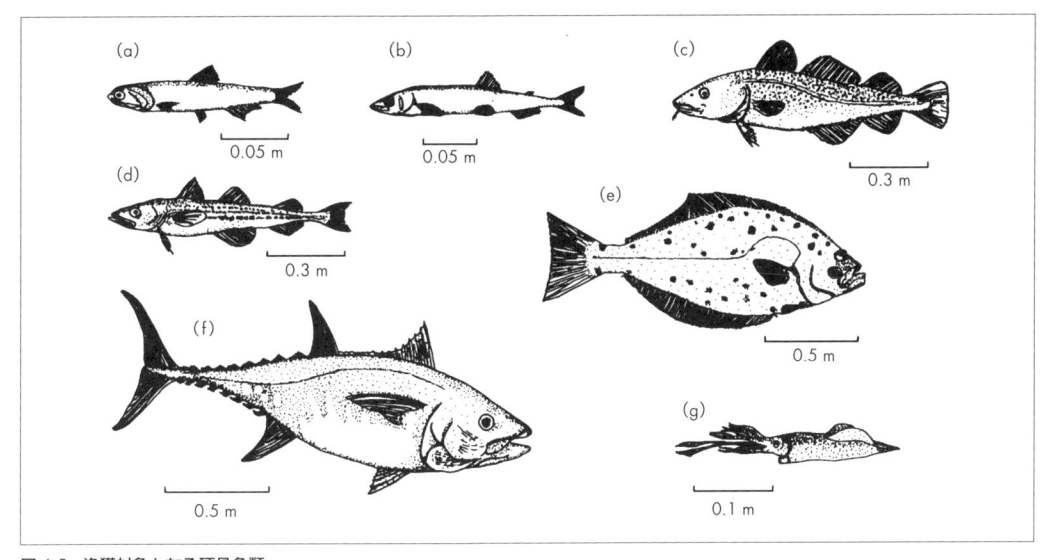

図6.5 漁獲対象となる硬骨魚類
(a) カタクチイワシ, (b) シシャモ, (c) タラ, (d) スケトウダラ, (e) オヒョウ, (f) マグロ, (g) イカ

水柱性カニ類が大群を形成する季節にその海域へ回遊する．しかし，ほかの多くの種では，成長速度や生存率は食物量の変動によって影響を受け，その結果としての漁獲高は経年変動として現れる．

ある特定の底生環境，たとえばサンゴ礁の環境に適応した魚類は，サンゴ自体やサンゴ礁に生息する動植物を捕食するように特殊化している．これらの魚種については8.6節で詳しく扱う．ほかの動物の場合と同様，魚類でも個体群は温帯海域で最大となるが，種の多様性はむしろ熱帯海域や亜熱帯海域で高くなっている．

中深海性および漸深海性と表層性との硬骨魚類の相違は何であろうか？

深層は表層ほど魚類の種類が多くないし，水産上あまり利用されていない．約1000種の中層魚のうち，個体数と種数ともにもっとも多いのは，300種以上の魚種が分類される**クニトカゲギス類**（Stomiatoids, 図6.6 (a) ～ (c), (f), (g)）と200～250種の**ハダカイワシ類**（myctophids, 図6.6 (d), (e)）である．ハダカイワシ類の英語名「lantern-fish」（lanternはちょうちんの意味）でもわかるように，どちらの分類群も生物発光（4.4節）する．ハダカイワシ類では多数の発光器が種ごとに決まった配列をしている．クニトカゲギス類は，発光器の配列と背びれが後方にあることで見分けられる．いずれの分類群でも，発光器内の共生バクテリアが発光する．この発光は餌生物の誘引あるいは発見，もしくは深海の暗闇の中で配偶相手をみつけるために使われているらしい．

中層魚類の大多数は小型で，成魚でも体長25～70mm程度しかないのが普通であるが，最大で約2mにも達する種類もある．クニトカゲギス類の多くは細長く流線型に近いが，ムネエソ類は上側に大きな目があり，その英語名「hatchet」（手おの）のとおり，両側から押しつけられたように平ら（側扁形）で四角張っている（図6.6 (c), (g)）．クニトカゲギス類は一般に顎が大きく，多数の鋭い歯で動物プランクトンやイカ，魚類を捕食する．大型の餌生物を捕食するために顎をはずしたり（図6.7），消化器官を拡大できるもの（図6.8）もいる．クニトカゲギス類ではオニハダカ *Cyclothone* 属（図6.6 (b)）が

123

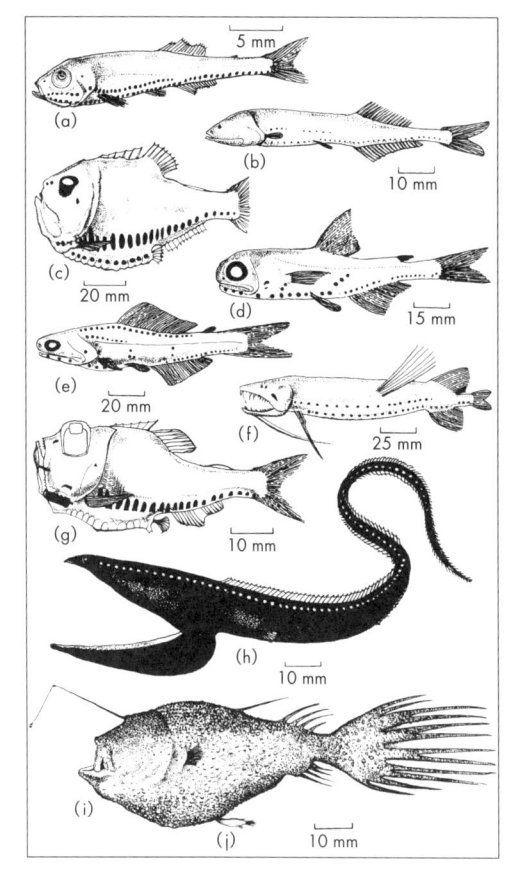

図 6.6 中深海性 (a)～(g) および漸深海性 (h)～(j) の深海魚
(a) クニトカゲギスの一種 Vinciguerra attenuata, (b) オニハダカの一種 Cyclothone microdon, (c) ムネエソの一種 Argyropelecus gigas, (d) ハダカイワシの一種 Myctophum punctatum, (e) カタハダカの一種 Lampanyctus elongatus, (f) クニトカゲギスの一種 Bathophilus longipinnis, (g) ムネエソの一種 Argyropelecus affinis, (h) フウセンウナギの一種 Eurypharynx pelecanoides, (i) アンコウの一種 Ceratias holboelli の雌および (j) C. holboelli の雄

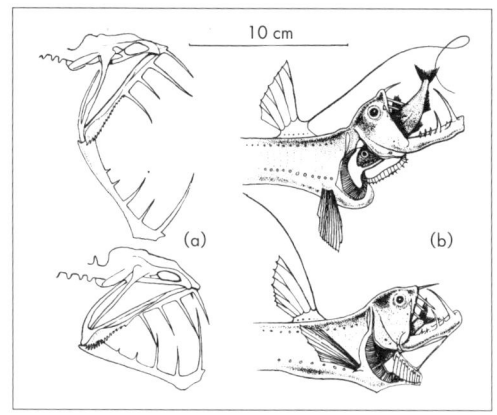

図 6.7 ホウライエソ Chauliodus sloani の餌の飲み込み方
(a) 口を開けたときと閉じたときの頭骨と顎骨の位置.
(b) 餌を食べるときの口の向き.

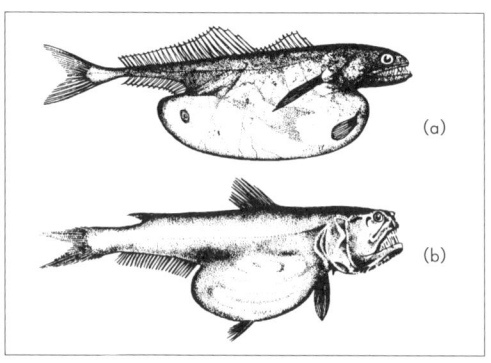

図 6.8 深海魚の摂食能力
(a) Chiasmodon niger, 自分よりも長い魚が胃の中で巻かれている. (b) Evermannella atrata, イカを飲み込んだ. 体長はどちらも 15 cm 程度.

もっともよく知られている. これには多くの種類が属し, 200～2000 m の深度に大群をなして生活している. より浅い層に生息する種類は銀色がかっているか, あるいは一部透明である. 深い層に生息する種類は一般に黒色である. これに対して, ハダカイワシ類は日周鉛直移動を行なっている. 浮遊性甲殻類やヤムシ類を捕食するために海面近くまで浮上する種類もあるが, これらはマグロ, イカ, イルカなどの主要食物源である. ハダカイワシ類の体長は 25～250 mm である. 多くの種類で発光器配列の性的二形（雌雄二形）がみられるが, これは発光様式の相違で雌雄の区別がつくことを示している.

漸深海層（1000 m 以深）の魚種数は海表層の約 1/6 になる. 最多種数のアンコウ類でも約 100 種である. この種では, 雌が特徴的な発光器を口の真正面に下げていて, その風貌が釣り人に似ていることから「anglerfish」（angler は釣り人の意味）という英語名が付けられている. 海洋での生息深度が増すにつれて個体数が減少して交配の機会も減るので, 浅海種とは生殖・発生の様式がまったく異なる. 極端な例はアンコウ類の雄で, 若いうちは自由遊泳して生活しているが, 成熟してからは雌に付着して生活するものがいる（図 6.6 (j)）. すなわち, この雄は形態的

変化をとげ，小型のまま成熟し（体長約15 cm），ずっと大きい雌（体長約1 m）の受精目的の体外寄生者として生活するのである．フウセンウナギ類（*Eurypharynx*，図6.6(h)）も漸深海層に生息する代表種である．これは暗色の細長い魚で，口顎部は漏斗状，体長は1～2 mにも達するので大魚をも飲み込むことができる．

板鰓類（サメ・エイ類）と対照的に，ほとんどすべての硬骨魚類は体外受精を行ない多産であり，繁殖能力が高い（4.3節）．卵を海中の基盤上に産みつける種類もいるが，多くの種類は浮遊卵を多数放出し，孵化した仔魚は一時プランクトンとして過ごす．硬骨魚類は一般に何回も産卵し，一生を通して成長を続ける．これらの特性により，硬骨魚類は，サメ・エイなどの軟骨魚類よりも漁獲の影響を受けにくいのである．

6.6.1 魚類の回遊

表層性魚類は遊泳力にすぐれ，海流に依存することなく摂餌や生殖に好適な場所を求めて，ある海域から別の海域へ回遊することができる．多くの種が摂餌海域と産卵海域の間を何千キロも回遊するが（図6.14），海域と淡水域を回遊するものもいる．

昇河回遊魚（遡河回遊魚）は淡水で産卵する魚種群で，サケ，チョウザメ，ニシン科魚（*Alosa*属），キュウリウオ，ヤツメウナギなどがこれに相当する．海洋で過ごす期間は種ごとに異なるが，成魚になれば最終的にそれぞれ特定の河川等に回帰し，交配・産卵する．太平洋のサケなどは一度交配・産卵した後に死亡するが，大西洋のサケなどは何度も産卵回帰してくる．

降河回遊魚は海洋で産卵し，成魚期の大半を淡水で過ごす魚である．降河性のアメリカウナギ（*Anguilla rostrata*）やヨーロッパウナギ（*A. anguilla*）は相当長い期間にわたって回遊する．成魚はヨーロッパや北アメリカ東海岸の河川から降河して，サルガッソー海まで大西洋を回遊し，そこの深層で多数の小さな浮遊卵を産んで死亡する．仔ウナギは1～2年かけてアメリカ東海岸あるいはヨーロッパ海岸に達し，そこでシラスウナギに変態してから汽水域や淡水域にさかのぼっていく．その後，淡水域で8～12年過ごし，成熟したウナギとして海へ産卵のために帰っていく．

6.7 水産業（漁業）と水産海洋学

水産業は，人間が食料として消費する動物性タンパク質の約20％を供給するほか，畜産飼料，塗料や薬用の魚油，食品添加物なども生産しており，実に数千億円産業である．世界の人口が増え続けている現在，高品位タンパク質供給源である魚について，現存量や漁獲量の増加・維持の問題が焦点になってきている．ここへきてはっきりしたのは，漁獲高や現存量の維持に関する漁業管理が必ずしも十分に機能していない（9.1節），そして，漁業対象の魚種に関する生物学や生態学はしばしば漁獲予想すらできないほど不十分であるということである．この問題を対象とする学問こそ，海洋科学の一分野である**水産海洋学**である．

6.7.1 世界の漁獲高と漁業管理

進化論的に考えると，もっとも生存に成功した大型海産動物は現存量が圧倒的に多い魚種のはずである．この例として，ニシン，カタクチイワシ（アンチョビ），マイワシ，タラ，サバなどがあげられる（図6.5および図6.9）．これらの魚種と他の種類で世界の漁獲高の上位10種を占めている（表6.2）．表6.3には主要な水産国をあげた．世界中の海産魚類（および甲殻類，イカ・貝類）の漁獲量は，1989年の8600万tを最高に，1993年には8400万tへ減少した．少なくとも2700万tもの**混獲**が海に廃棄されている．海産漁獲高

表 6.2　世界の主要な漁獲対象魚種（国連食糧農業機関の 1993 年統計による）

魚　種	学　名	1993 年漁獲高 (10^6 t)
カタクチイワシ（アンチョビ）	Engraulis ringens	8.3
スケトウダラ	Theragra chalcogramma	4.6
チリマアジ	Trachurus murphyi	3.4
ハクレン（コイ科）*	Hypophthalmichthys molitrix	1.9
マイワシ	Sardinops melanostictus	1.8
カラフトシシャモ（カペリン）	Mallotus villosus	1.7
チリマイワシ	Sardinops sagax	1.6
タイセイヨウニシン	Clupea harengus	1.6
カツオ	Katsuwonus pelamis	1.5
ソウギョ（コイ科）*	Ctenopharyngodon idella	1.5

* 淡水産魚種で漁獲高には養殖も含む

表 6.3　世界の主要な水産国
（国連食糧農業機関の 1993 年統計による）

国　名	1993 年漁獲高 (10^6 t)
中国	17.6*
ペルー	8.5
日本	8.1
チリ	6.0
アメリカ	5.9
ロシア連邦	4.5
インド	4.3
インドネシア	3.6
タイ	3.3
韓国	2.6
ノルウェー	2.6
フィリピン	2.3

* 約 50 %は養殖による水揚げ

の大半（64 %）は太平洋からで，28 %が大西洋から，8 %がインド洋からとなっている．全漁獲高の約 70 %（生重）は直接われわれの口にはいり，残りの 30 %（おもにカタクチイワシ，ニシン，イワシなどの小型種）は家禽や家畜の飼料になる．

　国際レベルでの漁業管理はきわめて難しい．生物学的にも生態学的にも広範な知識が必要であり，経済的背景，各国間の競争，労働組合，市場戦略なども考慮しなければならないからである．本書では，漁業に関する政治経済問題を取り扱うことはしないが，魚類の相対現存量や個体群変動を解説できるような海洋学的知見を考察することは適切であろう（たとえば，図 6.9 や図 6.10）．

　1.4 節では水産学の歴史を概観した．魚類個体群動態に関する初期の研究では，**現存量/加入量理論**とよばれる諸説が発展した．現存量とは成魚の個体数であり，加入量とは成魚個体群に新たに加わった仔稚魚数である．これらの水産理論の大前提は，魚類個体群の再生産・生残・生産性は物理的環境や生物的要因（たとえば，相互作用しあう他種）の変動とは無関係ということである．そして，新規加入量は産卵数や仔稚魚生残率の関数であると論じられた．総産卵数は成魚個体群サイズの関数であり，生残率は一定と考えられたので，漁船数や漁網サイズ，総水揚量を規制することで，成魚現存量を管理できるという主張がなされた．このような大前提はのちに大きな誤算を招くことになったが，それまでは約 100 年間にわたって漁業管理の基礎となっていた．

　向こう一，二年で加入する仔稚魚数が正確に求められる場合は，現存量/加入量方式も役立つであろう．しかし，魚類資源管理や長期予測のうえからは成果が上がっているとはいいがたい．魚類現存量はいろいろな要因で決まることはいまや明白だし，魚類生態学に関するデータも蓄積している．また，魚卵や仔稚魚は一時プランクトンであり，成魚の多くはプランクトンを食べているので，プランクトン生態学もなんらかの役に立つと思われる．さらに，物理環境の変動も魚類個体群に大きな影響を及ぼすであろう．水産海洋学とは，魚類個体群が自然界でどのように制御さ

れているかを明らかにする学問分野であり，その知見を漁業管理に役立てるものである．

6.7.2 魚類現存量の変動

魚類現存量の変動が海洋環境の長期的変動と関連することもある（4.8節）．図6.9には，ラッセル周期変動として知られる，イギリス海峡でみられたレジームシフト（生態環境変動）を表している．1930年ごろ，水温が上がり栄養塩濃度が低下した時期はニシン現存量も減少していた．この時期はイワシが豊富になりはじめ，その最高潮に達した1940年代と1950年代にはニシンはほとんどみられなくなった．水温が低下し栄養塩が増加した1960年代に入ると，イワシは姿を消し，代わってサバが優占するようになった．この期間を通したヤムシ類の種遷移において，冷水期の *Sagitta elegans* から暖水期の *S. setosa* へと優占種が交代した．これは気候変動がもたらした自然の周期変動であり，漁業活動とは無関係な現象であると一般に考えられている．

図6.10は，自然環境の変化を考慮しない漁業管理の失敗例として，ペルーのカタクチイワシ（アンチョビ）漁を示したものである．ペルー沖はふだんなら沿岸湧昇流のため栄養塩類に富み，生物生産性が高く（3.5.2項），食物連鎖が短い（図5.3）．1970年頃までは，プランクトン食性のカタクチイワシの生産が膨大で，これが何百万羽もの海鳥（カツオドリ類，ペリカン類，ウ類など）の主要な食料となっていた．これらの海鳥はまとめて**グアノ鳥類**ともよばれるが，グアノとはスペイン語で鳥糞の意味である．グアノは長い年月をかけて営巣島に蓄積し，厚さ50mにもなっている．グアノは硝酸塩やリン酸塩に富んでいるので肥料として利用されていた．

ペルーのカタクチイワシの漁業は1950年代後半に発達し，漁業管理のモデルとなるはずであった．現存量に基づいた予測では，年間約900万tから1000万tまでは持続的に漁獲できると予測されたのである．図6.10でわかるように，その年間漁獲高は1958年には100万t以下であったのが，1970年には1300万tまで増大し，単一魚種の漁獲高としては過去最高に達したのである．しかし，

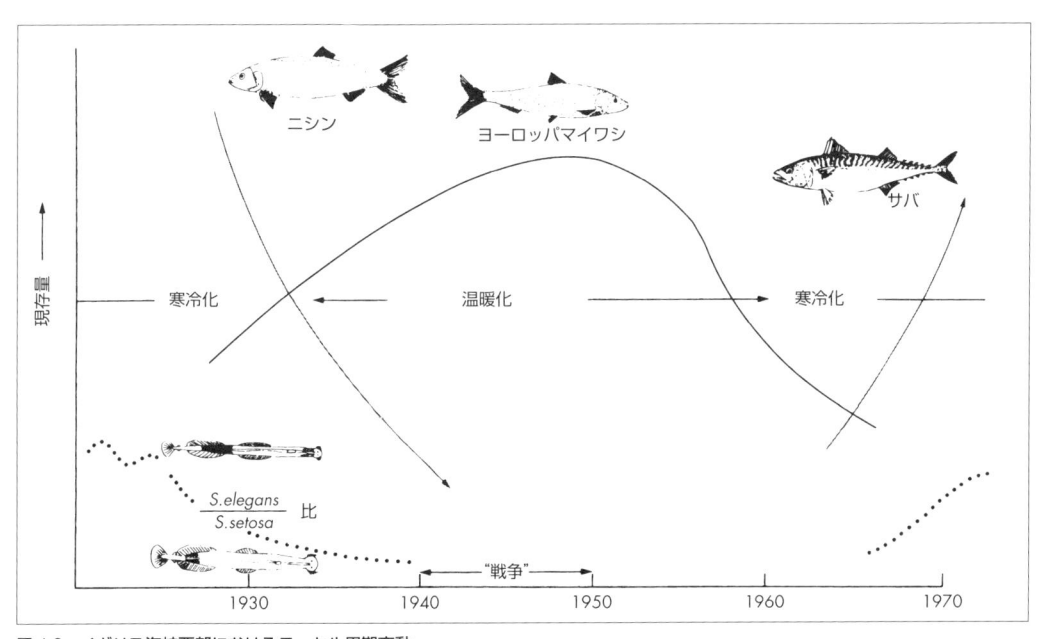

図6.9 イギリス海峡西部におけるラッセル周期変動
ニシン・イワシ・サバ現存量の長期的変動が気候変動や栄養塩濃度，ヤムシ2種の比と関連することがわかる．

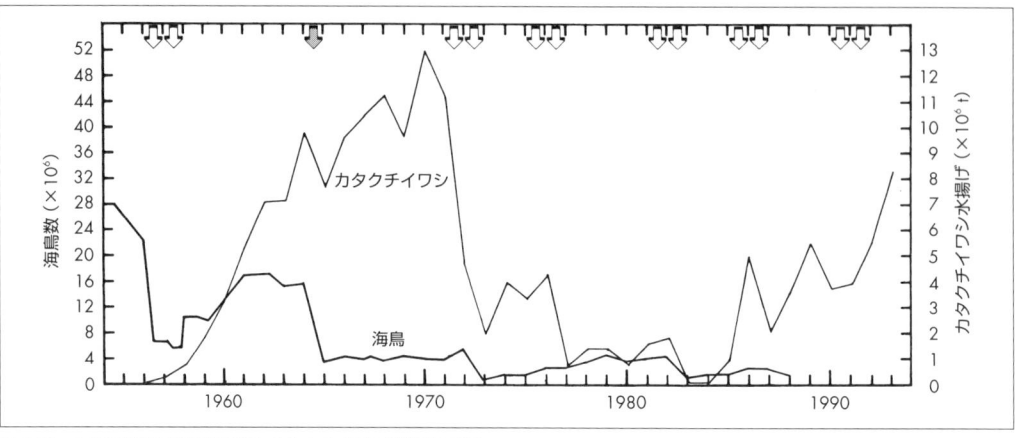

図6.10 南米西岸沖の海鳥個体群とカタクチイワシ漁獲高の消長
矢印はエルニーニョのあった年と強さを示す（白ぬき矢印2本は強勢，アミかけ1本は中程度）．

カタクチイワシ漁は1970年代に壊滅状態になり，年間漁獲高が800万tに回復するまで20年を要した（表6.2）．この漁業が「管理」されていた1960年代から1970年代には，まだカタクチイワシの資源量に及ぼすエルニーニョの影響がよく理解されていなかったという事情がある．

　エルニーニョとは，ペルー沖において，低温の沿岸湧昇流のかわりに，貧栄養型の表層暖水流が優勢になることである．この現象は約50年にわたってよく記録されており，それ以前の数百年間の記録さえも残されている．エルニーニョ現象は1957～1958年，1965年，1972～1973年に起きている（図6.10）．エルニーニョ現象が発生するたびに，ペルーのカタクチイワシを食べるグアノ鳥類の個体群が減少した．表層に暖かい貧栄養型の海水がはいってくるので，カタクチイワシは海の深部へ移動する．その移動した深度は海鳥が潜るには深すぎるので，海鳥はやがて餓死することになる．1957年のエルニーニョでは2000万羽もの海鳥が餓死したが，エルニーニョ後の海鳥個体群の回復は比較的速かった．しかし，これらのエルニーニョの発生時にも漁獲は続けられた．エルニーニョの影響の認識不足と，現存量/加入量理論による持続的漁獲高の過大評価が重なって，カ

タクチイワシの現存量は激減し，1977～1985年の年間漁獲高は200万t以下だった．その後カタクチイワシの数は回復しつつあるが，グアノ海鳥の個体群は，もとのレベルの約1/10に低下してから3万羽台で推移しており，まだ回復していない．

　ある海域の環境変動がそこの漁獲高と魚種構成に多大な影響を与える例として，ラッセル周期変動とペルーのカタクチイワシ漁がよく引き合いに出される．現存量を減らすような自然の環境変動と乱獲が重なると，現存量の回復に数十年を要することもあるだろう．いまや環境を考慮しない漁業理論などありえないし，今後の漁業管理理論には海洋学的観測データが有用かつ不可欠である．海洋魚類資源は大海に広がっているので，水産資源の分布・現存量・とりやすさなどにかかわる海洋環境変動を知るために，人工衛星によるリモートセンシングが用いられるようになってきている．

6.7.3 魚類の加入と成長の制御

　硬骨魚類の多くはきわめて多産で，雌一尾あたり年間10^3～10^6個もの卵を産む．初期死亡率がわずかに変わるだけで（たとえば99.90％から99.95％への変化，問題⑪），成魚の個体群サイズが数百パーセントも変化す

ることがある．したがって，漁業管理理論では，初期死亡原因の生態学的理解が重要な課題である．また，魚類の成長要因も成魚個体群サイズや稚魚生残率に関与するので，同様に重要である．

仔稚魚の加入と成長の差による成魚の現存量変動を解説しようとして，いくつもの仮説が提唱された．どの仮説も他を否定するものではない．次にそのうちの4つをあげる：

(1) **飢餓仮説** 餌となるプランクトンが少なければ仔魚の死亡率が上がり，成魚に達するものが少なくなる．

(2) **捕食仮説** 魚や肉食性動物プランクトンなどが多数の仔稚魚を捕食することがある．この捕食の影響は大きく，成魚に達する個体数が少なくなる．

(3) **移流仮説** 海流や潮流などにより仔稚魚が好適な生育場所から不適な海域へ運ばれて生残率が低くなる．

(4) **成長仮説** 漁獲時の魚サイズに魚数を掛けると，その漁獲バイオマスが求められる．魚サイズと魚数は漁獲割当量の決定にも用いられる．魚数は生残率で決まり（上述の仮説（1）〜（3）），魚サイズは成長に依存する．成長仮説とは，魚の成長が生物的要因（食物など）と非生物的要因（温度など）の影響を受けた結果を重視するものである．

これらの仮説を新たに生物海洋学的に総合して，魚類の加入と成長の機構を考えてみよう．

硬骨魚類は同サイズの陸上動物に比べて膨大な数の卵を産む傾向がある．たとえば，雌のタラ1尾の産卵数は1年に100万以上である．このうち成魚に達するのはもちろん少数である．卵と仔魚の死亡率はきわめて高いが（図6.11），これは捕食や移流が原因であろうし，仔魚に限れば飢餓が原因かもしれない．

(1) の飢餓が仔魚の生残率に影響するという仮説は，魚類の生活史における**臨界期**に

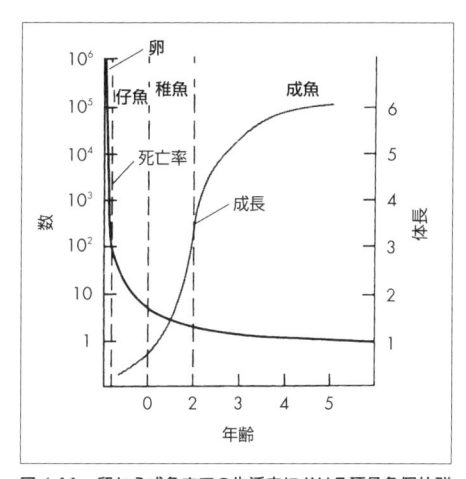

図6.11 卵から成魚までの生活史における硬骨魚個体群の死亡率と個体成長の理論曲線
年齢と発達段階は魚種によって異なる．

関係がある．臨界期は，孵化直後の仔魚がまだ卵黄囊を抱えている時期に始まっている．仔魚が生き残るには，卵黄を使いきるまえに十分なプランクトンを摂食する必要がある．つまり，仔魚が孵化するのはプランクトンが十分多い時期でなければならない．孵化が早過ぎても遅過ぎても，仔魚は飢え死にすることになる（図6.12）．

(2) の捕食仮説は，成長に伴って体のサイズが大きくなると，捕食者に襲われにくくなり，捕食者からの逃避能力も高くなると仮定している．つまり，仔稚魚の成長が速ければ初期死亡率が低下し，生残率がそれだけ高くなる．これを図6.13に示すと，捕食仮説は，図6.12の臨界期に限定されることなく，餌料プランクトンの供給に多少とも依存するということである．

(3) の移流仮説は，どの魚種をとり上げるかで説明の仕方が違ってくる．たとえば，カレイは，仔魚が海流にのって初期成長に好適な場所に着くような海域で産卵する．北海南部で産卵するカレイ個体群の例を図6.14に示す．しかし，台風などで海が荒れて海流系が変わると，仔魚は好適な場所どころか生残に不適な海域に運ばれる可能性もある．

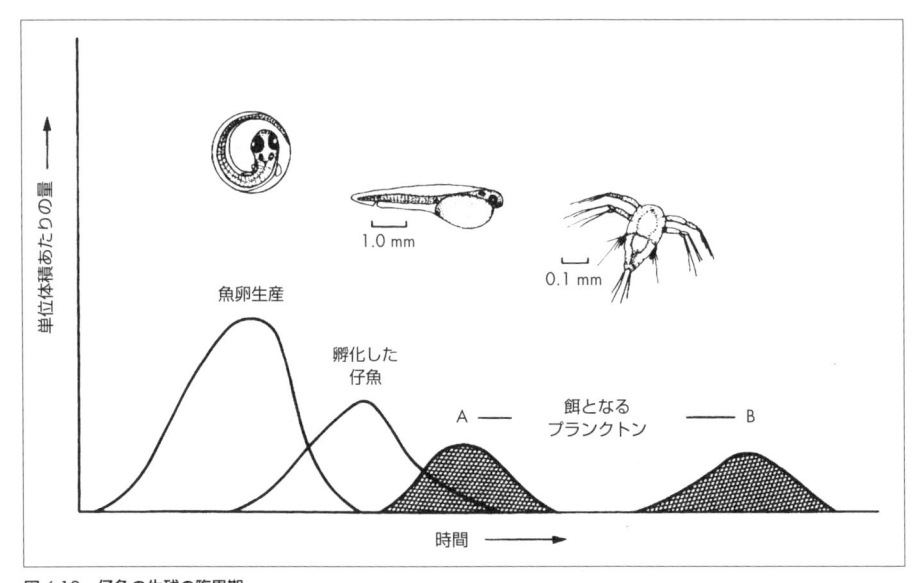

図 6.12 仔魚の生残の臨界期
仔魚が生残するには孵化時(時間 A)に餌となるプランクトン(カイアシ類のノープリウス幼生など)がいなければならない.餌となるプランクトンの出現が遅れると(時間 B),仔魚は飢餓のため生残できない.

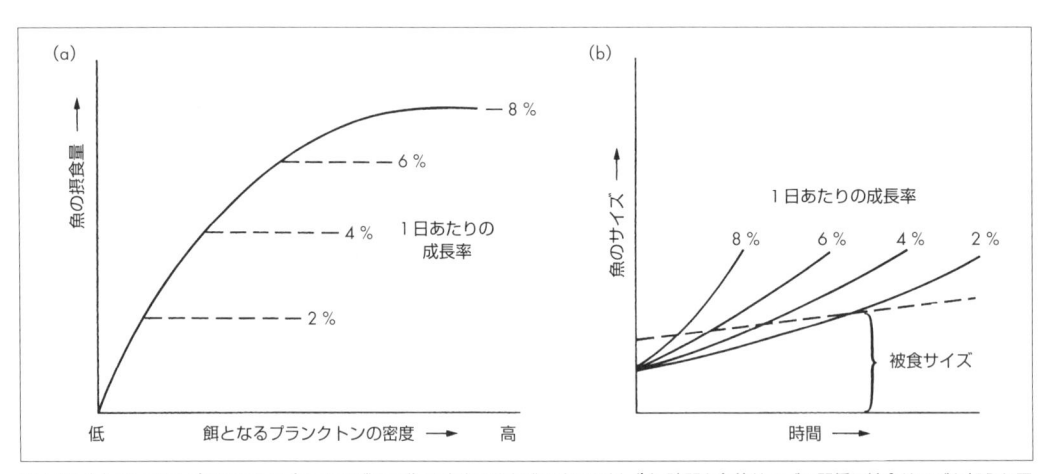

図 6.13 (a) 餌となるプランクトン(カイアシ類など)の密度と稚魚成長率の関係 (b) 時間と魚体サイズの関係に被食サイズを加えた図
捕食者も成長するので,被食サイズ(食べられやすい体長)も時間とともに大きくなる.成長の遅い稚魚(たとえば成長率1日2%)は食べられやすい体長にとどまる期間が長いので,それだけ生残率が低くなる.

(4)の成長仮説は,図 6.11 に示した成長曲線から導かれたものである.成長は,成長速度や成魚サイズに影響する各種の要因に支配されている.一般に,成長速度は温度に比例して速くなるが,成魚サイズは温度と逆比例の関係にある.つまり,海洋気象的な要因である水温の上昇は成長を速めるが,成魚サイズを小さくするという意味で両面作用をもつといえる.さらに,成長効率(式(5.10),式(5.11)の K_1, K_2)は食物の質によっても変化する.水分が多くタンパク質に乏しい餌料(小型のクラゲ類など)よりも,タンパク質に富む餌料(カイアシ類など)を捕食したほうが成長は速い.成長はまた,餌料の質に関連した代謝コストによっても左右される.たとえば,沪過食者に比べると,餌生物を追いかける捕食者は,高い代謝コストを払ってい

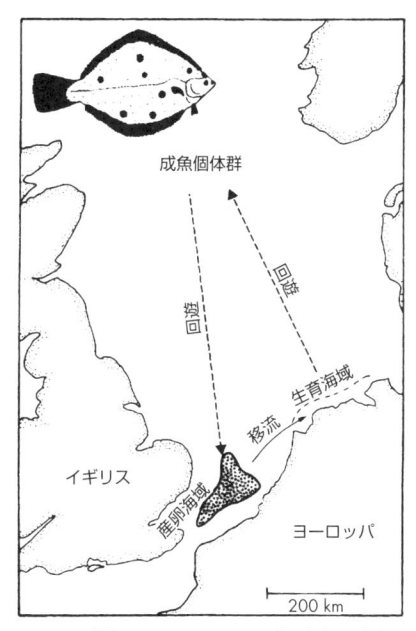

図6.14 北海におけるカレイの回遊と仔魚の移流
産卵海域で孵化した仔魚は北東域の餌の多い生育海域へ流れていき，そこで一年かけて体長 1.5～20 cm まで大きくなり，北西域へ回遊する．

るといえる．つまり，（生態系の変動などにより）餌料生物が変わると魚類の成長効率も変わり，成長曲線（図6.11）へ影響が及ぶことになる．

これまでの4つの仮説はいずれも実験的な裏づけが可能である．しかし，どの仮説も単独では魚類現存量の変動を説明しきれず，複数の仮説を適用したほうがよさそうである．また，仔稚魚から成魚への加入に，魚病などほかの要因が影響する場合もありうる漁業管理の改善には，これらの仮説を裏づける実験や野外調査，生態系モデルなどを用いてさらに詳しく研究する必要がある．

6.7.4 漁業と近リアルタイム海洋データ

前節では魚類現存量の季節変動ないし長期変動に関連した機構を論じたが，漁業におけるもう一つの問題として，大規模な魚群がどこにいるかをとり上げる必要がある．一般に漁師は魚群探知がうますぎるくらいだし，魚群探知の機械化によりとりつくされた魚種もある．しかし，効率的な漁船操業を図るうえで，いつ，どこに魚群がいるかの予測が問題として残っている．

海面水温や温度躍層などの海洋データは，魚群を迅速に発見し，漁船の操業費を下げるのに役立つが，それは漁獲時期とデータ収集時期が近い場合のことである．このようなデータは「近リアルタイムデータ」とよばれ，必要なときにできるだけ近いタイミングで収集されたデータである．

魚は魚群になると漁獲されやすくなる．魚が魚群を形成するのは索餌や産卵の回遊期である．索餌期における魚群は大陸棚海域や水塊境界域など高生産の海域に多い．産卵期における魚群は索餌場所から産卵場所へ回遊する期間に通過する海域で形成される．

ある魚群がどこにいるかを知ることは漁業管理上の重要問題である．たとえば北太平洋では，サケは14℃以下の亜寒帯水域に生活するが，イカ漁とマグロ漁は14℃以上の亜熱帯水域で行なわれている．この2つの水塊の境界は一本の線というよりも数百キロメートルの幅をもった帯であり，その位置も変動する．遠洋漁業にとって重要なのは，この境界水域に関する近リアルタイム海洋データである．これはとくに遠洋イカ漁にあてはまる．この漁は国際条約で操業が許されているが，うっかりしているとサケの漁獲海域に立ち入る不法行為を犯すことになる．海洋の表面水温は人工衛星で調べられ，14℃境界が陸上局を経由して日本のイカ漁船団に伝えられているが，逆にイカ漁船団の位置も監視されているということである．

沿岸域の定置網漁業でも，近リアルタイム海洋データに基づいた魚群位置の予測が重要である．図6.15にタラ魚群と定置網との位置関係を示した．これは毎年のように操業の位置変えが行なわれる好例である．また，操業深度を決めている刺網漁にも適用できる．魚を逃がさないように大きな網の中央部へ追

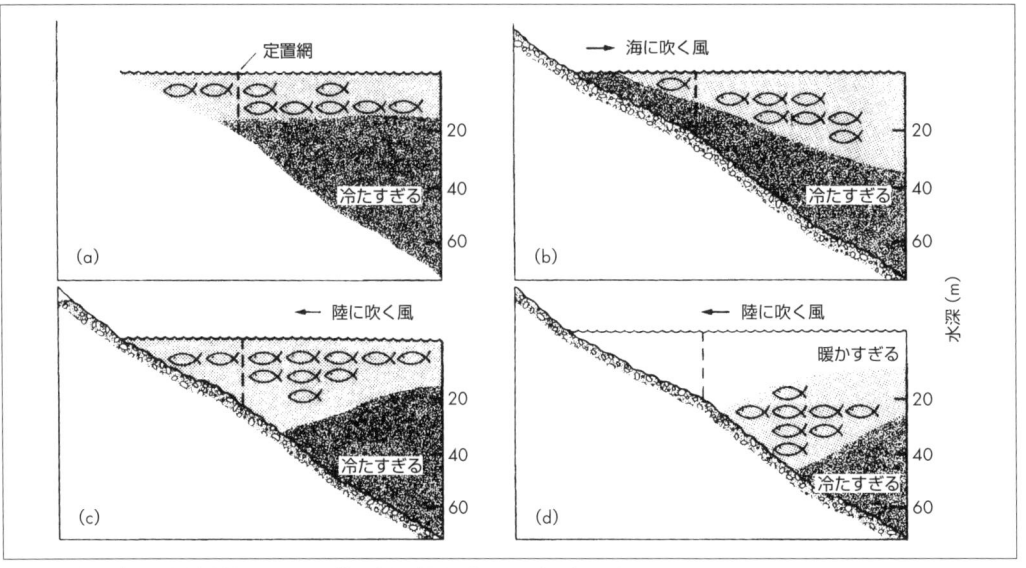

図6.15 定置網漁など沿岸漁業における局所的な水温（要因は気温と風向き）の影響
(a) 風向きが変わりやすい海域の晩春（6月頃）．表面水（水深18 mくらいまで）がタラに好適な水温に暖められ，定置網の上部にタラがかかりやすくなる．
(b) 海向きの風は暖かい表面水を沖に吹送して低温水を上げるので，定置網には不利になる．
(c) 陸向きの風は暖かい表面水を吹き寄せるので，定置網に有利になる．
(d) さらに水温が上がったころに陸向きの風が吹くと，定置網には不利になる．

い込む定置網は，海面から海底にかけて網を広げて設置される．いろいろな物理的要因によって水温が撹乱されると，この定置網の位置とは違う深度や場所にタラ群が移動することもある．図6.15の（b）と（d）の海況条件では，図示した定置網の位置ではごく少ししか漁獲できないであろう．そのようなときは，漁網を曳航するなどほかの漁法を用いるか，図6.15（d）の場合では，もっと深所へ定置網を再設置しなければならない．定置網付近の水温構造や水塊の動きを近リアルタイム海洋データで参照すれば，この漁法はとても効率的になる．また，そのような情報は漁業管理にも重要であろう．

すでに述べたように，魚群は生殖期にも形成される．ニシンが北海の特定場所（堆）に集まることは産卵に関連した現象としてよく知られている．新しいニシン個体群が形成される時期と場所は，幸か不幸かニシン漁にとって最適である．ここが意見の分かれるところであるが，もっとも効率的に捕獲できるときにニシン漁をすべきであるという意見と，生物学的な被害影響が小さくなるまで漁獲を待ったほうがよいという意見がある．

魚群の回遊経路は地域的な海況の影響を受けることがあり，これが漁業問題に発展することもある．北アメリカの例として，カナダ西岸沖からフレーザー川へのベニザケの回遊を図6.16に示す．1955年から1977年の間は，ベニザケの一部はファン・デ・フーカ海峡を経てフレーザー川へ回帰して，カナダとアメリカの両国で捕獲されていた．しかし，1978〜1983年の間は80％ものベニザケがバンクーバー島北部のジョンストン海峡を経る回遊となり，アメリカ側からは捕獲できなくなった．この結果は，隣接する両国の水産経済に大きな影響を与えることになった．そして，1978〜1983年における回遊経路の変化（図6.16の挿入図）を予測するために，沿岸域の水温と塩分のデータを使った数値モデルが開発された．

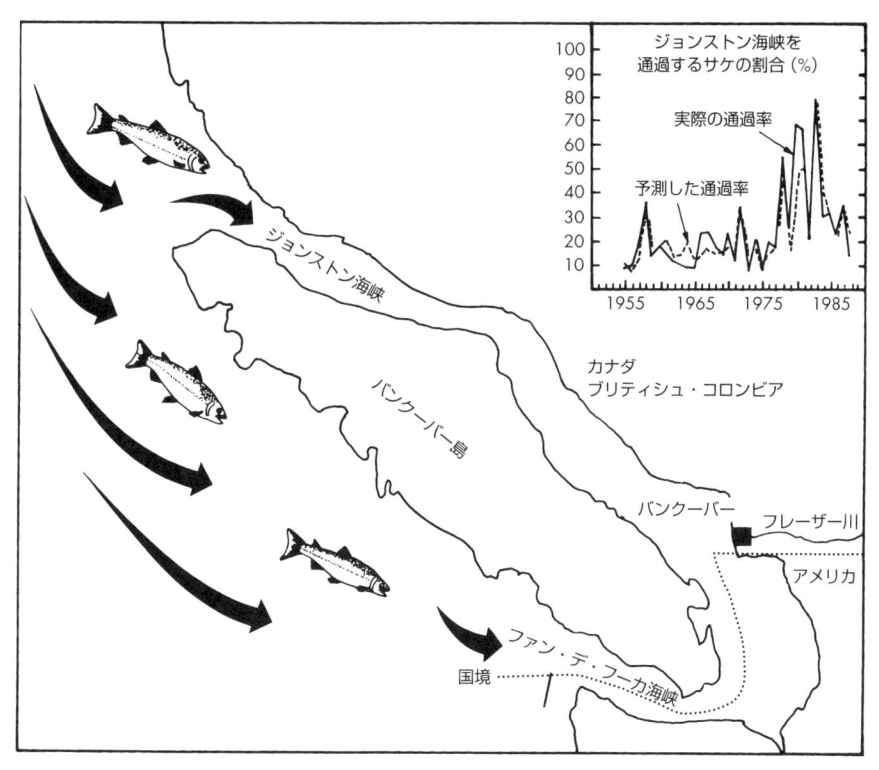

図 6.16 産卵のためフレーザー川（カナダのブリティッシュ・コロンビア州）に回帰するベニザケの回遊経路
図中のグラフは 1955〜1988 年にジョンストン海峡を通過したベニザケの割合（実線）．1955〜1977 年は
ファン・デ・フーカ海峡を通過するほうが多かった．1978〜1983 年はジョンストン海峡を通過するほうが多く
なった．ジョンストン海峡を通過するベニザケの割合は，淡水流入と水温変化に基づいてシミュレーションされた
（破線）．

6.8 栽培漁業（水産養殖）

水産資源を管理して漁獲高を増加させる方法の一つは，海洋生物を囲いの中で育成し，多数の環境要因を制御することである．このような施設は水産対象生物を選択的に増殖させるうえに，沿岸域に施設を設置しているので容易かつ効率的に収穫できる．このような海洋生物の養殖は**栽培漁業**とよばれており，栽培により生産の増大を図る点では陸上における農業と共通の原理と問題を有している．人口増加に伴う食物需要が増大し，漁獲高も限界近くに達しているので，栽培漁業への社会的な関心は高まっている．

養殖対象種は，たとえば海藻や甲殻類（エビなど），軟体動物（イガイ，カキ，ホタテガイ，アサリ・ハマグリ，アワビなど），魚類（サケ，ボラ，シタビラメ，ウナギなど）多種多様である．これらの多くは，人間に直接的に食用とされているが，真珠の養殖に加えて，食品添加物（海藻からのアルギニン酸）や家畜飼料などに用いるために養殖されるものもある．

もっとも簡単な栽培漁業は，天然の魚やカキを好適な環境へ移植して管理することである．この成功例として，太平洋産のサケをアメリカのミシガン湖やニュージーランド，チリに移植した例がある．もう一つの簡便法として，天然の水産動物個体群を囲いの中に追い込んで，収穫するまでとくに人工飼料は与えない畜養手法がある．これは，シンガポールにおけるエビ養殖や，多くの地域におけるボラ養殖で用いられている．集約的な栽培漁業になると，飼料や肥料の供給，物理的環境要因の制御，捕食者の排除や疾病対策など，必要な作業が多くなる．

もっとも効率のよい栽培種は，栄養段階が低く，天然餌料で生育でき，密集生活をしても高い生産性を保てる種である．たとえば，イガイはプランクトン食性であり，多くの沿岸域でごく一般的に養殖されている．天然のイガイは固い基盤に付着し，個体数は利用可能な空間と捕食の度合いによって決まる．おもな捕食者はヒトデと穿孔性の巻貝である．養殖イガイは「いかだ」からつるされたロープに付着しているので，利用可能な海洋中の空間が増すと同時に，底生性の捕食者にも襲われずにすむ．そして，周囲の天然海水中のプランクトンを摂食する．このような集約的な養殖では，1 ha あたり年間 600 t にも達するイガイが水揚げされている．このうちの約 50 % が殻以外の可食部である．

高い栄養段階の動物は，人工餌料や天然餌料が必要であるうえに，一般に大型で運動性が高いので，広い飼育空間を必要とする．しかし，養殖に経費がかかっても，市場価格が高いので経費は補われる．たとえば，サケは囲いの中（図 6.17）で人工餌料を与えるか（化学組成が判明している利点がある），天然のオキアミを加工して与えて養殖されているが，この経費はサケの市場価格から十分に回収できる．

サケの増養殖のもう一つの方式として，サケ卵を孵化させて，稚魚に生育した段階で放流することがある．これは，牧場でのウシの放牧にたとえて，**海洋牧場**として知られている．種類により異なるが，放流されたサケは，海で 2〜5 年ほど過ごした後，孵化場のある川へ回帰する．海洋牧場方式は囲い込み方式の養殖よりも安価ですむが，成魚の回帰率は海洋での生残率に依存することになる．

上述の例はいずれも単一種の養殖である．このようなシステムは**単種養殖**とよばれ，天然群集を著しく単純化して育成する方式である．養殖の利益を増すために，同じ囲いの中で複数種を養殖するシステムも試みられてい

図 6.17 ブリティッシュ・コロンビア州（カナダ）の養鮭場
養鮭場は波浪を避けるために静かな入江の中にある．

る．このようなシステムは**多種養殖**とよばれる．単種養殖では，餌料の食べ残しや糞質が底層に堆積するので，養殖水の自然の動きで流し去らせるか，バクテリアの過剰増殖や無酸素水の形成を防ぐために，その堆積物を人為的に除去しなければならない．多種養殖では，この底質デトリタスを食し，それ自身にも商品価値のある生物を導入する．植食性の魚種（コイの仲間やボラなど）を養殖する同じ池でエビを養殖することも多いが，このエビはデトリタスや魚肉，糸状藻類を摂食するのである．また，動物プランクトンを食べる魚と底生藻類を食べる魚を同時に養殖することもできる．多種養殖は，淡水養殖システムとして発展してきたが，今後は海洋栽培漁業にもとり入れられるものと思われる．

栽培漁業における先進国は一般に人口と食料需要の大きい国である．中国では約 4000 年前にコイの養殖が始められた．中国は，淡水と海水を合わせた水産養殖の生産量において世界一である（表 6.3）．中国に次ぐ養殖大国は日本で，ここでは栽培漁業の施設や技術がもっとも発達している．北アメリカでは，淡水・海水を合わせた養殖生産は全漁獲高の約 2 % 程度である．ヨーロッパではスペインのイガイ養殖が大きい．世界的にみると，年間約 500 万 t の海産種が養殖生産されている．

人間の食料需要が増大するにつれて栽培漁

業が世界的に発展すること，そして，小規模ながらもサケやロブスターなど高級海産種の養殖が盛んになることに疑いはない．しかし，この発展にも制約がある．技術的な問題としては，好適な養殖場所の選定と疾病対策があり，経済的な問題としては市場価格に対する養殖経費のバランスがある．さらに深刻な問題として，地球規模で進行している沿岸域の汚染がある．栽培漁業は，囲いの中でも天然環境でも付近の海から揚水する陸上施設でも，沿岸環境への依存度が高い．海産動物の初期発生期は汚染物質への感受性が高く，成体では汚染物質を生物濃縮して人間に害を与えうることもある．たとえば，貝類は排水で汚染された環境水からコレラ菌を沪過捕食するので，このような貝を人間が食べるとコレラがまんえんする．

まとめ

- ネクトン（遊泳生物）は大型海産動物のことであり，その遊泳能力は海流や潮流に影響されない．この範ちゅうに入る生物は，大型甲殻類（ある種のオキアミ類，エビ類，遊泳性のカニ類），イカ類，ウミヘビ類，ウミガメ類，海産哺乳類，成魚である．とくに成魚はネクトンの主要構成生物である．海鳥類も本章で扱ったが，これは海鳥は食物を海に求めており，ニューストンや表層プランクトンの群集に多大な影響を及ぼしうるからである．

- 水柱性の甲殻類が漁獲対象になることはまれであるが，大型で豊富に存在するオキアミ類は，現在，南極海や日本近海で漁獲されている．ナンキョクオキアミ（*Euphausia superba*）は，現存量が膨大で漁獲対象として将来性があるので，操業経費が高価でも漁獲高が増すものと思われる．

- イカ類もまた現存量の多い無脊椎動物であり，やはり漁獲対象になっている．イカ資源保護のための漁業管理が有効に機能するまで，イカの現存量や生物学的特性について調査を継続する必要がある．イカの流し網漁は漁獲対象がきわめて非選択的であり，多数の海鳥や魚類，ウミガメ，海産哺乳類も混獲されて死んでいる．漁獲経費は増えるが，イカだけを選択的にとる漁法がある．

- 海産爬虫類は，ウミガメ8種，トカゲ1種，ヘビ類約60種が知られる．とくにウミガメは成体と卵が乱獲され，絶滅の危機にひんしている．

- 海産哺乳類は約110種が知られている．このうちヒゲクジラ類が最大で，ヒゲ板で動物プランクトンや魚をこしとって食べる（コククジラは底生無脊椎動物も食べる）．ハクジラ類（イルカを含む）は代表的な捕食者である．このクジラ類2グループによる海洋生物消費量は，人間活動による漁獲高の総計よりもはるかに大きい．

- クジラ類や鰭脚類（アザラシ，アシカ，セイウチなど），海牛類（マナティーやジュゴン）は乱獲されてきた．これらの動物は少産性で，成熟に達するまで長い期間が必要なので，乱獲されて個体数が急減すると，個体群の維持が脅かされる．これら多くの種は絶滅の危機にひんしており，個体群の回復も遅々としている．

- 海鳥のうちもっとも高度に海洋環境に適応したものは生涯の50〜90％を海で過ごすが，ほかの海鳥は営巣地を陸に求めている．海鳥が多く生息する場所は，動物プランクトンや魚が集積するような生産性の高い海域である．「渡り」をしない海鳥の生残率は気候変動やそれに伴う餌料生物の減少の影響を受ける（たとえばペルー沖のグアノ鳥類に及ぼしたエルニーニョの影響）．一方，乱獲や生息地破壊，捕食者の持ち込み，沿岸汚染など，人為活動

によっても海鳥類の生存が脅かされている．
- 海産魚類の大多数は硬骨魚類であり，この約2万種は解剖学的，行動学的，生態学的にきわめて多様性に富んでいる．このうちもっとも数の多い種は，プランクトン食性の浮魚で，きわめて多産である．そのような魚類は水産的に有益な生物であり，ニシンやイワシ，カタクチイワシなどが好例である．
- 深海性の魚類は種数が少なく，個体数も浅海近縁種に比べて少ない．中層や漸深海層の魚類は小型化する傾向がある．また，これらの多くは発光器官をもち，餌生物や交配相手を探したり，おびき寄せたり，捕食者から逃避するために生物発光を使う．
- 1993年の世界の漁獲高（海産魚介類の合計）は年間約8400万トンだった．このうち約64％は太平洋からの漁獲であり，中国，ペルー，日本などが漁業大国である．
- 過去100年間にさまざまな漁業管理が試みられたが，成功した例はほとんどない．多くの魚類資源や漁場が枯渇し，いまでも乱獲の危機にさらされている種類がある．
- 漁業管理は慣習的に現存量/加入量説に基づいていたが，この説では魚個体数の自然変動を起こす環境要因は重視されなかった．しかし，仔稚魚の成魚個体群への加入は，食物の多少，捕食の強弱，不適環境への移送の有無，疾病の有無，水温や食物その他による成長の促進と抑制などに大きく依存することが明らかになりつつある．
- 生物海洋学と水産漁業の接点は2つある．一つは，魚類現存量の変動要因に関する理解を増やすこと．もう一つは，実際の操業に関係する近リアルタイム海洋データを提供することである．魚群位置に関するよい情報は操業経費を削減する．
- 栽培漁業は水産資源の水揚げを増す1つの方法である．現在は，多くの海産種のうち，わずかな種類しか養殖されていない．しかし，現在年間約500万トンの養殖生産は今後ますます拡大するものと思われる．

問題

① 1980年代に，太平洋で毎夜800枚のイカ流し網が展開していたとして，これは合計何kmに広がっていたことになるだろうか？

② クジラ類にとって，暖かい繁殖・育児海域と夏季の索餌海域を回遊することには，どのような利点があるだろうか？

③ ペンギン南極種の捕食者は何か？ 図5.4を参照して述べなさい．

④ サメ個体群は乱獲の影響から回復するのが遅いが，その理由を述べなさい．

⑤ 表6.3で，小国のチリとペルーが水産大国である理由を述べなさい（3.5節）．

⑥ (a) 図6.13 (b)において，捕食により死亡率が100％になるような成長速度が理論的にありうるだろうか？
(b) 捕食による死亡率100％の事態が自然界で起こりうるだろうか？

⑦ 漁獲量を増加するには多くの小型魚が生き残ればよい，あるいは少数の大型魚が生き残ればよいのか，どちらだろう？ また，どちらかに決める際，ほかにどのような要因を考慮しなければならないだろう？ 図6.11を参照して答えなさい．

⑧ 養殖による海産種の生産高は海洋全体の漁獲高の何％くらいを占めるか？

⑨ 海水の物理的運動に関連した一次生産の知識から（3.5節），本章で述べた海域のほかにどのような場所が好漁場になりうるだろうか？

⑩ より小さな魚，あるいは動物プランクトンを漁獲することで，「魚類」の総量を増すことができるだろうか？

⑪ ある種類の魚が雌1尾あたり毎年10^3個の卵

を産むとする．ある年に卵と仔稚魚の99.90％が死亡したとする．別の年の死亡率が99.95％であったとする．生残した個体がすべて成魚になったとして，これらの年の成魚個体数には，どれだけの差が生じるだろうか？

⑫ 魚やイカを大量にとりつづけると，漁業は生態学的にどのような結末を迎えるのだろうか？

⑬ 養殖に用いる種を選択する際，栄養段階を考慮するほかに，どのような生理生物学的特性を考慮すれば，養殖により適した有望な種類をみいだせるだろうか？ それぞれの生活段階に必要なものを考えて答えなさい．

⑭ 全海洋の面積の何％がクジラ保護海域に指定されているか？ 表5.1を参照して答えなさい．

第7章 底生生物（ベントス）

　水柱に比べると，海底の生息環境は深度，水温，光，潮汐，底質などの物理条件において多様性に富んでいる．たとえば，固い岩肌にはフジツボやイガイなどの固着生物が付着しているし，その割れ目やくぼみには移動性の動物が逃げ込んでいる．一方，軟質の海底（泥，粘土，砂など）は掘穴性動物の隠れ家でも食物でもある．この底生環境の多様性もあって，底生動物の種数（推定100万種以上）は動物プランクトン（約5000種），魚類（2万種以上），海産哺乳類（約110種）の合計を陵駕する．

　水柱環境と同様に海底環境でも，温度，光，塩分の鉛直勾配は重要な物理的要因である．図1.1に深度と地形に基づいた海底の生態区分を示している．この深度区分は，生態学的に意味のある場合とない場合があるが，いずれにせよ，生息環境としてはそれぞれ異なっている．環境が異なれば，それに応じて異なる生物群が生息している．

　最小の底生区分帯（図1.1）は，高潮位線より上部に位置し，暴風時にのみ冠水する**上満潮帯（上潮間帯，潮上帯）**である．急斜面の岸で波しぶきがかかるところ，いわゆるスプラッシュゾーンもこれに含まれる．一方，浜辺では，打ち上がった海藻が上満潮帯を示すこともある．この海と陸との移行帯に適応した生物種はあまり多くない．

　潮間帯は高潮位線と低潮位線の間にあり，満潮で冠水し，干潮で干出する．潮間帯の範囲は，その沿岸地形と干満の潮差で決まる．また，潮間帯は有光層内に位置するので，底生藻類や植物プランクトンが生育し，これを底生植食群集が摂食あるいは沪過食する．これはまた，多様で豊富な肉食群集を支えることになる．

　下干潮帯は，低潮位線以深の場所であり，大陸棚の外縁（深度約200 m）までを占めている．下干潮帯の一部は有光層内にあるが，深くなるにつれ底生藻類の数は減少し，やがてゼロになる．岩石質は少なくなり，海底は軟質になる．下干潮帯は，つねに水面下にある全海底面積の約8％を占める．

　さらに深い底生環境は有光層以深にある．**漸深海帯**は水深約200 mの大陸斜面から水深2000 mないし3000 m（下限は未確定）までの場所であり，全海洋底の約16％を占める．水深2000〜3000 mから6000 mまでの**深海帯**は全海底における最大の生態区分を占めており，底生環境の約75％がこれにはいる．この生息環境は4℃以下の低水温が特徴的である．海洋の最深部は海溝であり，水深6000 mから11000 mをやや超える深度までを占める．この底生環境は**超深海帯**（hadal）とよばれている（ギリシア神話で地下冥界を司るHadasにちなむ）．この超深海帯は調査が難しいので，ほとんど未知に等しい世界であり，ここから採集・記載された生物種も少ない．

　底生生物（ベントス）種の大多数は200 m以浅に生息し，同じ浅海でも寒冷域より熱帯域のほうが生物種数が多い．浅海性と深海性のベントス群集に関する各論は第8章で述べる．

7.1 底生植物（植物ベントス）

　さまざまな海産植物が海底表面や堆積物中に生息しているが，それはすべて有光層内に

限られる．つまり，底生区分帯としては潮間帯か下干潮帯浅部だけである．

潮間帯群集には大型**顕花植物**（海草）が優占する場合があるが，この場所は比較的静穏で堆積物が多く，植物が根を張れる場所に限られる．代表例として，熱帯のマングローブ林（8.7節），河口域の塩湿地帯（8.5節），潮間帯下部の藻場などがあげられる．これら底生**大型植物**（目でみえる大きさの植物）は生産性が高いが，その主要な化学成分はほとんどの海産動物には消化できない．したがって，この植物による生産から大量のデトリタスが生成し，潮に流されて外洋域に搬出される．このデトリタスは微生物に分解されて，沿岸域における高生産性に寄与している．

海産大型植物には，温帯域の岩場に繁茂して目立つ海藻もある．この海藻には本当の根はないが，付着仮根という支持構造が発達している．生物生産の観点で重要な海藻は，下干潮帯の岩質に付着するコンブ類である（茎部の長い褐藻；図7.1（c）および図8.3）（8.3節）．ジャイアントケルプ（*Macrocystis*など）などのコンブ類は成長がとくに速く，大規模な海中林を形成する．潮間帯の岩肌を覆うヒバマタ（*Fucus*）などの大型藻類（図7.1）は，現存量は多いが生産性はコンブ類の半分程度しかない．海藻や海草は，ある種の植食動物に直接摂食される場合もあるが，大量のデトリタスを生じてデトリタス食者に利用される．さらに，それらの一次生産の約30％が浸出し，DOM（溶存態有機物；5.2.1項）になる場合もある．

ある種の緑藻（サボテングサ（*Halimeda*）など）や紅藻（イシモ（*Lithothamnion*）など）は組織に炭酸カルシウムをとり込む能力があり，植食動物による摂食から身を守るのに役立っている．これらの**石灰藻**は岩肌や貝殻あるいはサンゴ礁の表面を被覆して，炭酸塩の沈着に寄与している．

海草や海藻などの大型植物の表面で生育す

図7.1 海藻
(a) 緑藻 アオノリ *Enteromorpha*（約50 cm）
(b) 緑藻 アオサ *Ulva*（約25 cm）
(c) 褐藻 アイヌワカメ *Alaria*（約200 cm）
(d) 紅藻 ツノマタ *Chondrus*（約15 cm）
(e) 紅藻 スギノリ *Gigartina*（約20 cm）
(f) 紅藻 ヌメハノリ *Delesseria*（約25 cm）
(g) 褐藻 ヒバマタ *Fucus*（約100 cm）

る着生植物（シオミドロ（*Ectocarpus*）など）は一般に細胞壁が薄く糸状なので，植食動物に摂食されやすい．

最小の底生生産者は，砂粒上に生息する**砂粒着生藻類**か，底泥表面にマットを形成する単細胞藻類である．これらの**微小植物**（顕微鏡でみえる大きさの植物，実質的には**微細藻類**）には運動性のある羽状珪藻類，藍藻類（シアノバクテリア），渦鞭毛藻類（3.1節）などがある．これらの微細植物は，その微細なサイズとは不似合に現存量がきわめて大きく，浅海域の重要な一次生産者である．ある種の渦鞭毛藻類は底生動物の体内にも生息しており，もっとも有名な例はサンゴの共生藻（8.6節）である．

西オーストラリアやバハマ諸島にみられる**ストロマトライト**という岩礁状の構造物は生物進化の観点でとくに興味深い．これは光合

成をする微細藻類シアノバクテリア（3.1.3項）のマットが炭酸カルシウムを沈殿させ，それが年間0.5 mmくらいの速度で層状に積み重なったものである．現生のストロマトライトは地質年代において最近につくられたものだが，それを形成するシアノバクテリアは20億年前に繁栄したシアノバクテリアに類似しており，両者の関係はもっとも長い生物系統を表している．

　ある底生植物の生息深度（帯状分布）は，その種がよく吸収する光の波長で決まる．海面では可視光線の全波長を利用できるが，水中では光が吸収・散乱されるので利用できる波長が深度ごとに異なるからである（図2.4）．緑藻類（アオサ（*Ulva*）など）は浅海に生育し，その色素は長波長と短波長ともに吸収する（図3.4（a））．褐藻も紅藻類も緑色素のクロロフィルを有するが，別色の補助色素をもっていて緑色を隠している．緑藻類に比べて，褐藻類（ケルプやヒバマタ（*Fucus*））は深所に多く分布している．これは褐藻類の主要色素フコキサンチンが青緑光を効率よく吸収するからである（図3.4（b））．ある種の紅藻類（スギノリ（*Gigartina*）など）が下干潮帯に生息しているのも，クロロフィルでは吸収できない海中光でも赤色素（フィコエリスリンやフィコシアニン）ならば効率よく吸収できるからである．しかし，この深度別分布様式には例外も多い．たとえば，ノリ類（*Porphyra*）などの紅藻は潮間帯の上部にみられるし，アオサなどの緑藻が深所にみられることもある．それは，海藻の分布には波浪や干出時の乾燥および選択的採食なども影響するからである（8.2.1項）．それに伴って，砂底や泥底に生息する微細藻類の分布様式も異なってくる．

7.1.1　底生一次生産の測定

　小型底生植物による生物生産は，植物の代謝による炭素や酸素の増減で測定するか，植物の含有するクロロフィル濃度から推定する（3.2.1項）．しかし，底生大型藻類による生物生産は，植物体を採集して重量測定するのが普通であり，生産性を単位面積あたりの炭素量で表している．温帯海域では成長に季節性があるので，バイオマスが最大になる時期に採集する．この方法では，成長したバイオマスの測定はできるが，測定前あるいは後に死滅・消滅したバイオマスはわからない．大型植物の葉状体については，植物体に空けた孔が成長に従って伸長移動するのを指標とし，その移動距離と孔径増大で成長速度を表すこともある．

　付着植物は水流に揺れているが，これは水が絶えず入れ替わって，溶存栄養塩類を絶え間なく供給していることを意味する．沿岸水の栄養塩濃度は高いことが多く，底生植物の栄養塩摂取速度は一般に高い．大型付着藻類の単位面積あたりの生産性は植物プランクトンより1桁高いのが普通である．さまざまなタイプの底生群集における一次生産の値を第8章に示してある．底生一次生産は確かに高効率だが，海底でも十分な光の届く場所は限られている．世界的規模でみると，海洋の総一次生産に占める底生植物生産は10％以下であると推定されている．

7.2　底生動物（動物ベントス）

　底生動物（動物ベントス）は生息場所に応じて2種類の生態分類群に大別される．まず，**埋在動物**は，二枚貝類やゴカイ類のように，体の全部あるいは一部を底質に埋在して生息する動物群である（図7.2）．埋在動物は軟泥中で優占することが多く，下干潮帯域で現存量や多様性が高い．また，岩石穿孔性の二枚貝など，固い基質中に生息する埋在種も少数ながらみられる．次に，**表在動物**（図7.3）は海底表面に生息する動物群である．底生動物の約80％は表在性であり，サンゴ，フジツボ，イガイ，ヒトデ，カイメンなどがこれ

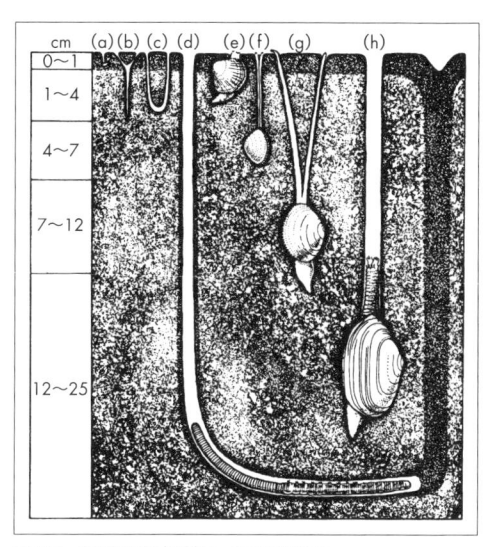

図 7.2 代表的な埋在動物とその生息様式
(a) 巻貝 *Hydrobia*，(b) 多毛類 *Pygospio* の掘った穴，(c) 端脚類 *Corophium* の掘った穴，(d) 多毛類のクロムシ *Arenicola*，二枚貝類 (e) ザルガイ *Cardium*，(f) シラトリガイ *Macoma*，(g) *Scrobicularia*，(h) エゾオオノガイ *Mya*

に分類される．表在動物は，あらゆる底質に分布するが，とくに固い基盤上に多く，磯やサンゴ礁では現存量も多様性も高い．また，一時的にせよ，海底上を遊泳する動物（エビ・カニ，カレイ・ヒラメなど）は**近底生生物**とよばれる．

底生動物のサイズ区分も分類には便利である．この分類は，ふるいの目の大きさ（メッシュサイズ）でサイズ区分して行なう．すべての動物ベントスは，次のいずれかのグループに分類される．

マクロベントス（大型底生動物）は 1.0 mm 目のふるいでとれる動物群である．もっとも大型の底生動物群であり，ヒトデ，イガイ，二枚貝，サンゴなどが分類される．

メイオベントス（小型底生動物）は 0.1～1.0 mm 目のふるいでとれる動物群であり，小さな貝類，蠕虫類，甲殻類などに加えて，あまりみなれない無脊椎動物も分類される（8.4.2 項，図 8.5）．

ミクロベントス（微小底生動物）は 0.1 mm 以下の体長をもつ最小の動物群であり，原生動物，とくに繊毛虫類が主要な構成員である（図 7.4）．

7.2.1 分類と生物学的特性

ベントス群集には，きわめて多種多様な底生動物がみられる．近縁の陸生種や淡水種がなく海産種のみの分類群もあれば，あまりみなれない分類群もある．底生群集の代表的な動物群を表 7.1 と図 7.5～7.7 に示した．海底の食物連鎖における生態的位置を中心にこれらの底生動物分類群を簡単に説明しよう．

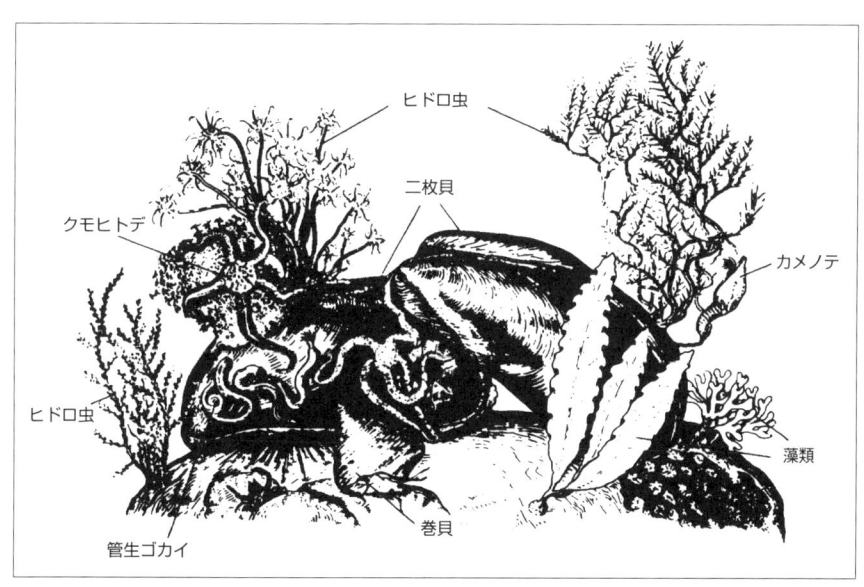

図 7.3 表在生物と付着生物

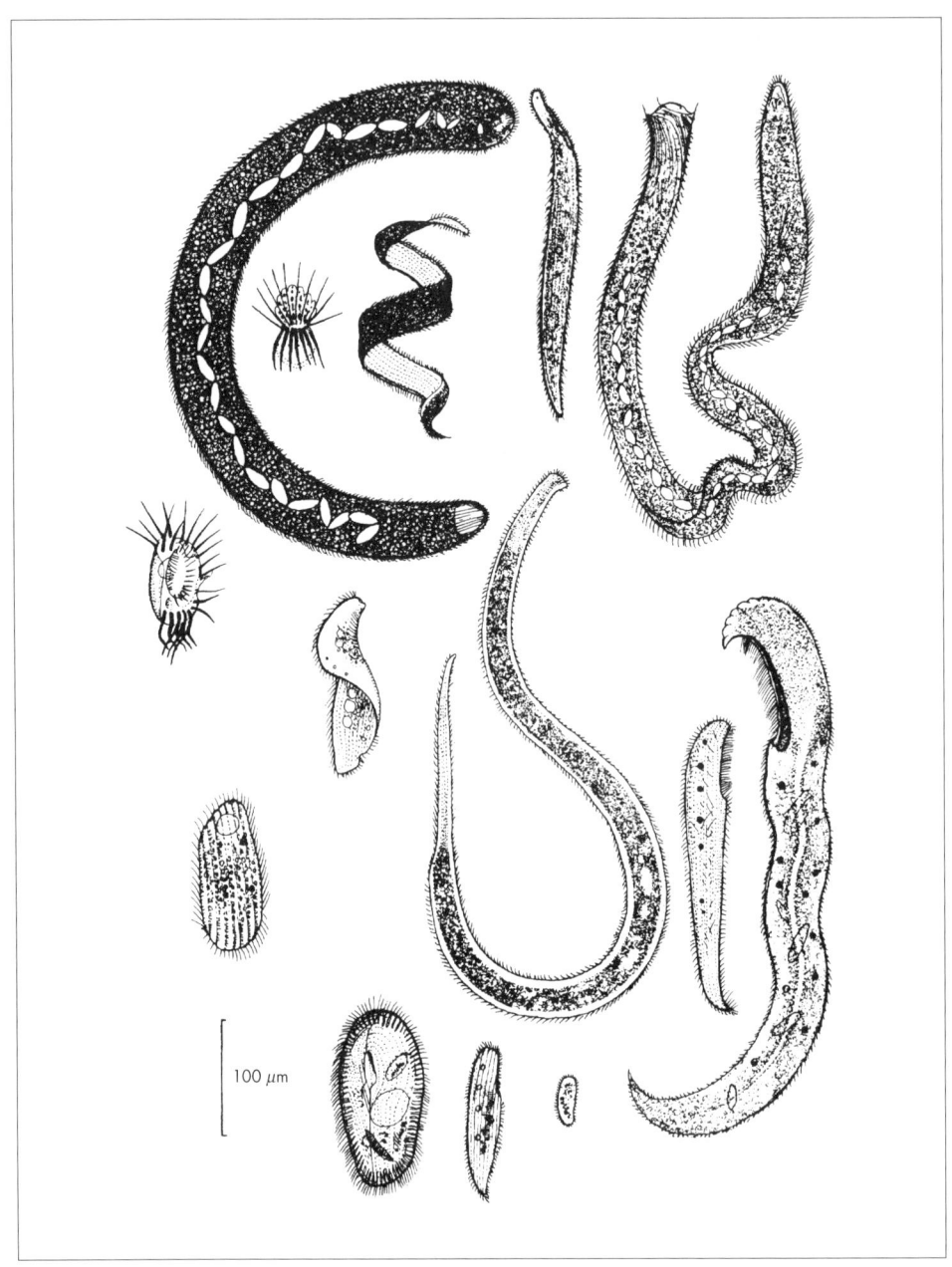

図7.4 ミクロベントスの例
繊毛虫類の形態は多様性に富んでいる．

　海洋における底生の原生動物として**有孔虫類**（Foraminifera）がよく知られている．近縁の浮遊種については4.2節で述べた．底生性としては数千種が知られており，それらはとくに深海性で微小あるいは小型底生動物相を優占している．単細胞性であるが，25 mmの体長を有する種類もある．表在種と埋在種が知られ，浅海種はおもに珪藻や藻類胞子を摂食しているが，深海種は他種の原生動物あるいは，デトリタスやバクテリアを摂食している．**ゼノフィオフォリア**（Xenophyophoria, 図7.5（a））は最近発見された近縁種で，とくに超深海帯に多く分布している．これは最大の原生動物であり，直径は25 cmにも達

表7.1 海産底生生物群集の主要な分類グループ

門	下位分類グループ	一般名あるいは代表例
原生動物 Protozoa	有孔虫類 Foraminifera	有孔虫
	ゼノフィオフォリア Xenophyophoria	—
	有毛類 Ciliophora	繊毛虫
海綿動物 Porifera	海綿類 Porifera	
刺胞動物 Cnidaria	ヒドロ虫類 Hydrozoa	ヒドロ虫
(旧・腔腸動物)	花虫類 Anthozoa	イソギンチャク, サンゴ
扁形動物 Platyhelminthes	渦虫類 Turbellaria	ヒラムシ
線形動物 Nematoda		線虫
紐形動物 Nemertea		ヒモムシ
環形動物 Annelida	多毛類 Polychaeta	ゴカイ
	ヒゲムシ類 Pogonophora	ヒゲムシ
	ハオリムシ類 Vestimentifera	ハオリムシ
星口動物 Sipuncula		ホシムシ
ユムシ動物 Echiura		ユムシ (イムシ)
半索動物 Hemichordata	腸鰓類 Enteropneusta	ギボシムシ
軟体動物 Mollusca	腹足類 Gastropoda	二枚貝
	双殻類 Bivalvia	二枚貝
	多板類 Polyplacophora	ヒザラガイ
	無板類 Aplacophora	ウミヒモ, カセミミズ
	掘足類 Scaphopoda	ツノガイ
	頭足類 Cephalopoda	タコ
棘皮動物 Echinodermata	ヒトデ類 Asteroidea	ヒトデ
	クモヒトデ類 Ophiuroidea	クモヒトデ
	ウニ類 Echinoidea	ウニ
	ナマコ類 Holothuroidea	ナマコ
	ウミユリ類 Crinoidea	ウミユリ
外肛動物 Ectoprocta		コケムシ
腕足動物 Brachiopoda		シャミセンガイ
節足動物 Arthopoda	介形類 Ostracoda	ウミホタル
(甲殻綱 Crustacea)	カイアシ類 Copepoda	カラヌス, キクロプス
	タナイス類 Tanaidacea	タナイス
	等脚類 Isopoda	フナムシの仲間
	端脚類 Amphipoda	ヨコエビ
	蔓脚類 Cirripedia	フジツボ
	十脚類 Decapoda	カニ, エビ, ロブスター
脊索動物 Chordata	ホヤ類 Ascidiacea	ホヤ

するが厚さは1mmしかない．長い仮足（12cmまで）はからみあった塊を形成する．これは粘性があるので有機物を捕獲する構造なのだろう．**繊毛虫類**（Ciliata，図7.4）はメイオベントスの主要な分類群であり，多くは砂粒に付着するか，堆積物中の間隙に生息している．繊毛虫類は壊れやすいので，採集や調査研究が難しい．しかし，この原生動物は，浅海では微小植物（底生珪藻など）と大型動物を結ぶ存在として，また，どの深度でもバクテリアと堆積物食性無脊椎動物を結ぶ存在として重要である．

もっとも原始的な多細胞動物は**海綿類**（Sponges, Porifera，図7.5(b)）であり，これがマクロベントス群集の大部分を占めるような海域がある．この動物群は先カンブリア時代後期（6億年以上前）にはすでに出現し，現在約1万種が知られているが，そのほとんどすべては海産種である．海綿動物門の学名Poriferaは，その多孔質（porous）に由来している．カイメンの多数の孔は無数の小型動物（蠕虫類や甲殻類）の隠れ場所になっている．海綿類はすべて**固着性**，つまり付着性であり移動しない．多くの海綿類は沪過食性で，多孔質な体がふるいの役目を果たしており，海水中の微小粒子のみが内層にはいってから特殊な鞭毛細胞（襟細胞）に捕獲される．摂食される粒子はおもにバクテリア，ナノプラン

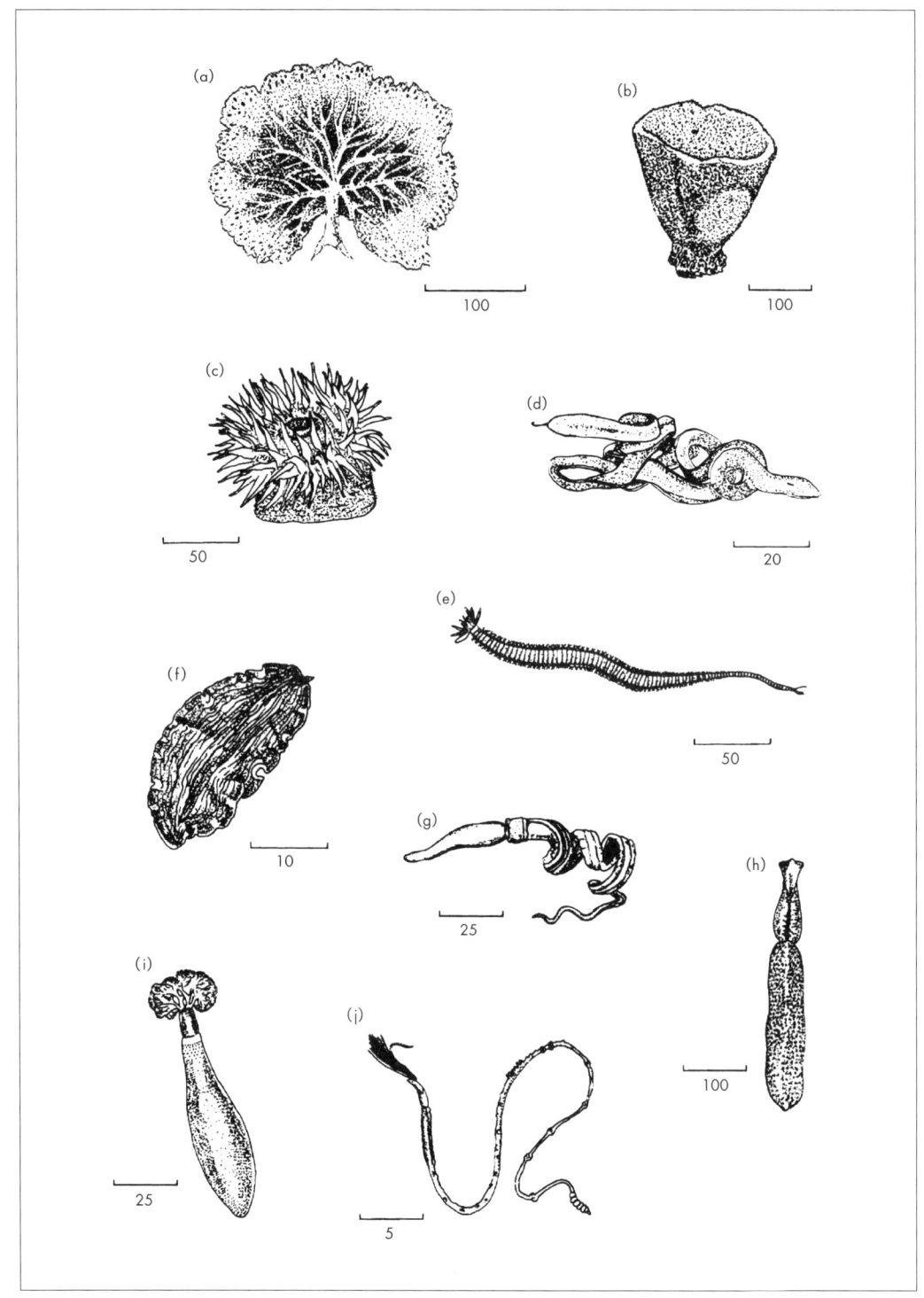

図 7.5 底生動物の例
(a) 単細胞性のゼノフィオフォリア，(b) カイメン，(c) イソギンチャク，(d) ヒモムシ，(e) ゴカイ，(f) ヒラムシ，(g) ギボシムシ，(h) ユムシ，(i) ホシムシ，(j) ヒゲムシ．スケールは mm 単位．

クトン，小型デトリタスなどである．

　カイメンの支持構造は，石灰質や珪酸質の骨片，あるいは海綿質繊維である．カイメンは硬くてまずいので，捕食する動物は少ないが，ある種のサンゴ礁魚類や巻貝と裸鰓類（ウミウシ類）には捕食される．無性生殖も有性生殖も行ない，体の一部分からでも再生できる．

　刺胞動物門に属する種類は底生性・浮遊性ともに多く，また，進化のうえからも早くから出現しており，海洋環境のあらゆる場所に生息している．底生種の大半は表在性であるが，少数ながら埋在種もいる．刺胞動物はきわめて多様性に富んでいる．底生種は全般的に放射相称の体形をとり，刺胞のある触手で獲物をとらえ，口器上に粘液質を分泌して微小粒子を捕獲する懸濁物食性である．底生刺胞動物は基本的に固着性であるが，ある種のイソギンチャクはヒトデの捕食から逃避するため，一時的に基盤から離脱して遊泳することができる．刺胞動物は無性生殖も有性生殖も普通に行なっている．

　刺胞動物門の**ヒドロ虫綱**（Hydrozoa）には群体性ヒドロ虫類（図7.3）が含まれるが，この群体は形態的にも機能的にも分化した個虫からなる．小さくて目立たない存在であるが，岩や貝，桟橋の柱について"藻"と思われている生物が，実はヒドロ虫類であることが多い．ヒドロ虫類の生活史は，種類によっては自由遊泳性のクラゲ期がみられるが，大多数の種類のクラゲ期は親体に付着したまま有性生殖体になる．刺胞動物門の**花虫綱**（Anthozoa）には6000種以上が知られており，イソギンチャクやサンゴのほかに，あまり知られていないウミエラやヤギなども含まれる．イソギンチャク（図7.5（c））は潮間帯や下干潮帯に普通にみられるばかりか，10000m以深の海底にも生息し，単体性の体長は直径1cmから1m以上に達する．花虫類にはサンゴと総称される多様な分類群も含まれる．このうち，イシサンゴ類は熱帯域の造礁サンゴとして重要であり，8.6節で詳述する．

　底生蠕虫類は多くの異なる門に分類されている．糸のような**線虫類**（線形動物門（Nematoda））は軟泥中に生息するので目立たない種類が多いが，海産（および陸生）動物の中でも，かなり豊富かつ広範囲に分布している．オランダ沖の底泥 $1m^2$ あたり約450万の線虫類メイオベントスが報告されている．この分類群は量的に重要であるが，分類が難しいので生態調査は遅れている．しかし，多様な食性が知られており，肉食性種，植食性種，腐敗物とミクロベントスを摂食する腐食性種などがみられる．**ヒモムシ類**（紐形動物門（Nemertea），図7.5（d））には約600種が含まれるが，いずれも捕食器官として表裏反転性（翻転性）の吻管をもつことが特徴である．紐形動物は熱帯域より温帯域，それも浅海域に多い．自由遊泳性の**ヒラムシ類**（扁形動物門（Platyhelminthes），図7.5（f））は砂や泥の中，石や貝殻の下，海藻や海草の表面に生息するが，まとまってみられることはめったにない．**星口類**（星口動物門（Sipuncula），図7.5（i））は，ホシムシともよばれるが，無体節で体長は約2mmから0.5mあるいはそれ以上である．約250種のうちの多くは大きな吻管を用いて砂や泥に掘穴する．また，岩の割れ目やサンゴの凹部，空の貝殻に生息する種類もいる．多くは堆積物食性である．**ユムシ類**（ユムシ門（Echiura），図7.5（h））は体長や生態が星口類に類似する．多くの種は堆積物中の探食に吻管を使うが，それは表裏反転性（翻転性）ではない．潮間帯種もいるが，大半は深海産である．深海種は一般に，雄は小さく雌に寄生的に付着生活するが，これは深海魚のアンコウと同じである（6.6節）．

　環形動物門（Annelida）の多毛綱（Polychaeta）は海産蠕虫類の最大分類群であり，10000種

以上が知られている．**多毛類**（図7.5（e））は体節を有し，各体節に一対の疣足とよばれる付属肢がある．体長は数ミリメートルから3mである．多毛類は海底を活発にはいまわる（匍匐する）あるいは掘穴するものと，生管や掘穴中で一生を過ごすものに生態的に分類される．匍匐種の多くと掘穴種の一部には肉食性で，顎歯で小型動物を捕食する．また，この捕食器で海藻をひきちぎることもある．一方，掘穴種の多くと管生種の一部は堆積物食性で，砂や泥を口から摂食する．多毛類の堆積物食性にはほかの様式もある．触手のような構造を底質上や底質中に伸ばして，その表面の粘液質に堆積物粒子を付着し，繊毛を用いて口器へ運ぶ．定着性の多毛類も沪過食性であり，頭部の特殊な付属肢でプランクトンや懸濁態デトリタスを捕集する．多毛類は表在種と埋在種ともに底生性バイオマスの大部分を占めることが多い．

ヒゲムシ類（有鬚動物 Pogonophora，図7.5（j））は研究者によってゴカイ類の特殊なグループ，あるいは独立した門として扱われている．この固着性の蠕虫はおもに深海産で，深度10000mまで分布する．ヒゲムシ類は皮のように固い細長い生管をつくり，固い基盤に固着する．生管から出す多数の触手が鬚のようにみえるのでヒゲムシと命名された．ヒゲムシ類は口も消化管もない点がきわめて特異的であるが，この特徴は近年発見された**ハオリムシ類**（Vestimentifera）にもみられる（8.9節）．どちらも体内に共生する化学合成バクテリアが栄養供給源だが，ヒゲムシ類は触手から溶存態有機物をとり込むこともある．

半索動物門（Hemichordata）の代表例（図7.5（g））は**腸鰓類**（Enteropneusta）あるいはギボシムシ類で，潮間帯や深海熱水噴出孔（8.9節）あるいは海溝（8.8節）にもみられる．体長が最大1.5m以上もある種類も報告されているが，ほとんどの種類は小型である．泥や砂に掘穴する種類が多いが，堆積物上をのろのろ動く種類や，固い基質上でからみあった集塊になる種類もいる．掘穴種は吻管を用いて堆積物を掘り起こし，砂や泥を摂食して，それに含まれる有機物を消化する．動物の尾側に開口している掘穴の入口には糞が積もっていて，その糞量で動物が摂取した底質量が測定できる．掘穴しない種類と部分的に掘穴する種類は懸濁物摂食性であり，粘液質表面の吻管でプランクトンやデトリタスを捕集し，繊毛溝に沿って口器へ運ぶ．ギボシムシ類は壊れやすいので採集が難しいが，海底をはった跡やからみあった集合体が深海カメラ観察で記録されている．

軟体動物門（Mollusca）には，巻貝類や裸鰓類（ウミウシ類）（腹足綱（Gastropoda）），ハマグリやイガイなどが属する二枚貝綱（Bivalvia）などが含まれていて，5万種以上の海産動物が属している．また，小さな綱であるが，貝殻が8枚の小板で構成されるヒザラガイ類（多板綱（Polyplacophora），図8.2），貝殻が角や牙の形をしたツノアシ類（掘足綱（Scaphopoda），図7.7（a）），堆積物中にみられる蠕虫状で貝殻のない無板綱（Aplacophora）も知られている．タコ類（頭足綱（Cephalopoda））の多くは遊泳能があるが，基本的に底生性の種類である．この軟体動物門の豊富な多様性を示す事実として，海洋すべての深度に生息すること，堆積物の表面および内部に生息すること，二次生産における栄養段階のすべてに代表的な種類があること，どの底生群集にもみられることがあげられる．

棘皮動物門（Echinodermata，図7.6）はすべて海産種である．種類ごとに外見が相当違っていても，棘皮動物の体型はすべて放射相称で，中心軸を囲む5放射相称である．管足を有し，支持構造（骨格）は板状石灰質である．全体で5綱，約5600種が知られている．**ヒトデ綱**（Asteroidea）には約2000種

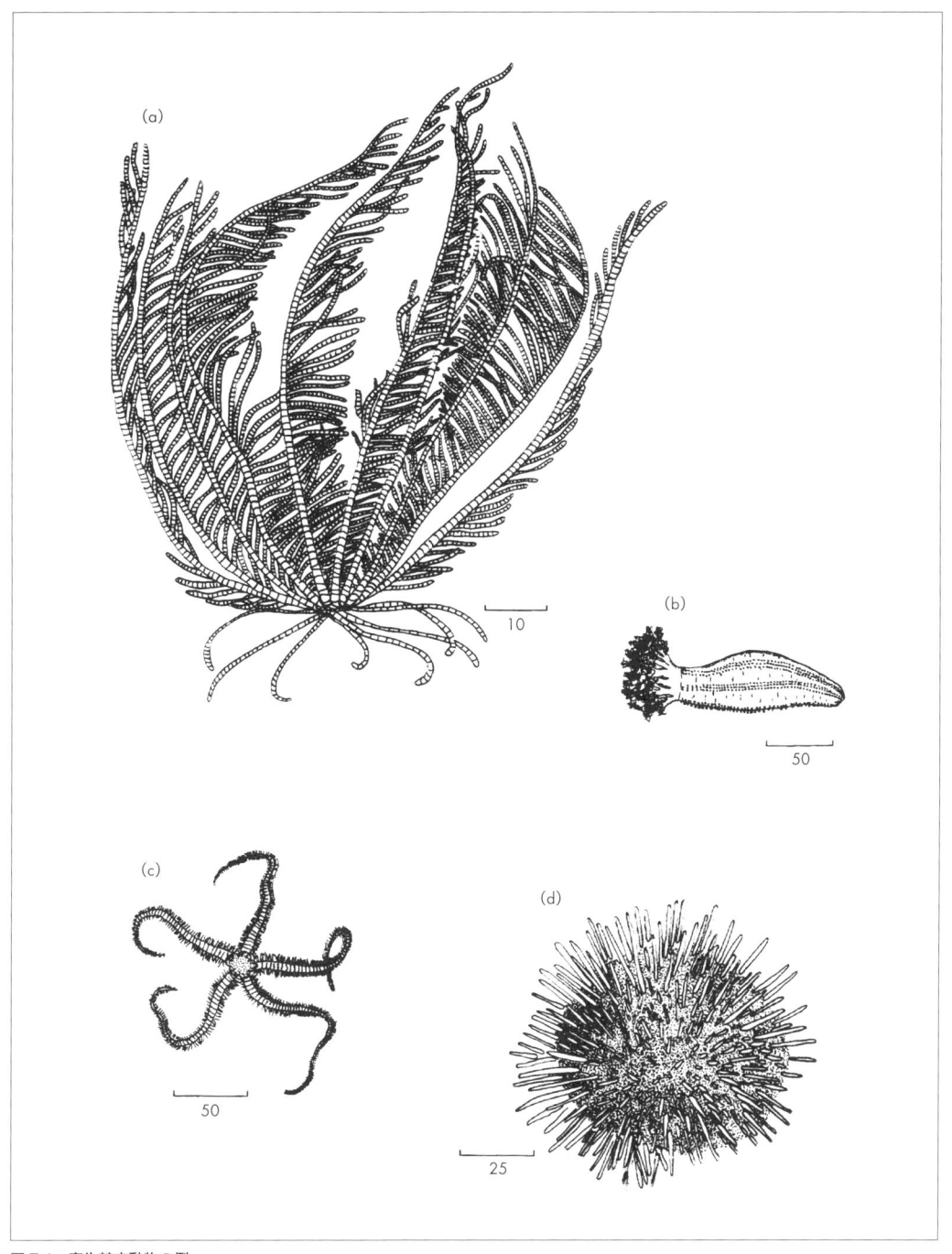

図 7.6 底生棘皮動物の例
(a) ウミシダ（ウミユリ類），(b) ナマコ（ナマコ類），(c) クモヒトデ（クモヒトデ類），(d) ウニ（ウニ類）．スケールは mm 単位．

のヒトデ（図 8.2）が属しており，潮間帯から水深約 7000 m まで幅広く分布する．ヒトデ類の多くは肉食性で，貝の養殖場や天然環境への影響が大きい．また，堆積物食性種や懸濁物食性種もまれながら生息している．ク

モヒトデ綱（Ophiuroidea）にはクモヒトデ類（図 7.6 (c)）とテズルモズルの約 2000 種が属している．堆積物や小型動物の生体と死体，懸濁態有機物などを摂食する．しばしば，海底一面を覆うクモヒトデ群集が深海カメラ

で観察される．棘のあるウニ類（図7.6（d））や平たくつぶれた型のカシパン類の約800種は**ウニ綱**（Echinoidea）に属する．ウニ類は磯や海中林，サンゴ礁で目立つ生物である．ウニ類は「アリストテレスのちょうちん」という咀嚼器でどんな有機物でも摂食できるが，浅海種の多くは基本的に植食性であり，深海種（水深約7000 mまで）は堆積物食性と考えられている．カシパン類は目立たないが，ときには高密度に生息することのある埋在種であり，堆積物食性であるが懸濁物食性にもなれる種類もいる．**ナマコ綱**（Holothuroidea）には約500種のナマコ類（図7.6（b））が属する．ナマコ類の表在種は堆積物食性か懸濁物食性で，埋在種は有機栄養物質を砂や泥とともに飲み込む．浅海域にも分布するが，深海が本領発揮の場であり，深海カメラに映る生物相を優占している．**ウミユリ綱**（Crinoidea）は棘皮動物の中でももっとも原始的な分類群であり，ウミシダやウミユリなど現生種の約650種が属している．ウミシダ（図7.6（a））の多くは1500 m以浅に生息して，海底に着生するが，一時的に匍匐あるいは遊泳もできる．ウミユリは柄部で海底に固着する．代表的な深海生物で，深度3000〜6000 mに多数生息する．すべてのウミユリ類は懸濁物食性と考えられている．

苔虫類（Bryozoa，図7.7（b））は苔虫動物門あるいは外肛動物門（Ectoprocta）に属する．ヒドロ虫類と同様に，苔虫類も群体性の固着生物であり，潮間帯の岩石や貝殻，人工基物の表面をうっすら被覆するように，あるいは藻が生えるように覆っている．また，8000 m以深に生息する種類もあると報告されている．群体を構成する個体のそれぞれは小さく（0.5 mm以下），石灰質の外骨格に包まれるものが多い．口器の周りには繊毛に覆われた触手が環形に並んでいる．これは総担とよばれる繊毛環で，環境水中に出し入れして，小型プランクトンや懸濁態デトリタスを摂食している．約4000種もの海産種がいるにもかかわらず，生態学的にはあまり関心をもたれていない．

腕足類（Brachiopods，図7.7（c））は独立の門（腕足動物門（Brachiopoda））を構成していて，約300種からなる．石灰質の双殻（径5〜80 mm）が外見的には二枚貝に似ているが，基本的な体制はまったく異なっている．多くの種類は200 m以浅に生息し，固い基盤に固着して生活する．しかし，ある種のシャミセンガイ（*Lingula*）は砂や泥に掘穴し，また，水深5500 mから採取された種類もある．苔虫類と同様に，腕足類も総担（繊毛環）を用いて懸濁物を摂食する．

ホヤ類（Tunicates, Ascidians，図7.7（d））は，浮遊性の幼形類やサルパ類（4.2節）の近縁底生種である．この樽状の固着動物は脊索動物門（Chordata），ホヤ綱（被嚢類（Ascidiacea））に属している．ほとんどの種類は単体で生息するが，無性的な出芽を行なう群体として生息する種類も多い．ホヤ類は潮間帯の岩石や貝殻，桟橋などの固い基盤に付着し，8000 m以深にも生息している．体の付着していない側には入水管と出水管があり，繊毛運動によって水流を体内に通過させている．粘液質の分泌物によって懸濁物を捕集し，繊毛運動によって消化管へ運んでいる．懸濁物を濾過された水は出水管から押し出されるが，英語の俗名 sea squirt（海水をピュッと吹くもの）の由来は，この状況を表現したものである．深海種では摂食器が変化していて，堆積してくる懸濁物やメイオベントスを捕食するものと思われる．しかし，底生性ホヤ類の懸濁物摂食法は，基本的には近縁の浮遊性サルパ類と同じである．ホヤ類は底生動物群集を構成する主要な種類ではないが，近底層水から大量の懸濁物やプランクトンを除去している．体長数センチ程度のホヤ1個体が海水を濾過する能力は1日170 *l* にも達する．

体節のある**甲殻類**（Crustacea）は海底に

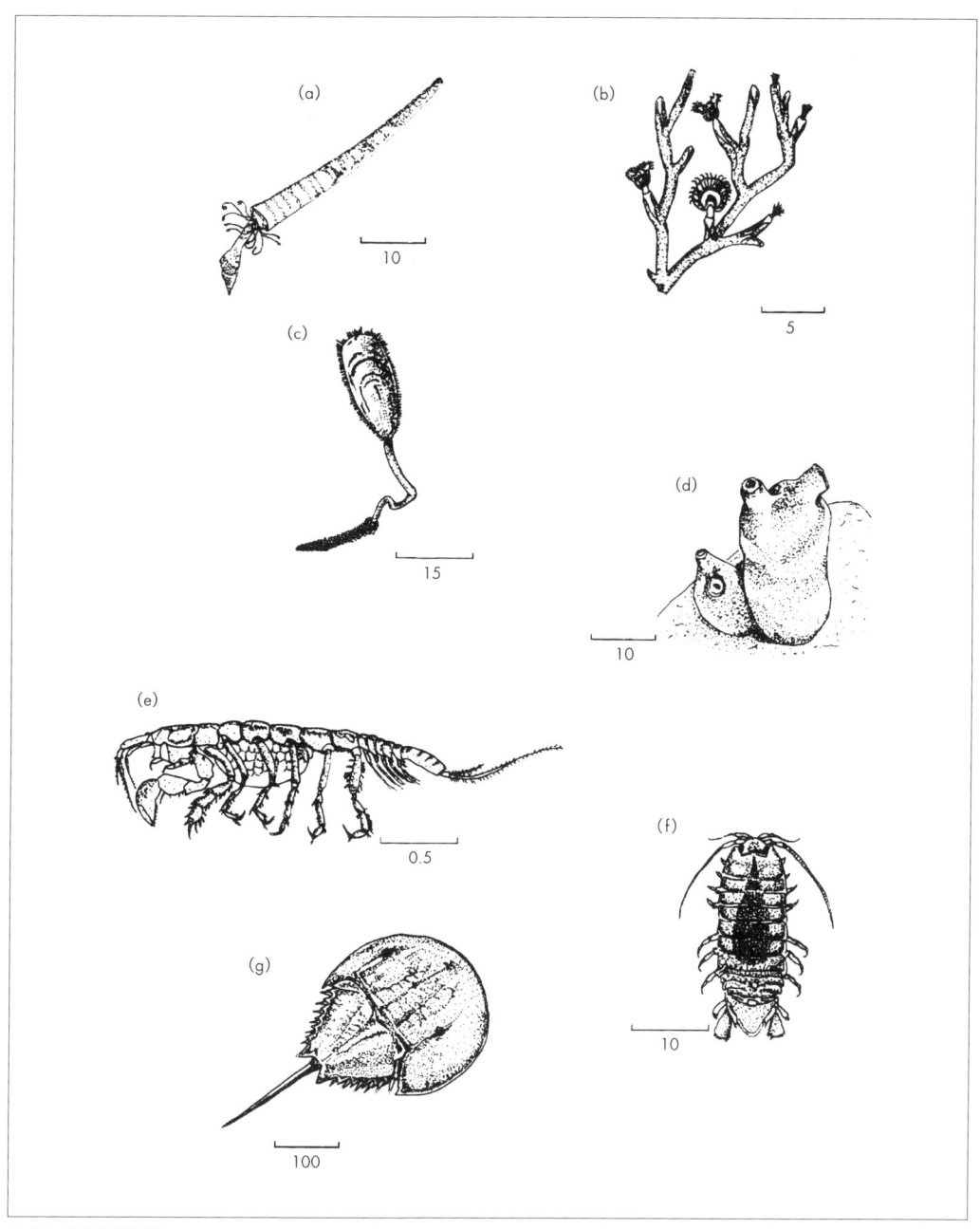

図 7.7 底生動物の例
(a) 掘足類, (b) コケムシの群体, (c) シャミセンガイ (腕足類), (d) ホヤ (脊索動物), (e) タナイス (甲殻類), (f) 等脚類, (g) カブトガニ (カニ類ではなく剣尾類). スケールは mm 単位.

多く分類している.**介形類**(Ostracoda) や**キクロプス類**(Cyclopoida)・**ハルパクチクス類**(Harpacticoida) (ともにカイアシ類) などのメイオベントスについては, 4.2 節で簡単に解説してある. ハルパクチクス類は軟泥を匍匐・掘穴する.**タナイス類**(Tanaidacea (不等脚類), 図 7.7 (e)) もメイオベントスである. これらの小型甲殻類 (体長 2 mm 以下) は細い体型をしており, 多少なりとも円筒状である. 掘穴種も管生種も海中の 8000 m 以深までにわたって分布している. この分類群には約 350 種が属しているが, 生

物学的知見はほとんど得られていない．

甲殻類マクロベントスとして**等脚類**（Isopoda，図7.7（f））と**端脚類**（Amphipoda）がいる．等脚類は平たい形で，体長は5～15 mmが普通であるが，深海産は一般に大きく，40 cmに達する属もある．等脚類はよく潮間帯の岩をすばしっこく走り回っているが，掘穴種や木質に穿孔する種類もいる．海産種4000種の大半は雑食性の腐食者である．端脚類は等脚類と近縁であるが，横から押しつぶされた体型をしている点が異なっている（浮遊種については図4.10（k））．体長は数ミリメートルから約30 cmあり，最大種は深海産である．匍匐性や掘穴性でありながら，遊泳能力のあるものが多い．多くの種類は一時的あるいは永続的な巣穴を掘る．生息深度は高潮位線付近（ハマトビムシ）から超深海帯の海溝底までである．端脚類の多くの種類はデトリタス食性あるいは腐食性であるが，少数の種は沪過食性に特化している．

フジツボ類（蔓脚類（Cirripedia））はよく知られた海産動物で，唯一の固着性甲殻類でもある．約800種が知られているが，その多くはほかの無脊椎動物へ寄生する種類である．フジツボ類はエビに似た動物であるが，石灰質の殻板に覆われている．本体部が基盤に直接付着する場合と，柄部で付着する場合がある．フジツボはよく磯などに密生するが，クジラやサメ，ウミヘビ，マナティー，魚，カニなどの体表にも着生する．ほとんどが浅海種であるが，7000 m以深に生息する種類もある．自由生活性（非寄生性）のフジツボは，羽毛状の胸肢をリズミカルに動かして水流を起こし，懸濁物を摂食する．フジツボ類は船体やブイ，桟橋に付着して人工港湾施設を汚損する．フジツボ類は，Charles Darwinが古典的な著作を出版して以来，生態学的研究の的になっている．

底生の**十脚類**（Decapoda）には，カニ・ロブスター・エビなどのよく知られた甲殻類が属していて，表在種と埋在種のどちらも含まれている．十脚類は浅海に生息し，多様性が高く，深度5000～6000 mには少数の種類しか生息しない．食性は肉食性，雑食性，腐食性などである．沪過食性もみられるが（アナジャコやスナホリガニなど），プランクトンよりもデトリタスのほうが多く摂食されている．十脚類には人間にとって重要な食用種が多く，貝類とともに重要な水産無脊椎動物群である．

本章で扱っていない動物門もいくつかあるが，それは種数が少ないか，底生群集中でそれほど多くないからである．また，適当な採集方法がなく，いまだに生態的役割の解明されていない動物群もある．過去25年間に，おもに深海から多くの新種（新科も）が発見されたが（8.8節，8.9節），この傾向は今後も続くと思われる．

7.2.2 採集法と生産測定法

底生動物の採集装置は多種多様である．30 m以浅においては，スキューバダイビングによって直接観察・計数・採集が可能であり，マクロベントスの不均一な分布などを自然状態で生態観察することができる．それ以深での生物採集には，軟泥を対象とした場合は，**グラブやボックスコアラ**が通常使用される．これらの装置で底質を定量的に採集して，一連のふるいにかけてサイズ別の動物画分が得られれば理想的である．底質を乱さずに採取する**ハイドローリックコア**もあるが，これは少量なのでメイオベントスやミクロベントスの定量にのみ用いられる．**ドレッジ**は大きなメッシュの丈夫な袋で海底を引き回して底生動物を採集する道具で定量性に欠ける．ほかのタイプの採集装置については，第8章で特殊環境との関連で論じる．

ベントスの現存量は，単位面積あたりの（普通はm^{-2}）個体数で表している．底生バイオマスも$g\ m^{-2}$で表すのが理想的である．

重量で表示する場合は炭素重量や乾重・湿重で表される（付録2）．二次生産の測定では，バイオマスの変動を考慮している．個体群や群集のバイオマスは個体の成長や増殖に伴って増加し，捕食や死亡などの原因によって減少する．条件がよければ，このような底生生物のバイオマスの変動を長期観察することができ，この場合における生物生産は5.3.1項の方法で求めることができる(式(5.3～5.5))．

特定の期間に生まれた個体群として，あるいは年齢と体サイズの関係から，または貝殻の成長輪など年齢に関連した特徴から，コホート（年齢群）を区別できる場合がある．コホートごとにバイオマスをモニターすれば，特定期間における生産量を求めることができる．北海で616日間にわたって調査された埋在性二枚貝の個体群データを表7.2に示す．最初の50日間は，高い死亡率にもかかわらず，生残個体の平均重量は約4 mg増加していた．結果としてバイオマスは減少しているが，純生産としては317 mg m^{-2} d^{-1}であったことになる．表を完成させると，引き続く期間（50～225日）においても，捕食や死亡などによるバイオマスの減少を増加量が上回っていたことがわかる．

あるコホートを追跡できなくなったり複数のコホートが重なったりすると，ベントス二次生産の直接評価が困難になる．このような場合，可能なら室内実験により体長ごとの成長速度を求め，この結果と現場試料の体長別の個体数から現場生物生産をコホートと関係なく推定することができる．

7.3 ベントス群集構造を決める要因

底生群集の種組成はいろいろな物理・生物的要因に支配されている．物理的要因としては底質の種類がもっとも重要である．海底面が岩質か泥質か砂質かで表在種と埋在種の比率が変わってくる．逆に，生物が底質に影響を及ぼすこともある．埋在生物は掘穴したり摂食することで軟泥堆積物をつねに撹乱しているし（**生物撹乱**），固着生物は地形を変えることもある．沿岸浅海域では，潮の干満や波浪の強さ，塩分，温度の変動なども底生種の組成と現存量に影響している．

底生群集構造を支配する生物的要因には，競争，捕食，発生様式などがある．水柱群集と同様（5.2節），限られた資源（食物など）をめぐる種内競争や種間競争は個体群や種組成に影響する．選択的捕食により被食者の競争力が落ち，種の多様性が変化することもある．群集における競争と捕食の影響については第8章で詳述することにする．

優占種の発生様式も群集構造に影響を及ぼしている．底生動物は，浮遊幼生期を経ないで成体のミニチュア型から発生する場合（直接発生）もあるが，一般的には一時プランクトンとして浮遊幼生を経由する間接発生である（4.3節）．一時プランクトン幼生には2型ある．まず，**卵黄栄養幼生**は少産大型の卵か

表7.2 北海におけるバカガイ類二枚貝の生産

時間 t (days)	個体数 X (m^{-2})	平均体重 (mg)	バイオマス (mg m^{-2})	バイオマス損失 (mg m^{-2} d^{-1})	純生産 (mg m^{-2} d^{-1})
0	7045	1.416	9976	—	—
↓	↓	↓	↓	411	317
50	990	5.364	5310	↓	↓
↓	↓	↓	↓		
225	378	9.910	↓	↓	↓
↓	↓	↓			
398	289	44.286	↓	↓	↓
↓	↓	↓			
616	246	73.542	↓	↓	↓

ら孵化し，海水塊中で過ごす時間は短い（数時間から2週間）．成長と発生のためには卵黄の栄養分に依存し，プランクトンを摂食しない．次に**プランクトン食幼生**は多産小型の卵から孵化して，植物プランクトンやバクテリアを栄養源とし，数週間から数か月間を水柱環境で過ごす．

卵黄栄養幼生はプランクトン期が短いので，親の個体群からあまり遠くへは離れない．一方，プランクトン食幼生は水柱に長くとどまるので遠くまで移動する．このプランクトン食幼生の移動によって，不動性あるいは動きの遅い底生種の分布拡大がきまる．どちらの一時プランクトン幼性も捕食されやすいし，プランクトン食幼生は着生に適した底質から離れて海流で遠くまで流されることもある．また，餌料になるプランクトンがいないと，プランクトン食幼生の死亡率は高くなる．一時プランクトンは成長発育するにつれて光を避けるようになり，海底へ向かって移動する．多くの場合，浮遊幼生は好適な基盤を探してから着底し，そこで成体型に変態する．

成体個体群への幼生の加入の可否は群集構造（種組成）に影響を及ぼす．プランクトン食幼生期をもつ種類は，加入率が変動しやすい．つまり，生残率が高く，多数が加入する年もあれば，死亡率が高くてあまり加入しない年もある．対照的に，卵黄栄養幼生をもつ種類（と直接発生する種）のバイオマスは小さくとも長期間安定している．

まとめ

- 底生環境は深度，海底地形，物理的要因の鉛直勾配などに応じて，いくつかの生態区分に分けられる．この生態区分には上満潮帯，潮間帯，下干潮帯，漸深海帯，深海帯，超深海帯などがある．
- 底生植物には大型植物としてマングローブや沼沢植物，海草などの被子植物がある．このほかの大型植物として緑藻，紅藻，褐藻類があり，褐藻の一種には茎の長いコンブ類がある．一方，底生の微細藻類として珪藻，シアノバクテリア，渦鞭毛藻類などがある．
- 底生動物種にみられる門（phylum）数と個体数は，水柱種のそれを上回っているが，この一因は底生環境が水柱環境よりも多様性に富んでいるからである．
- 底生動物は，堆積物中に生息する埋在種と，堆積物上に生息する表在種に分類される．底生動物をサイズ分類すると，マクロベントス（1.0 mm以上），これより小さく砂泥中に生息しているメイオベントス，そしておもに原生動物から構成されるミクロベントスに分類される．
- 底生一次生産は ^{14}C 法（微細藻類）や刈取法（大型植物）などの方法で測定できる．底生二次生産の測定は水柱性動物に用いるのと同様な方法（第5章）で測定できる．
- 底生群集の種組成はいろいろな物理・生物的要因で定まっている．沿岸浅海域では，干満差，干出や波浪の度合い，塩分と温度の変動幅などに影響される．どの深度においても，底質の違い（砂，岩，泥など）が埋在種と表在種の比率に影響する．底生群集構造に関与する生物的要因には限られた資源（食物など）をめぐる競争，捕食，発生様式などがある．
- 底生動物の発生様式には，浮遊幼生期を経ない直接発生と，浮遊性のプランクトン食幼生期と卵黄栄養幼生期を経る間接発生がある．プランクトン食幼生は，小型で数が多く，プランクトンを捕食して水層中に数週間から数か月間とどまる．プランクトン食幼生は分布拡大に向いているが，死亡率が高く，成体個体群への加入率も年ごとに変動する．卵黄栄養幼生は少産大型で，卵黄の大きな卵から孵化する．浮遊期間は短く，水層中では摂食し

ない．プランクトン食幼生に比べて死亡率が低く，加入率の変動が小さいので，小さくとも安定したバイオマスを維持できる．

問　題

① 一般に藻類を，紅藻・褐藻・緑藻のように色で分類する理由を述べなさい．

② 表7.1には海産蠕虫類が7つの門にわたって分類されている．"蠕虫"と分類された動物に共通する特徴を述べなさい．また，これらの蠕虫類が底生環境によく適応している理由も述べなさい．

③ 7.2.1項の情報から，底生動物が捕食に対抗する手段は何かを述べなさい．

④ 式（5.3）および式（5.4）を用いて，表7.2を完成させなさい．

⑤ 直接発生を行なう底生無脊椎動物（浮遊幼生期がない）には広範囲に分布する種類がある．このような種類の分布拡大機構を考えてみよう．

⑥ 表7.1と表4.1を比較して答えなさい．
　（a）プランクトンとベントスでは，それぞれいくつの門（phylum）があるか？
　（b）水柱環境と底生環境で門数がこれほど違う理由を述べなさい．

⑦ 卵黄栄養幼生を生じる底生種は r-選択型か K-選択型かを，その理由とともに説明しなさい（1.3.1節や表1.1を参照）．

⑧ 西オーストラリアのハメリンプールにあるストロマトライト（7.1節）は高さが1.5 mにも達する．浸食や海面変動がなかったと仮定して，これは何歳になるか計算しなさい．

第8章 底生生物群集

本章では潮間帯最上部から海溝最深部まで，いろいろな底生生物群集（底生群集）について説明する．それぞれの生息場所は別々に扱われているが，実際にはその上にある水柱環境と密接に関連している．

浅所では底生群集の一次生産に植物プランクトンと底生植物の両方が寄与している．そして，浅所産の沪過食者が植物プランクトンや動物プランクトンを消費（摂食）する．一方，底生植物からの浸出やデトリタスは植物プランクトンやバクテリオプランクトンに必要な栄養源となる．また，底層流が堆積物を巻き上げて，底生微細藻類や堆積物粒子の表面に付着するバクテリアが動物プランクトンの食料源になる場合もある．ある種の魚類や海産哺乳類も浅所産ベントスを食べる．

しかし，底生群集の大部分は無光層にあり，有光層で光合成生産された有機物にほぼ完全に依存している．唯一の例外はバクテリアの化学合成生産から食物連鎖が始まるような底生群集である（8.9節）．表層からの有機物の沈降・移送が深海底生群集を支えている．有機・無機の沈降粒子はまたベントスの生息場所となる堆積物になる．分解過程は深海の水中や海底で進むが，分解して放出された無機栄養塩類はやがては表層に戻って植物プランクトンに利用される．

海洋生物は生活史の諸段階で底生環境にも水柱環境にもすむことがある．無脊椎動物の多くは，成体はベントスだが幼生はプランクトンとして分散（分布拡大）する．一方，ある種のプランクトンは休眠期（胞子，休眠胞子，耐久卵など）をつくる．それは堆積物中に沈積し，環境条件が好転して遊泳期・浮遊期に「孵化」するまで休眠する．

底生−水柱カップリングという概念は，海底および水柱という2つの大きな環境間に多数の相互作用があると認識したものである．そして，底生と水柱に分かれた生態学者の統合を企図したものである．

8.1 潮間帯環境

潮間帯とは，潮の干満により周期的に干出と冠水をくり返す場所をさしている．磯場や砂浜，泥底などの多様な生息環境が存在し，それぞれに適応した生物群集がみられる．潮間帯の磯場には表在生物が優占するが，砂泥と軟泥には埋在底生動物が多い．潮間帯は海と陸との接点であり，全海洋に占める割合は小さいかもしれないが，植物や無脊椎動物，鳥類や沿岸魚種などによる豊かで多様性に富んだ生物群集がみられる．陸上動物（ミンク，スカンク，アライグマなど）や陸鳥も潮間帯の豊富な食物を求めてやってくる．

8.1.1 潮汐

潮汐は周期的時間間隔で起こる海面の上下変動である．潮汐は月と太陽の引力に，地球の自転による遠心力が加わった相互作用で起こる．多くの沿岸域では**半日周潮**によって，潮間帯は1日2回干出・冠水する．ある種の物理的条件が加わると，メキシコ湾などのように，干満が1日1回になる場所もある（**日周潮**）．

干満の差が最大になるのは月2回の**大潮**のとき，つまり地球と月と太陽が一直線に並ぶ

ときである．一方，干満の差が最小になるのは小潮のとき，つまり地球と月と太陽が直角に並ぶとき，上弦か下弦の月がみえるときである．満潮位と干潮位は，それぞれ満ち潮・引き潮時の海水面の高さである．

潮間帯の範囲は，海底の勾配と干満の大きさで決まるが，これには海岸線の形状も大きく影響する．干満の大きさは，タヒチ海岸やバルト海のようにほとんどわからない程度から，カナダ東海岸のファンディ湾のように15 mに達する場合までさまざまである．

8.1.2 潮間帯における環境条件と生物適応

潮間帯は海洋環境の中でも環境変動がもっとも大きい．ここに生息する生物は周期的に大気にさらされ，温度と塩分の大きな変動の影響を受け，降雨や陸水流入などによって塩分が低下する．寒冷域の潮間帯では，結氷による生体破壊や流水で付着生物がはがされたりする．さらに，多くの潮間帯は波浪や潮流の影響を受けている．

潮間帯の動植物には環境変動に対するいろいろな適応がみられる．砂質や泥質に生息する動物は，乾燥，温度と塩分の変動，波浪などに対して，穴を掘って身を守る．一方，磯にすむ動物の適応はもっと多様である．磯場の二枚貝（イガイなど）やフジツボは，干出時に殻を固く閉じて乾燥と淡水への接触を防いでいる．巻貝の多くは貝殻内に引っ込んで，足部角質あるいは石灰質の貝蓋で殻口を閉じる．これとは対照的に，多くの底生植物やある種の潮間帯動物は，水分保持のための対応機構をもっていない．たとえばヒバマタ（*Fucus*）やアオノリ（*Enteromorpha*）などの藻類は，藻体組織から60〜90％もの水分が失われても耐えられる．

貝殻やウニの外骨格などは，強い波浪にさらされる場所では，生物体を物理的損傷から保護する役割もある．波浪の強い場所に生息するウニや貝類は，波の静かな場所のものに比べて，殻がずっと厚い．また，岩などの固い基盤の表面に固着して，波や潮に流されないようにしている．底生藻類は特殊な付着器で岩表面に固着する．フジツボ，カキ，ある種の管生虫類やホヤ類はセメント質を分泌して固着する．イガイ類は，足部の特殊な腺から強靱な付着糸を分泌し，定住位置を確保している．カサガイ，アワビ，ヒザラガイなどの広く平たい足は吸盤のようにはたらき，平らで流線型状の貝殻は波の影響を受け流す．ある種の動物は物理的・化学的な手段で，あるいはその両方を用いて，固い基盤に孔をあける仕組みをもっている（ある種のウニや岩穿孔性の二枚貝など）．カニや等脚類など移動性が高い動物は，波の影響が小さい岩の割れ目を好んですむが，ここはまた干出時の逃避場所にもなっている．ヒトデやカニ，小魚などは，干潮時に潮だまりの中で乾燥を防いでいる．

8.2 潮間帯岩礁（磯）

磯の生物やその生態は，ほかの場所に比べるとよく研究されている．高密度で生息する生物群集に容易に近づけるので，長期的観察や群集構造を決定づける要因を調査する現場実験がやりやすいからである．

8.2.1 帯状分布

磯の顕著な特徴は動植物が帯状に分布することであり，潮間帯の上部に生息する種類もあれば，低潮線付近に生息する種類もある．このような帯状分布（成帯）は，すべての磯生物群集にあてはまる．ただし，その分布様式と種組成は，地理的位置，潮の干満差，波浪の強さなどによって多様である．帯状分布は藻類でも，フジツボやイガイなど付着生物でもみられるが，移動性の動物においてすら不明瞭ながら帯状分布する場合がある．一般に移動性の大型動物は潮の干満に対応して移動し，一定の生息水深を保つか，あるいは潮

だまりに出入りする．

磯の上満潮帯（7章）には，地衣類（藻類と菌類の共同体）や藍藻類（シアノバクテリア）と，それらを摂食するタマキビ類（*Littorina*）や大型の等脚類（フナムシ（*Ligia*），体長3〜4 cm）が生息する．原始的な昆虫（*Machilis*など）もみられることがある．

上満潮帯の直下には，しばしばタマキビ類が1 m^2 あたり数百から10000個体もの高密度で分布していることが多い．潮間帯の下部には，フジツボが1 m^2 あたり数千個体の密度で明瞭に帯状分布する．多くの場合，フジツボ生息帯の下方には高密度のイガイ生息帯がある．この限られた生活空間の獲得をめぐって，付着藻類と固着動物の間に激しい競争がある．

群生生活は多くの磯生物に特徴的な適応様式である．タマキビは密生することで干出時にも水分保持ができる．タマキビは体内受精するので，密生する生息様式が受精の確率を上げることになる．イガイ類は海中に放卵・放精を行ない，体外受精する．この場合，群生することにより，放卵と放精のタイミングが合うようになる．フジツボ類は雌雄同体であるが他家受精し，放精管は殻径の2倍くらいしか伸びないので，やはり群生したほうが受精のために都合よい．

潮間帯での帯状分布は，潮位によるだけでなく，いろいろな物理・生物的要因の影響も受けている．分布帯の上限は，物理的条件（干出時の温度と塩分の変動など）およびそれに対する生理的耐性で決まる．また，個々の生物種の分布上限は食物の有無や捕食圧などの生物的要因でも制限される．一方，分布下限は一般に生物的要因だけで決まっている．

鉛直的な帯状分布はどのようにして決まるのだろうか？

フジツボやイガイなどの固着生物は，同一の個体を長期間にわたって観察できるから，鉛直帯状分布の研究の対象としては理想的である．ある時間間隔で写真をとって個体の大きさと生息位置を記録すれば，成長，隣接する別個体との相互作用，そして死までを追跡できる．潮間帯には容易に行けるのでいろいろな実験ができる．たとえば，生物個体を，あるいは生物のついた岩を，丸ごと別の場所に移すこともできる．また，網やかごで実験個体群を囲って，捕食者の影響を除くこともできる．次に，これらの実験における結果を示すことにする．

スコットランドの磯場に生息するフジツボ個体群は2種類から構成されている（図8.1）．小型種 *Chthamalus montagui*（イワフジツボの仲間）の成体は，小潮時の平均高潮位より上部に明瞭な分布帯を形成し，平均潮位以深にはごく少数しか分布しない．大型種 *Balanus balanoides* は成体・幼生ともに，平均潮位の上下部にわたって広く分布する．長期観察によると，*Chthamalus* の幼生は *Balanus* が生息する地帯全域に着生するが，成体まで生残するのは浅部に着生した個体群のみである．これは，成長の速い *Balanus* に固着空間を占拠され，小潮時の平均高潮位以浅にしか残らないからである．また *Balanus* は *Chthamalus* に重なって着生するので覆いつぶされてしまうのである．この *Chthamalus* 分布帯の下限が生物間の競争で決められているという自然観察は，実験によっても確認されている．これらフジツボ両種の幼生が着生した岩から *Balanus* 幼生をとり除いたところ，全潮位にわたって *Chthamalus* が生残したのである．一方，分布上限は高温や乾燥などの物理的要因に影響されるが，*Balanus* よりも *Chthamalus* のほうが耐性が強い．さらに *Balanus* の主要な死亡要因としては，種内競争が考えられる．幼生の加入が多い場合は固着空間をめぐる競争が起こり，小さな個体や成長の遅い個体は負けてしまう．帯状分布

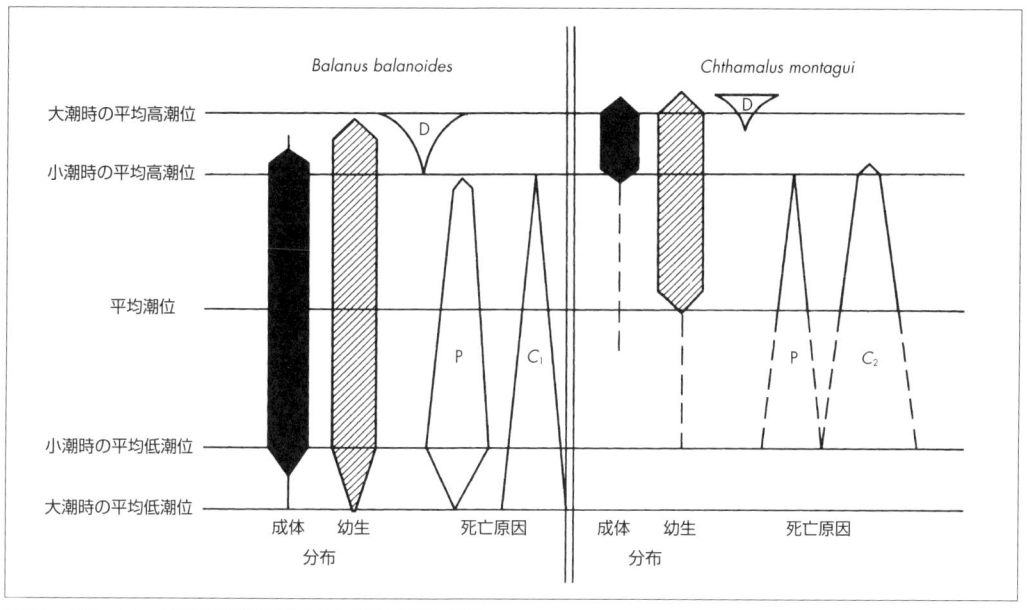

図8.1 スコットランド産のフジツボにおける競争と捕食の影響
C_1：種内競争，C_2：フジツボ（Balanus）とイワフジツボ（Chthamalus）の種間競争，D：干出による乾燥，P：巻貝チヂミボラ（Nucella）による捕食．分布上限は物理的要因（干出）による．フジツボの死亡原因はおもに捕食と生息場所をめぐる種内競争だが，これは潮間帯の低い場所で顕著である．イワフジツボの幼生の死亡原因はおもに生息場所をめぐる種間競争である．フジツボは成長が速いので，イワフジツボ幼生がはいり込む余地はない．平均潮位以下に着生すると種間競争に加えて捕食という要因も強くなる．

様式には捕食の関与が大きいこともある．スコットランドでは，チヂミボラの一種（Nucella lapillus）がおもにフジツボを捕食している．ほかの捕食者と同様に，チヂミボラも大きな獲物を好むので，Chthamalus よりも Balanus のほうが捕食されやすいのである．網かごをかけてチヂミボラから隔離することによって，大型（年齢の高い）の Balanus の死因はおもに捕食であることがわかる．これは，とくにチヂミボラの多く生息する潮間帯下部で顕著であり，Balanus 生息帯の下限はおもに捕食で決まるといえる．

同様な捕食-被食関係が北米西岸でもみられる．ここでは3種類のフジツボ（Chthamalus dalli, Balanus glandula, B. cariosus）が3種類のチヂミボラ類に捕食される．若い B. glandula のおもな死因は捕食であるが，成体になるとチヂミボラ類には大きすぎて捕食できない．ここでも，フジツボの分布下限は捕食と空間をめぐる競争によって定まっている．

底生藻類の帯状分布様式についても，物理的要因と生物的要因が同時に，あるいは別々に影響している．藻類は日光と空間をめぐってほかの生物と競争し（7.1節），これが分布範囲を決める生物的要因になっている．藻類の分布上限は，干出と乾燥への耐性によって決まることが多いが，植食動物の捕食圧に影響されることもある．一例として，1967年のタンカー（トリー・キャニオン号）の原油流出事故の際，イギリス南西部の潮間帯における主要な捕食者である貝類が死滅したが，この結果として，数種類の潮間帯藻類の分布上限が上がった．やがて捕食者である貝類の個体群が回復するにつれて，藻類帯の浅部から捕食されはじめ，もとの分布様式に戻っている．

8.2.2 群集構造を決定する捕食-被食関係

底生藻類と植物プランクトンは潮間帯群集を支える一次生産者として重要だが，生物生産量は十分大きいとはいえない．潮間帯の生息条件には底生藻類にとって，よくない要因

が存在するからである．たとえば熱帯域では，激しい降雨，強い日射，高い気温への干出などが悪い要因となる．極域や亜極域では，結氷と流氷による悪影響が藻類生産を低くしている．温帯域では底生藻類が最大限に生物生産できそうだが，ここでも日光をめぐる底生藻類間の競争と，付着場所をめぐる底生藻類や固着生物との競争がある．世界の潮間帯岩礁における年間生産は平均 $100\,g\,C\,m^{-2}$ の桁である．しかし，とくに好条件に恵まれている場所では，年間の生物生産が $1000\,g\,C\,m^{-2}$ 前後になることもある．

付着藻類は多種の軟体動物およびウニなどに摂食される．イガイ，フジツボ，二枚貝，ホヤ，カイメン，ゴカイなどは沪過食者なので，プランクトンを摂食する．潮間帯における肉食動物には，ヒトデ（カサガイ，巻貝，フジツボ，イガイ，カキなどを捕食する）や肉食性巻貝（二枚貝，イガイ，フジツボを捕食する），イソギンチャク（エビ，小魚，蠕虫類などを捕食する）などがいる．腐食動物として重要な生物は等脚類とカニ類である．海鳥も潮間帯生物に大きな捕食圧をかけることがある（6.5節および8.5節）．

実験によると，ウニ，カサガイ，ヒザラガイ，巻貝などは底生藻類の一次生産と種組成の両方に影響を及ぼしている．たとえば，実験区からカサガイをとり除くと，それまでなかった藻種が現れ，藻類の成長も対照区より速くなっている．潮間帯や下干潮帯からウニをとり除くと，初めは藻類の多様性が高くなる傾向があるが，やがて別の要因がはたらいて多様性が低下することもある．藻類の種組成は，空間と光をめぐる種間競争によっても決まるが，この場合の優占種は成長がもっとも速い藻種である．

競争と捕食は，潮間帯動物の種組成や多様性にも影響する．北アメリカの北西海岸に沿った潮間帯群集では，イガイやフジツボのほかに肉食性のヒトデ *Pisaster ochraceus* が優占している．*Pisaster* は図8.2に示すように多種類の貝類やフジツボを捕食する．ヒトデを実験的にとり除くと，実験開始時の30種類からなる群集が1種のみの優占種（イガイ *Mytilus californianus*）へと多様性が低下する．実験開始前は，*Pisaster* が優占固着種（フジツボとイガイ）を捕食することで，それら固着種の個体数が制限され，優占種であるイガイだけでは空間を独占することができなかったことがわかる．この実験後は底生藻類にも空間が与えられ，一次生産の増大につながった．最高次捕食者が除去されると空間占拠をめぐる競争が激化し，この例では，捕食圧を受けなくなったイガイが，他種を圧倒して潮間帯中部を独占したのである．したがって，*Pisaster* は，他種生物の生存・分布・個体群密度に影響を及ぼすことから**中枢種**とよばれる．ほかの地域においても，磯の生物群集は同様な生物間相互作用を受けて，生存が支配されている．たとえばニューイングランドでは，イガイ（*Mytilus edulis*）は競争に強い優占固着種であるが，その個体数はふつう2種のヒトデ（*Asterias forbesi* と *A. vulgaris*）とチヂミボラの一種（*Nucella lapillus*）によって増加しすぎないように保持されている．

8.3 海中林（ケルプ林）

温帯の寒い海域では，磯生物群集の下方に海中林（ケルプ林）が広がっている．ケルプという言葉は，夏季水温が 20℃ 以下の海域にみられるコンブ類，大型褐藻類の総称である．この藻類は湧昇があって流れが速く波の荒い海域に，大規模な下干潮帯群集を形成する．ケルプは固い基盤に付着して，磯の沖の水深 20～40 m（透明度による）あたりに生育する．ケルプ林は北アメリカ・南アメリカの西海岸沿いに分布を広げ，湧昇域がある海域ならば亜熱帯域までも広がっている．西太平洋では，大規模なケルプ林が日本，中国北

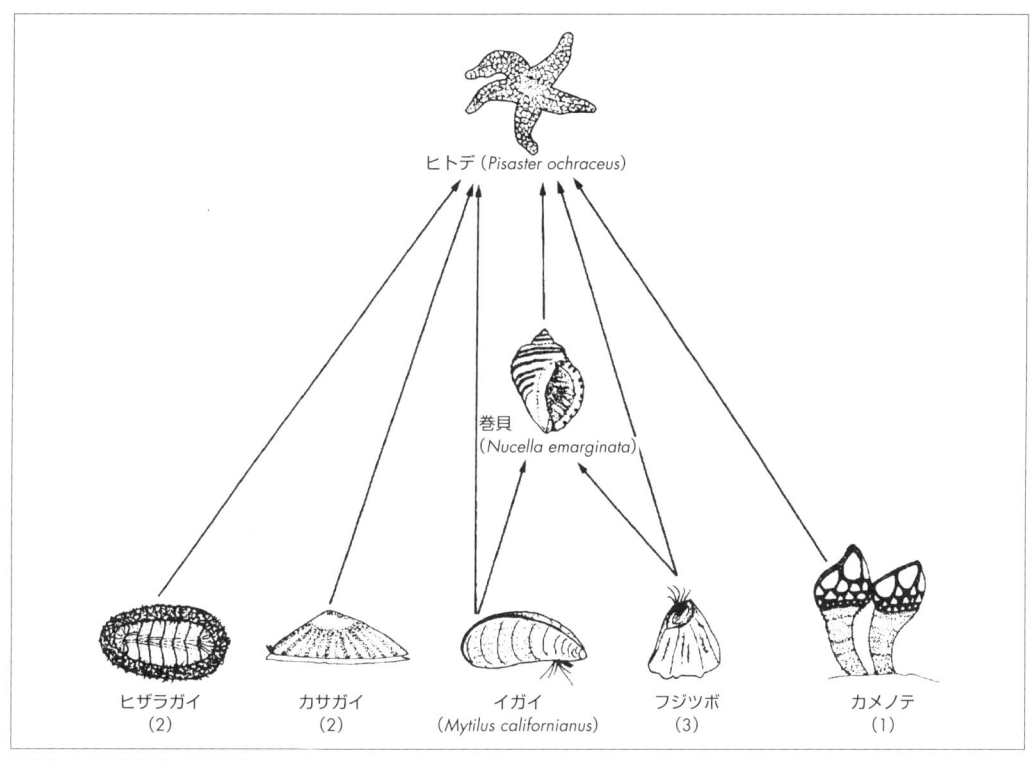

図 8.2　ヒトデに捕食される生物
カッコ内の数字は各生物グループの種数．ヒトデ（*Pisaster ochraceus*）は北米西岸の岩礁潮間帯群集における中枢種である．

部，朝鮮半島の近海に分布する．大西洋では，大きな群集がカナダ東岸やグリーンランド南部，アイスランド，イギリスを含むヨーロッパ北部海岸の沖に分布する．最大規模のケルプ生物量がみられるのは，フォークランド諸島など亜南極帯の島々の周囲である．ニュージーランドや南アフリカ海岸の沖にも，水産利用に十分な生物生産の見込まれるケルプ林が分布している．

個々のケルプ体には付着用の仮根と柔軟な茎がある（図 8.3）．茎からは大きく広い葉状体が伸びている．ケルプにはガスが充填した浮体部（気泡）があり，葉状体を日光が最大限に利用できる海面近くに浮かばせる役割をしている．葉状体の光合成面積が広いこと，海中林域は乱流によって栄養塩類に富んでいることなどの理由で，ケルプの生産性は高い．太平洋の普通種として *Nereocystis, Postelsia* と *Macrocystis* がある．*Macrocystis pyrifera* は全長が 50 m を超えることからジャイアントケルプとよばれ，カリフォルニア沿岸に巨大な海中林を形成している．北大西洋の沿岸域では，種々のコンブ類（*Laminaria*，多くは長さ 3〜5 m）がケルプ林の優占種として繁茂し，温帯太平洋域でも下層種としてみられる．

ケルプは最大の藻類であると同時に，成長のもっとも速い植物である．1 日あたりの成長はふつう 6〜25 cm であるが，カリフォルニア沖のジャイアントケルプは，1 日に 50〜60 cm も成長する．ケルプには一年性と多年性の種類があり，毎年あるいは数年ごとに古い仮根から新しい茎や葉状体を出す．すべてのケルプは胞子で増殖する．

ケルプの成長速度を生産性になおすと，年間約 600〜3000 g C m^{-2} 以上にもなる（8.2.2 項の潮間帯岩礁の値と比較するとよい）．アリューシャン列島のアムチトカ島沖のケルプ

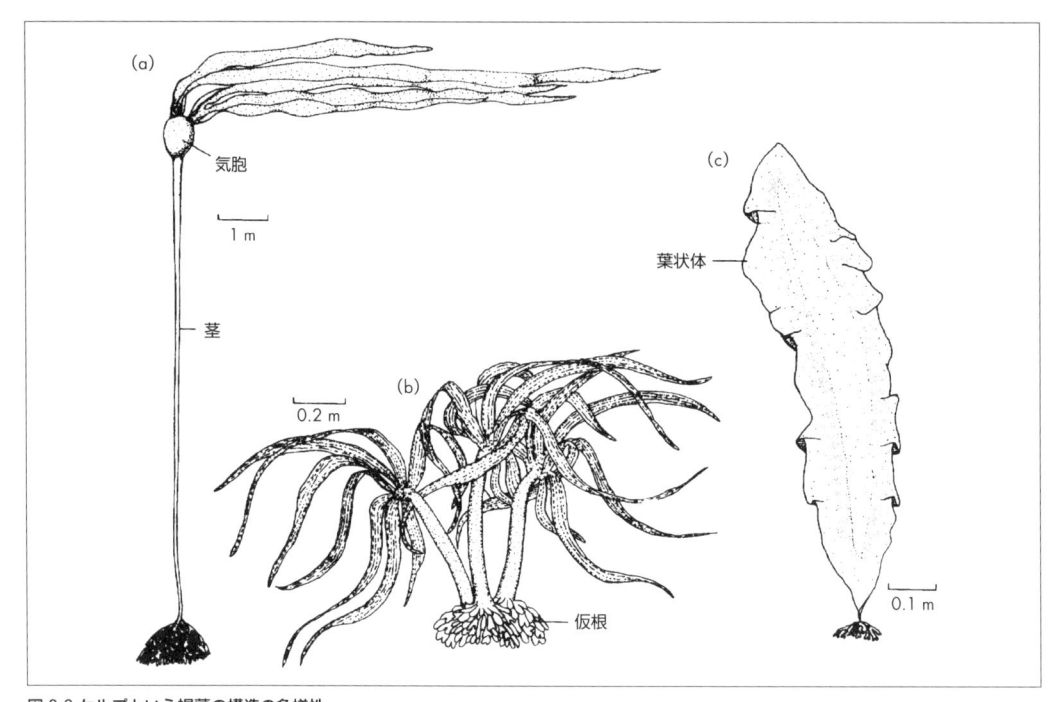

図8.3 ケルプという褐藻の構造の多様性
(a) *Nereocystis leutkeana*, (b) *Postelsia palmaeformis*, (c) カラフトコンブ *Laminaria saccharina*

生産は，年間1300〜2800 g C m^{-2}であるが，この高いケルプ生産量はかつて巨大なステラー海牛の個体群を支えていた（6.4節）．カナダ北極海域のノバスコシア沖では，コンブ林の年間生産は1750 g C m^{-2}になる．南アフリカ沖のケルプ林でも600 g C m^{-2}の年間生産がある．ケルプのアルギニンを肥料，ヨウ素源，産業用化学原料，食品添加物の原料として収穫する地方がある．カリフォルニアでは，産業用に収穫されるジャイアントケルプは年間1〜2万t（乾重）にのぼる．

ケルプ群集は空間的に不均一で多彩な生息場所を提供するので，そこには多種多様な生物がみられる．ケルプ葉状体の幅広い表面には珪藻などの微細藻類，苔虫類，ヒドロ虫類が多数付着している．種々の貝類や甲殻類，蠕虫類などの大型動物もケルプ藻体と付着基盤の岩場に生息している．ケルプ林の場所によっては，その一次生産の大部分がウニなどの植食動物に摂食される．ある種の巻貝やウミウシ（*Aplysia*など）もケルプを直接食べるが，この摂食量が一次生産に占める比率は微々たるものである．ケルプ林内に生息する魚は，ケルプを摂食する植食動物を捕食するとともにアザラシ，アシカ，サメなどの捕食者からケルプ林に身を守ってもらっている．

ケルプ生産量の90％は直接摂食されず，腐食連鎖にはいっていく．ケルプ葉状体の末端部分は，波によって絶えず減耗し，ちぎれて断片化する．また，日光・空間・栄養塩類をめぐる競争に負けた藻類が自己薄化することもある．一年生のケルプ種（*Nereocystis*など）は夏季のバイオマスが100 t ha^{-1}にも達するが，最初の冬の嵐ですべて散失してしまう．その残骸はケルプ林の海底にデトリタスとして沈殿し，あるいは他の海域へ移送される．嵐で仮根がはがれたケルプが海岸に大量に打ち上げられ，端脚類や等脚類に摂食されることもある．ケルプは，また大量の溶存態有機物を放出する．この浸出物はバクテリアに摂取され，懸濁態バイオマスに変換される（5.2.1項）．

ラッコ（*Enhydra lutris*）は北太平洋のケルプ林の中枢種であると考えられている．ラッコはカニ，ウニ，アワビなどの貝類，動きの遅い魚などを捕食し，1頭のラッコが1日に9 kgの餌を食べることもある．アムチトカ島沖では個体群密度が20〜30 km^{-2}のラッコは，1年間に約35000 kg km^{-2}の餌を消費している．ラッコがウニ（ケルプ摂食者）を捕食することで，ケルプの生産と消費の生態学的なバランスが保たれている．

ウニ（*Stronglyocentrotus* spp.）は生きたケルプを直接，しかも固い仮根まで摂食できる．海底に付着するための仮根を食べられると，ケルプは海流に流される．ラッコによる捕食を受けてウニの個体群密度が低く保たれているので，ケルプはウニによる過剰摂食から免れている．この意味でラッコがケルプ林の健全なバランスを保っていることが，アリューシャン列島の島々を比較して明らかになった．アラスカ海岸沖のケルプが繁茂している島には，ラッコやアザラシ，ハゲワシなどが多数生息している．しかし，付近には，ケルプ林もラッコの姿もみられず，アザラシやハゲワシもほとんどいない島々もある．記録によると，その生き物の少ない島々では18〜19世紀にラッコが乱獲されたらしい．しかし，わずかな数でもラッコが生き残った場合は，ラッコが再繁殖するとケルプも繁茂しつづけたのである．1911年以来，ラッコは法律で保護されるようになり，アラスカ州やブリティッシュ・コロンビア州の沿岸域では，ラッコの個体群が回復している．また，これ以外の海域，たとえばカリフォルニア沿岸域にも，ラッコは再導入されている．ラッコ個体群が回復した海域では，ウニが減り，ケルプ生産が増えている．法的に保護をしても，ラッコは絶滅危機にひんしやすい動物である．漁民は魚や貝類（とくにアワビ）を食い荒らす敵としてラッコを嫌っている．また，石油流出にも弱く，1989年にアラスカ沿岸域で起きたエクソン・バルディス号による原油流出事故では，5000頭ものラッコが死んでしまった．

ケルプ林にウニが高密度で生息すると，図8.4に示したようにケルプ林が破壊されかねない．1968年以前は，カナダ東部のノバスコシア沿岸域には大規模なコンブ（*Laminaria*）の海中林があった．この海中林は水深20 mまでの海底に広がっていて，37個体 m^{-2}というウニ個体群を支えていた．1968年以降に，ウニ（*Stronglyocentrotus droebachiensis*）の数が増加して，コンブの繁茂しない不毛の海底になってしまった．1980年までに，ウニの増えすぎた不毛の海底は沿岸域400 km以上にも広がった．海底の岩肌には石灰藻が覆うようになったが，ウニは石灰藻を摂食しない．1980年代前半に，ウニ個体群が壊滅的な病害を受けて，ケルプ林が再び回復した．ウニの大量死後，わずか3年以内に大規模なケルプ林の復活した海域もあった．

ノバスコシアの漁師の話では，ウニの大量死とケルプ–ウニ現存量の逆変動様式は早くても20世紀にはいってから発生したらしい．ウニが爆発的に増加したのは，ある年に幼生の生存率や加入率が高かったせいかもしれないし，この海域の水温変化と関係があるのかもしれない．異常高水温時にはウニ病害が広まることも考えられる．したがって，ケルプとウニとの現存量における変動は自然条件の

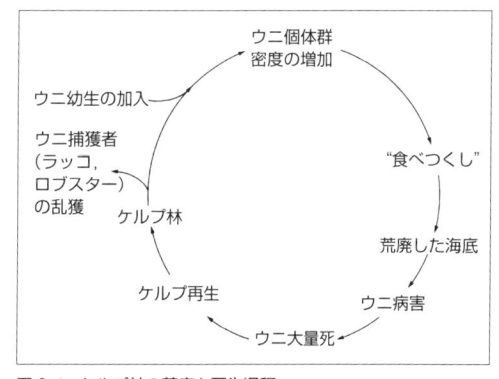

図8.4 ケルプ林の荒廃と再生過程
ウニ個体群の消長が要因である．

変化による自然現象と考えられ，ウニ捕食者の乱獲という短期的な現象ではなく，もっと長期的な現象と考えられる．いずれにせよ，ウニに対する捕食と病害が，下干潮帯に広がるコンブ群集の個体群動態に関与していることは明らかである．

8.4 砂　浜

潮間帯の砂浜は岩場の磯に比べると生物生産性が低い．とくに荒い波の打ち寄せる砂浜は，ほとんど不毛にみえることがある．これは，砂質は生物が隠れて生活するのに最適な場所であり，そこでは生物は簡単には観察できないためである．このように，生物活動が容易に観察できる場所に比べると，砂浜の生物調査は難しい．そのうえ，砂浜の生物は大半が小型なので，生物と砂粒をみわけることが面倒で，生物種の分類も難しい．

8.4.1　環境特性

砂浜には，不定形の石英砂粒に，貝殻片や海洋由来あるいは陸源のデトリタスが混ざっている．0.1 mmから2 mmまでのさまざまな砂粒のサイズはおもに波の作用で決まる．波の穏やかな浜ほど砂粒はより細かくなる．波が荒いと細粒は海水中に懸濁し，沖へ運ばれてしまうからである．砂から泥へと粒径が小さくなり，泥でできた平坦地は，水の動きがほとんどない海崖に形成される（8.5節）．細砂と泥との区別は難しく，泥砂や砂泥としかいいようがない．粒径が大きくなると，もはや砂粒ではなく，礫とよばれるようになる．これは大型の粒子で，粒子間隙が広いので，水分の保持力に乏しい．また，礫は転がったり，こすり合ったりするので，特殊な生物だけを宿す場所となっている．

砂浜は勾配が緩やかで，干潮時に堆積物から水が抜けるのが遅い．冠水時には，砂浜を覆う海水には酸素が多く溶存するが，砂地の中は深くなるにつれて酸素濃度が低下する．これは砂地中の微生物呼吸と化学的酸化のため，酸素が消費されるからである．無酸素状態は，砂地の有機物含量の多少に応じて，数ミリメートルから1 mの深さに黒色の硫化物層が存在することで判別できる．この硫化物層には，化学合成バクテリアが存在している（5.5節）．

砂浜が物理的に不安定な場所，たとえば乱流によって絶えず砂が動かされているような場所に生息する生物には特殊な適応が必要である．砂浜の表層は絶えず動いているので，大型の固着生物や表在動物は生息できない．また，砂浜は有機物含量が少ない．一方，砂は温度や塩分の激変を和らげる効果があるし，砂中に穴を掘って生活すれば干潮時でも海水に浸っていることができる．さらに，砂は強い日射からの防護材でもある．高潮線から低潮線にかけての場所では，物理環境や生物分布に違いがあるとしても，磯に存在するような帯状分布といえるほど判然とした分布様式は認められない．砂浜における帯状分布はまた動的で変動しやすい．潮が満ちてくると多くの個体群は砂浜上を移動する，あるいは水柱にはいることがある．

8.4.2　種組成

一次生産者

砂浜の高潮線以深には大型植物は着生しない．そこに優占する底生一次生産者は珪藻類，渦鞭毛藻類，藍藻類（シアノバクテリア）である．光は砂中をそれほど深く透過しないので，それら藻類の生息場所は堆積物表面に限られる．一次生産性は著しく低いので（15 g C m^{-2} y^{-1} 以下），砂浜生態系のエネルギー供給源はおもに周囲の海水中の植物プランクトンによる一次生産と有機デトリタスに依存している．

マクロベントス（底生動物）

砂浜に生息する大型のマクロベントス（底生動物）は，磯や泥質の海岸における群集に

比べて多様性が低い．バイオマスで比べると，穴を掘ってすむゴカイ類や二枚貝，甲殻類が優占する．温帯海域では，上満潮帯（潮上帯）に空気呼吸をする端脚類が（場所によっては等脚類も）優占的に生息する．端脚類や等脚類は昼間は砂に潜り，夜間に海岸に打ち上げられた海藻を摂食する．熱帯の砂浜の最上部を占める底生動物はスナガニ（Ocypode）であるが，これも腐食性である．

潮間帯の中央部から下部にかけて，マクロベントス群集は多様になる．比較的小型でくさび形の二枚貝類（Donax, Tellina など）は穴掘りが速く，浜に多数生息し，あるものは潮の干満とともに浜を上下移動する．大型のマテガイ（Ensis, Siliqua など）は砂浜にしか生息しないが，やはり掘穴が速い．これら移動性の二枚貝類は砂中を進みやすいように，貝殻が薄く，なめらかで細長い．トリガイ（Cardium など）やヒメシラトリガイ（Macoma）のように貝殻が肥厚した二枚貝類も砂地に生息するが，堆積物中に定着して，あまり移動しない傾向がある．これらの二枚貝は懸濁物食性か堆積物食性で，あるいはその両方の食性を行なう種類もある．一般に，堆積物食者は細粒の砂地に優占する傾向があるが，これは粗粒の砂地には餌量となる有機物が少ないためと思われる．砂地にはマクラガイ（Olivella など）やタマガイ（Natica, Polinices など）のように砂を掘り返す巻貝類も生息する．マクラガイの多くは小型の貝類を捕食する．タマガイはとくに二枚貝類の捕食者であり，被食者の貝殻に穿孔して中身を食べる．したがって，タマガイが多くなると，砂浜のマクロベントス群集構造に大きな影響が出てくる．実験的にタマガイを除去したところ，二枚貝類やほかの埋在性の餌生物が増加した事例がある．

底生動物によって砂浜に掘られた穴は波の作用を受け，また，砂の粒径が比較的大きいため，長期には保持されない．しかし，ゴカイ類が掘った穴は例外的に長持ちする．これは粘液質や膜質で穴が裏打ちされているからである．砂地にすむゴカイ類のほとんどが堆積物食性であるが，プランクトンや懸濁物質を摂食する種類も少数はみられ，食料を求めて砂中を動き回る捕食者や腐食者もいる（Nephthys, Glycera など）．

Emerita 属のスナホリガニは，潮間帯中央部に特有の甲殻類である．体全体を砂中に埋め，砂面上には触覚だけを出し，返し波から懸濁態の食物粒子を捕獲する．穴を掘るのが速いわりには浜鳥によく捕食される．クルマエビ類（Crangon など）やアミ類も砂浜の甲殻類である．一時的な穴を掘り，摂食のときに穴から出てくる．大型表在性カニ類に捕食される．

潮間帯下部には，埋在性のナマコやウニ，カシパンなどの棘皮動物がみられる．これらのほとんどは堆積物食者である．カシパンの短い棘は掘穴に適している．種類によっては若い個体が酸化鉄を含む重い砂粒を摂食し，消化管内に鉄分をためる．この行為によって，小さなカシパンでも体が重くなり，高波にも流されなくなる．ヒトデは，温帯域の砂浜には少ないが，熱帯の砂浜の潮間帯下部から下干潮帯には砂中の有機物を摂食する種類（Oreaster など）が多い．

砂浜群集の代表的な脊椎動物としては魚があげられる．ネズミギスは干潮時には掘穴にもぐり，一生を砂浜で送る．また，ヒラメやカレイには，満潮時にだけ砂浜にきて小型動物を捕食する種類もある．浜鳥や哺乳動物の種類（ネズミ，ラッコなど）は，定期的に餌を求めて砂浜にくる．

メイオベントス（小型底生動物）

砂浜環境ではメイオベントス（小型底生動物）はもっとも多様で，かつ高度に適応した種類からなる．**間隙動物**という用語は，砂粒間の間隙あるいは空隙に生息する動物をさしている．間隙動物は砂粒に付着するか，砂粒

を動かすことなく砂の間隙空間を移動する．動物門の多くがこの間隙動物群に属しており，種類によっては（たとえば腹毛類，図8.5 (c)，(d)）ほとんど砂浜にしか生息していない．砂浜のメイオベントスのバイオマスは一般に $1～2\,\mathrm{g\,m^{-2}}$ 程度であり，平均個体数は $10^6\,\mathrm{m^{-2}}$ である（砂の表面から無酸素層の深度まで）．

砂浜の代表的メイオベントスを図8.5に示す．形態的な適応がよくわかるであろう．小型であり，棘皮動物や軟体動物のように，普通ならば大型の動物群に分類される種類でさえわずか数ミリメートルの長さしかない．細長く，平たい体型をしている．さらに，砂粒に押しつぶされないよう固い外殻をもつ種類が多い．これには棘や鱗（たとえば腹毛類），外皮や外骨格（線虫類や甲殻類），内骨格や石灰質の針骨（ある種の繊毛虫類や裸鰓類）も寄与している．一方，繊毛虫類，ウズムシ類，ヒドロ虫類など，体が軟らかい動物種は，

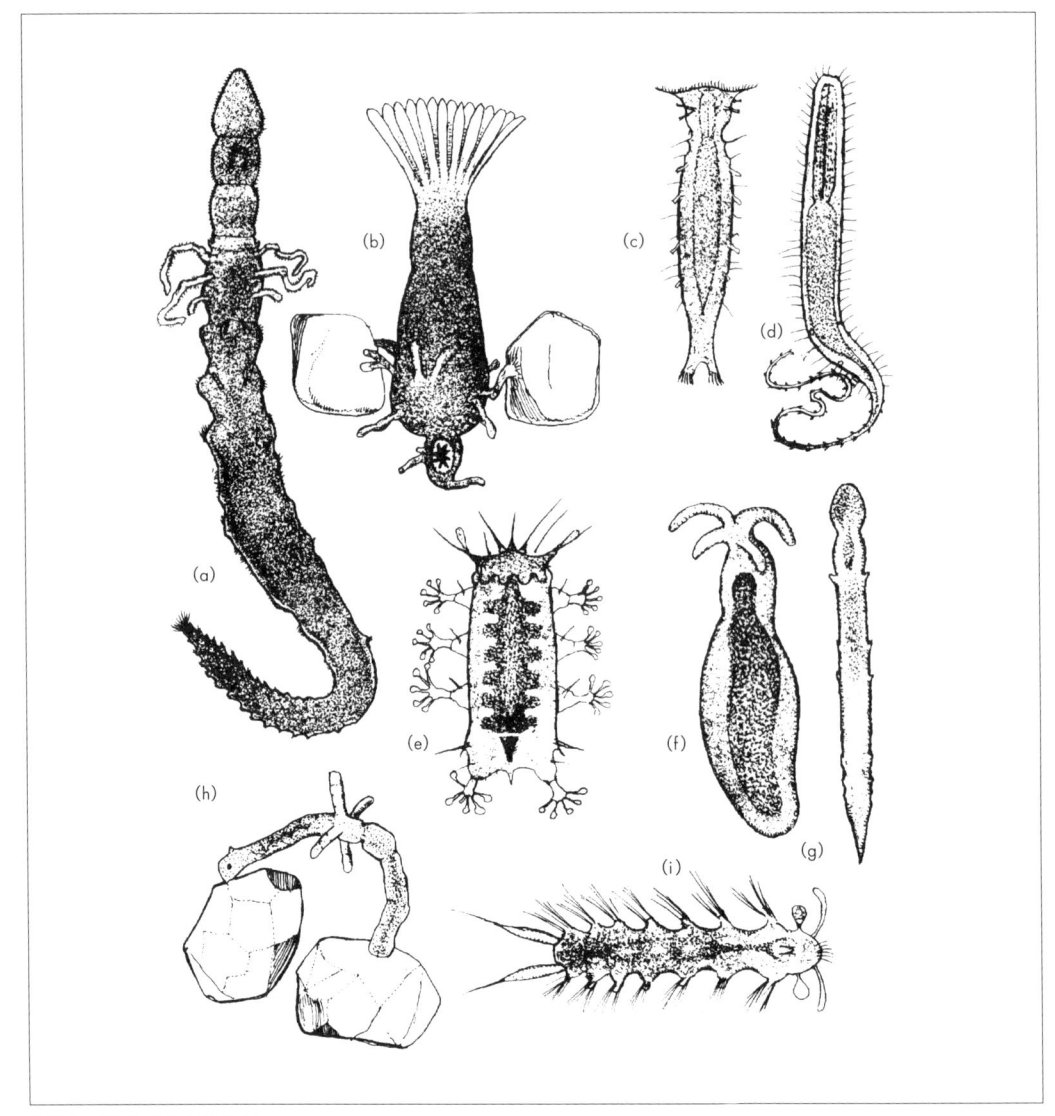

図8.5 砂中のメイオベントス
(a) 多毛類 *Psammpdrilus*，(b) 苔虫類 *Monobryozoon*，(c) 腹毛類 *Dactylopedalia*，(d) 腹毛類 *Urodasys*，(e) 緩歩類 *Batillipes*，(f) 腹足類 *Unela*，(g) 腹足類 *Pseudovermis*，(h) 砂粒付着性のヒドロ虫類 *Psammohydra*，(i) 多毛類 *Nerillidium*．体長は $0.1～1.5\,\mathrm{mm}$．

機械的衝撃から身を守るために強い収縮力を発達させている．間隙動物の多くは，堆積物粒子へ付着するための特殊な器官，たとえば外分泌腺とか鉤状(かぎじょう)構造，爪などをもっている（とくに図 8.5 (e)）．

砂浜のメイオベントスの多くは移動能があるが，ある種の有孔虫類やヒドロ虫類（図 8.5 (h)）は砂粒に固着して生活する．底生珪藻や渦鞭毛藻類を摂食するもの（介形類やハルパクチクス類など）からデトリタス食者（腹毛類，線虫類），捕食者（ヒドロ虫類，ウズムシ類）まで，すべての食性様式がみられる．懸濁物食者はもっとも少ないが，定着性の苔虫類やホヤ類がこれに相当する．メイオベントスは大型の堆積物食動物やエビ，稚魚などに捕食される．メイオベントスは体が小さく，配偶子の数が限られるので少産である．多くの種類は１回の産卵数がわずか１～10 であり，約 98 ％の種類は浮遊幼生の発育段階がない．幼生は自立できるまで親に養ってもらうことが多い．卵は砂粒に産みつけられ，孵化すると底生幼生になる．分散や伝播の様式は，砂浜が波に洗われる際に，卵や成体が水流にのって運ばれるか，あるいは砂とともに水鳥の足について運ばれるなど受動的な移動である．

8.5 河口域（汽水域）

河口域（汽水域）は部分的に閉鎖された水域に大きな川が海に流れ込むような場所である．河口域は底生藻類・海草・植物プランクトンの大きなバイオマスが多数の魚類や鳥類を支え，海洋生態系でもっとも生産性の高い場所の一つになっている．その理由は，河口域は陸起源の栄養塩類に富んでいるうえ，栄養塩類が河口域内に滞留するからである．高塩分の海水の上に軽い淡水がのると栄養塩の滞留が起きやすい．この様子を図 3.15 に示した．栄養塩類が下層の海水から上層の河川水へ運ばれ，河口域の海寄りの場所で植物プランクトンのブルームが起こるのが理解できるであろう．ブルームで生産された有機物の一部は，下層の海水層に沈んでから分解されて植物デトリタスになり，陸側へ向かって再び運ばれる．この河口特有の循環様式に潮汐作用が加わり，流れ込む河川水から懸濁粒子と栄養塩類が沈降させられ，再び下層（海水）の栄養塩類が上層の河川水に返っていく．

河口域にはそれぞれ物理的特徴があり，それが生態的特徴に影響している．たとえば，河川流量，水深，地形，循環様式，気候帯，潮位差などは河口域ごとに異なる．それでも，河口生物には共通の一般的特徴がみいだされている．いくつかの点で，河口生態系は外洋生態系よりはるかに複雑で，海寄りの河口プランクトン群集もさまざまな一次生産者に依存する群集の一つにすぎない．河口域の代表的群集を図 8.6 に示した．それぞれの群集が占める場所は，河口域ごとの潮汐作用や地形により異なるのがわかるであろう．

温帯では河口域の上流側からまず *Spartina* 属（イネ科の一種）や *Salicornia* 属（アッケシソウ）などの湿地植物が被覆する**塩湿地群集**がある．熱帯や亜熱帯ではマングローブ群集（8.7 節）がこれに相当する．根を張った顕花植物である湿地植物は高さ 2 m にも達することもあり，汽水から栄養物に富んだ堆積物を沈殿させるはたらきがある．湿地植物の地下部を除いた一次生産は 200 ～ 3000 g C m^{-2} y^{-1} であり，底泥の底生藻類の生産は 100 ～ 600 g C m^{-2} y^{-1} である．合計すると，塩湿地は地球上でもっとも生産性の高い生態系ということになる．植物体の大半は直接摂食されず，塩湿地あるいは隣接水域のデトリタス食物網にはいる．植物デトリタスはゆっくり時間をかけて分解し，デトリタスと他の堆積物が沈積して厚さ数メートルにもなるピート層（泥炭層）をつくる．こうして塩湿地は上へ上へと厚くなり，潮の干満や河川水の流出経路を変え，ひいては植物の種組成

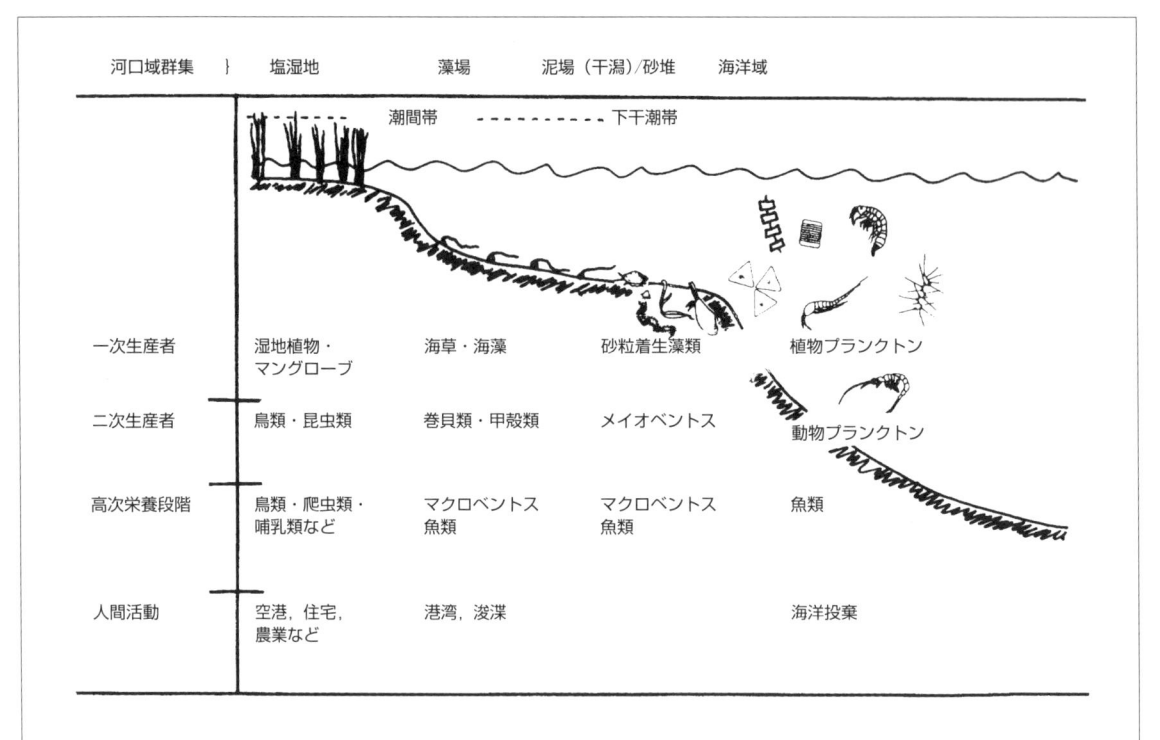

図8.6 河口域生態系を構成する生物群集の模式図
優占する動植物相と人為的影響の可能性を示した．

を変える．この湿地の遷移過程の終局は河口域の埋没と乾地化である．

塩湿地の上流側は海域と陸域の移行帯である．この生息環境は塩分や温度の変動が大きく，ここに永続的に生息できる動植物は比較的少ない．ここにはアライグマ，ネズミ，ヘビなどの陸生動物種が進出し，また，昆虫類や鳥類の大きな個体群もある．動物相は塩湿地の下流側のほうが多様であり，泥に穴を掘るシオマネキ (*Uca*)，豊富な底生珪藻を採食するヨウバイ (*Nasarius*)・タマキビ (*Littorina*)・ミズツボ科の巻貝 (*Hydrobia*)，泥中あるいは泥上での生息に適応して空中でも水中でも呼吸できるヒバリガイ (*Modiolus*) などの塩湿地マクロベントスがみられる．湿地植物の茎や葉は微小生物の付着基質となり，また，底泥の表面や内部にも無数のミクロベントスやメイオベントスが生息している．底泥中のバクテリア密度は $10^9\,cm^{-3}$ にも達し，原生動物やメイオベントスの重要な食物となっている．塩湿地はエビやロブスター幼生，多くの海産・汽水産魚類の仔稚魚に生息場所と食物を提供している．

藻場群集は塩湿地より海側の潮間帯と下干潮帯に位置する．海藻とともに海草が豊富に繁茂することもある．しかし，海草は海水の清澄な場所でよく生育し，濁った水ではあまり生育しないようである．藻場における優占植物はアマモであり，温帯域では *Zostera*，熱帯域では *Thalassia* に属する種類が分布している．褐藻のヒバマタ (*Fucus*)，緑藻のアオノリ (*Enteromorpha*) やアオサ (*Ulva*) などは藻場に散在する岩石表面に生育している．海草も海藻も，その生産性を測定するのは難しい．草体や藻体の表面の付着珪藻も光合成を行なうからである．たとえば，アメリカ東海岸のアマモ (*Zostera*) の生産が約 $350\,g\,C\,m^{-2}\,y^{-1}$ であるのに対して，その表面の付着藻類により $300\,g\,C\,m^{-2}\,y^{-1}$ がさらに生産されている．一般に藻場の純生産は温帯域

で約 $120 \sim 600 \, \text{g C m}^{-2} \text{y}^{-1}$，熱帯域で約 $1000 \, \text{g C m}^{-2} \text{y}^{-1}$ にも達する．

　海草上の付着藻類は巻貝や等脚類，端脚類，ハルパクチクス類に採食され，また，原生動物や線虫類などのメイオベントスがついている．固着性の沪過食性無脊椎動物（ヒドロ虫類，苔虫類，ホヤ類など）は海草葉体に着生する．藻場群集を優占する移動性の無脊椎動物には巻貝類，二枚貝類，ゴカイ類，種々の甲殻類がいる．さらに藻場域は，塩湿地と同様に，メンヘーデン（ニシンの近縁種）やサケなどの水産魚種を含む多くの魚種の稚魚が生育する場所でもある．

　塩湿地でも，藻場でも，一次生産は植食者にほとんど消費されない．どちらの群集でも優占植物は動物にとって消化しにくいセルロースなどの物質を含むので，ここでは腐食連鎖が卓越する．塩湿地の海草が直接的に摂食されるのは 10 % 以下しかなく，海藻もほんの少しウニや渡り鳥などに摂食されるだけである．しかし熱帯海域ではジュゴンやマナティー，ウミガメなどがアマモ（*Thalassia*）を大量に摂食する例外がある．それでも，塩湿地や藻場でも，純一次生産の大部分は枯死した植物体としてバクテリアや菌類によって利用され，繁殖した微生物バイオマスへと変換される．河口域での汽水中のバクテリア数は海水中よりもずっと多く，河口域堆積物中のバクテリア密度に至っては $200 \sim 500 \times 10^6 \, \text{g}^{-1}$（底泥）にもなる．したがって，河口域内で生産された大量の植物デトリタスは，一部は河口域外へ流出するが，その大部分は微生物ループ（5.2.1 項）を通って再循環することになる．有機物の大半は堆積物中で嫌気的に分解されるが，ここでは嫌気性バクテリアが硫酸イオンの結合酸素原子を用いて有機物の酸化分解（嫌気的呼吸）を行なっている．

　海側の藻場には，潮流条件に応じて**泥場（干潟）**や砂堆が形成される．泥場や砂堆に生息する底生群集は実質的に塩湿地から藻場を経て生息するような底生群集である．泥場や砂堆の優占植物は**砂粒着生藻類**であり，底生性の珪藻類や渦鞭毛藻類などで占められている．また，泥表面に数種類の糸状藍藻類（シアノバクテリア）が繁茂することもある．付着藻類による一次生産は底質物質の粒径に反比例する傾向があり，ほとんど同じ場所の砂堆より泥場のほうが生産性が高いようである．底生微細藻類による一次生産は，砂堆では $10 \, \text{g C m}^{-2} \text{y}^{-1}$ 程度しかないが，泥場では $230 \, \text{g C m}^{-2} \text{y}^{-1}$ にも達することがある．それでもほかの環境に比べると生産性は低い．

　泥場には，カニやカレイなどの表在動物のほかに二枚貝，ゴカイ，シャコなどの埋在動物が生息している．また，マクロベントス（カイアシ類，大型の線虫類，ゴカイ類など）やメイオベントス（原生動物，とくに繊毛虫類）も多い．これらの底生動物群集ではデトリタス食者が優占している．泥場の浅い場所では，デトリタス食性の無脊椎動物を多数の鳥類が捕食しているが，これは泥場のベントス群集の種組成に大きな影響を与えることがある．たとえば，大きな泥場にはコオバシギ（*Calidris canutus*）が数千羽という規模で生息するが，この 1 羽が 1 日あたり多いときには 730 個体ものシラトリガイ（*Macoma*）を捕食する．また，1 羽のアカアシシギ（*Tringa totanus*）は 40000 個もの掘穴性端脚類（*Corophium*）を捕食するし，ミヤコドリ（*Haematopus ostralegus*）1 羽も 1 日あたり 315 個のザルガイ（トリガイ（*Cardium*））を捕食する．全般的に鳥類は捕獲しうる無脊椎動物の $4 \sim 10$ % を捕食している．

　河口域の海側境界には**水柱群集**があり，この群集は植物プランクトンの一次生産（水質によって異なるが，だいたい $100 \sim 500 \, \text{g C m}^{-2} \text{y}^{-1}$）に依存している．この場所は栄養塩類は豊富だが，水が濁っていて光が透過しにくく，植物プランクトン生産が制限

されることが多い．浅い河口域では植物プランクトンのおよそ半分が沪過食性ベントスに利用されて，残りの半分は動物プランクトンに採食される．動物プランクトンはまた底生珪藻類や乱流に巻き上がった懸濁粒子（表面をバクテリアが覆っている）を摂食することもある．深いフィヨルドのような河口域では植物ベントスは光の制限を受けるので，一次生産の大半は植物プランクトンによってまかなわれる．

　河口域は生物生産性が高く，甲殻類・貝類・鳥類などが多数生息し，多くの稚魚の生育場にもなっている．しかし，ここに生息する生物の種数はほかの海洋環境に比べると少ない．河口域での環境変動（温度，塩分，濁りなど）に適応できる種類が少ないためである．基質（岩石質，砂質，泥質など）や潮汐の影響もあるが，むしろ，激しい塩分変動への耐性が生物分布を決める主要因となっている．

　河口域における淡水種・汽水種・海産種の動物の分布と多様性を図8.7に示す．河口域に生息する動物は基本的には海洋動物であるが，海産種数は汽水中における塩分の低下とともに減少し，狭塩性の種類が減少して広塩性の種類が優占するようになる（2.3.2項）．河川に生息する動物の多くは，環境水が0.5以上の塩分になると耐性がなくなり，河口域の最上流域より海側には侵入できない．昆虫の幼生，ゴカイ類，巻貝類，トゲウオなどのきわめて少数の淡水種だけが塩分0.5〜5の河口水中に生息できる（低塩性）．環境水の塩分が5〜20に生息が限定される汽水種は比較的少なく，汽水域に生息する動物の多くが本来は海産種である．そして，河口域動物の多くは広塩性であり，海域から河口域中央部にわたって分布する．狭塩性の海産種は25〜30以下の塩分には耐性がないので，河口域に侵入できない．サケやウナギなどは，河口域に一時的にとどまるだけで，海から川

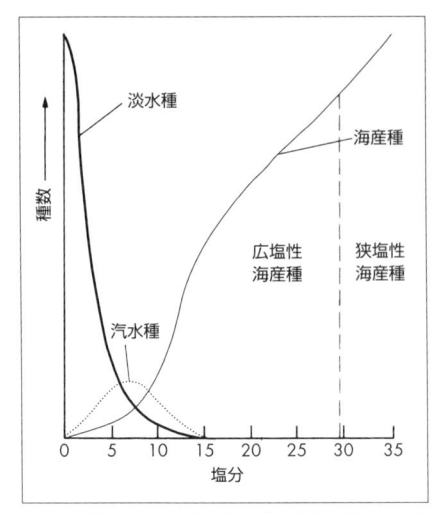

図8.7　淡水種，汽水種，海産種の動物の分布と塩分の関係の概念図

や湖に，あるいは，その逆も自由に往来できる（6.6.1項）．全体的にみると，河口域は隣接水域に比べると生息する生物種数が少ないが，現存量やバイオマスは顕著に増加することが多い．

　河口域へ海産種や淡水種がどこまで侵入できるかは，一般に環境水の塩分勾配よりもむしろ潮汐の速さと大きさで決まる．つまり，潮の干満が小さく塩分勾配の安定した河口域には，海産種が河口のかなり上流側まではいり込み，淡水種はずっと海側まで分布している．また，河口域において生物の種数が最少になる場所は，塩分変動が最大になる場所と一致している．さらに，河口域におけるベントスの分布は底質の影響も受けている．

8.6　サンゴ礁

　サンゴ礁は，その美しさで人々を魅了し，海洋ベントス群集の中でもっとも多様で複雑な生態系の一つとなっている．サンゴ礁は，刺胞動物門（表7.1）に属するサンゴ虫によって形成される点が特徴的である．この熱帯性の礁はサンゴ虫が地質学的な時間にわたって沈殿させた炭酸カルシウムの塊である．古いものは5億年前までさかのぼれるほ

どであり，最古の海洋生物群集の一つに数えられる．

8.6.1 分布と制限要因

生きたサンゴ礁の分布域は約 $6 \times 10^5 \mathrm{~km}^2$，全海洋面積の 0.2 ％以下であり，水深 30 m までの海域面積の約 15 ％である．最大のサンゴ礁は，オーストラリア東海岸のグレートバリアリーフで，延長 2000 km，幅 145 km にも達する．サンゴ礁の分布は等水温線 20 ℃で区切られるので，実質的に熱帯海域に限定されている（図 3.10）．造礁サンゴは 18 ℃以下の水温には耐えられず，最適水温は 23～29 ℃で，40 ℃以上の水温に耐えうるものもある．水温以外にも造礁サンゴの分布制限要因は多い．たとえば，造礁サンゴには 32～42 もの高い塩分が必要であり，強い光も造礁サンゴには必要なので（理由は後述），分布は有光層内に限られる．したがって，熱帯海域の澄んだ海水に囲まれているのに，ほとんどの造礁サンゴは 25 m 以浅にしか生息しない．サンゴは空気に数時間以上さらされると死んでしまうので，サンゴ礁は低潮位より浅い場所には形成されない．また，懸濁物や泥が多い環境では，サンゴの摂餌構造が目詰まりしてしまい，濁度が高いと太陽光も透過しにくいので，サンゴは濁った水には生息しない．サンゴ礁の造形は一時プランクトンの幼生が固い海底基盤に定着してから始まる．新しいサンゴ礁がいつも大陸や島の縁辺部にあるのはこのためである．

8.6.2 サンゴの構造

サンゴはイソギンチャクの近縁種（ともに花虫綱に属する）であり，分類学上少し離れてクラゲやヒドロ虫類などと類縁関係がある．すべてのサンゴが造礁サンゴというわけではない．深層水中や低温環境にも生息できる単体あるいは群体サンゴもいて，これらは世界中の海に分布する．造礁サンゴは群体であり，それぞれのサンゴ礁はポリプとよばれる小さな個体の集合体である（図 8.8）．それぞれのポリプは，周りに炭酸カルシウムを分泌し，直径約 1～3 mm の外骨格をつくる．ポリプには刺胞（4.2 節）のついた触手が備わり，捕食と防御に用いられる．ポリプは無性生殖（出芽）で増殖して大きな群体を形成するが，群体を形成したポリプの個体それぞれはすべて組織の一部でつながっている．サンゴはまた有性生殖も行ない，浮遊幼生が分散してから着底し，新たな群体を形成する．

サンゴの群体には大小があり，とくに大きなものは重さ数百トンに達することがある．群体の形には分枝状，塊状，葉状，襞状など種々さまざまである．このような形態はサンゴの種類や生息場所の物理環境によって決まる．波の荒い場所と静かな場所，浅所と深所に生育するサンゴは，たとえ同種でも，ずいぶん違った形態になることがある．

8.6.3 多様性

サンゴ礁に生息する生物の多様性は目をみはるほどである．図 8.9 はおもなサンゴ礁動物相のほんの一例である．グレートバリアリーフには約 350 種ものサンゴがあり，4000 種以上の軟体動物と 1500 種以上の魚類，240 種以上の鳥類がすんでいる．サンゴ礁生態系にはほとんどすべての動物門と綱に属する動物がみられる．インド洋－太平洋域も造礁サンゴ種の多様性が豊かで，少なくとも 500 種が知られている．一方，大西洋域では種の多様性に乏しく，約 75 種が知られるのみである．同様に，サンゴ礁動物相の多様性も一般にインド洋－太平洋域で高く，大西洋域で低い．たとえば，サンゴ礁に生息する貝類種はインド洋－太平洋域では約 5000 種に対して，大西洋域では 1200 種である．魚種はインド洋－太平洋域の約 2000 種に対して，大西洋域では 600 種である．このような種の多様性にみられる差異は，その海域の年齢，すなわ

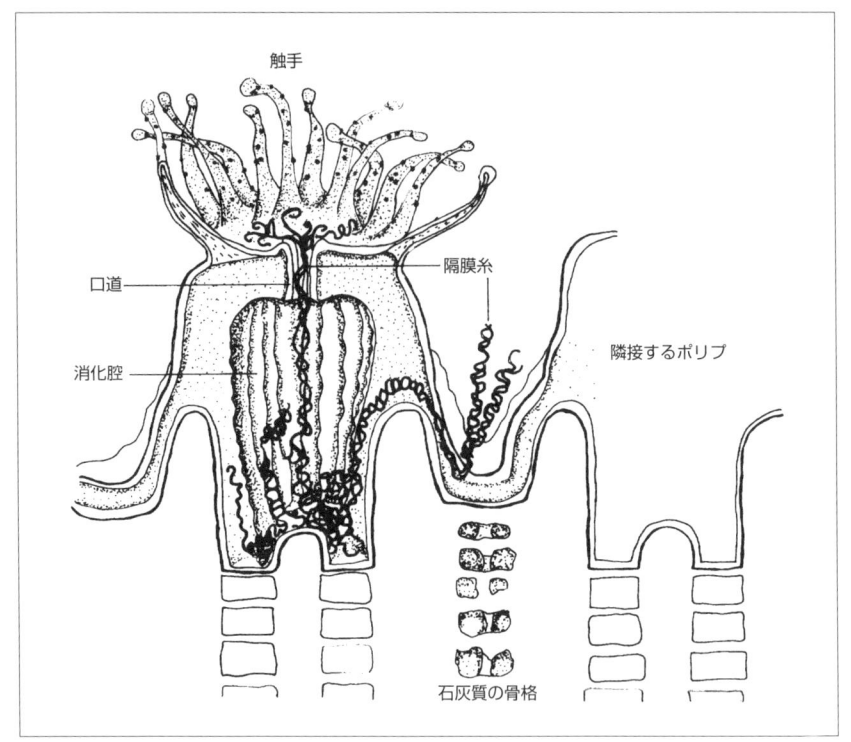

図 8.8 サンゴのポリプの体構造
ポリプは基本的に石灰質骨格に保護された収縮性の袋状構造である．口の周りには 6 本（あるいは 6 の倍数）の触手があり，触手には刺胞がある．消化腔壁の細胞内には褐虫藻が共生している．ポリプは石灰質の外骨格を分泌しながら上方へ成長する．

図 8.9 多様な生物が生息するサンゴ礁

1	ウミツバメ	8	イソギンチャク	15	クダサンゴ	22	ヒトデ
2	クラゲ	9	イシサンゴ	16	巻貝	23	軟質サンゴ
3	エンゼルフィッシュ	10	コケムシ	17	ウミウシ	24	オトヒメエビ
4	丸滴状のサンゴ	11	ノウサンゴ	18	カイメン	25	ヤギ
5	ヤギ	12	チョウチョウオ	19	群体ホヤ	26	クマノミ
6	モンガラカワハギ	13	ウツボ	20	シャコガイ	27	蠕虫生管
7	ヤギ	14	ホンソメワケベラ	21	イソギンチャク	28	コヤスガイ

第 8 章 底生生物群集

ちサンゴ礁の発達する地質学的な時間に関連するものと考えられる．地質学的には，大西洋は最近できた海であり，氷河期の水温低下と海水準低下が，サンゴ礁の発達により大きな影響を与えてきた．実際，大西洋のサンゴ礁の多くが形成されはじめたのはわずか1～1.5万年前であり，この時期は最終氷期に相当する．一方，グレートバリアリーフは約200万歳であり，太平洋には約6000万歳もの環礁すら存在する．

サンゴ礁は多くの植物・無脊椎動物・魚類に栄養と生息場所を提供している．たとえば，固着生物には付着の場を提供している．サンゴ礁の石灰質表面は不規則で，割れ目やトンネルなど多様な微小環境があり，そこに生息する動物種の多様性に寄与している．サンゴの群体間に堆積した砕石質や砂質に適応して生活する群集も形成されるが，これは礁の固い基盤に生活する群集とは異なっている．また，サンゴ礁は波の作用や水深，干満差などの物理的条件によって区分される．この多種多様な環境条件があってこそ多様な生物種が生息できるのである．

サンゴ礁のバイオマスの大半はサンゴ虫のポリプによるが，ほかの生物も礁の炭酸塩構造に寄与している．たとえば，サンゴ礁の表面を薄く被覆する石灰藻は炭酸カルシウム（$CaCO_3$）を海水から沈殿させて，礁の砕片を固結するはたらきがある．ある種の緑藻も炭酸カルシウムを分泌する．被覆藻類のほかにも底生性の直立藻類があり，サンゴ構造の隙間を埋めることに寄与している．これらの植物は植食性の無脊椎動物や魚類の食物となる．しかし，これらの藻類は一般にあまり目立たず，動物のほうが目につきやすい．

サンゴ礁には，硬質の造礁サンゴ以外の刺胞動物，たとえば非造礁サンゴの角質サンゴ（ヤギ類など）や軟質サンゴ（ウミトサカ類など）も多くみられる（図8.9）．ウミエラ類もサンゴ礁の普通種であるが，硬質サンゴに近縁で，石灰質の内骨格（骨片）をもっている．ほかのおもな無脊椎動物としては，棘皮動物（ヒトデ，ウニ，ナマコ），貝類（カサガイ，巻貝，二枚貝），ゴカイ類，海綿類，甲殻類（イセエビや小エビも含む）などがみられる．また，石灰質の生管をつくる苔虫類や，管状の貝殻を礁に付着させる巻貝もいるが，これは石灰質のサンゴ礁構造を固結するはたらきがある．太平洋では，シャコガイ *Tridacna* 属の巨大な二枚貝もサンゴ礁の重要な構成種である（図8.9）．シャコガイは大きさ1m以上になり，重さは300kgを超えることがある．この貝がサンゴ礁のバイオマスに占める割合は驚くほど大きい．

サンゴ礁の主要な脊椎動物は魚類である．サンゴ礁の魚の多くは，色鮮やかでよく目立つ．また，海産魚の約25％はサンゴ礁域にしかみられない．この多様な魚種は，食性と餌選択性がかなり特殊化しており，藻類や海草を摂食する植食者，プランクトン食者，魚食者，底生無脊椎動物の捕食者などがみられる．魚類は，摂食や捕食以外にも生態学的に重要である．たとえば，魚の糞はサンゴ礁生態系の重要な栄養源になっている．

サンゴ礁では，種数も個体数も多く，限られた資源をめぐって種間・個体間の競争が激しい．種の多様性にともなって食性も特殊化し，利用しうる食物はすべて利用されている．また，サンゴ礁では生息空間をめぐる競争も激しい．どんな微小環境でも，そこに適応できる生物が占拠している．たとえば，ある種のサンゴの隔膜糸（図8.8）には，隣接するほかの群体のポリプを殺す物質が含まれている．成長の遅いサンゴはこうして成長の速いサンゴ種の繁栄を妨害して，サンゴの種のバランスを保つ．

8.6.4 サンゴ礁の栄養と生産

造礁サンゴと非造礁サンゴの違いの一つは共生藻類の有無である．造礁サンゴの各ポリプは，**褐虫藻類**に属する光合成渦鞭毛藻類を共生させている．褐虫藻類は渦鞭毛藻の1つの生活型（栄養生殖型）である．室内培養すると運動性の渦鞭毛藻になるが，これは浮遊性の渦鞭毛藻とまったく同じ型である(3.1.2項)．サンゴに共生する褐虫藻はただ1属の *Symbiodinium* に属し，サンゴ種ごとにその褐虫藻種の系統が少し異なるだけである．褐虫藻類はサンゴ消化腔の裏側の細胞内に共生し，その密度はサンゴ組織 $1\,mm^3$ あたり30000にも達する．環境条件が悪化すると，サンゴは共生藻類を捨てることがある．サンゴの色合いは大部分が褐虫藻類に由来するので，このように共生褐虫藻類を捨てることは脱色現象（白化，ブリーチング）とよばれている．

サンゴと藻類の関係は双方にとって有利である（相利共生）．サンゴは共生褐虫藻を保護し，かつ光合成に必要な化学物質を供給する．たとえば，供給される二酸化炭素はサンゴの呼吸代謝で生じ，無機栄養塩類（アンモニア，硝酸塩，リン酸塩）はサンゴの代謝排出物に含まれている．一方の共生藻は酸素を発生し，代謝排出物を吸収除去している．しかし，さらに重要なのは，共生褐虫藻がサンゴに光合成産物（有機物）を供給していることである．この有機物はグルコースやグリセロール，アミノ酸などで，サンゴ虫の代謝経路にとり込まれてタンパク質・脂肪・炭水化物などの合成に用いられる．共生藻はサンゴ虫による炭酸カルシウム生成も促進する．実験的にサンゴから共生褐虫藻を除去する，あるいはサンゴを弱光か暗条件下におくと，石灰化速度が著しく低下する．光合成による二酸化炭素固定（共生褐虫藻による）と炭酸カルシウム態への二酸化炭素固定（サンゴ虫による）は，2つの異なった反応であり，両者の関係は複雑で十分には解明されていない．しかし，光合成渦鞭毛藻類との共生関係は，造礁サンゴが明るく澄んだ水を必要とすることの説明にはなる．この共生関係は，褐虫藻に十分な光を供給する必要性から，サンゴ個体間の競争を激化させることにもなる．

サンゴと褐虫藻の共生関係は時間的にも空間的にも維持される．つまり，サンゴの幼生は，親ポリプから共生藻を分譲してもらい，ほかの場所へと分散する．しかし，この共生関係はサンゴに特異的な現象ではない．ほかの刺胞動物のほとんどすべての種類，海綿類と無殻軟体動物に属する数種，シャコガイ(*Tridacna*)など，サンゴ礁に生息する動物にも褐虫藻は共生している．

藻類とサンゴなど無脊椎動物との共生関係におかげで，サンゴ礁内の栄養塩類が効率よく循環している．この閉鎖的な栄養塩循環は，熱帯の貧栄養域におけるサンゴ礁の高生産性を維持するうえで，きわめて重要である．

しかし，共生藻類が宿主の栄養要求のすべてをまかなっているわけではない．共生褐虫藻の宿主動物はすべて栄養要求性で(3.1.2項)，ほかの栄養摂取手段も同時に用いている．サンゴは肉食性であり，刺胞を使って動物プランクトンを捕食する．また，多くのサンゴ種は，粘液質のネットやフィラメントを用いて海水中に懸濁する食物をからめとり，それを繊毛列の運動で口まで運んで摂食する．この繊毛と粘液質システムにより，バクテリア大の粒子まで摂食することができる．サンゴはまた溶存態有機物を直接吸収することもある．

サンゴの栄養源として褐虫藻と懸濁態粒子のどちらが重要かはサンゴの種類によって異なるようで，その関係は共生藻類が生成して宿主に移動する物質の影響を受けることもある．その関係はまた，深度，光強度，動物プランクトン現存量などの環境要因の影響も受けるはずである．

8.6.5 生物生産の推定

サンゴ礁の一次生産の主体は底生付着藻類，植物プランクトン，共生褐虫藻類である．これらの一次生産者を分別して，それぞれの生産性を測定することはきわめて難しい．用いる測定方法がそれぞれ異なるためである．植物プランクトン以外は，現存量を見積もることさえ難しい．あえて測定する場合は，サンゴポリプに占める共生藻の割合や，底生藻類の生産性の寄与も調査しなければならない．これらがわかって初めてサンゴ礁の一次生産性が確かめられたことになる．

サンゴ礁の生産に関する研究によると，総一次生産が約 1500～5000 g C m^{-2} y^{-1} であり，ほかの熱帯外洋域の一次生産よりもずっと大きいこと（3.5, 3.6節）が明らかにされている．実際，この値は，陸域も含めて生物圏における最高の一次生産性のレベルである．しかも，この生産を支える栄養塩類のほとんどが再循環されている（f 比 0.1 以下，5.5.1項）．一次生産者と優占動物種の共生関係によって，栄養塩類がサンゴ礁内で再循環できるのである．これはサンゴ礁一次生産における主要な生物的要因の特性である．深海の硫化物依存の生物群集でも同様な現象がみられる（8.9節）．

サンゴ礁では，一次生産者自体の呼吸が大きいので，純一次生産は予想されるよりも小さい．総生産と呼吸の比（P/R 比）は，植物プランクトンの約 10 に対して，サンゴ礁では 1.0～2.5 と小さい．さらに，サンゴ礁の食物連鎖は湧昇海域の食物連鎖よりもずっと長いので（5.1節），食物連鎖全体での呼吸量（生産物の消費）は大きくなる．このためサンゴ礁では，総一次生産の大きさのわりには，最高次の捕食者が少なくなる．

8.6.6 サンゴ礁の形成と発達

1830 年代のビーグル号航海で，Charles Darwin はサンゴ礁の 3 つの基本型（裾礁，堡礁，環礁）を観察し，サンゴ礁の形成に関する仮説モデルを考案した．図 8.10 は，これを簡単に図式化したものである．

サンゴ礁の形成は，浮遊性のサンゴ幼生が陸縁の水面下の海底にある基盤に着生してから始まる．サンゴは生育して大きくなると，海岸に沿って島の周りを囲むように帯状の**裾礁**を形成する．裾礁はカリブ海の西インド諸島で優占する型である．これはまた，環礁形成過程の初期段階である．

裾礁のできた火山島などがゆっくり沈降すると，サンゴは上方に向かって成長を続け，やがて**堡礁**が形成される．そして，堡礁と陸塊の間に**礁湖**とよばれる水域が広がる．オーストラリアのグレートバリアリーフ（大堡礁）は世界でもっとも有名な堡礁であるが，これは多数のサンゴ礁の集合体である．

サンゴ礁形成という地質学的な過程の最終段階は**環礁**である．火山島などが海面下に沈降すると，サンゴ礁は中央礁湖の周囲にとり残される．サンゴは引き続き上方へと成長を続けて，環状のサンゴ礁が維持されることになる．しかし，中央礁湖内は穏やかなので堆積量が多く，その内でサンゴ礁を発達させるには不向きである．南太平洋にある数百もの環礁は，すべて大陸から遠く離れた海山上に位置している．ちなみに，**海山**はかつての火山島が沈降したものである．

Darwin の環礁形成仮説は 1950 年代の掘削研究計画により検証された．環礁を掘り進んだところ，表面から数百メートルの海底質が火山岩であったからである．深海の海山に浅海産サンゴが発見されたことにより，ダーウィン説はさらに確かなものになった．

サンゴ礁の発達速度は，サンゴポリプの増殖（出芽）および石灰化と石灰質構造の破壊との平衡状態に依存している．サンゴは，ポリプ下側に新たな石灰質を沈着させながら，太陽光を求めて上方へと成長する（図 8.8）．

(a) 裾礁
火山島
海面
隆起

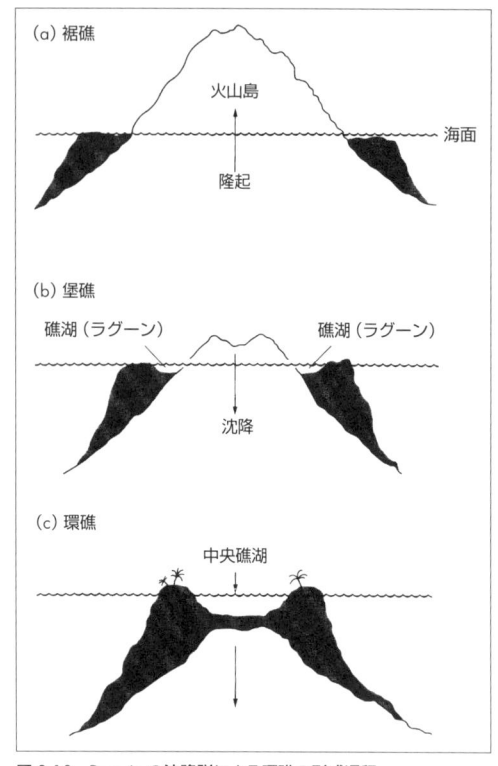

(b) 堡礁
礁湖（ラグーン）　礁湖（ラグーン）
沈降

(c) 環礁
中央礁湖

図8.10　Darwinの沈降説による環礁の形成過程

サンゴ骨格の成長は，日照条件のほうが暗黒条件よりもずっと速い．また当然ではあるが，海水の濁りや化学物質の影響を受けて，褐虫藻の光合成が低減すると，サンゴの成長速度も低下する（8.6.4項）．さらに，年齢を重ねるごとに，また，サンゴ群体が大きくなるにつれて，サンゴの成長速度が低下することもある．一般にサンゴは成長が遅く，$1\,\mathrm{cm\,y^{-1}}$以下からせいぜい$10\,\mathrm{cm\,y^{-1}}$の成長速度と見積もられている．

しかし，個々のサンゴ種の成長速度が必ずしもサンゴ礁生態系全体の成長速度を表すわけではない．これは，サンゴ種が異なれば成長速度も異なり，またサンゴ礁の成長と発達は数多くの要因（捕食，空間をめぐる競争，光強度など）にも制御されるからである．さらに，サンゴ礁は生物作用や物理現象（下述）により絶えず破壊されている．数年間におけるサンゴ礁の地形変化やサンゴ礁石灰岩の厚さに関する地質学的な知見から，サンゴ礁全体の成長を見積もると，サンゴ礁の上方向への成長は一定していないが，好適な条件において年間数ミリメートルから11年で30 cmまでの範囲内にある．

サンゴ礁全体の成長速度を，より正確に見積もるには，サンゴ礁の破壊要因および破壊速度をも測定しておく必要がある．サンゴ礁は，波浪や潮流などの物理的な浸食作用を受け，台風など熱帯性低気圧でも壊滅的損傷を受ける．また，サンゴ礁に生息する生物もサンゴの炭酸カルシウムを崩壊・分解する．これを**生物浸食**という．たとえば，化学的あるいは機械的にサンゴの骨格に穿孔し，やがてとり除いてしまう生物がいる．この代表的な種類は，藻類，二枚貝類，海綿類，ウニ類，ゴカイ類などに属している．また，サンゴ礁骨格を食物といっしょに摂食してしまう生物もいる（植食性のカサガイと巻貝類，ブダイなど）．サンゴの小片もナマコなどの堆積物食者に捕食されると，サンゴ片はますます小さくなる．このような破壊的作用によりサンゴ礁は崩壊・分解し，やがて細粒の炭酸塩砂になる．この細片の大部分は波浪や潮流によりサンゴ礁外へ洗い流されるが，一部はサンゴ礁の高まりと高まりの間に集積する．

8.6.7　サンゴ礁の帯状分布

海底の地形や深度あるいは場所ごとの波浪作用の違いなどによって，サンゴ礁には帯状分布がみられる．この帯状分布はサンゴ礁の位置と型とによって異なるが，もっとも複雑な帯状分布は環礁にみられる．帯状分布のおもな区分（図8.11）を次に説明するが，この区分はさらに10以上もの細かいものに分けられることもある．

礁原はサンゴ礁の内側に位置しており，岸から沖合に向かって広がる．ここの水深は数センチメートルないし数メートルしかなく，干潮時には大部分が干出する．礁原の幅は数十メートルから数千メートルまでさまざまで

ある．基底はサンゴ岩やサンゴ砂からなり，砂地に繁茂している海草や海藻群集は被覆性あるいは糸状である．礁原は浅いので，水温や塩分の変動が大きいが，外洋から打ち寄せる波浪からは防護されている．また，礁原内は水の循環がわるく，堆積物が集積し，周期的に干出するので，サンゴの成長はよくない．生きたサンゴは少ないが（海側部を除く），礁原の多彩な微小環境はサンゴ礁生態系の豊かな生物多様性を支えている．優占する大型生物（目でみえるもの）には軟体動物，蠕虫類，十脚類（甲殻類）などがいる．

礁縁（reef crest）はサンゴ礁の外縁に位置し，この海側縁では外洋から寄せる波が砕け散る．名前が示すように（crestには高まりの意味がある），礁縁はサンゴ礁のもっとも高い場所であり，干潮時には干出する．この幅は数メートルから数十メートルに達する．海域によっては，礁縁には紅藻の一種の石灰藻あるいは褐藻類が優占している．激しい寄せ波のある場所では，強固なサンゴが1種類か2種類のみ分布している．

もっとも外側の**礁斜面**は低潮位から深場へと広がっている．礁斜面の上部は一部壊されて水路になり，ここを通って外洋水が礁内にはいったり，サンゴ片が礁外に洗い流されたりする．この場所に生息するサンゴも魚類も大型である．サンゴ礁全体の中でも，生物種数がもっとも多いのは水深15～20 mの水域であり，これ以深では種数が急減している．

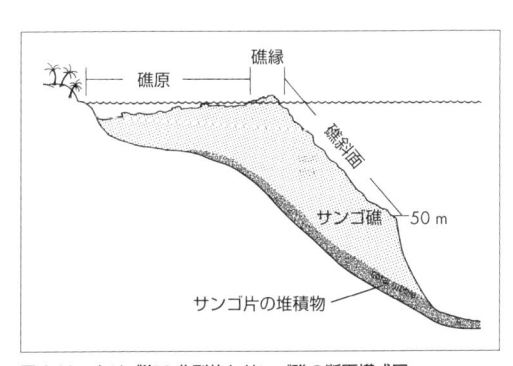

図8.11 カリブ海の典型的なサンゴ礁の断面模式図 おもな区分を示した．

水深20～30 mでは波の作用をほとんど受けないが，日射強度が海面の25％に低減し，サンゴも小型化している．水深が30～40 mになると，斜面の緩いところに堆積物が集積し，サンゴは散在生息するようになる．海綿類やウミトサカ類などの造礁サンゴではないベントス種が多くなりはじめ，深くなるにつれて造礁サンゴ類にとって代わるようになる．水深50 mでは礁斜面が急になる．造礁サンゴ類の生息可能な下限は，太平洋では水深約50～60 m，カリブ海では約100 mであるが，この相違は光の透過性に関係あると思われる．

8.7 マングローブ林

マングローブ林あるいは**マンガル**は熱帯と亜熱帯の沿岸域の60～75％を占めている．マングローブ林の樹木は，潮間帯上部の軟泥に根を張る．マングローブ林は，植物体の大半が空気中にある点と陸域・海域両方の生物がみられる点で塩湿地に似ている．マングローブ林の樹木は広い塩分耐性があり，海水域から河口域にかけて生息しているが，波の静かな海岸にしか生息できない．マングローブの分布域はサンゴ礁の分布と重なるが，マングローブのほうがより亜熱帯域で分布を伸ばしている．堡礁に守られた岸辺をマングローブ林が縁どることが多い．

8.7.1 マングローブとは何か

マングローブとよばれる植物は，陸生顕花植物（被子植物）の約12属60種に属する樹木の総称で，主要属にはヒルギ（*Rhizophora*），ヒルギダマシ（*Avicennia*），オヒルギ（*Bruguiera*）などがある．共通する特徴を次にあげる．

(a) 耐塩性があり，分布は潮間帯湿地に限られる．

(b) 気根と泥根が堆積物に広がり，複雑にからみあっている．泥底は酸素に乏しい

ので，酸素は気根により空気から直接吸収される．また，幹や枝から下方に伸びる支柱根をもつものも多い．

(c) 組織内に塩分がはいらないか，過剰な塩分を排出するかの生理的適応がある．

(d) 種子が木についたまま発芽する．つまり**胎生種子**をもつものが多い．発芽体は木から落下し，水の流れにのって分布を広げる．この長命な植物の生活環を図8.12に示す．

インド−太平洋域のマングローブ林では構成種が30を超えることがある．大西洋域では種数が少なく，新大陸全体で10種程度しかない．フロリダのマングローブ林では，わずかに3種しかない．

8.7.2 マングローブ林の生態学的特徴

マングローブ林の物理的環境の特徴は，塩分と水温の変動が大きいことである．潮汐の影響も大きいので，栄養塩類流入と物質流出が活発である．潮汐により魚やエビさえも流入・流出する．潮間帯の上部は環境変動が大きく，干出時には底生動物が乾燥することがある．それでも，そこに生息する動植物はこれらの変動に適応し，潮の干満差が大きい場所ほど大規模なマングローブ林が形成されている．

マングローブ樹は波の静穏な場所に生育するが，そのからみあった根が水の動きをさらに抑えている．この結果として，海水中の懸濁物や有機物（とくに落葉）が滞留・堆積するので，海底は黒色の泥質になる．この泥質ではバクテリアによる有機物の分解活性が高く，粒子が微小で水の流通が悪いので，泥質中は無酸素的になっている．

マングローブ林では，海から陸に向かって生物の種組成に帯状分布がみられるが，この原因として生息する生物の耐塩性の違いがある．

マングローブ林群集は生態学的には，(a) 潮上帯林（つねに水面上），(b) 潮間帯湿地，(c) 下干潮帯（つねに水面下）に大別される．それぞれの区分に特徴的な生物種組成がみられる．

マングローブ樹の幹や樹冠で構成される**上満潮帯林**は，陸生動物種が生息する樹林環境

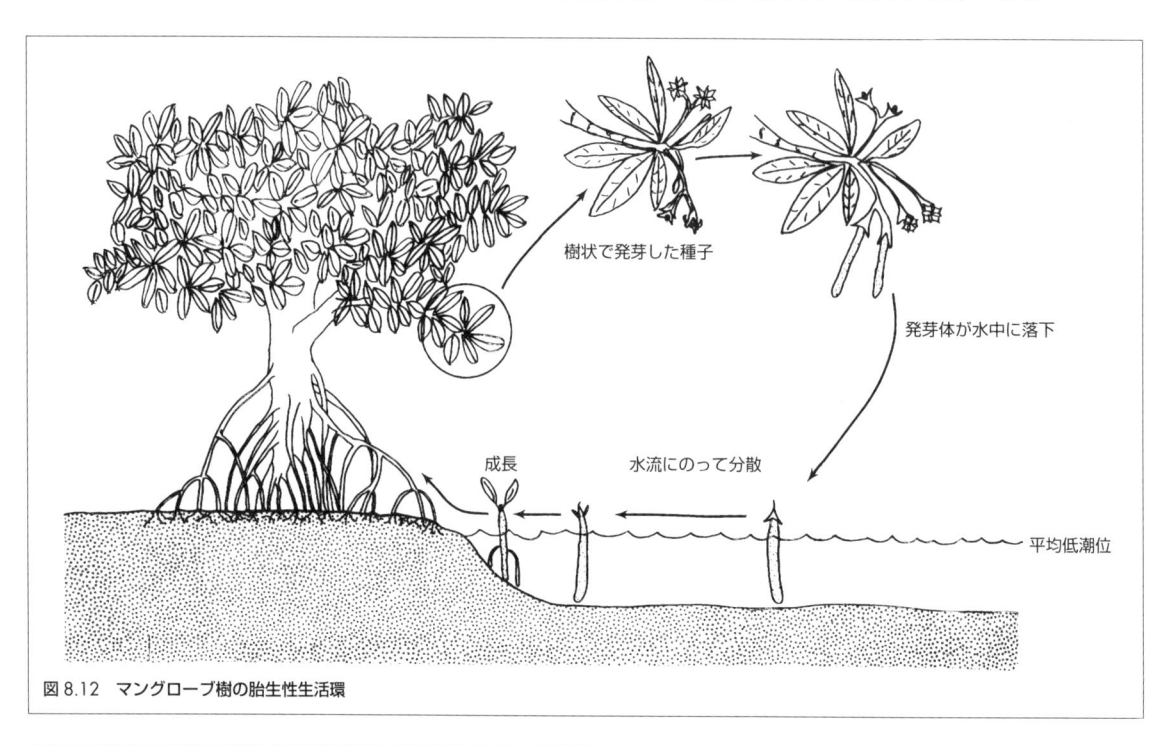

図8.12　マングローブ樹の胎生性生活環

の一つである．鳥，コウモリ，トカゲ，ヘビ，巻貝，カニ，クモ，昆虫類がよくみられ，とくに昆虫類は数も多く，多様性に富んでいる．鳥やコウモリは昆虫食性か小魚を食べる魚食性である．カニ類はデトリタス食性あるいは雑食性であり，海生生物を捕食している．地域によっては，ウシ，ヤギ，ラクダなどの家畜がマングローブの葉を食べにくる．フロリダのマングローブ林では，葉生産のたった約5％が哺乳類以外の陸生動物に摂食されるだけで，残りは葉片として水中に落下し，魚類や無脊椎動物などの海産デトリタス食者に利用される．

潮間帯湿地には，いろいろな生息基盤とさまざまな微小環境が分布しているので，多様な生物群集がみられる．マングローブ樹の根系に付着するものがいれば，泥中や泥表面に生息するものもいる．フジツボやカキは根系で目立つ表在生物で，とくにカキのバイオマスは群集内でも無視できないほど大きいことが多い．等脚類には，支柱根に穿孔し根を切る種類もいるが，マングローブ林全体からみればその影響は小さい．潮間帯上部の根系上には多数のタマキビ類（巻貝）がはっている様子がみられる．多毛類（ゴカイ類），とくに生管をつくるゴカイ類にも根系に付着する種類がある．潮間帯湿地における巻貝類・線虫類・多毛類を合計した個体密度は一般に 5000 m^{-2} 以上である．

潮間帯干潟には，多数のシオマネキ（*Uca*）が生息し，ナマコも泥表面でよくみられる．底生の紅藻類や緑藻類は，端脚類やカニ類に摂食される．太平洋のマングローブ樹には，大きな目のトビハゼ類（*Periophthalmus*）が集まっている．トビハゼ類は，水中にいるより泥穴にすむ時間が長く，脚のようなヒレを使って干潟上をはいあるくばかりか，ある種類ではマングローブの根をはいあがるほどである．エビ類や魚類は，潮にのってマングローブ林に出入りしている．

潮間帯湿地における栄養塩類とエネルギーの主要供給源は落葉であり，ここに生息する動物の多くはデトリタス食者である．デトリタスの沪過食者（カキなど），底泥有機物の堆積物食者（掘穴性のゴカイなど）などが生息しているほかに，カニ，エビ，端脚類などハサミで葉片をつかんで食べる種類もいる．これら動物のほとんどは生きた動植物を捕食し，追加分としてデトリタスも摂食するだろう．

下干潮帯の底質も有機物に富んだ細粒泥質であるが，砂地が散在することもある．下干潮帯でのマングローブ樹根に藻類やカイメン，ホヤ，イソギンチャク，ヒドロ虫類，苔虫類が付着密生し，付着場所をめぐる熾烈な競争があることをうかがわせる．マングローブ林によってはアマモ（*Thalassia*）が優占海草として茂り，底泥を安定化するはたらきがある．ここには掘穴性の動物（カニ，エビ，蠕虫類など）が多いおかげで，穴を通って酸素がはいり，底泥中の無酸素状態が改善されている．また，魚類も多く生息しているが，その大半はプランクトン食者である．魚は，カニ，ロブスター，エビ類とともに地域経済の根幹をなしている．

ここの生態系における一次生産者はマングローブ樹だけでなく，底生の海藻や海草および植物プランクトンも含まれる．マングローブ林は調査が困難な場所なので，生産の調査例は少ない．しかし，マングローブ林で栄養塩の再循環が活発なことは明らかである．デトリタスの大半はマングローブ林の系外に流出してしまうが，マングローブ樹根は系内にデトリタスを沈殿させ，バクテリアの分解活動により，栄養塩類を再循環させている．そして，再循環した栄養塩類はマングローブ樹根に吸収される．このようにマングローブ林の栄養塩供給は，周囲の貧栄養水にあまり依存せずにまかなわれている．マングローブ樹の分布域は日射の強い場所でもあり，高栄養

塩濃度と強光の条件がそろえば，総生産速度が高くなるはずである．マングローブの呼吸量は，おそらく塩分変動に関連して変動するが，その変動を考慮してもマングローブ林による一次生産速度（純生産）は 350 ～ 500 g C m^{-2} y^{-1} の範囲だと見積もられている．

8.7.3 マングローブ林の重要性とその利用

マングローブ樹は地元住民が生計を立てるうえで重要である．たとえば，昔からまきや木炭に使われているし，耐水性のある木材として舟や家の建材に使われている．葉は屋根ふきに用いられたり，ウシやヤギの飼料に使われたりする．さらに，ある種のマングローブの若い葉鞘を加工して，タバコの巻紙もつくられている．

また，伝統的な漁業対象として，ボラなどの魚類や豊富に漁獲できるエビ，カニ，二枚貝・巻貝などがある．漁網やかごも，少なくとも一部はマングローブが材料であるし，抽出したタンニンを塗って漁具や船具に耐久性を与えている．

産業目的以外にも，マングローブ樹はきわめて重要な役割を果たしている．たとえば，熱帯の嵐がきても風害や土砂流出を防いでくれる．また，マングローブ林内に堆積物が集積すると，やがては半陸地ができる．インドネシアでは，マングローブ林が毎年 100 ～ 200 m の速さで海側へ広がっているほどである．さらに，マングローブ林は稚魚やエビ，イセエビ，カニなどの幼生にとって好適な生育場所である．マングローブ樹の枝葉は樹木食者あるいは海洋生物の食物源であり，さまざまな熱帯鳥類の営巣場所でもある．

8.8 深海生態学

ほとんどの海底は潮間帯以深にあり，調査が容易ではないので，漸深海帯，深海帯，超深海帯（図 1.1）における生物についてはほとんどわかっていない．潜水船や無人探査機を用いても，深海を直接観察できる時間は限られているので，深海生態学に関する学術情報の多くは，研究船上から採取した海底試料から得られている．どんな方法にせよ，それにかかる費用こそ，深海生態学の制限要因である．潜水調査船を保有する国や研究機関は少ないし，深海試料の採集装置を備えた大型調査船も多くはない．たとえば，水深 8000 m の試料を曳航機器で採取するならば，曳航角度をつけるために最低 11000 m のケーブルとそのウインチが必要である．その長さのケーブルをくりだして巻き上げるだけで，たっぷり1日はかかるだろう．大型船の経費は1日あたり数百万円以上なので，1試料の値段ですら普通の研究予算ではまかなえない．しかし，深海には生物が少ないので高価な試料でも多数必要とする．このような状況にもかかわらず，採集や観察の新技術が開発され，また，いままでの深海試料の分析結果も集積して，深海底生生物の概観が明らかになってきた．

深海環境は一般に物理化学的要因の変動が小さいと考えられている．水温は低く（−1 ℃から＋4 ℃），塩分は 35 をやや下回る程度である．溶存酸素濃度も一定であり，生物にとって制限要因になることはまれだが，湧昇域の下層や海水交換のない海盆（カリブ海南部のカリアコ海溝など）は例外である．深海底の大部分は，陸起源あるいは生物遺骸由来の軟泥堆積物に覆われている．固い基質が露出するのは海底から突起した中央海嶺や海山などに限られる．表層流に比べると深海盆の深層流の流速は遅いが（一般に 5 cm s^{-1} 以下），かつて考えられていたよりは変動していることがわかっている．場所によっては，底層流が速くなり流向も変わるような深海嵐（海底嵐）が2週間も続く．大陸縁辺を流れる深層境界流は流速が 25 cm s^{-1} にも達し，堆積物を再懸濁させて堆積物の分布に影響を及ぼすことがある．また，有光層から海底へ沈

降する有機物の量も季節変動することがある.

8.8.1 動物相

深海という低温・高圧・軟泥質で特徴づけられる暗黒環境でも,ほとんどの動物門に属する生物種がみられる.しかし深くなるにつれて,生物現存量の組成比が変化することは,チャレンジャー号探険航海の昔から知られていた.図8.13は,1950年代に北太平洋の千島海溝で採取された底生動物の調査結果に基づいている.これによると,たとえば海綿類では,深度1000〜2000 mで優占生息しているが,2500 m以深では優占しないことがわかる.

ヒトデ類は水深7000 mまでは海溝生物群集の主要な構成員であるが,それ以深では姿を消している.一方,ナマコ類は深海ほど現存量比が高くなっている.海溝の深い場所では,1種類のナマコ(*Elpidia longicirrata*)だけが全バイオマスの約80％を占める.

世界的に4000 m以深の有機質堆積物の海底ではナマコ類が優占ベントスであることが多い.個体数において優占する生物は掘穴性ゴカイ類で,世界の多くの軟泥堆積物でマクロベントス数の50〜75％を占める.小型甲殻類(端脚類,等脚類,タナイス類)も深海の普遍種であり,さらに軟体動物(とくに二枚貝類)と種々の蠕虫類(星口動物,有鬚動物,ユムシ類,半索動物)が含まれる.クモヒトデ類も場所によっては多くみられる.たとえば,アイルランド西方海域のロックオルトラフでは,マクロベントスの60％以上が

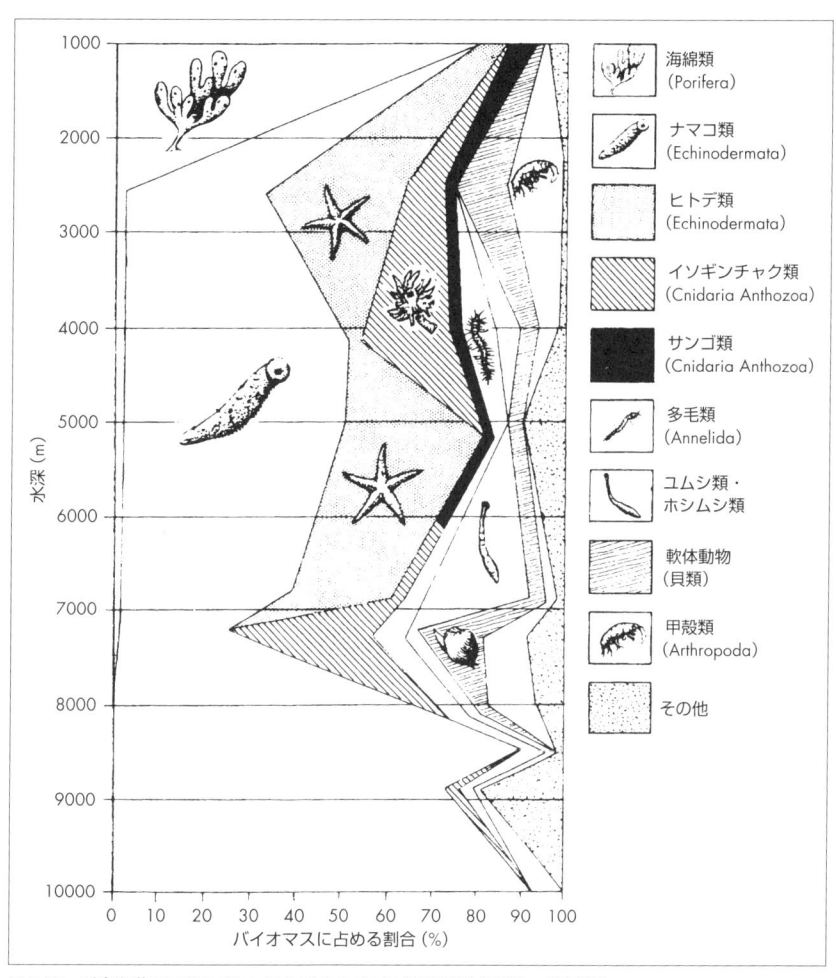

図8.13 千島海溝のマクロベントスのバイオマスに占める各生物グループの割合

クモヒトデ類である．

　動物種によっては，その現存量や多様性が深海域で最大になる．たとえばカイメンは，浅海では石灰質性や柔軟な体の種類が多いが，深海では珪酸質の骨片をもつガラスカイメン種が多くなる．深海産刺胞動物としては，掘穴性のイソギンチャク類や，懸濁物食性で密生しやすい種類のウミエラ類やヤギ類（八放サンゴ類）などがよく知られている．細く分枝した黒サンゴの群体も最深部でみつかっている．有鬚動物は水深 10000 m まで分布する深海生物であるし，ユムシ類も 5000 m 以深で多くみられる．体長 1 m にも達するユムシもいるが，これは有機物に富んだ堆積物の中に密生し，その場所におけるバイオマスの大部分を占める．原始的なウミユリ類のほとんどは深海性である．

　底生有孔虫類とその近縁の原生動物（ジャイアントゼノフィオフォリア類；7.2.1 項）は，水深とともに数量が増加する．また外骨格も浅海種の石灰質殻と違って，深海種ではタンパク質性の殻あるいは堆積物を固着させた殻でできている．海域によっては，海底の 30〜50 ％ に有孔虫類が生息しており，アリューシャン海溝ではメイオベントスの 41 ％ が有孔虫類である．ゼノフィオフォリア類は 1000 m 以深ならどこの海底にでも生息している．個体密度も 20 個体 m^{-2} に達することがあり，南太平洋では全底生バイオマスの 97 ％ を占める海域もある．

　動物によっては，深度とともに体長が大きくなる傾向（4.4 節）がある．底生有孔虫類やゼノフィオフォリア類もそうであるが，端脚類（ヨコエビ類）の種類には，体長が 28 cm にもなるものがある．しかし，逆に深いほど小さくなる種類もみられ，マクロベントスよりもメイオベントスの数が多くなる．線虫類は軟泥堆積物に普遍的に生息し，深海性メイオベントスの 85〜96 ％ を占める．ハルパクチクス類と介形類（ウミホタル類）も深海性メイオベントスの普通種であり，前者は漸深海帯に生息するメイオベントスの 2〜3 ％ を占める．深海産タイナス類はきわめて多様であるが，その多くはメイオベントスであり，個体密度は 500 個体 m^{-2} に達する．

　ある種の動物分類群は深海ではあまりみられない．十脚類（カニ，エビ，ロブスターなど），イソギンチャク，ウニ類は 6000 m 以深ではほとんどみられない．魚類も最深層ではまれである．魚類捕獲の最深記録は千島海溝の深度 7230 m である．このような一般論はおもにドレッジやトロールによる採集記録に基づいているが，どちらの場合も岩質の海底や傾斜の急な海溝では使用しにくいうえに，遊泳動物は採集器から逃げてしまう．Jacques Piccard（ジャック・ピカール）や Don Walsh（ドン・ウォルッシュ）中尉がバチスカーフによる潜水で 10000 m 以深の海底にヒラメやエビを観察したという記録があるが，どちらの生物群も従来の採集法ではその深度から採集されていない．

　深海生物には，世界中の大洋に普遍的に分布する種類がある．その一方で，分布が比較的限られた生物種もある．一般に，深度が増すにつれて，種の分布範囲は狭くなる．大西洋の 2000 m 以深でみられる種類のうち，太平洋かインド洋にも分布する種類はわずか 20 ％ しかない．

　6000 m 以深でみられる種類の多くは超深海域に固有であり，特定の海溝にのみ分布している．表 8.1 には，無脊椎動物分類群のなかで，超深海に生息する種類の数と，そのうち超深海に固有の種類の割合をあげている．太平洋には，ベントスの 75 ％ までが固有種であるような海溝もある．このような高い固有性は，海溝は基本的に隔離された生息場所であり，新たな種分化が起こる場所であることを示している．

　海溝には，無板綱（蠕虫状の無殻軟体動物），腸鰓綱（ギボシムシ類），ユムシ綱などに属

する動物種が多くみられるが，これらは海溝以外ではあまりみられない．アリューシャン海溝の深度7000～7500 mでは，多毛類（49%），二枚貝類（12%），無板類（11%），腸鰓類（8%），ユムシ類（3%）でマクロベントス群集が構成されている．一方，メイオベントス群集は底生有孔虫類（41%），線虫類（36%），ハルパクチクス類（15%）などで構成されている．海溝に生息する底生動物は白色で盲目であるが，これは洞穴に生息する動物と同じである．また，等脚類やタナイス類，アミ類にみられる体の大型化も超深海種の特徴である．

堆積物食性の埋在動物は有機物に富んだ軟泥堆積物中に生息し，個体数にして動物相の約80%を占めている．大西洋の水深2900 mの海底では，多毛類の60%，タナイス類の90%以上，等脚類の90%，端脚類の50%以上，二枚貝類の45%が堆積物食者である．ナマコ類や星口動物なども堆積物表面や堆積物中のデトリタスや小型生物を摂食する．底層流は流れが弱く，堆積物表面を乱さないので，これらの動物がつくった地形的特徴（生痕）は長く残される．たとえば，糞丘，掘穴，はった跡，生管などが深海カメラで観察されている．

深海には懸濁物食性の動物もみられるが，個体数は少なく，生息場所も限られている．これは，餌となる懸濁物とともに固着生活に適した固い底質が少ないためである．その結果として，多くの懸濁物食性種（海綿類，イソギンチャク類，フジツボ類，イガイ類など）は深度が増すにつれて，あるいは海岸から離れるにつれて急減する．しかし，大洋中央海嶺や海山などの固い海底基盤上では豊富にみられることがあり，また，深海の硫化物依存群集（8.9節）で優占していることもある．堆積物食者と懸濁物食者の割合は，堆積物の有機物含量や懸濁物の供給量によって大きく変動する．

表8.1 超深海域（6000 m以深）に生息する生物の種数と固有種率

分類群	超深海種数	固有種率（%）
有孔虫類	128	43
海綿類	26	88
刺胞動物	17	76
多毛類	42	52
ユムシ類	8	62
星口類	4	0
甲殻類		
フジツボ類	3	33
クマ類	9	100
タナイス類	19	79
等脚類	68	74
端脚類	18	83
軟体動物		
無板類	3	0
巻貝類	16	87
二枚貝類	39	85
棘皮動物		
ウミユリ類	11	91
ナマコ類	28	68
ヒトデ類	14	57
クモヒトデ類	6	67
ヒゲムシ類	26	85
魚類	4	75

深海における固着生物の懸濁物食性は2つに大別できる．まず，**能動的懸濁物食者**（浅海産の海綿類やホヤ類など）は，自分のエネルギーを消費して海水を沪過する．これに費やしたエネルギーに十分みあうだけの懸濁物がある環境にのみ生息が可能である．一方，**受動的懸濁物食者**（ウミユリ類，ある種の多毛類，ヤギ類，ウミエラ類など）は，海底の海流の中に摂餌器をかざして，餌が海流によって運ばれてくるのを待っている．受動的懸濁物食者は，十分な懸濁物を供給する比較的一定した深層流がある環境に適している．深くなるほど懸濁粒子は少なくなるが，深層流は一定してくる．さらに懸濁物が少なくなると，能動的懸濁物食者は姿を消してしまう．深海の懸濁物食者は受動的である．海底流の速さによっては，海水と海底の摩擦によって底層水の混合が起こる．この**海底境界層**は，海底上10 mから数百メートルにも広がっている．この乱流により，海底の堆積物が再懸濁することがある．その結果，重い無機粒子

は海底付近にとどまるが，軽い有機物粒子は海底より離れた海中で最大濃度に達する．このような再懸濁が起こる場所に，ウミユリ類や苔虫類など典型的な受動的懸濁物食者が多くみられる．ウミユリ類には茎の長いものが多いが，これは海底より上方に再懸濁した高濃度の有機物を摂取するためである．

ある種の深海生物は浅海種とはまったく異なる方法で摂食する．たとえば，ガラスカイメンは体壁がきわめて多孔質であり，海水を受動的にも能動的にも流通させて懸濁物をこしとっている．水深約9000 mの深海にみられるエダネカイメン科（Cladorhizidae）の小型カイメンはかぎ状骨片のある糸状構造でもって小型遊泳生物を受動的に捕獲するように特殊化した肉食動物である．浅海産のホヤは能動的な懸濁物食者であり，群体性である．これに対して，深海種のホヤは単独生活を営み，能動沪過を補うために粘液網を用いて懸濁物を捕獲する．さらに，深海ホヤには肉食的に適応変化した種類もある．

堆積物食者や懸濁物食者に加えて，深海食物連鎖には多くの腐肉食者（スキャベンジャー）もいる．深海底に設置した餌に大型端脚類，等脚類，エビ類，魚類などの遊泳生物がどのくらいの速さで寄ってくるか，深海カメラ観察により調べられている．動きの遅いスキャベンジャーとして，クモヒトデやゴカイ類もいる．超深海域には厳密な肉食動物は少ない．しかし，深海ベントスの食性は，動物の形態的特徴や消化管内容物などから推定されているだけなので，はっきりわかっているわけではない．

8.8.2 種の多様性

マクロベントス（巻貝，二枚貝，多毛類など）や魚類の種数は，水深200 mから2000～2500 mまでは深度とともに多くなり，それ以深になると急減する．したがって，浅海に比べると深海では生物種の多様性が低いと信じられてきた．しかし，**ベンティックスレッド（海底そり）**とよばれる採集器具が開発されて事情は一変した．この器具（図8.14）は，それが開発される以前の装置ではとれなかった小型生物を採集するために設計された．この器具の使用は1960年代に始まったが，過去百年間に採集された全試料よりも多くの生物が，たった1回の採集で得られたほどであった．この器具の威力をさらにあげれば，ある論文によるとクマ類（小型甲殻類）の新種が120以上も採集されている．やがて，小型生物の多様性が深度とともに増すことが明らかになった．たとえば，メイオベントスのカイアシ類の種数は少なくとも深度3000 mまで増加し，底生有孔虫類の多様性は4000 m以深で最大になることなどがわかった．

深海における種の多様性は高く，とくに小型で堆積物食性の埋在動物の多様性が高いことが広く認められている．新しい深海試料が採集されると，新種が記載され，深海生物の多様性はさらに高くなる．熱帯雨林なみの多様性に近づきつつある．海産動物ベントスは100万種以上いて，その大半は深海の堆積物に生息していると推定する研究者もいる．しかし，種の多様性は海域ごとに異なっている．たとえば，北大西洋では熱帯域から北極域にかけて種の多様性が減っていくのに対し，南半球のウェッデル海（南極海の大西洋区分）

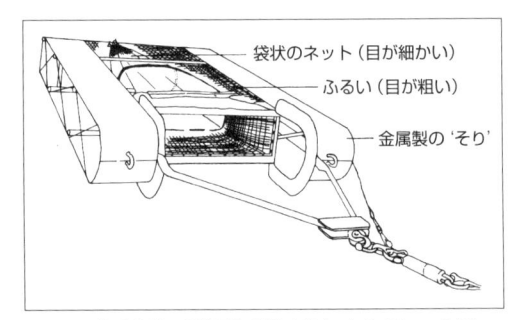

図8.14　海底生物の採集用に設計された'ベンティックスレッド（海底そり）'
メイオベントスを採集できるように網目を細かくし，揚収時にそり口が閉じるようになっている．

における動物ベントスの多様性は熱帯域と同レベルである．深海生物の多様性はまた表層での一次生産によっても変わる．一次生産性の高い湧昇域で底生動物の多様性が低いことがあるのは，おそらく表層由来の大量の有機物が分解し，溶存酸素の濃度が低下したためであろう．

深海調査の機器開発が進むにつれ，深海底質や深海流は従来認識されていた以上に多様性に富んでいることが明らかになりつつある．微小環境の多様性は，そこに生息する生物の多様性に関連する．実際，深海ベントスは不均一（パッチ状）に分布しており，その不均一分布はcmからkmの規模で観察されている．このような不均一分布の存在は，深海生物のバイオマスと多様性を評価するにあたって，試料の代表性を低下させる要因である．

8.8.3 バイオマス

深海では，生物種の多様性は高いものの，軟泥堆積物に生息する生物の個体密度は低く，そのバイオマスも小さい．単位面積あたりの底生生物の個体数密度（マクロベントス，メイオベントスともに）は深度とともにおおむね指数的に減少し，岸からの距離に対してはやや緩減する．海洋大循環（ジャイア渦）の中心部の海底では，マクロベントスの生息密度は30～200個体 m^{-2} である．多少の例外を除けば，埋在動物の優占種は体が小型化して数も少なくなる．北太平洋中央部のベントス群集ではメイオベントスとミクロベントスが優占し，個体数ではそれぞれ0.3％と99.7％を占め，バイオマスではそれぞれ63.8％と34.9％を構成している．深海生物のバイオマスに大型の近底層種は含んでいない．近底層種は採集も面積あたりの定量も困難だからである．もし，この分を考慮に入れたら，深海生物のバイオマスがもっと大きく評価されることは明らかである．

表8.2 水深と底生動物の平均バイオマスの関係

水深 (m)	平均バイオマス (g（湿重）m^{-2})
潮間帯	3000
～200	200
500～1000	40以下
1000～1500	25以下
1500～2500	20以下
2500～4000	5以下
4000～5000	2以下
5000～7000	0.3以下
7000～9000	0.03以下
9000以上	0.01以下

海洋の各深度帯での平均的なバイオマスを表8.2に示している．ベントスのバイオマスは有光層内の沿岸浅海域で最高であり，貧栄養の大洋中央部の海底で最低である．海洋の平均深度は3800 mであるから，大部分の海底は5.0 g（湿重）m^{-2}以下のバイオマスしか支えられないことになる．

しかし，ベントスのバイオマスは有機物の供給量で変化する．たとえば，6000 m以深の海溝でさえ，そこのバイオマスはさまざまである．海溝は地震多発地帯に位置するので，海溝斜面に沿った堆積物の崩落がときどき起こる．この結果，浅海部から有機物に富んだ堆積物が沈積することになるが，それは同時に深海底群集の埋積でもある．陸塊に近い海溝は，生物生産の高い表層からの沈降有機物に加えて，陸起源の堆積物や有機物の供給もあるので，超深海帯であるにもかかわらず，バイオマスがかなり高い場合がある．千島海溝（北太平洋）や南サンドウィッチ海溝（南太平洋）の水深6000～7000 mにおけるベントスのバイオマスは2～9 g（湿重）m^{-2}にもなることがある．陸から離れた貧栄養型海域の海溝（たとえばマリアナ海溝）の底生バイオマスはきわめて低く，約0.008 g m^{-2}である．

ベントスの生産性はバイオマスから直接求めることはできないが，深海種の多くは成長が比較的遅いので，小さなバイオマスは生産

性も低いことを示唆する．多くの試算によって，深海底における二次生産は $0.005 \sim 0.05\,\mathrm{g\,C\,m^{-2}\,y^{-1}}$ と考えられている．

8.8.4 食物源

熱水噴出域などに局在する化学合成生産（8.9節）を除いて，深海の暗黒環境には一次生産は存在しない．深海における底生バイオマスの制限要因は，低温でも高圧でもなく食物である．深海の食物連鎖は表層の生物生産に依存しているが，有光層の生物生産のごく小部分（1～5%）しか深海底に運ばれていない．また，深くなるほど沈降粒子が途中で摂食される，あるいは分解する可能性が高くなるので，深海底に達する分はますます少なくなる．

深海ベントスの食料源になりうる各種の有機物が，生物生産性の高い海洋表層から沈降している（図8.15）．この供給量は沈降速度と沈降中に起きる損失に依存する．

（1）生物遺骸（植物プランクトン，動物プランクトン，魚類，哺乳類）

植物プランクトンの大半は有光層内で摂食される．摂食されなかった分は沈降するが，サイズが小さいので沈降速度は遅い．このため，水柱内で摂食と分解を受け，さらに小部分しか深層に達しないことになる．しかし，北大西洋などでは，植物プランクトンの大発生（ブルーム）期と動物プランクトンの増殖期の位相がずれているので，植物プランクトンの大部分は摂食されずに自然死して沈降する（3.6節）．この植物デトリタスは水深4000mもの海底に達することがある．捕食されなかった動物プランクトンも死ぬと沈降するが，サイズが大きければ沈降速度もやや速い．大型魚類やイカ類，哺乳類の遺骸の場合は深海底まで速やかに沈降し，底生の腐肉食者（スキャベンジャー）に摂食される．もちろん，水柱内を沈降中に摂食される分もある．いずれにせよ，大型生物の遺骸が海底へ供給されることは偶発的である．例外として，回遊性のある魚類や哺乳類が定まった場所の海底に供給されることも考えられるが，これとて確かではない．しかし，漁業の盛んな海域では，漁獲対象でない魚類（雑魚）が何トンも海に投棄されることがある．この混獲投棄は報告されている漁獲量と比べて相当な量になるだろう．しかし，地球規模での深海底への食物供給としてはわずかなものだろう．

（2）糞粒，甲殻類の脱皮殻

動物プランクトンの糞粒は小サイズ（約100～300 μm）だが，沈降粒子採集用の中層トラップの試料から推定すると，密度が大きいので糞粒の沈降速度が速く，分解をほとんど受けずに海底に達する．魚類の糞質もほとんど分解されずに海底に沈降する．糞粒を摂食する動物もいるが，糞の組成の大部分は消化しにくい物質である．浮遊性甲殻類の脱皮殻は海底境界層にみられるが，これは深海種由来の殻である．脱皮殻はおもにキチン質であるが，多くの動物種はキチンを消化できないので，そのままでは栄養価は低い．海洋動物の消化管内には**キチン分解バクテリア**がいて消化を助けている．また，糞粒や脱皮殻が水柱を沈降する間にバクテリアにとりつかれ，最終的にはバクテリアのバイオマスに転換される．このように，バクテリアは深海食物循環における栄養転換で重要な役割を果たしており，堆積物食者の重要な栄養源となっている．実際に，深度4000～10000mの堆積物中に生息するバクテリア数は多く，堆積物1gあたり約100万個にもなる．

（3）大型植物のデトリタス

陸上植物は木質の形で相当量の有機物を沿岸域に流入し，また，海草や海藻も海洋中の重要な有機物源である．これらはやがて水を含みながら沈降するが，その前にかなり沖まで流出するものもある．ホンダワラ（*Sargassum*）の繁茂する海域では，これも有機物源になりうる（4.4節）．植物片は大きいほ

図8.15 深海生物の食物源

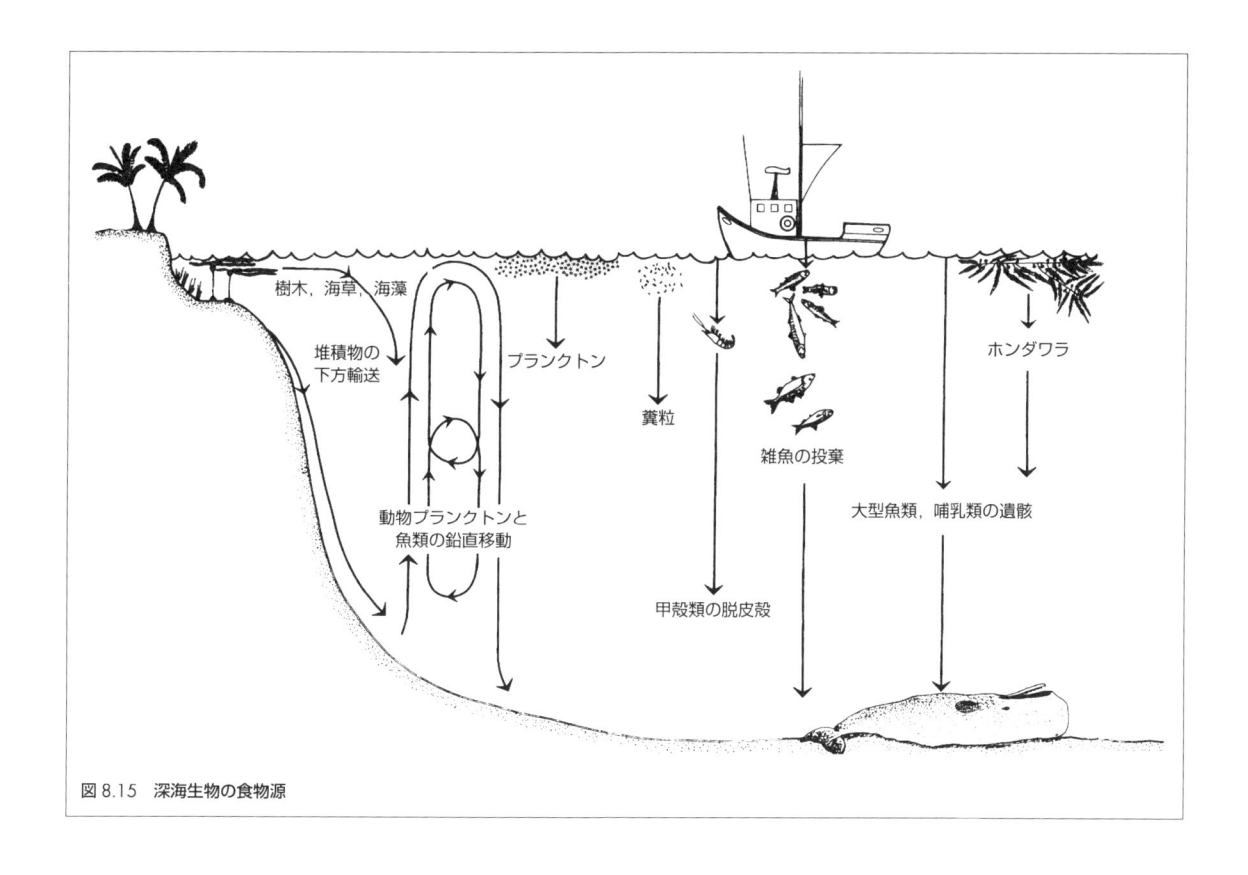

ど、それだけ速く分解されずに沈降する。木板を水深1830 mに104日間にわたって設置したところ、木材を栄養源にする数少ない動物種のうちでも、穿孔性の二枚貝による孔がみられた。このような二枚貝は、木材をほかの動物が利用できる食物へと転換するともいえる。これらの二枚貝の糞粒はデトリタス食者に消費されるし、木材に穿孔して隠れていた貝自体も木材が分解すると丸みえになり、やがて捕食されることになる。遺骸も腐肉食者（スキャベンジャー）に摂食されることになる。そのほかの植物デトリタスもバクテリアにより分解され、バクテリアのバイオマスに転換されてからベントスの栄養源になる。

(4) 動物の鉛直移動

動物プランクトンや魚類の鉛直移動は、深層への有機物輸送でもある。海洋の浅所で摂食された食物が捕食者のバイオマスになり、これが深所で次の捕食者に食べられる。さらに深所には次の捕食者がいるかもしれない。糞粒を深所で出すこともあろう（4.5節）。深海魚の種類（チョウチンアンコウなど）によっては仔魚期を海洋の表層で過ごし、稚魚から成魚期になると深層へと移動するが、これも一種の深海への有機物輸送である。このような生物の鉛直移動はすべて深海への食物供給を促進することになる。

中・高緯度海域では表層の一次生産に季節性があるので、海底に沈降する有機物量にも季節変動がある。また、大型の植物デトリタスの沈降も台風などの気象の季節性に関連することがある。漁業活動における雑魚の投棄も海況や漁期に関係しているので、季節性がないとはいえない。ある魚類（中層性のアオギスなど）は産卵後に死ぬ。その死骸が沈降して海底に到達すると、深海生物は季節を知ることになる。

ある種の深海生物には生殖や成長に季節性があり、軟体動物の貝殻の成長線や棘皮動物の骨格板に成長の季節性がみられる。しかし、

大部分の深海生物はとくに季節性のない場合が多い．それでも，深海の二次生産は，非連続的かつ非季節的な食物供給に関連しているだろう．

深海生物のほとんどが食物源を表層生産に依存しているにもかかわらず，深海と有光層は時空間的に隔てられている．一般に，有光層由来の沈降有機物の75〜95％は海表面から500〜1000mの水柱内（永年温度躍層よりも上方）で分解し再循環すると見積もられている．サルガッソー海では，表層生産は100 mg C m^{-2} d^{-1}以上である．このうち，3000m以深の海底への物質フラックスは，季節により異なるが，18〜60 mg C m^{-2} d^{-1}程度である．しかし，この海域の堆積物の有機物含量はたかだか5％程度なので，堆積物の大部分は炭酸塩や珪酸塩の無機物ということになる．北東大西洋では，海底に沈積した植物デトリタスの有機炭素含量は1.5％以下と小さい．しかし，栄養価が低くても，深海生物はこの食物に依存するしかない．一般に，有光層で生産された有機物の約5〜10％だけが水深2000〜3000mまで達し，それ以深の深海帯や超深海帯と深くなるにつれ沈降有機物量も減少する．ほかの海洋区分に比べると深海は食物に乏しい．食物こそ深海における生物過程と生物群集構造を制限する要因である．

8.8.5 生物過程の速度

代謝，成長，成熟，個体群成長などの生物過程は，深海では遅いという知見が集まりつつある．こうした知見の初期のものは，事故から得られたこともある．1968年，潜水調査船アルビン号が母船の架台から海に滑落するという事故があった．乗船していたパイロットと研究者は辛くも脱出できた．しかし，アルビン号は弁当とともに水深1540mの海底に沈んでしまった．アルビン号が10か月半後に回収されたとき，弁当は水浸しの状態であったが保存状態がよく，賞味可能なほどであった．この弁当を3℃（1540m深の水温）の冷蔵庫内に置いたところ，3週間で腐ってしまった．この予期せぬ結果が刺激となり，有機物を深度5300mの現場環境にさらす実験が行なわれ，深海におけるバクテリアの代謝活性は低いという見解が発表されるに至ったのである．不毛な深海堆積物中でのバクテリアの代謝速度は，大気圧（同じ温度，暗条件下）での代謝速度の1/10〜1/100程度である．そして，有機物供給が乏しい不毛な深海域でのバクテリアによる生物生産は約0.2 mg C m^{-2} d^{-1}（水深1000m）から0.002 mg C m^{-2} d^{-1}（水深5500m）程度と推定されている．

深海産の硬骨魚類などでも低い代謝速度が報告されている．しかし，深海産の大型十脚類や棘皮動物は，同じ温度ならば，浅海産近縁種と同程度の代謝活性を示した研究例もある．一方，深海ベントス群集による溶存酸素の消費は，浅海群集のそれより2桁から3桁小さい．これは深海群集が低密度であることと，代謝活性の低さとを反映している．

深海の生物過程が遅いことは，北アメリカ沖水深3800mの軟泥堆積物に生息する小型二枚貝（殻長9mm以下）の*Tindaria callistiformis*の成長でも調べられた．貝殻の放射性年代測定によると，この堆積物食性の小貝は成長がきわめて遅く，貝殻は1年に0.084mmしか大きくならない（図8.16でほかの貝類と比較せよ）．これにより*Tindaria*は性的成熟に50年を要し，その寿命は約100年と考えられる．しかし，この見積りには批判もあり，ほかの深海ベントスについては成長がもっと速いと考えられている．

深海でも例外的に成長が速いのは木材穿孔性の二枚貝（8.8.4項）である．深海に沈んでいる木というのもまれだが，その木材に遭遇するやたちまちコロニー形成できるよう，速い成長と早期の性的成熟，多数の子孫とい

う日和見的な生活戦略が発達している．

深海種の多くは一般に，浅海の近縁種と比べて産卵数がきわめて少ないが，これは小型化にともなう現象かもしれない．たとえば，深海産の小型二枚貝（*Microgloma*，殻長1 mm以下）は1回の産卵数がたったの2個である．もう少し大きな深海産二枚貝でも一度の産卵数は数百程度しかない．これに比べ，浅海産の二枚貝は一度に数万から数十万個も産卵するのが普通である．深海種の発生過程はあまり知られていないが，卵黄栄養幼生が多いと考えられている．

産卵数が少ない，すなわち伝ぱが遅いということはコロニー形成も遅いということである．滅菌堆積物を入れた容器を水深10 mおよび1760 mの海底に設置し，2か月後および26か月後に観察したという実験がある．浅海底の容器は，2か月後にはすでに47種704個体（35714個体m^{-2}に相当）の無脊椎動物が生息していた．これに比べ深海底の容器には14種43個体（160個体m^{-2}に相当）の無脊椎動物しか生息していなかった．26か月後も，深海底の容器内は周囲海底に比べ，種数・個体数とも1/10にしかならないほどだった．

深海生物の代謝や繁殖が遅いのは食物供給が少ないことと関係がありそうだ．その一方で深海種は食物要求が少ないと考えられる．深海生物の生化学特性に関する研究はまだ少ないが，魚類や甲殻類ではタンパク質やカロリーの含量は深度とともに減少するらしい．深海産ゲンゲの体重あたりの食物要求量は，浅海性サケの1/20程度と考えられている．このように代謝が遅いのは，高水圧と低水温で酵素活性が低下することも一因かもしれない．

8.8.6 将来の展望

深海で調査すべきことは，まだまだたくさんある．ドレッジ，コア（柱状採泥），潜水船，遠隔カメラなどで調査された海底は，まだ全海洋のわずかな部分でしかない．1995年までに「定量的」に試料採集された深海底は100 m^2以下でしかない．今後，深海生物の新種がさらに続々とみつかるのは間違いない．海洋物理的な調査，とくに海底上の深層流の研究によって，均一な深海環境という認識がさらに覆るかもしれない．たとえば，深海乱流による不均一化がベントスに及ぼす影響は未知である．

個々の深海生物種について，その食物と摂餌様式，エネルギー要求，生殖，発生，成長，他種との相互作用などをさらに調べる必要がある．これが解明されてこそ，深海の群集構造や生物生産，種の多様性に関する要因が理解されるのである．

8.9 熱水噴出域と冷水湧出域

1977年，ガラパゴス島沖に位置する海底拡大域の水深2500 mにおいて，異常に高温な海水温度が発見された．海底拡大にともなう熱水活動により，無機物を大量に含んだ温水（5～100℃）が海底の割れ目から湧出し，あるいは高温熱水（250～400℃）が煙突状の海底構造から噴出していた．このような温水や熱水は周囲の海水と混合し，8～23℃程度になっている．熱水噴出孔の周囲水は，溶存酸素の濃度が低く硫化水素（H_2S）の濃度が高い．硫化水素は普通低濃度でもきわめて有毒である．

潜水船による調査では，熱水噴出域にはベントスが高密度で生息するエキサイティングな光景がみられた．この光景は，いまや多くの深海底で発見されているが，いずれも地殻活動が活発な場所で観察される．このうち，大西洋中央海嶺や太平洋縁辺（東太平洋海膨など）の拡大軸において，とくに詳細な生物調査が進んでいる．

8.9.1 化学合成生産

熱水生物群集は異常に大型の生物が高い密度で生息する．海表面の生産から切り離されているにもかかわらず，この大きな深海のバイオマスを支える食物供給源には強い興味をひかれるであろう．

熱水生物群集における食物連鎖は，地熱エネルギーによって駆動され，太陽エネルギーに直接は依存しないことがわかってきた．つまり，この食物連鎖は地下からの噴出熱水に含まれる硫化水素（硫黄の還元型）の酸化エネルギーに依存している．硫化水素の酸化は硫黄酸化バクテリア（*Thiomicrospira* や *Beggiatoa* など）により行なわれ，このとき遊離する化学エネルギーを用いて二酸化炭素から有機物がつくられる．この生合成経路は光合成暗反応と同じである．硫化水素の酸化反応に必要な分子状酸素は周囲の海水に十分溶存している．この化学合成反応は次のように表される．

$$CO_2 + H_2S + O_2 + H_2O$$
$$\rightarrow CH_2O + H_2SO_4$$
$$\text{炭水化物}$$

熱水生物群集における一次生産者は化学合成バクテリアであり，この微生物が高次の動物に利用される．海底表面を覆ってマット状に生育する糸状バクテリア（場所によっては長さ 3 cm にもなる）はカサガイなどに摂食されるし，浮遊バクテリアは濾過食者の餌となる．特殊な動物は体内に化学合成バクテリアを共生させて栄養供給を受けている場合もある．

現在までのところ，熱水噴出域では硫黄酸化バクテリアが優占すると信じられ，こればかりが注目されていた．しかし，硫黄以外の還元型無機物（メタンやアンモニアなど）をエネルギー源とするような化学合成バクテリアも熱水噴出域での生産に寄与しているだろう．いずれにせよ，熱水噴出域での微生物生産は，その海域の有光層における光合成生産の 2〜3 倍にもなると推算されている．

8.9.2 熱水噴出域の動物相

熱水噴出域で発見された動物の約 95 %は新種であった．現時点では，約 400 の新種が記載されているが，その多くは既知の近縁種がなかったので，新しい科（分類学上のグループ）が設けられるほどであった．

ガラパゴス沖の熱水噴出域で発見された軟体部の赤い巨大な管生動物（チューブワーム）は新属新種であることが判明して *Riftia pachyptila* と命名された．これは**ハオリムシ類**に属し (7.2.1 項，表 7.1)，皮のように硬い生管にすみ，管の開口部から呼吸用の鰓状組織（多数の細い鰓糸の集まり）を出している．また，口や消化管をもたないのに寄生性ではない点が特異的である．ガラパゴス沖のハオリムシ（*Riftia*）のうち最大のものは，長さ 1.5 m，太さ 37 mm，生管は長さ 3 m に達する．そして，成長も 85 cm y^{-1} とひじょうに速い．ハオリムシの生息密度は 176 個体 m^{-2}，バイオマスとしては 6800〜9100 g（湿重）m^{-2} にも達する．同じ場所にいた大型二枚貝と合わせると，この熱水生物群集のバイオマスは 20〜30 kg m^{-2} を超えていると思われる．

ハオリムシには栄養体という特殊な体内器官があり，ここに化学合成バクテリアを共生させている．この共生バクテリアはハオリムシ個体の乾燥重量のじつに 60 %を占めるので，ハオリムシは動物なのかバクテリア群体なのかという疑問さえ生じる．ハオリムシのヘモグロビンには酸素と硫化水素を同時に運搬するという特徴がある．共生バクテリアは宿主動物の血管系で運ばれた硫化水素を酸化して，その際に遊離されるエネルギーを用いて二酸化炭素から有機物を合成する．この有機物は，なんらかの方法で宿主動物へ渡される．これがハオリムシという大型動物の唯一の栄養源なのか，あるいは，ハオリムシも周

囲海水から溶存態有機物（アミノ酸など）を摂取できるのかは，まだ解明されてはいない．

ガラパゴス熱水噴出域には顕著な優占動物がもう一種類いる．長さが30～40 cmに達する二枚貝の *Calyptogena magnifica*（シロウリガイ類の一種）である．この貝の軟体部もハオリムシ（*Riftia*）同様に赤い．これは両種とも血液中のヘモグロビンの色である．多くの軟体動物の血液色素はヘモシアニンだが，シロウリガイはヘモグロビンという高効率の酸素運搬分子を用いることで，低濃度まで変動する溶存酸素環境に適応している．ハオリムシの鰓糸の血管に高濃度のヘモグロビンがあるのも同様な理由であろう．シロウリガイの鰓には硫黄酸化バクテリアが共生しているので，ハオリムシ同様，シロウリガイも共生バクテリアから栄養供給を受けていると考えられる．しかし，シロウリガイは懸濁粒子も捕食できるので，共生関係の寄与の程度は不明である．

シロウリガイの成長速度は10～60 mm y^{-1}と推定されているが，これをほかの場所のさまざまな種類の成長速度と比べてみよう（図8.16）．熱水噴出域のシロウリガイ類やイガイ類の成長速度は浅海近縁種のそれに匹敵し，深海産二枚貝 *Tindaria*（8.8.5項）の成長より約3桁速いことがわかる．また代謝速度も同様で，シロウリガイやほかの熱水性動物は浅海近縁種に匹敵し，他所の深海動物より数桁高い．

ハオリムシ類やシロウリガイ類はガラパゴス以外の熱水噴出域でもみられる．また，ほかの熱水性動物として，鰓表面にバクテリアが共生する一方で懸濁物食性もできるシンカイヒバリガイ（*Bathymodiolus thermophilus*）や，岩石表面を覆うバクテリアマットを摂食するカサガイ類（30種以上）および巻貝類などが知られている．さらに，熱水噴出孔に群生する管生性のアルビネラ科や懸濁物食性のゴカイ類も深海熱水性動物である．

熱水噴出域には堆積物食性のゴカイ類もみられる．スパゲッティワームとよばれる細長い半索動物も多く出現することがある．熱水噴出域のカニ類には腐食性の種類がいる．肉食性のカニ類は，ハオリムシ，イガイ，ゴカイなどを捕食する．大西洋中央海嶺の煙突状の熱水噴出孔（チムニー）にはエビが1500個体 m^{-2}の高密度で群がり，チムニー表面のバクテリアマットを摂食しているらしい．イソギンチャクの多い熱水噴出域もあるが，ほかの刺胞動物は一般に熱水噴出域にはみられない．太平洋の熱水噴出域には原始的なフジツボ類の優占する場所がある．魚類は一般に熱水生物群集の主要種ではなく，いままでに5種が記録されているだけである．

動物プランクトンも熱水噴出孔周辺のほうが周囲海水より個体密度が高い．カイアシ類

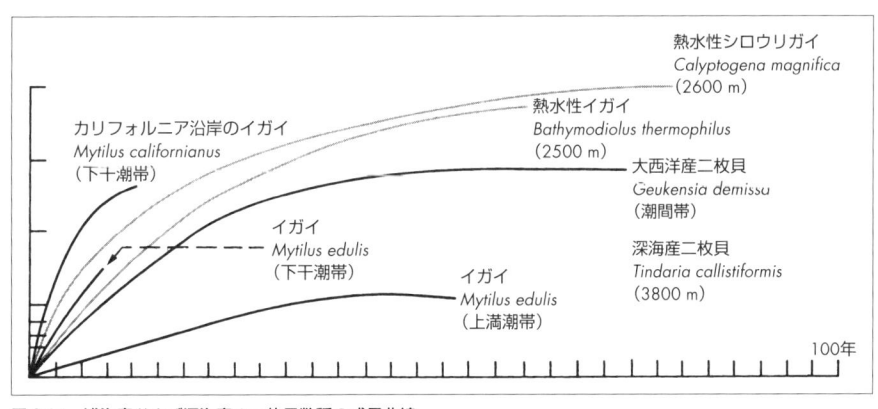

図8.16　浅海産および深海産の二枚貝数種の成長曲線

やヨコエビ類などの浮遊性甲殻類が記載されているが，詳細は不明である．新種のカイアシ類である *Stygiopontius* 属（17種）熱水噴出孔に頻繁にみられる．熱水噴出域のメイオベントスは，ほかの深海域と同様に，線虫類や底生甲殻類が優占する．新たな熱水噴出孔が発見されるにつれ，新種動物のリストも急速に増えていくことであろう．

8.9.3 浅海熱水噴出域と冷水湧出域

調査された熱水噴出域は，ほとんどすべてが1500 m以深であるが，地熱エネルギーに依存する化学合成は深海に限ったことではない．たとえば，南カリフォルニアの潮間帯には，高濃度の硫化水素を噴出する熱水噴出孔がある．ここでは底生植物や植物プランクトンによる光合成とともに，硫黄酸化バクテリアのマットによる化学合成が一次生産に寄与している．この熱水噴出孔付近に生息するカサガイはバクテリアマットを摂食しているが，熱水噴出域から離れて生息するカサガイは底生藻類を摂食すると報告されている．

1984年，メキシコ湾のフロリダ海底崖の裾部で一風変わった生物群集が発見された．この海底崖は2000 mもそそり立つ巨大な石灰岩塊で，水深3270 mの地点では高濃度の硫化物とメタンを含む高塩分水が海底に向かって浸出あるいは湧出している．水温は低いが，この硫化物湧出域には，熱水噴出域と酷似した生物相がみられる．露岩はバクテリアマットが覆っている．そして，1 m長のチューブワーム（ハオリムシの新属新種）やシロウリガイ類の新種，イガイ類などが群生している．巻貝類やカサガイ類，カニ類も冷水湧出域で目立つ生物である．

冷水湧出の原因はさまざまであり，大陸縁辺や海底の沈み込み地帯（海溝やトラフなど）でみつかっている．調査された冷水湧出域の動物群集は，いずれも光合成ではなく硫黄酸化バクテリアの化学合成に依存している．冷水湧出生物群集の発見により，深海での高い生物生産に必要なのは，熱ではなく還元型の無機化合物だということが判明した．また，深海生物の活動は低温と高圧の環境でもそれほど低下しないこともわかってきた．深海のベントス群集が表層の光合成生産に依存しているかぎりは，その生物生産には限界がある．一方，硫化物をエネルギーの起点とする食物連鎖があれば，そこの生物生産は有光層よりも大きくなることがある．

個々の熱水域や冷湧水域では物理環境特性も動物相も異なるが，硫化物依存の生物群集という観点では類似した面もある．それらの優占種は分類学的に近縁か，さもなければ生態学的に類似している．多くの熱水噴出域や冷湧水域にはハオリムシが分布し，さらにはカサガイ，シロウリガイ，イガイ，カニ類もみられる．どの生物群集においても個体群密度，バイオマス，成長速度が高い．個体群密度と生産性が低いのが普通の深海にあって，これら硫化物依存の生物群集の点在は砂漠の中の"オアシス"にたとえられる．どの群集にとっても，バクテリアによる化学合成生産が主要な食物供給源である．太陽光も光合成生産も必要としない．無機物がバクテリアの体（有機物）となり，それを動物が摂食するのである．

8.9.4 硫化物に依存する生物群集の特異な環境特性

熱水噴出域や冷湧水域では，バイオマスは大きいが，種の多様性はほかの深海域に比べるとむしろ低い．熱水噴出域や冷湧水域にみられる動物の90％以上は固有種であり，他所にはみられない．熱水噴出域や冷湧水域の環境特性に対して生理的に適応した生物だけが生息できるが，このような特殊環境に適応進化した生物は少ないので，その生物分類群の数はそれほど多くない．少数の例外を除いて，イソギンチャク類以外の刺胞動物や棘皮

動物，海綿類，ゼノフィオフォリア類，腕足類，苔虫類，魚類などは熱水噴出域・冷水湧出域にはみられない．熱水噴出域に産する動物種の90％以上は軟体動物，多毛類（ゴカイ類），甲殻類である．

熱水噴出は永続的ではなく，消長が速い．熱水噴出は動的な地質現象であり，古い熱水噴出孔が活動を終えると，近くに新たな熱水噴出孔ができる．1つの熱水噴出孔が熱水噴出域生物群集を支えるのは数年から数十年程度であろう．活動を終えた古い噴出孔の周りには，エネルギー源の供給が絶えて死滅したシロウリガイやイガイの貝殻が散らばっている．

熱水噴出孔周辺は温度の勾配が急であり，溶存酸素濃度もほぼ無酸素から深海で通常の濃度レベルまで変化が大きい．硫化水素の濃度も短時間で変動する．熱水の塩分は標準海水の1/3から2倍まで変化する．熱水に含まれる無機物には，海水に接すると沈殿するものが多い．高温熱水を噴出するチムニーは，銅や亜鉛を含む硫化物の沈殿物でできている．これを生物の側からみると，無機物沈殿の雨が降り注ぎ，有毒になるほど高濃度の重金属にさらされていることになる．

熱水も冷湧水も高濃度の硫化水素（H_2S；熱水中では19.5 mM）を含んでいるが，その環境に生息する生物には害を与えないのであろうか．一般に硫化水素は，熱水域の1/1000の濃度でも酸素呼吸を阻害する．硫化水素を酸化してエネルギーを獲得できる生物は限られた種類のバクテリアだけである．ハオリムシ（*Riftia*）は，硫化水素の毒性から身を守るように生化学的に適応している．たとえば，血液中に硫化物結合タンパク質を有し，鰓以外から体内にはいる硫化物を酸化する酵素タンパク質ももっている．そのほかの熱水性生物にも同様な解毒システムがあるかもしれない．

熱水噴出域として生物群集が生息する場所は，一般に直径25〜60 mくらいの小さな生息域であり，同様な生物群集（冷湧水群集も）の生息域とは最大数百から数千キロメートルも隔たっている．そのうえ，熱水噴出孔の活動は短命で，年単位でしか継続しない．

それでは，熱水性生物は，どのように個体群を維持し，新しい熱水噴出域に分布を広げるのであろうか？

熱水活動が短命で離散している生息場所で個体群の維持に成功をおさめるには，生物の性的成熟が早いこと，子世代数が多いこと，新生息場所への伝ぱ効率が高いことなどが求められる（1.3.1項）．このようなr-選択特性により，熱水噴出孔が活動している間に子世代をつくり，新たな熱水噴出域に個体群を形成することができるであろう．熱水性生物の生殖に関する研究例は少ないが，動物地理学的な研究によると熱水性生物は幼生の分散で分布拡大するらしい．幼生発生や分散機構に関する研究が現在進められているところである．

まとめ

- 他の多くの海洋環境に比べて，潮間帯は環境変動が大きい．沿岸域に生息している動植物は，温度や塩分の変動によく適応し，干潮時に空気にさらされても耐性がある．
- 磯場には表在動物や着生植物が高密度に生息するが，その限られた場所をめぐる競争がある．固着種の多くは鉛直的に異なった分布をしている．個々の種類の生息上限は，乾燥と温度変化への耐性などの生理特性で決まる．また，生息下限は，捕食や競争などの生物的要因で決まる．
- 潮間帯の砂浜には，一次生産者として底生性

の珪藻・渦鞭毛藻・藍藻（シアノバクテリア）と，動物として埋在性メイオベントスが優占する．メイオベントスは小型の細長い動物であり，外殻や特殊な器官を発達させて，砂粒上や間隙空間での生活に適応している．

● 磯場の一次生産は年間平均約 100 g C m^{-2} であり，とくに好適な場所では最大 1000 g C m^{-2} にも達する．砂浜の底生植物の一次生産はわずかに 15 g C m^{-2} 以下であるから，砂浜の生態系はエネルギー源の多くをデトリタスや周辺域からの流入に依存している．

● 亜寒帯海域の下干潮帯の岩場には海中林（ケルプ林）がみられる．ケルプは成長がもっとも速い植物で，ケルプ林の生産は約 600～3000 g C m^{-2} y^{-1} 以上にも達する．この生物生産の多くは直接的に摂食されずに腐食連鎖へはいっていく．ウニは海中林群集の優占種であり，この摂食活動が海中林の群集構造に大きく影響する．

● 河口域には多量の栄養塩類流入があり，海洋生態系の中ではもっとも生産性の高い場所である．河口域の上流側には塩湿地が広がり，その一次生産はだいたい 300～3000 g C m^{-2} y^{-1} 以上である．河口域中心部の潮間帯には一般に海草が繁茂し，海草とその付着藻類の一次生産は約 600～1000 g C m^{-2} y^{-1} 程度である．どちらの生物群集も腐食連鎖が卓越する．河口域の下干潮帯の泥底や砂堆積でも一次生産があるが（ほとんどが表在藻類による），これは 10～200 g C m^{-2} y^{-1} 以上である．

● 河口域は生産性が高く，動物群集が高密度になることもある．しかし，多くの動物は塩分変動に順応できないので，河口域の種の多様性は低い．

● サンゴ礁を形成する造礁サンゴには褐虫藻類が体内に共生している．これらの共生藻類は光合成で二酸化炭素とサンゴ排泄物を利用していると同時に，サンゴにはグルコースやグリセロールなどの有機物を供給している．サンゴの全エネルギー要求量の一部は褐虫藻類の光合成に依存するが，残りは動物プランクトンやバクテリアを捕食あるいは溶存態有機物を摂取して獲得している．

● サンゴ礁の一次生産者は植物プランクトンや底生・共生藻類である．その総生産はきわめて大きく，年間 1500～5000 g C m^{-2} にもなるが，生産/呼吸比（P/R 比）は 1.0～2.5 である．新親に加入してくる栄養塩類はほとんどない（f 比が 0.1 以下）．この高い生産性により，サンゴ礁の生物多様性も高く維持されている．

● サンゴの成長は比較的遅く 10 cm y^{-1} 以下である．サンゴ礁の成長は炭酸塩構造を壊すような生物浸食や物理現象（嵐など）の破壊の影響を受ける．サンゴ礁は好条件では年間数ミリメートルから 3 cm ほど上方に成長する．

● 熱帯と亜熱帯における沿岸の 60～75％はマングローブ林である．ここのおもな一次生産者であるマングローブは耐塩性の陸地植物であり貧酸素の泥質にも生える．マングローブの根は動物の付着や支持基質となり，落葉は腐食連鎖の起点になる．その純生産は年間 350～500 g C m^{-2} と推定されている．

● 漸深海帯および深海帯は，海洋の底生環境の 90％以上を占める．有機物に富んだ堆積物には堆積物食性の理在動物が優占し，メイオベントスの種類は多様性に富んでいる．底生バイオマスは海洋の深度とともに激減し，二次生産は年間 0.005～0.05 g C m^{-2} となる．深海生態系は表層の生物生産からの供給に依存しているが，2000 m 以深に沈降する有機物は微々たるものである．食物こそ，深海ベントスの生物過程と群集構造の制限要因である．一般に，深海生物は代謝や成長が遅く少産である．

● 海溝には特有な生物種が多い．超深海帯のバイオマスは，陸から遠い貧栄養域の海溝底では約 0.008 g m^{-2} であり，陸に近く，富栄養域の海溝底では 9 g m^{-2} にもなる．

● 熱水噴出域や冷水湧出域には特異な生物群集

があり，太陽エネルギーや光合成に直接的に依存しない．その代わり，この群集の食物連鎖における起点は，化学合成バクテリアが硫化水素などの酸化エネルギーを用いて二酸化炭素から合成した有機物である．このバクテリアは一次生産者であり，動物に直接摂食されるか，動物と共生関係を結んでいる．

● 深海の熱水噴出域や冷水湧出域では，大型生物が高密度に生息し，そのバイオマスは $30\ kg\ m^{-2}$ にも達することがある．その生息域は狭いながらも食物は豊富である．熱水噴出域では温度も高くて好適そうにみえるが，高濃度の硫化水素に順応した動物は少なく，種の多様性は低い．

問 題

① 干満差の大きい潮間帯（たとえば 2 m 以上）と小さい潮間帯（たとえば 0.5 m 以下）では，単位面積あたりのバイオマスが大きいのはどちらであろうか？

② 砂浜に生息するメイオベントスの約 98 ％は浮遊幼生の発育段階をもたない．このような生物種や環境にとって，どのような要因が浮遊幼生段階を抑え，直接発生を発達させるようにはたらくのだろうか？

③ 堆積物中の硫化水素の有無は汚濁の指標になりうるであろうか？

④ 砂堆と泥場で，付着藻類の生産性に底質の粒径が関係する理由を述べなさい．

⑤ 隣接水域に比べて，河口域は生物種の多様性は低いが，現存量やバイオマスが大きい理由を述べなさい．

⑥ 図 3.10 をみて答えなさい．
　(a) 南緯 30 度から北緯 30 度の間のアメリカ大陸およびアフリカ大陸の西岸にサンゴ礁がみられないのはなぜだろうか？
　(b) 南アメリカの北東沖，アマゾン川およびオリノコ川の河口北側にサンゴ礁がみられないのはなぜだろうか？

⑦ 有光層以深にサンゴは生育できるだろうか？

⑧ 水質汚濁の影響がない場合，大陸堡礁と大洋環礁との生物生産に違いがあるかどうか述べなさい．また，あるとすれば，どのような違いかを述べなさい．

⑨ マングローブ林の純生産は，熱帯の貧栄養型海域の植物プランクトン生産と比較して大きいか小さいか？

⑩ 海綿類は浅海に多く，ナマコ類は深海で優占する理由を述べなさい．

⑪ 深度が増すにつれて底生バイオマスが減少する様子を動物プランクトンの海中における鉛直分布と比べてみよう．4.4 節および図 4.14 を参照しなさい．

⑫ 珪藻類の最大沈降速度を用いて（3.1.1 項），*Chaetoceros* の 1 細胞が 5700 m 沈降するのに要する時間を求めなさい．

⑬ *Tindria callistiformis* および木材穿孔性の二枚貝はそれぞれ r–選択種か K–選択種か（1.3.1 項および表 1.1 を参照）？

⑭ 海洋の深度 2500 m における海水温度は普通ならば何 °C くらいか．2.2.2 項を参照して述べなさい．

⑮ ガラパゴスの熱水噴出域と水深 2500 m の海底生物群集のバクテリアを比べなさい．表 8.2 を参照しなさい．

⑯ 高い一次生産性のほかに，湿地植物や海草群集が動物にとって重要な点は何であろうか？

⑰ サンゴ礁群集での生息空間をめぐる競争が激しいと仮定して，もっとも成長の速い生物が他種を圧倒しない，そして，種の多様性が低下しない理由を考えてみなさい．

⑱ 地球温暖化によって，今後 100 年間で海面が 2 m 上昇した場合に，サンゴ礁の成長はこれについていけるであろうか？

⑲ 緯度による違いはあるが，熱帯マングローブ林と温帯の潮間帯湿地には生態学的に共通し

た特徴がある．それが何かを述べなさい．
⑳深海への沈降有機物として，甲殻類の脱皮殻の量的な重要性について述べなさい．解答には4.2節を参照しなさい．
㉑超深海に生息すると，生物学的・生態学的に何が有利になるか述べなさい．
㉒深海食物連鎖の2種類の起点，すなわちバクテリアの化学合成と藻類の光合成とは，どちらが進化的に古いか答えなさい（付録1の地質学的時間尺を参照）．
㉓（a）固有種が多いのは，どのようなベントス群集か述べなさい．
（b）また，その理由は何かも述べなさい．

第9章 海洋生物相への人間の影響

人間はいろいろな方法で海洋環境を変え，海洋生物に影響を及ぼす．植物や動物をとり，養殖を行ない，埋立地をつくり，河をせきとめ，港を浚渫する．海洋生物は人為的に世界中を移動し，意図的であれ，偶発的であれ，別の海域に持ち込まれている．海はずっと長い間，ゴミ捨て場のように考えられ，汚染物質を含んだ家庭排水や工場廃水が海に垂れ流されてきた．それに加えて，事故による流出さえもあった．栄養塩類を含む下水，排水中の洗剤，農地からの流水がはいり込む沿岸生態系は富栄養化した．これらのすべてが，そしてこれら以外も，海洋生態系の種組成の変化，海洋生物あるいは生息場所の消失，海洋生態系全体を崩壊させるかもしれない．表9.1と表9.2に人間の影響例をまとめた．

9.1 漁業の影響

人間活動のうち，海洋に最大の変化をもたらすものは何だろうか？

海洋生態系への人為的影響のうち最大かつもっとも深刻なものは，毎年1億t以上もの魚介類の収奪である（この値は報告された漁獲高と混獲を含む；6.7.1項）．この収奪は水柱群集の種組成と表層水の栄養塩濃度に影響を与える（f比に関連する；5.5.1項）．中層および底生群集も深層に栄養を供給する効果のある混獲投棄の影響を受ける．底曳きトロールもまた生息場所を撹乱・破壊する．

漁獲手法の発達により魚群探知が容易になり，より多くの魚をより効率的に獲得できるようになった．同時に世界中で漁船が増え，1970年から1990年の間に漁船数が倍増して120万隻になった．1隻の漁船が数千もの餌針をつけたはえなわを125 km以上もくり出すことがある．開口幅130 m，長さ1 kmの中層トロールは「自由の女神」像をのみ込む大きさであるばかりか，ジャンボジェット旅客機12機をとり囲むほどである．もうかりそうな現存量の80％以上を毎年漁獲してしまう場合もある．この事実を図9.1に示す．1940年代後半には20×10^6 t以下でしかな

表9.1 海洋環境に対する産業活動のおもな影響

影響要因	影響の及ぶ場所	影響の内容
漁獲	世界中	水柱・底生群集における種組成の変化
		漁獲対象魚個体群の体サイズ分布の変化
漁獲手法	世界中	底曳きトロールによる底生環境の破壊
	（漁獲様式で異なる）	ダイナマイト爆破漁によるサンゴ礁の破壊
		非選択的漁獲による混獲投棄の増加
混獲投棄	世界中	スキャベンジャーの増加
		深層への栄養供給の加速
		底生バイオマス増加の可能性
ダム建設	海に流入する河川	昇河性魚類の生息場所の消失
都市開発	河口域	埋立地造成による生息場所の消失
	サンゴ礁	下水および農地からの流水による富栄養化
	マングローブ林	産業廃水による沿岸域の汚染
海運	世界中	外来生物の移入
サンゴ採取	サンゴ礁	サンゴ礁の破壊

表9.2 おもな海洋汚染物質の種類と効果

汚染物質	影響の及ぶ場所	影響の内容
石油系炭化水素	石油流出地周辺 世界中	ベントス・鳥類の大量死 未知の低濃度効果
プラスチック	海岸 浮遊物	美的景観の汚損 動物のからまり 誤食
殺虫剤と関連物質 重金属	点発生源周辺 工業廃水	急性毒性 致死量以下の効果 （成長異常など）
下水	局地的な流入 農地からの流入	富栄養化 群集構造の変化 病原生物の導入
放射性廃棄物	発電所周辺 過去の海洋投棄地点	一般に危険水準以下
温排水	発電所周辺	水温上昇 群集構造の変化

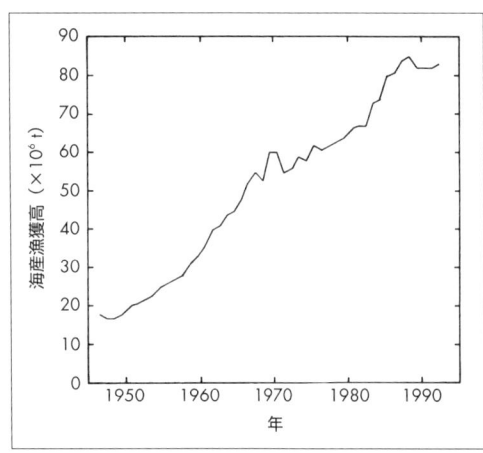

図9.1 海産漁獲高（混獲を除く）の1947～1993年における推移（国連食糧農業機関の統計による）

かった漁獲高が，1993年には約 85×10^6 t までにも増加した．この値には混獲量は含まれていない．しかし，世界の魚類現存量の低減と**単位努力量あたり漁獲量（CPUE）**の低下は明らかである．過去20年間，世界中の海洋で漁獲高が減っている．例外はインド洋だったが，それは1980年代後半になって近代的漁業が始まったからである．国連食糧農業機関の1995年の報告によると，世界の魚類現存量の70％はすでに十分に利用されているか，乱獲されているか，あるいは乱獲から回復しつつあるかのいずれかである．

ある種の魚類現存量の減少には気候変動の影響があるかもしれないが（6.7.2項），漁獲対象種の減少は明らかに乱獲が原因である．カナダ東岸とニューイングランド沖のタラ漁は200年もの歴史があった．しかし，いずれは復活するとしても，1990年代に実質的には終わってしまった．漁獲対象種の減少が他の魚種の現存量にどう影響したかを図9.2に示す．1965年からタラ類が45％減少した間に，エイやツノザメは35～40％増加した．同時に，タラ類による稚ロブスターへの捕食が減ったことで，この"もうかる"ロブスターの漁獲が増えた．同様な変化は北海でも記録されている．ここではニシンとサバが減少した後，イカナゴが激増して漁獲対象魚になっている．南極では，商業捕鯨でクジラが激減した後，オキアミを食べる他の動物が増えた（表5.2）．1960年代の黒海では26種が漁獲対象で，その多くは大型で生活史が長いものだった．しかし，乱獲やダム建設，水質汚染などにより漁獲対象種は5種に減り，それもすべて小型種ばかりである．その一方で，捕食者不在になった小型魚種が増え，さらにその漁獲努力も増えたので，黒海の総漁獲高はかえって増加している．乱獲は魚類のサイズ分布を変えることもある．たとえば，1978年から1989年にかけて大西洋メカジキの産卵魚の総体重は40％も減少した．また，乱獲と汚染の複合要因により，アメリカ東部の

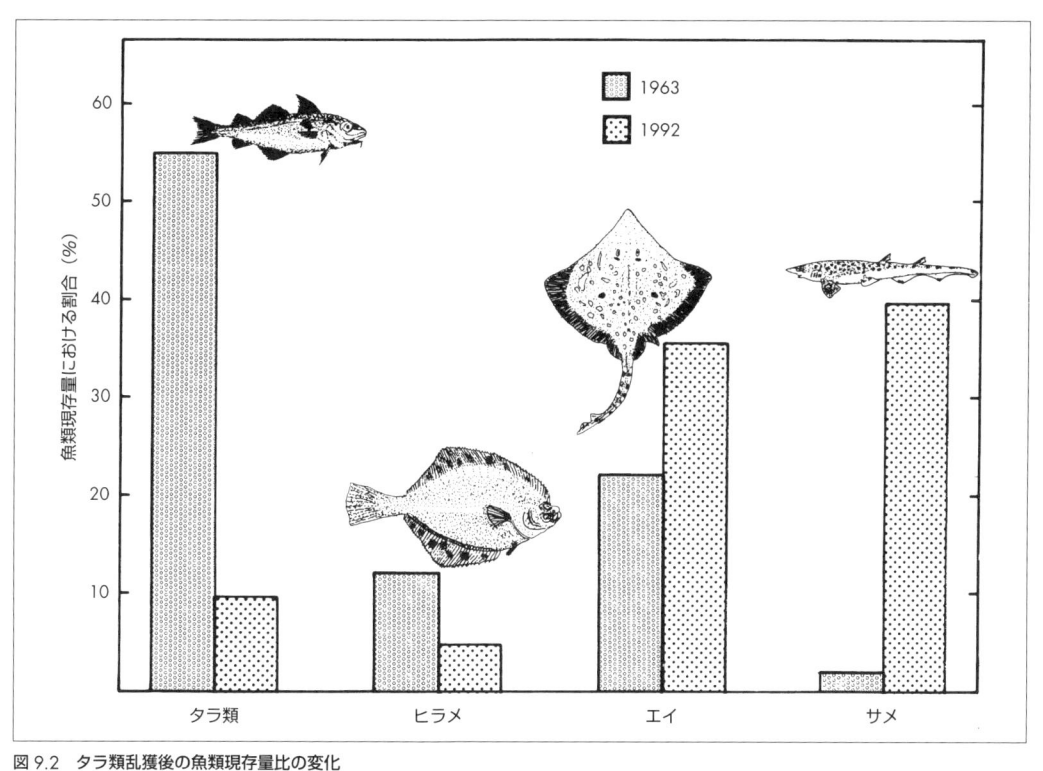

図9.2 タラ類乱獲後の魚類現存量比の変化
アメリカ・ジョージバンク（ジョージ堆）における1963年と1992年の比較（米国海洋漁業局の統計による）．

チェサピーク湾でカキの水揚高が30年間のうちに2万tから3000tに減った例もある．

サケなど昇河回遊性の魚類は産卵地への回遊を妨害するダムの悪影響をこうむる．稚魚放流や魚道設置などの高価な努力にもかかわらず，いくつかの河川（コロンビア川など）に回帰する北東太平洋のサケ現存量は減少している．土地開発や汚染による沿岸域の産卵地・生育場所の消失もまた多くの魚種にとって重要な問題である．漁業による生息場所の破壊も問題である．底曳きトロールは深さ6cm以上も海底をえぐって自然の海底環境を撹乱し，栄養塩類を水柱に溶出させて，底魚類の餌となる動物ベントスを死に追い込んでしまう．とくに好漁場とされている場所では，海底の70％以上がトロールで"耕される"こともある．

漁業ではとった動物の4つに1つは捨てている．混獲の多くは報告なしに捨てられるので，実際の混獲投棄量はもっと多いだろう．商品価値のない種や小型すぎて市場価値のないものは投棄されている．混獲量が対象漁獲量を上回る場合もあって，それはエビ漁で顕著である．メキシコ湾のエビ漁では，毎年少なくとも500万尾のキンメダイ稚魚を混獲投棄している．これはエビ1kgについて4.2kgに相当する．世界的には，エビ漁の混獲投棄は毎年1700万tくらいだろう．この多くは魚類であり，捕獲後に放流しても生残できない．混獲投棄は漁場にスキャベンジャーを増やしている．北海では，年間9万tにものぼるホワイトフィッシュ（*Coregonus*属の魚類）の混獲投棄が約60万羽のカモメを支えているらしい．

残念ながら，価値の高い魚種は，数が減るのと反比例して，その価値はどんどん高くなる．したがって，それをとるのはまだまだもうかるので乱獲はやまない．もっとも高価とされるクロマグロの産卵個体群は，西大西洋で1970年から約80％も減少し，メキシコ湾

で1975年から90％も減少した．しかし，大型のクロマグロだと1匹で800万円（kgあたり30000円，1996年）の市場価格がつくのだ．

世界の漁獲高の減少で各国は，人間が魚類を根絶やしにし，広範囲にわたって海洋生態系を変えてしまうことへの危機感を覚えた．乱獲問題への対策も講じられている．ある魚種について漁獲してよい体サイズと漁獲総量が規制されるようになった．流し網はほとんど禁止された．マグロ漁ではイルカ混獲を避ける漁法を用いるようになった．商業捕鯨はもう行なわれていない．しかし，国際的な規制を確立し，それを公海上で施行することは困難である．また，科学的管理よりも経済問題のほうが産業界に影響を与え続けている．今後十年間に世界規模で漁業問題が解決し，魚類現存量と海洋生態系が回復不能になるまで変化しないことを願うばかりである．

9.2 海洋汚染

政府間海洋学委員会（ユネスコ）による海洋汚染の定義は「生物資源を害するような有害影響，人間の健康への危険，漁業を含む海洋活動の妨害，海水の質の汚損，および快適さの低減という結果をもたらすような物質あるいはエネルギー源を人間が海洋環境に直接あるいは間接的に導入すること」である．多種多様な汚染物質が海洋にはいり込み，さらに毎日のように新物質がはいっている．重金属や石油系炭化水素など汚染物質として認識されるものは自然に存在するが，人間がさらにその濃度を上げている．導入された汚染物質のあるものはやがて分解する，あるいは大量の海水で薄められるので，その影響は無視できる．そうでない汚染物質は重大な影響を及ぼす．おもな人為的汚染物質とその影響について図9.2に示し，次で考察する．

9.2.1 石油系炭化水素

石油流出の影響は目にも明らかなので，石油系炭化水素は海洋汚染物質としておそらくもっとも注目されている．表9.3に示したように，湾岸戦争時にアラビア湾に流出した約1000万tが最大規模の石油流出である．タンカー事故からの石油流出としては1978年にブルターニュ沖で座礁したアモコ・カディスからの22万tの流出が最大である．これで300 km以上の海岸線が被害をこうむり，少なくとも30％の動物ベントスが消失し，2万羽の鳥類が死亡した．エクソン・バルディスからの石油流出（約3万t）がアラスカの鳥類とラッコに与えた被害については6.5節と8.3節でふれた．これらの石油流出は大規模でも局地的である．普通の波浪作用なら，海岸群集は5〜10年で自然に回復する．しかし，増殖速度の遅い鳥類やラッコの回復にはもう少し長い時間がかかる．

タンカー事故は海に流れ込む石油のごく一部にしか相当しない．石油の生産・輸送，海運，ゴミ投棄，諸々の流入など，海洋環境の石油汚染源はいろいろある．これに加えて，

表9.3 海洋におけるおもな石油流出（斜体字はタンカー名）

場所	流出源	流出量 (t)	年
アラビア湾	湾岸戦争	1000000	1990〜91
メキシコ湾	海底油田	440000	1981
ブルターニュ（仏）	アモコ・カディス	220000	1978
コーンウォール（英）	トリー・キャニオン	117000	1967
ウェールズ（英）	シー・エンプレス	70000	1996
瀬戸内海	石油タンク	8000〜40000	1974
アラスカ（米）	エクソン・バルディス	37000	1989
北西大西洋	アルゴ・マーチャント	30000	1976
北海	海底油田	15000	1979

石油貯留層が海底面に近い場合，自然の石油漏出がある．これらすべての発生源から海洋へ流入する石油系炭化水素の総量は年間250〜500万tと見積もられている．時間とともに，低濃度（ppbレベル）ながらも，石油系炭化水素が地球規模で海洋に蓄積してきた．炭化水素の毒性に関する実験はppmレベルで行なわれているので，現時点での濃度は海洋生物に有害ではないと考えられている．しかし，ppbという低濃度の長期的・慢性的影響についてはよくわかっていない．

9.2.2 プラスチック

海洋投棄されたプラスチックには，ナイロン製の大型流し網（6.2節）から直径1mm以下の微小球（ペレット）までさまざまなサイズがあり，後者は風で世界中の海に広がっている．これらのプラスチックは生物的な分解作用を受けないし，物理的・化学的な風化による分解も遅いので，時間とともに海に蓄積する．たとえば，亡失した流し網（幽霊ネット）や他の漁具は，海岸に漂着するか海底に沈むまで何年もの間にわたって海洋生物をからめとりつづけるだろう．ビニール袋やペレットはウミガメや海鳥が餌と間違って食べてしまう．少なくとも50種類の海鳥類からペレットがみつかっている．北太平洋のミズナギドリ（*Puffinus*の一種）では調査した450羽の80％以上の胃内容物にペレットがあった．ウミガメはビニール袋を食べると死んでしまう．ペレットも同様に海鳥類が食べると悪影響があると考えられるが，それを示す直接的な証拠はまだない．

9.2.3 殺虫剤その他の生理活性有機物質

海洋にはいる殺虫剤でもっとも多いのは，いろいろな形の塩素系炭化水素である．これは人工産物なので自然界には存在しないし，化学的酸化や微生物分解も受けにくい．また，それらは脂溶性（疎水性）なので，動物の脂肪組織に蓄積する．

もっとも有名な殺虫剤はDDTである．これは1940年に初めて使用されてから20年の間にその残基物質が生物圏の随所でみられるようになった．DDTはしばしば空中散布されるので，海まで容易に運ばれてしまう．そして遂にはDDT散布地から何千kmも離れた南極のペンギンでさえppbレベルのDDTに汚染されていることがわかった．南カリフォルニアのある殺虫剤メーカーが20年間にもわたってDDTを沿岸に垂れ流した例がある．DDTは海洋食物連鎖にはいり，沿岸100kmにわたって海洋生物相に影響を及ぼした．この海域の魚類は3ppm以上ものDDTを含有し，それを捕食したペリカンやアシカはさらに高濃度のDDTを蓄積して繁殖不能になる．1971年にDDT放出が劇的に減少した後でさえ，魚類のDDT濃度は数年間は高いままだった．1976年にはロサンゼルス動物園で悪影響が出た．地元のDDT汚染された魚類を，それと知らず何年も与え続けられたウやカモメがすべて死んでしまったのである．検死の結果，肝組織に750〜3100ppmものDDTが検出された．

DDTを禁止した国もあるが，熱帯域ではマラリア媒介蚊の駆除用にまだ使用されている．現時点で海洋の塩素系炭化水素の大半にして，海洋生物を汚染する80％はDDTの分解産物DDEである．海洋表層のDDTおよびDDE濃度は$0.1〜1\ ng\ l^{-1}$（1ppt以下）であり，これは有害とは考えられていない．いまでは，農業における合成殺虫剤の過使用は深甚な悪影響を招くとわかっているし，害虫の生物的・遺伝的防除という代替策も講じられている．

殺虫剤以外にも有毒な塩素系炭化水素が工場で使われており，海に流れ込んでいる可能性がある．たとえばダイオキシンとPCB（ポリ塩化ビフェニル）は海洋生物に悪影響を及ぼしうる．PCBは難分解性で，生物過

程（食物連鎖など）を通して濃縮される．この特徴は1985年にセントローレンス川で死亡したシロイルカ（シロクジラ）に異常高濃度のPCBがみつかったことで社会の関心を集めるようになった．このとき，脂肪組織に575 ppm，母乳には1750 ppmものPCBが含有されていたのだ．こうした環境問題を認識して，アメリカではPCBの生産と使用が禁止されている．1960年代中頃，有機スズ化合物（トリブチルスズ（TBT））に顕著な付着生物防除作用のあることがみつかり，船底や漁網への海洋生物の付着防止で用いられた．しかし不幸なことに，TBTは海水に溶出し，その濃度が$0.1～100\,\mu g\,l^{-1}$で多くの底生無脊椎動物の幼生に対して毒性を示し，$0.001\,\mu g\,l^{-1}$という低濃度でもある種の海産巻貝類の生殖に悪影響を及ぼすことがある．海運によりTBTは世界中に拡散し，港湾の底泥に蓄積している．すでにいくつかの国ではTBT使用を制限する法令が整備されている．

9.2.4 重金属

水銀，銅，カドミウムなどの重金属は低濃度で自然海水に存在し，鉱床岩石の風化産物が河川を通って，あるいは風にのって海に運ばれる．火山活動もまた流入源となる．高濃度の重金属は生物毒性を有するので，工場廃水や鉱山廃液が海に流入する場所では重金属が蓄積し，健康被害を起こしかねない．そのような場所ではベントスの重金属濃度が販売規制値（水銀だと1 ppm）を超えることがある．重金属には一般に急性毒性があるが，重金属濃縮による海洋生物の成長異常やがんなどの慢性的影響もありうる．

人間が重金属汚染にさらされた深刻な例は日本の水俣病である．ある化学工場が水俣湾に36年間にわたって合計$200～600\,t$の水銀を垂れ流した．1950年代初期から奇病が発生し，水俣湾の魚介類を食べたことによる水銀中毒だとわかったのは1956年である．著しい神経損傷，麻痺，奇形児などがおもな症状である．1988年までに2209名が患者認定されたが，そのうち730名は死亡した．水銀汚染された魚介類を食べることでこれほどの健康被害が発生するという，この悲劇的な事件の後で，各国は水銀放出規制と魚介類中の水銀濃度規制に関する法令を整備した．

水柱環境の魚類の筋肉組織における正常な水銀濃度はどれくらいだろうか？

汚染されていない外洋域にいる魚類の筋肉における水銀濃度は約$150\,\mu g\,kg^{-1}$（0.15 ppb）である．しかし，サメやメカジキ，シロカジキ，マグロなどの大型種は$1～5\,ppm$もの高濃度になることがある．ただし，これは人為的汚染の指標にはならない．これらの魚類は長命なうえに食物連鎖の最高位にある大型捕食者（**最高次捕食者**）なので，長期間にわたって水銀が高濃度に**生物濃縮**したのである．

カドミウム，銅，鉛など他の重金属もまた廃水流入地の海洋生物に蓄積する可能性があるが，それが人間に深刻な健康被害を及ぼした例は知られていない．もう一つ，スズが引き起こす問題については9.2.3項で述べた．さらに危険な重金属については海洋投棄や使用が国際的に規制されている．

9.2.5 下 水

下水排水は世界中で起きている沿岸汚染の大きな問題である．下水からは，し尿や他の有機物，重金属，殺虫剤，洗剤，石油成分などが海にはいり込む．有機物に由来する栄養塩類は富栄養化を起こすだろう．洗剤に含まれているリン酸も，農業・園芸の肥料も，海にはいれば富栄養化を起こしうる．さらに，し尿に含まれる病原菌やウイルスは必ずしも海水で殺菌されない．病原菌が高密度になると，魚介類は食用に不適となり，海水浴も不

適となる．下水による健康被害の可能性がもっとも高いのは，汚染された魚介類，とくに病原菌を鰓に濃縮した沪過食性の二枚貝類を食べることである．コレラ菌がとくに大きな問題となっているような国々では，そのような食習慣で集団感染する．

先進国の都市部では特殊な下水処理が施されて有機物は分解し，硝酸・リン酸は除去されている．しかし，この下水処理は経費がかかる．下水処理は必要以上に行なわないのが普通であり，無処理のまま垂れ流しているところも多い．大規模な下水排水の周辺（100 m 以内）は無酸素（嫌気的）で，嫌気性バクテリアが優占するのが一般的である．もう少し離れると（数キロメートル以内），富栄養化により大型緑藻（アオノリやアオサ）の生産が増え，海岸に厚い藻類マットをつくる．多毛類のイトゴカイ（*Capitella*）など少数の日和見的な動物種もまた下水による富栄養化の指標生物であり，下水の影響の及んだ底生環境を優占することもある．数十キロメートルも離れるとさすがに汚染物質も希釈され，生物群集の種組成への影響も及ばなくなる．

9.2.6 放射性廃棄物

海洋における放射性廃棄物の流入源には核実験，原子力発電所，核燃料再処理工場，廃棄物投棄などがある．原子番号の大きな放射性核種は水に溶けにくく懸濁粒子に吸着する傾向があるので，それらは堆積物中に蓄積する．**半減期**の長い放射性同位元素（セシウム 137，ストロンチウム 90，プルトニウム 239 など）は核関連施設から漏出する可能性があるのでとくに危険であり，つねに監視されている．大事故を防止する配慮がなされているので，排水流入地点におけるバックグラウンド濃度は安全レベルに抑えられている．ただし，原子力潜水艦の沈没地点，放射性物質投棄地点（放射性物質の海洋投棄は現在禁じられている），核実験が行なわれる環礁（最近の例として南太平洋におけるフランスの核実験がある）などにおいては，放射性物質の濃度が高くなる可能性がある．しかし，そのような汚染源からの漏出は遅く，易溶性の放射性核種は希釈され，難溶性の核種は底質の堆積物に吸着されるだろう．

ある種の海洋生物（海藻類や二枚貝類など）は周囲海水から放射性核種を濃縮する場合がある．たとえば，イギリスの核燃料再処理工場の近くに生息するアマノリの一種（*Porphyra umbilicalis*）は周囲海水からセシウム 137 を 10 倍，ルテニウム 106 では 1500 倍も濃縮していた．低レベル投与実験によると，海洋生物でも陸上生物と同様にがん発生率の上昇，免疫機能の低下，成長異常を伴う遺伝的変異などの可能性が明らかにされている．しかし，現状レベルの放射性物質は海洋生物相に影響を及ぼしていない．

9.2.7 温排水

発電所は 1 時間あたり数十万立方メートルもの冷却水を温排水として沿岸に放出して，付近の海水温を 1～5 ℃ 上げることがある．これを養殖に利用して魚介類の成長促進に役立てている場所もあるが，水温上昇により本来の生物相が変化して困る場合のほうが多いようである．たとえば，フロリダの亜熱帯沿岸域で水温が長期的に 5 ℃ 上昇したため，本来の海藻・海草類にとって代わってシアノバクテリアがマット状に生えるようになってしまっている．もう一例では，アメリカの温帯沿岸域で水温が上昇した結果，暖水産で木材穿孔性の二枚貝類が新たに侵入して，ボートや桟橋に被害を与えた．ほとんどの場合，これらの影響は温排水が流入する地点とその周辺海域の 1～40 ha くらいに限られている．

温排水には環境に影響を及ぼす別の要因として塩素がある．冷却水の取水時にパイプ内の生物付着を防除するため塩素を添加するの

だが，0.1 ppm という微量でも温排水に残っているとある種の海洋生物には有害となる．さらに温排水は水勢が強いので海底を洗い流し，底生動物相に影響を及ぼす．

9.3 海洋生物の移入と移動

ある海域から別の海域への生物種の移動は幼生浮遊や筏状浮遊（rafting；複数個体が筏のように集まって浮遊すること）などの生物戦略で自然に起きている．しかし，人間活動はこの移動を加速し，また故意あるいは偶発的に海洋の自然障壁を越えて移動させている．多くの場合，移入生物は繁殖に失敗するが，外来種が繁殖して在来種に影響を及ぼす場合も多々ある．

故意の生物移入は養殖関連が多い．たとえば，日本産のマガキ（Crassostrea gigas）とアメリカ東岸産のバージニアガキ（C. virginica）は，アメリカ西海岸産のオリンピアガキ（Ostrea lurida）より大型で成長も速いのでアメリカ西海岸に移入された．そのとき，カキや他の貝類の殻に穿孔する捕食性の巻貝も偶発的に移入され，いまではアメリカ西海岸にすみついてしまった．

養殖や水族館の需要が高まり，また海運活動も増大することで，生物種の移動が加速されている．船舶は出港地でバラスト水を取水し，入港地で排水する．このバラスト水により，毎日約3000種の海洋生物が世界中の海を移動している．日本からオレゴンにきた船のバラスト水を調べたところ，終生プランクトンと一時プランクトンを合わせて367グループが含まれていた．このようにしてベントス幼生を含む一大プランクトン群集が太平洋という広大な障壁を越えて移動しうるのである．

黒海へのクシクラゲの一種（Mnemiopsis leidyi，4.7節）の移入例は，捕食者のいない好適な条件下でいかに外来種が急速に増殖し，動物プランクトン在来種を激減させて，

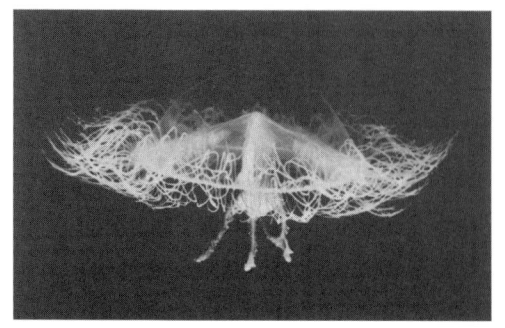

図9.3 黒海原産のクラゲ Maeotias inexspectata
近年，カリフォルニア州のサンフランシスコ湾にも出現するようになった．

黒海とアゾフ海に面する国々のカタクチイワシ（アンチョビ）漁を低迷させたかを示している．もっと最近の例では，黒海に固有のクラゲ2種がサンフランシスコ湾に出現した（図9.3）．ただし，その生態学的な影響評価は時期尚早である．アジア産のカイアシ類がカリフォルニアの港湾に存在するし，アジア北東部産のヌマコダキガイ（Potamocorbula amurensis）はサンフランシスコ湾の優占種の一つになっている．地中海原産のカワホトトギスガイ（Dreissena polymorpha）は1986年にバラスト水で北米の五大湖に移入された直後から増えに増えて取水口を閉塞するに至り，1兆円以上もの損害を与えた．

オーストラリアでは最近数年間での外来種の侵入例が35件もあった．捕食性のキヒトデ（Asterias amurensis）がオーストラリア南東岸に侵入して，ワカメ（Undaria pinnatifida）は55 km y^{-1}の速度でオーストラリア沿岸に広がっている．タスマニアで最初に発生した有毒渦鞭毛藻類の赤潮（3.1.2項）は貨物船のバラスト水が原因だと考えられている．ある貨物船のバラスト水中の泥に有毒渦鞭毛藻類の休眠胞子が3億個もあったという例がある．

バラスト水による海洋生物の拡散はどのようにしたら低減できるだろうか？

船舶はバラスト水を沿岸港湾で取水する．

地球規模での海洋生物の移動は，洋上でのバラスト水交換様式を工夫すれば改善されうる．沿岸種は外洋域で生残しにくいし，外洋種も低塩分の沿岸域では生残しにくいからである．

9.4 個別の海洋環境への影響

9.4.1 河口域

世界の大都市の多くは河口域にある．ロンドン，上海，ニューヨークなど枚挙にいとまがない．したがって，河口域は，ほかのどの海洋環境よりも人間活動の影響を受けているというのも当然である（図8.6）．河口域の中でも湿地帯は，住宅地や工業地帯あるいは空港用地として開発しやすいので，もっとも大きな影響を受ける．ある河口域では湿地帯の90％以上が失われている．また，港湾整備のために下干潮帯の砂堆や藻場が浚渫されることも多い．

河口域の高い生産性を支える要因は同時に，汚染の影響を増幅することになる．たとえば，栄養塩類が河口域内に滞留するように，石油分，重金属，肥料，農薬などの汚染物質も滞留する．このような汚染物質を含む生活排水と産業廃水の影響をもっとも強く受けるのは，おもにプランクトン群集である．この結果，望ましくない富栄養化が進行するほか，病原生物・重金属・農薬などの汚染も深刻になり，これらの汚染物質は食物連鎖を通して最終的にわれわれの口にはいるのである．

河口域はもともと生産性が高いので，漁獲あるいは養殖の場として好適であった．しかし，近年，生活排水からの人腸菌群が増え，魚介類が重金属あるいは農薬に汚染されてきたので，河口域での漁獲や養殖は行なわれなくなっている．また，これらの汚染は河口域生態系の構造を変化させ，極端な場合には，バクテリアしか生存できないような無酸素環境が形成されることにもなる．

9.4.2 マングローブ林

河口域が受けている環境撹乱はマングローブ林（8.7節）にも及んでいる．浚渫や再開発，ゴミ投棄などのすべては，マングローブ林に多大な影響を及ぼしている．昆虫防除によって，河口域やマングローブ生態系の食物連鎖で殺虫剤が濃縮されることも多い．ベトナム戦争ではマングローブ林に枯葉剤が散布されて，10万haものマングローブ林が破壊された．石油流出によって藻類や無脊椎動物が呼吸できなくなり，また，マングローブ樹根系への酸素供給が悪化する．河川水の一部を農業灌漑にまわすと，河口域に流入する淡水が減少して塩分が高くなり，河口域で生息する生物に悪影響を及ぼすことがある．たとえばパキスタンでは，インダス河の水を灌漑に用いたために，マングローブ林が広範囲にわたって破壊されている．

マングローブ樹の乱伐は深刻な問題である．近年の事例では，マングローブ樹を伐採してエビ養殖池や水田をつくった結果，嵐による洪水や土砂流出などの被害が激化している．マングローブ林の人為的破壊は，すでに百年来の問題となっている．かつて，ペルシャ湾の沿岸にもマングローブ樹が繁茂していたが，砂漠地帯でのまきの供給やラクダの飼料として乱伐されて，最終的にマングローブ林は消失してしまった．サウジアラビア北東岸で行なわれたマングローブ林再生への努力も，湾岸戦争で無駄になってしまった．一方，その他の国々で進められているマングローブ植林計画は，程度の差こそあれ成功しつつある．

マングローブ林の破壊をもたらす最大の要因は，台風やハリケーンであろう．その影響範囲は広く，発生が頻繁であり，一度襲われると樹木は根こそぎ倒されて，水も土地も塩分が激変するうえに，大量の土砂が堆積する．被害が激甚な場合には，マングローブ林の回

復には少なくとも20〜25年かかると考えられている．自然現象による被害は仕方ないとしても，マングローブ資源開発に関する管理政策（植林も含めて）を進めることは可能であろう．マングローブ林の合理的利用の成否のかぎは，結局，熱帯地域の発展途上国が，この貴重な海洋生物群集が地域へ貢献している重要性を十分に認識するか否かにかかっている．

9.4.3 サンゴ礁

サンゴ礁は自然美にあふれるだけでなく，固有種も含めて生物種の多様性に富んでいるほか，生物的にも経済的にもきわめて重要である．サンゴの石灰化に伴って大量の二酸化炭素が海水中から除去されるので，全地球規模の二酸化炭素収支になんらかの形で関与している．また，発達したサンゴ礁は波浪から沿岸域を保護するので，静かな天然の良港に恵まれる環境を形成している．さらに，航空運賃が安くなるにつれ，サンゴ礁への観光客が増えて，地元の経済が潤うことになる．

しかし，サンゴ礁は環境ストレスに弱く，現在は減少傾向にある．世界保護連合と国連環境計画（UNEP）の報告によれば，サンゴ礁の所在する109か国中の93か国においてサンゴ礁が大きな破壊ないし損傷を受けている．この破壊の大部分は人間活動によるもので，海洋環境の自然変化によるものは少ない．

サンゴ礁付近で人口が増加すると，雑多な種類の汚染物質が沿岸水域に流入することになる．汚染物質としては，たとえば，耕地化による流入表土，農薬，産業廃水，ホテルや住宅地からの生活排水などがある．この結果，沿岸水中の栄養塩濃度が上がり，富栄養化が進行して底生藻類の大発生を招くので，限られた生息空間からサンゴが追い出されてしまう．また，藻類の大増殖により，サンゴの共生褐虫藻に必要な海中透過光がさえぎられ，

サンゴの大量死滅が頻発する．この現象が，まさにハワイ島において用地開発の直後に発生した．海底で藻類が厚いマット状に増殖し，サンゴが大規模に死滅した後に，バクテリアによる有機物分解が起こって，海水中の溶存酸素濃度が低下した．最終的には生物の多様性を激減させることになり，ナマコの一種が優占種になったのである．

沿岸が土地開発されると，沿岸水へ土砂の流入が増加して，サンゴ礁を覆う堆積物が多くなる．その結果，懸濁シルト（泥質）によって光の海中透過が妨げられ，サンゴの共生褐虫藻による光合成の低下，つまりサンゴへの栄養供給が減少する．サンゴのポリプは粘液質や繊毛を使って堆積物を除去しようとするが，懸濁シルトの量が多すぎると目詰まりして，ポリプは死んでしまう．サンゴ礁破壊のおもな原因は，海中への流入土砂を増加させる効果のある森林伐採である．フィリピンのある地域では，伐採により土砂流入が増加してサンゴ礁の5％が死滅した．港湾整備のために海底を浚渫し，サンゴ礁を通る航路を広げると，やはり周辺海域のサンゴ礁に影響がある．

サンゴ礁は人間に直接利用できる資源でもある．地域によっては，サンゴは建材として重宝されている（図9.4）．しかし，利用しすぎたあまり，モルジブ諸島（インド洋）では大規模にサンゴ礁が破壊されているし，フラ

図9.4 インド洋のモルジブ島のサンゴ礁
建材確保のため掘りとられている．

ンス領ポリネシアやタイでは現在も深刻な破壊が進行している．

サンゴ礁に生活する地元住民は伝統的にサンゴ礁の魚類をタンパク質源としているが，住民人口や観光客が増加するにつれて，この魚資源への需要が高まっている．また，世界的な水族館ブームのおかげで，熱帯の珍しい魚はよいもうけの対象になっている（年間売上は約41億）．これにあやかるため，伝統的な漁法は姿を消して，自然と調和しない漁法が用いられるようになった．たとえば，水中でダイナマイトを爆発させると魚が失神して浮いてくるので，それをとれば簡単である．しかし，この漁法はサンゴ礁にも損傷を与えている．青酸を使って魚を失神させる方法もあるが，青酸に敏感な他種のサンゴ礁生物は死滅してしまうし，漁獲対象魚でさえ死ぬこともある．フィリピンだけでも年間150tもの青酸ナトリウムがこの漁法のために使われている．伝統的だろうが，非伝統的だろうが，多くの海域で過大な漁獲，すなわち乱獲が行なわれているのである．

サンゴ礁の生物で消費され，あるいは売買されるのは魚だけではない．サンゴ自体も装飾用に収奪されている．1988年には，アメリカだけで1500tもの装飾用サンゴが輸入された．イセエビやナマコ，ウニなどのサンゴ礁生物も世界各地で食用に供されている．巻貝や二枚貝は食用以外にも，貝殻が観光客や貝収集家向けに販売されている．このように，サンゴ礁から多数の動物を捕獲すると，サンゴ礁生態系へ影響が出ることになる．たとえば，ウニは摂食活動を通してサンゴ骨格を破壊しているので（生物浸食），ウニの天敵（ある種の魚や貝類）を乱獲すると，ウニによるサンゴ礁破壊が激化する可能性がある．

観光によって，サンゴ礁地域の経済は潤うかもしれないが，観光資源そのものは傷つけられている．観光開発で増加した流入土砂はサンゴ礁に堆積するし，排水などによる水質汚濁も進行する．観光客が増えれば，それだけ多くの魚類がホテルやレストラン向けに，そして貝類やサンゴが記念品として捕獲されることになる．一見無害にみえる活動でさえも，サンゴ礁に影響を及ぼしかねない．たとえば，フロリダのサンゴ礁などでは，アマチュアがボートをサンゴに衝突させたり，あるいは投錨したりしてサンゴを傷つける．干潮時にサンゴ礁を散歩することさえもサンゴには迷惑である．サンゴ礁の恩恵を末永く享受したいならば，乱開発を避け，地元民や観光客を啓蒙するのが賢明であろう．

1970年代には，オニヒトデ（*Acanthaster planci*）に襲われた太平洋のサンゴ礁が注目された．この棘皮動物は30〜40 cm大の体長で，サンゴポリプを捕食しているが，ふだんは生息数が少ないのでサンゴへの影響は小さい．しかし，西太平洋の多くのサンゴ礁（グレートバリアリーフを含む）において，オニヒトデが爆発的に増えはじめた．何万匹にも増えたオニヒトデがサンゴ礁を荒廃させ，サンゴ礁が全滅した海域もあった．たとえば，グアム島沖のサンゴ礁（延長38 km）では，サンゴの約90％が3年もしないうちにオニヒトデ害で死滅した．グレートバリアリーフも，1960年代と1980年代のオニヒトデの大発生によって多大な被害を受けている．

オニヒトデ大発生の原因には，水質汚濁の進行，海底浚渫などによる堆積物の増加，貝の採集などと，いろいろな説が考えられている．サンゴ礁に生息する貝の中ではとくにホラガイの装飾価値が高く，よく採集されている．ホラガイはオニヒトデの数少ない天敵なので，ホラガイの乱獲はオニヒトデの生存率を高めることになってしまう．しかし，この一例だけではすべてのオニヒトデの害は説明できないであろう．オニヒトデ個体群密度の変動は海洋環境の変動に関連した周期変動で

あるとする説もある．8.3節で論じたケルプとウニの関係と同様に，オニヒトデ大発生は人間活動に関連した現象なのか，あるいは何千年もくり返されてきた自然現象なのか，という議論はまだ続いている．いずれにせよ，オニヒトデの害からの回復には10〜20年かかるし，本来の種の多様性をとり戻すにはさらに長い時間を要するだろう．

嵐や異常低潮時の干出などの自然現象によって，サンゴが広範囲に被害を受けることがある．たとえば，1982〜1983年のエルニーニョ現象では，水温が2〜4℃も急上昇してほぼ30℃にも達したが，この異常な高水温によって，ガラパゴス島のサンゴの95％およびパナマ湾のサンゴの70〜90％が死滅した．太平洋やカリブ海のサンゴ礁も同じ原因で被害を受けたのであろう．1987年にはフランス領ポリネシア諸島のサンゴ礁が白くなり，モーリア堡礁の外側斜面のサンゴは脱色してしまった．この脱色現象（白化）は共生褐虫藻をサンゴの体外に排出したためであるが，これを地球温暖化と関連づける研究者もいる．

化石記録によると，現生の造礁サンゴの祖先は2億5千年前までさかのぼれるし，近縁ならば5億年前に生息していた種類もある．現生の造礁サンゴの種類数は600以下かもしれないが，絶滅したサンゴ種も加えると5000を超えている．多くの海域でサンゴの絶滅が加速されているようである．サンゴ礁の恩恵を認識して，サンゴ礁の保護政策をとる国もでてきている．現在約65か国が，海洋保護地や海中公園などとしてサンゴ礁などの約300海域を保護している．規制のある観光が利益をもたらすことを理解すれば，サンゴ礁保護政策を進める国が増えてくるであろう．

まとめ

- 年間100×10^6トンの漁獲は，海洋に対する人為的影響のうち最大である．漁獲高は1995年までにインド洋を除くすべての大洋で減少している．海洋の魚類現存量の70％はすでに利用されているか，乱獲されているか，乱獲から回復しつつあるかのいずれかである．

- 激化した漁業の結果として，対象魚種の現存量とその相対的な現存量比の低下，魚類個体群の体サイズ分布の変化，混獲生物の現存量低下，混獲投棄による深海生態系への栄養輸送の加速，大量の混獲投棄による腐食動物の増加，底曳きトロールによる海底生息場所の破壊などが起こる．

- 魚類現存量は，（サケ類の）産卵地の消失を意味するダム建設や，埋立地造成や汚染による沿岸産卵地・生育場所の消失によっても低減する．

- 人間活動により種々の汚染物質が海洋に流入している．これらの汚染物質には，石油系炭化水素，プラスチック，殺虫剤および塩素系炭化水素，重金属，肥料，放射性廃物など，有害な変化をもたらすものがある．これらの汚染物質とともに，し尿，洗剤，病原菌やウイルスなどが下水によって海に流れ込む．さらに発電所から流出する温排水が付近の海水温を上げる．

- 石油流出はもっとも顕著な海洋汚染であり，生態学的な影響も深刻であるが，個体群は5〜10年で回復する．外洋域の石油系炭化水素は濃度が低すぎて影響評価できない．

- 非分解性のプラスチック物質は世界中の海洋にみられるようになった．亡失した漁網は何年にもわたって海洋生物をからめとるだろう．ある種のプラスチック物質はウミガメや海鳥が餌と誤って食べてしまう．

- DDTや関連物質（ダイオキシン，PCBなど）の合成殺虫剤は海にはいっても分解されにくく，海洋食物連鎖にはいってしまう．これらの物質は脂肪組織に蓄積して生物濃縮され，栄養段階が高い動物ではその濃縮が**生物増幅**して致死濃度になりかねない．過去に起きた海洋生物の殺虫剤中毒やPCB中毒により，これらの物質の生産・使用を禁止した国もある．
- 工場廃水からの重金属（水銀，銅など）の濃縮は人間に深刻な健康被害をもたらす．歴史的には，1950年代に水銀汚染された魚介類を食べた人が病気になるという水俣病が発生し，2000名以上が直接被害にあった．海産魚介類におけるこれらの重金属の濃度を規制・検出する法令ができている．
- 下水排水は世界中でみられるおもな沿岸汚染源の一つである．し尿，肥料，洗剤などに含まれる栄養塩類は排水地周辺の海域を富栄養化する．この富栄養化は人間の利益になる場合もあるが，植物プランクトンの過剰ブルームを招き，その分解で酸欠になる場合も多い．また，下水はコレラ菌などのし尿由来の病原菌を運び，それを沪過食した二枚貝類を人間が食することで病原菌が伝染する．
- ある種の海洋生物，とくに海草と二枚貝類が原子力関連施設周辺の海水から放射性核種を濃縮することが知られているが，海洋における放射性廃棄物が現状レベルなら海洋生物に悪影響を及ぼすことはない．
- 発電所の温排水は局所的に海水温を上げ，海洋生物群集に影響を及ぼす．温排水が水産増養殖に利用される場合もあるが，群集変化は有害あるいは好ましくない場合が多い．
- 海洋生物群集あるいは海洋生態系は，故意または偶発的な生物移動によって変化させられている．海運の活発化が外来生物種の移入を加速している．毎日約3000種の海洋生物が船舶のバラストタンクに乗って世界中の海を移動している．外来種の多くは生残しないが，クシクラゲの一種（*Mnemiopsis*）やカワホトトギスガイは移入先に大きな影響を及ぼしている．
- 河口域（汽水域）やマングローブ林は生産性の高い沿岸生態系で，多くの魚類にとって重要な産卵地・生育場所であり，貝類個体群の生息場所であり，鳥類にとって豊かな餌場である．マングローブ林はまた熱帯の嵐による侵食・氾濫から海岸線を守る役割も果たしている．しかし，これらの生態系は埋立地造成，下水流入，ゴミ投棄，富栄養化などの人為的影響をまともに受けることが多い．
- サンゴ礁は世界中で減少している．サンゴ礁近辺の人口増加と観光産業の活発化によりサンゴ礁の資源利用の圧力が高まっている．土地開発に伴う堆積作用と浸食はサンゴ礁に悪影響を及ぼす．下水排水と農地からの流入水による富栄養化も同様である．建材調達のためにサンゴ礁を掘る場所もあれば，ダイナマイトを使った漁法で魚をとる場所もある．この漁法では魚をとりすぎ，種組成を変え，サンゴ礁そのものを傷つけてしまう．サンゴ礁は地球規模の温暖化による海面上昇にもさらされており，サンゴ礁群集にはこれも潜在的な危機である．

問　題

① 大規模な石油流出からの回復がもっとも遅い海洋環境はどんな場所だろうか？
② 毎年，海にはいるプラスチック類の量を減らすにはどのような方法があるだろうか？
③ 亜熱帯域沿岸で発電所温排水の影響が最大になるのは一年のうち，いつ頃だろうか？
④ 世界地図を思い描いてみよう．その近くに大都市がなく，人間もあまり住んでいない大きな河口域は存在するだろうか？
⑤ 海洋生物への人為的影響は本章ではすべてを

とり上げられなかった．ほかにどのような影響があるか考えなさい．

⑥海洋生態系を変化させずに漁獲することはできるだろうか？

⑦海洋への下水排水にはよい効果もあるだろうか？

⑧河口域 A は堆積作用の大きな淡水流入があり，河口域 B には比較的清澄な淡水が流入する．両者ともほぼ同量の都市汚染物質の流入があるとする．水中の汚染物質が低濃度なのはどちらの河口域で，底質の汚染物質が低濃度なのはどちらの河口域だろうか？

付録1 ──地質学的時間尺

年（百万年前）	代	紀	世	生物進化
0.01	新生代	第四紀	完新世	現代人類の出現
2			更新世	初期人類の出現（200万〜300万年前）
5			鮮新世	
25			中新世	
40		第三紀	漸新世	類人猿の出現（4000万年前）
				異足類の出現
55			始新世	海産哺乳類および有殻翼足類の出現（5500万年前）
				海鳥類の出現（6000万年前）
65			暁新世	恐竜の絶滅（6500万年前）
140	中生代	白亜紀		珪藻類および珪鞭毛藻類の出現（1億年前）
				アンモナイト絶滅
				円石藻類および有孔虫類の出現
				渦鞭毛藻類の種数増加
200		ジュラ紀		海産爬虫類および鳥類の出現（2億年前）
				オウムガイのほとんどが絶滅
240		三畳紀		恐竜および哺乳類の出現
290	古生代	二畳紀		三葉虫の絶滅
				硬骨魚類の出現（3億年前）
360		石炭紀		
410		デボン紀		陸上植物の出現（4億2000万年前）
435		シルル紀		渦鞭毛藻類およびフジツボの出現
				二枚貝類が多くなる
				板鰓類(サメ類),アンモナイトの出現(4〜4.5億年前)
500		オルドビス紀		有鐘繊毛虫類の出現
				サンゴ礁の形成
				原始的な魚類の出現（5億5000万年前）
570		カンブリア紀		三葉虫全盛，介形類，棘皮動物，オウムガイの出現
				海産藻類の多様化
	先カンブリア時代			放散虫の出現（6億年前）
				無脊椎動物の化石が多い（クラゲ，カイメン，貝類）
				最古の海産有殻動物の化石（6億5000万年前）
1000				最古の多細胞藻類（8億年前）
2000				石灰藻類（15億年前）
				多細胞生物の出現（21億〜19億年前）
				最初の光合成生物（28億〜25億年前）
3000				最古のシアノバクテリア化石（35億年前）
4000				生命の始まり（39億〜35億年前）
				大気と海洋の起源（44億年前）
				地殻の形成（46億年前）
5000				

付録2 ──単位の変換

面 積

1 cm² (平方 cm)	= 100 mm² (平方 mm)	= 0.155 in² (平方インチ)
1 m² (平方 m)	= 10⁴ cm² (平方 cm)	= 10.8 ft² (平方フィート)
1 km² (平方 km)	= 10⁶ m² (平方 m)	= 247.1 acre (エーカー)
1 ha (ヘクタール)	= 10⁴ m² (平方 m)	

濃 度

モル濃度 (M)	1 リットル (l) あたりに溶けているグラム分子量	
$\mu g\ l^{-1}$	= mg m⁻³	
ppm	= mg l^{-1}	
ppb	= $\mu g\ l^{-1}$	
ppt	= $10^{-3}\ \mu g\ l^{-1}$	= 1 ng l^{-1}
$\mu g\ l^{-1}$ ÷ 分子量	= μM	= μmol l^{-1}

長 さ

1 Å (オングストローム)	= 0.0001 μm (ミクロン,マイクロメートル)	
1 nm (ナノメートル)	= 10⁻⁹ m (メートル)	
1 μm	= 0.001 mm (ミリメートル)	= 10⁻⁶ m
1 mm	= 1000 μm	= 0.001 m
1 cm (センチメートル)	= 10 mm	= 0.394 in (インチ)
1 dm (デシメートル)	= 0.1 m	
1 m	= 100 cm	= 3.28 ft (フィート)
1 km (キロメートル)	= 1000 m	= 3280 ft (フィート)
1 km	= 0.62 mile (陸マイル)	= 0.54 n mile (海里,海マイル)
1 in (インチ)	= 2.54 cm	
1 ft (フィート)	= 0.3048 m	
1 yd (ヤード)	= 3 ft	= 0.91 m
1 fathom (ファゾム)	= 6 ft	= 1.83 m
1 mile (陸マイル)	= 1.6 km	= 0.87 n mile (海里,海マイル)
1 n mile (海里,海マイル)	= 1.85 km	= 1.15 mile (陸マイル)

質 量

1 mg (ミリグラム)	= 0.001 g (グラム)	
1 kg (キログラム)	= 1000 g	= 2.2 lb (ポンド)
1 t (トン)	= 10⁶ g	
1 lb (ポンド)	= 453.6 g	

時　間

1 min（分）	= 60 s（あるいは sec，秒）
1 h（時間）	= 3600 s
1 d（あるいは day，日）	= 86400 s
1 y（あるいは year，年）	= 365 d

速　度

毎時 1 km（km h^{-1}）	≒毎秒 27.8 cm（27.8 cm s^{-1}）	
1 kn（ノット）	≒毎時 1 海里	≒毎秒 51.5 cm（51.5 cm s^{-1}）

体　積

1 ml（ミリリットル）	= 0.001 l（リットル）	= 1 cm^3（立方 cm, cc）
1 l（リットル）	= 1000 cm^3（立方 cm）	= 10^{-3} m^3
1 m^3（立方 m）	= 1000 l（リットル）	

光の放射エネルギー

1 E（アインシュタイン）	= 6.02×10^{23} 個の光量子	= 1 モルの光量子
1 W（ワット）m^{-2}	≒ 4.16 ± 0.42 μE m^{-2} s^{-1}	

【上式は光合成有効波長 PAR についてのみ】

1 J（ジュール）s^{-1}	= 1 W
1 J m^{-2} s^{-1}	= 1 W m^{-2}
1 cal（カロリー）	= 4.184 J
1 cal cm^{-2} min^{-1}	≒ 700 W m^{-2}
1 langley（ラングレー）	= 1 cal cm^{-2}

生産関連

1 cal（カロリー）	= 4.184 J（ジュール）
1 kcal（キロカロリー）	= 1000 cal
1 g C（グラム炭素）	≒ 10 kcal
1 g C	≒乾重 2 g（貝殻などの無機物，つまり灰分を除いた乾燥重量）
乾重 1 g	≒ 21 kJ（キロジュール）
1 g organic C（グラム有機炭素）	≒ 42 kJ
乾重 1 g（灰分なし）	≒湿重 5 g
1 l O$_2$（分子状酸素 1 l）	= 4.825 kcal
炭化水素 1 g	≒ 4.1 kcal
タンパク質 1 g	≒ 5.65 kcal
脂肪 1 g	≒ 9.45 kcal

参考文献

◎ CUSHING, D. H. (1975) *Marine Ecology and Fisheries*, Cambridge University. This book begins with a review of marine production cycles, which are then related to the biology and population dynamics of commercial fish stocks ; it concludes with a discussion of fluctuations in fish stocks caused by natural events and by human exploitation.

◎ DUXBURY, A. C. and DUXBURY, A. (1994) *An Introduction to the World's Oceans*, (4th edition), Wm. C. Brown. A general, easy to read overview of the oceans, including introductory material on physical, geological, chemical and biological oceanography.

◎ FRASER, J. (1962) *Nature Adrift, the Story of Marine Plankton*, G. T. Foulis. A well illustrated and informative account of planktonic organisms written in an easily understandable manner.

◎ GAGE, J. D. and TYLER, P. A. (1991) *Deep-sea Biology : A Natural History of Organisms at the Deep-sea Floor*, Cambridge University. A recent review of deep-sea biology, including information on hydrothermal vent communities.

◎ HARDY, A. (1970) *The Open Sea : Its Natural History. Part I : The World of Plankton*, (2nd edition), Collins. A classic account of plankton, delightfully written and illustrated with watercolour drawings done by the author while at sea.

◎ LAWS, E. A. (1993) *Aquatic Pollution : An Introductory Text*, John Wiley. A throrough introduction to the sources and consequences of anthropogenic pollution in the sea and in freshwater.

◎ MANN, K. H. and LAZIER, J. R. N. (1991) *Dynamics of Marine Ecosystems, Biological-Physical Interactions in the Oceans*, Blackwell. A comprehensive treatment of the links between water circulation patterns and biological processes ; although the physical oceanography is at a fairly elemental level, some mathematical knowledge is necessary.

◎ MARSHALL, N. B. (1980) *Deep Sea Biology : Developments and Perspectives*, Garland STPM Press. A descriptive account of deel-sea invertebrates and fish including morphological, behavioural and physiological adaptations.

◎ MCCLUSKY, D. S. (1989) *The Estuarine Ecosystem*, (2nd edition), Blackie. An introduction to estuaries, emphasizing biological aspects and including a discussion on pollution and management.

◎ NYBAKKEN, J. W. (1988) *Marine Biology : An Ecological Approach*, (2nd edition), Harper & Row. A well written, well organized treatment of marine biology, particularly recommended for its discussions of benthic communities.

◎ PARSONS, T. R., TAKAHASHI, M., and HARGRAVE, B. (1984) *Biological Oceanographic Processes*, (3rd edition), Pergamon. A more advanced treatment of biological oceanography that emphasizes production processes ; minimal mathematics.

◎ RAYMONT, J. E. G. (1980) *Plankton and Productivity in the Oceans*, (2nd edition). Vol. 1, *Phytoplankton* ; Vol. 2, *Zooplankton*, Macmillan. Classic, comprehensive reviews of plankton including descriptions, biology, distribution patterns, and abundance.

解 答

第1章

❶プランクトンとネクトンは遊泳能力で区別されるのに対し，図1.2は生物のサイズで分類している．したがって，ネクトンより大きな生物でも遊泳力の弱いもの（クラゲなど）はプランクトンということになる．

❷生物海洋学の発展が遅かったのは海洋調査が困難なためである．全海洋の全深度において体系的な観測・採集を行なうには，大型調査船を長期にわたって運航し，場合によっては特殊な装置を使わなければならない．このため海洋調査は，陸上調査に比べて膨大な費用がかかる．

❸原始的な魚類は約5億5000万年前に出現した．

❹水深3000 mには日光が届かないので植物は生息しない．水温は低く（2～4℃）ほぼ一定である．水圧はとても大きい．表層に比べると栄養塩類（硝酸塩やリン酸塩など）の濃度が高い．食物の供給は少ない．

❺1960年に深海潜水艇「トリエステ」（乗員2名）が水深10916 mのマリアナ海溝底に到達した．

第2章

❶アラビア海の海面における1日あたりの日射量 (daily solar flux) は，

(a) 9月は約 $1.5 \times 10^8 \mu E\ m^{-2}\ d^{-1}$,

(b) 1月は約 $1.2 \times 10^8 \mu E\ m^{-2}\ d^{-1}$ である．

❷減衰係数 k は次式から計算できる．

$$k = \frac{\log_e 100 - \log_e 50}{10\ m}$$
$$= \frac{4.6 - 3.9}{10\ m} = 0.07\ m^{-1}$$

❸波長ごとに水中透過率が異なるためである．赤色光や黄色光は深所まで透過しない．青色光や緑色光はより深くまで透過する．サンゴ礁の底に達するのはこの色の光である．サンゴ礁の底でフラッシュ撮影をすると青や緑以外の色が回復するので，本当の色を記録することができる．

❹月の光は光合成には弱すぎる．しかし，深海魚の視覚には十分明るい（清澄な外洋水では水深600 mでも感知できる）．深海魚の多くは光強度に応じた鉛直移動を行なうので，月の光の影響は十分に考えられる．また月の光は，視覚を用いた捕食に役立つかもしれない．

❺水の塩分濃度が高いほど，生物の浮力が増す．したがって，塩水中の生物は沈降を防ぐのに少しのエネルギーしか用いない．

❻(a) と (b) のどちらの水もシグマ t 値（σ_t）が26.0の等密度線上にのる．図の説明によると，σ_t が26.0で同じなら，両者の密度は $1.026\ g\ cm^{-3}$ で同じである．

❼塩分34.5の北極水は，塩分35の平均的海水よりも氷点がやや高い．しかし，海氷が形成されるとき，海氷から周囲水に塩分が排除されるので，周囲水の塩分が上がる．すると，氷点が低くなるので，海氷が形成されにくくなる．

❽南極周極海流（南極環流）あるいは西風海流という海流が，南極大陸の周りを流れる．

❾付録2によると，光合成有効放射（PAR）において，$1\ W\ m^{-2} = 4.16\ \mu E\ m^{-2}\ s^{-1}$ である．したがって，$1\ \mu E\ m^{-2}\ s^{-1}$ は約1/4(0.25) $W\ m^{-2}$, $10\ \mu E\ m^{-2}\ s^{-1}$ は約10/4 (2.5) $W\ m^{-2}$ である．

❿海洋環境は陸上に比べて温度変動が小さいことによる．海洋生物の多く，とくに深海生物は生息環境の温度変動が小さい．一方，陸上は温度変動が大きいので，それに適応するために体温を一定に保つような恒温動物が発達したのである．

⓫(a) 赤道域では蒸発を上回る量の降雨があるので低塩分になる．

(b) 北極水にはカナダやシベリアから大河が流入するので，それだけ低塩分になる．

⓬低温・高塩分の組み合わせのほうが高密度になる．

⓭日光の届かない無光層である．水温は4℃以下で，塩分は約35である．この低温・高塩分の深海水は高密度である（図2.14より $\sigma_t \fallingdotseq 27.75$）．水圧は200気圧以上になる．

第3章

❶球の体積を求める式は $4/3\ \pi r^3$ である．$4/3\ \pi$ の部分は両種とも同じなので，半径の3乗（r^3）だけで比較すればよい．渦鞭毛藻細胞の $(25)^3$ を

Synechococcus 細胞の $(0.5)^3$ で割ると 125000 になる．つまり，*Synechococcus* の 125000 細胞が渦鞭毛藻 1 細胞に相当する．*Synechococcus* は現存量（数）は多いが，実際のバイオマス（数 × 体積）は他の植物プランクトンより小さい．

❷ 異なる波長の光は透過する深度が異なる．補助色素をもつことでクロロフィル *a* が吸収しない波長を利用でき，他種が利用しない波長を利用できる．すなわち，他種が生息しない深度に生息することができる．

❸ それぞれについて P_g を求めると

A種
$$P_g = \frac{2 \times 50}{10 + 50} = 1.6 \text{ mg C}[\text{mg chl-}a]^{-1}\text{h}^{-1}$$

B種
$$P_g = \frac{6 \times 50}{20 + 50} = 4.3 \text{ mg C}[\text{mg chl-}a]^{-1}\text{h}^{-1}$$

したがって，光強度が $50\ \mu\text{E m}^{-2}\text{s}^{-1}$ で同じなら，B種のほうが速く成長する．

❹ 式（3.6）から臨界深度（D_{cr}）を求めると
$$D_{cr} = \frac{500 \times 0.5}{0.07 \times 10} = 357 \text{ m}$$

臨界深度（357 m）は混合層（100 m）より深いので，水柱には純生産があることになる（総光合成−呼吸がプラスの値になる）．

❺ (a) 明らかに海域 B（$50\text{ mg C m}^{-3}\text{h}^{-1}$）のほうが，海域 A（$20\text{ mg C m}^{-3}\text{h}^{-1}$）よりも生産性が高い．しかし，光合成活性を比較するなら，クロロフィル *a* あたりの生産を比べなければならない．すると，海域 A では $10\text{ mg C }[\text{mg chl-}a]^{-1}\text{h}^{-1}$，海域 B では $2\text{ mg C }[\text{mg chl-}a]^{-1}\text{h}^{-1}$ になり，光合成活性については海域 A のほうが高いことになる．

(b) 光合成活性の差の原因は，たとえば，海域 B の植物プランクトンはブルーム終期にあり，一方，海域 A の植物プランクトンはブルーム初期で栄養塩類に恵まれていることが考えられる．

❻ 窒素とり込みの半飽和定数（K_N）は，貧栄養海域より富栄養海域のほうが大きい．貧栄養域の植物プランクトンは 0.1 mM 以下という低濃度の硝酸塩（あるいはアンモニウム塩）でもとり込むことができる．一方，富栄養域の植物プランクトンは硝酸塩濃度が 1.0 mM 以上の高濃度でないととり込めない．

❼ 式（3.13）を用いて成層指数（S）を求めると

$$\log_{10}\frac{5000 \text{ cm}}{0.003 \times (3.3)^3} = 5.5$$

一般に前線帯は $S \fallingdotseq 1.5$ のときに形成されるので，この堆の潮流では前線帯は形成されないことになる．

❽ インド洋の大半は日光に恵まれた緯度域にあるが，主要な海流パターンは高気圧性（図 2.19）なので，表層水が中央部に収束し，温度躍層が下がっている．このため，有光層の栄養塩濃度が低く，一次生産が制限されている．

❾ 海洋植物プランクトンは光や栄養塩類の要求性が種ごとに異なる．また，補助色素の種類や量も異なるので，異なる波長の光を吸収することができる．弱光に適応して深所や海氷下に生息するものがいれば，低温に適応したものもいる．さらに，低栄養塩濃度に適応したものさえいる．これらの特性により，植物プランクトンは空間的（鉛直的・水平的）にも時間的にも，生息環境に応じてすみ分けている．一見すると均質な環境も，実際にはいろいろな条件の異なる微小環境のモザイクであり，それだけ多種多様な植物プランクトンが生息できることになる．

❿ 式（3.7）より
$(X_0 + \Delta X) = X_0 e^{\mu t}$ を変形して，
$\log_e(X_0 + \Delta X) - \log_e(X_0) = \mu t$
$$\mu = \frac{\log_e(X_0 + \Delta X) - \log_e(X_0)}{t}$$

X_0 に 2.5 mg C m^{-3} を代入し，ΔX に 1 時間の生産 0.2 mg C m^{-3} を代入すると
$$\mu = \frac{\log_e(2.5 + 0.2) - \log_e(2.5)}{1}$$
$\mu = 0.9933 - 0.9163\text{ h}^{-1} = 0.077\text{ h}^{-1}$

式（3.10）より
$d = 0.69 / 0.077\text{ h}^{-1} = 8.9\text{ h}$

⓫ (a) 倍加時間が約 9 時間ということは 1 日あたり約 2.7 世代（24 h/9 h）に相当する．これはかなり速い増殖である．

(b) そのような速い増殖は熱帯の湧昇域にみられる．

⓬ グラフ用紙に描いてみよう．まず，種 A は硝酸塩 $0.4\ \mu\text{M}$ で 1 日に 4/5 回（0.8 回）分裂する．種 B は硝酸塩 $0.4\ \mu\text{M}$ で 1 日に 8/9 回（0.88…回）分裂する．したがって，硝酸塩濃度 $0.4\ \mu\text{M}$ では種 B が優占する．

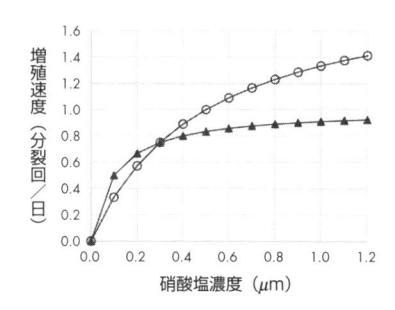

[グラフ: 横軸 硝酸塩濃度 (μm) 0.0〜1.2、縦軸 増殖速度（分裂回/日）0.0〜1.6]

❸植物プランクトンは各栄養塩類に対する半飽和定数（K_N）が異なるので、一般にμ_{max}よりも低い速度で増殖する。したがって、種の多様性を決める要因としてはμ_{max}よりK_Nのほうが重要である。

❹理論的にも実験的にも可能である。しかし、広範囲な海域に栄養塩類を添加し、その濃度を維持することは、経済的には不可能である。さらに、海洋には多様な要求性をもった多種の植物プランクトンが生息しているので、特定の1種類だけを選択的に増殖させることは実質的に不可能である。また、海洋植物プランクトンの種組成の制限要因はほかにもたくさんあるので（たとえば採食）、栄養塩類を添加しただけで特定の植物プランクトンを増やすことはできないだろう。しかし、限られた海域に栄養塩類を添加すると、植物プランクトン全体として多くなるだろう。

❺北極域のような高緯度域だと、光合成に必要な日光の得られる数か月間しか植物プランクトンの生産が起こらない。氷は光をよく通すが、それでも氷が厚ければやはり光合成有効放射（PAR）は減弱する。したがって、そこの優占種は弱い光強度に適応したものである（陰性種）。水温が低いので（−1℃以下）、活性も低下する（2.2節）。海氷形成は周囲海水の塩分を増し（2.4節）、海氷周辺の塩分勾配が植物プランクトンの種組成に影響することも考えられる。このような厳しい環境条件にもかかわらず、海氷の下や氷の割れ目の中で活発に増殖できる植物プランクトンもいる。これは極域の食物連鎖で重要な役割を果たしている。

❻一般的な場合から特殊な場合まで、少なくとも次の4つが考えられる。

 1. 植物プランクトンはどれも大量発生（ブルーム）を起こしうる。ブルーム後の分解により溶存酸素濃度が低下し、貧酸素・無酸素の海域から逃げられない動物に死亡する。
 2. 数十種類の渦鞭毛藻類はサキシトキシンという神経毒を産生する。これは食物連鎖を通ってサキシトキシン感受性の脊椎動物に到達する。魚類、鳥類、海産哺乳類がサキシトキシンの濃縮により中毒あるいは死亡する場合がある。人間も、有毒渦鞭毛藻類を摂食した貝類を食すると麻痺性貝毒症になる。
 3. ある珪藻（*Pseudonitzschia*）はドウモイ酸というサキシトキシンに似た神経毒を産生する。
 4. 有毒渦鞭毛藻に由来するシガテラ魚毒は熱帯・亜熱帯諸国に共通の健康問題である。

第4章

❶水柱環境には捕食から逃れるための隠れ場所がない。しかし、体を透明にすることでみえにくくなり、視覚を用いた捕食から逃れやすくなる。

❷サルパ類は、好適な条件だと無性生殖により多数の新しい個体をつくり、しばしば大群（スウォーム）を形成する。しかし、この個体はみな1つの単独個体に由来し、遺伝的に同一である。一方、連鎖個体では、遺伝的に不均一な個体が近接しているので、交雑により遺伝的変異（種内の多様性）を得ることができる。

❸赤色光は海面付近で吸収・散乱されてしまう。深層に届くのは青〜緑の波長だけである。青色光の中では、赤い体は黒くみえにくくなる。

❹成体・幼生とも夜間は上方移動するが、昼間の分布深度は成体のほうが深い。

❺春から初夏にかけて浅所に移動する利点は、それぞれの植物プランクトンのブルーム期に相当し、食物が豊富なことである。食物の少ない冬期は深所に移動して貯蔵脂肪を消費する。あるいは、*Calanus helgolandicus* は食性を変えて他の動物プランクトンを捕食することもある。冬季は、表層は荒天にみまわれるが、深所なら水も静かだし、捕食による死亡率も低下する。

❻ (a) 植物プランクトンの個体群密度（クロロフィル *a* 濃度）がしばしば動物プランクトン数と逆相関するのは、植食性動物プランクトンによる採食のためである。しかし、図4.19の測線80kmにおける栄養塩濃度の変化も影響したかもしれない。

(b) 動物プランクトン試料は夜間に水深3mから採取された。日周鉛直移動があるので、昼間のこの深度の現存量は減っていると考えられる。

❼甲殻類には固い外骨格がある。成長するには、

まず外骨格を脱ぎ，体を大きくし，それから新たな（大きな）外骨格を形成しなければならない．

❽底生無脊椎動物の多くは移動速度が遅いか固着性で，成体期のほとんどを限られた場所で過ごす．一時プランクトン幼生は海流にのって運ばれるので，その種の分布範囲を広げるのに役立つ．

❾植物プランクトンでは，珪藻類や珪鞭毛藻類が珪酸質の外骨格をつくり，円石藻類は炭酸カルシウム質（石灰質）の円石をつくる．どれも堆積物中にみられる．動物プランクトンでは有孔虫類や異足類，有殻翼足類，無殻翼足類の幼生，底生軟体動物のベリジャー幼生などが石灰質の殻をつくる．また，放散虫類は珪酸質の骨格をつくる．これらの殻・骨格も堆積物中にみられるが，有孔虫類・放散虫類・有殻翼足類のものがとくに多い．

❿肉食性グループには，刺胞動物，環形動物，毛顎動物，端脚類，*Clione limacina*（無殻翼足類）などが含まれる．おもに植食性の動物プランクトンは，オキアミ類，サルパ類，カイアシ類の大半，*Limacina*（有殻翼足類）などである．

⓫もしプランクトンが均一に分布したら，捕食者の摂餌活動が困難になる．餌生物が不均一に分布すると（塊状分布），摂餌効率が高くなり，捕食者の成長や生残率が向上する．しかし，この説明は積極的な索餌活動についてのみ適用できる．必ずしも塊状分布を必要とせず，受動的に索餌するものもいる．たとえば，クラゲ類，クダクラゲ類，クシクラゲ類の多くは長い触手を伸ばして，分散した餌生物を捕獲する．

⓬*Neocalanus cristatus*は生殖と発生に関連した季節的移動を行なう．図4.22からコペポディッドⅤ期は夏季に表層域に分布することがわかる．しかし，夏の終わり，すなわちⅥ期（成体）に成熟するまえに深所へ移動しはじめる．成体は深所（水深500～2000m）で越冬して産卵する．孵化したコペポディッド初期の幼生は発生段階が進むにつれ浅所へ移動する．

第5章

❶ (a) 栄養段階が上がるにつれ個体数は減少する．たとえば，植食性動物プランクトンから魚類，最高次捕食者の順で個体数が減少する．
(b) 一次生産量は二次生産量より大きい．

❷転送効率（E_T）は0.166になる（$25\,\mathrm{g\,C\,m^{-2}\,y^{-1}}$を$150\,\mathrm{g\,C\,m^{-2}\,y^{-1}}$で割る）．つまり，純生産の約17%が植食性カイアシ類の生産に転送されている．

❸一般に，高次になるほど餌生物数が少なくなるので，捕食のための索餌活動により多くのエネルギーを投入することになる．活発に動き回るほど呼吸によるエネルギー消費が大きくなる．したがって，高次になるほど生産が少なくなり，転送効率が低下することになる．

❹次の栄養段階へ転送される一次生産量が少なくなるので，転送効率は低下する．

❺ (a) 南極海では，どの栄養段階でもバイオマスが1桁大きい．
(b) 南極発散帯の表層水は栄養塩類に富んだ湧昇水なので，高い一次生産が可能である．ここで優占する植物プランクトンは鎖状珪藻で，大型動物プランクトン（オキアミ）に直接捕食される．オキアミはクジラの主要食物である．ここでは食物連鎖が短いので，一次生産から最高次の栄養段階までのエネルギー損失が少ない．

❻この食物連鎖で得られるニシンの最大生産量（P）は，式（5.2）を用いて$n=2$と仮定すると
$$P_{(n+1)} = 300\,\mathrm{g\,C\,m^{-2}\,y^{-1}} \times (0.1)^2$$
$$= 3\,\mathrm{g\,C\,m^{-2}\,y^{-1}}$$

❼有孔虫・放散虫・繊毛虫類（とくに有鐘類）など，原生動物プランクトンの多くはバクテリア食性である．さらに，サルパ類や無脊椎動物の一時プランクトン幼生などもバクテリアを摂食する．

❽北太平洋の大循環中央部は栄養塩濃度が低いので一次生産や二次生産が低く（3.5.1項），それにともなってバクテリアの増殖を支える栄養物も少ない．一方，淡水域には，河川や降雨により栄養塩類と有機物が流入してくる．したがって，淡水域では一次生産が高く（図5.8），バクテリアは植物プランクトン由来および流入した有機物を利用して増殖する．

❾式（5.4）から
$$P_t = (80-30) \times \frac{0.15+0.6}{2}$$
$$+ \left[(30 \times 0.6) - (80 \times 0.15)\right]$$
$$= 50 \times 0.375 + (18-12)$$
$$= 18.75 + 6$$
$$= 24.75\,\mathrm{mg\,m^{-2}}$$

したがって，平均生産量は$24.75/44 = 0.56\,\mathrm{mg\,m^{-2}\,d^{-1}}$，あるいは約$2\%\,\mathrm{d^{-1}}$である．

❿ (a) 式（5.10）を用いてK_1を求めると
$$K_1 = \frac{5.0\,\mathrm{mg}}{7.5\,\mathrm{mg}} \times 100\% = 67\%$$

(b) 式（5.11）を用いてK_2を求めると

$$K_2 = \frac{5.0 \text{ mg}}{7.5 \text{ mg} \times 0.9} \times 100\% = 74\%$$

⓫ 一般に連鎖状珪藻はオキアミなど大型動物プランクトンに摂食される．一方，微小な鞭毛藻類は原生動物に摂食される．したがって，一次生産者のサイズが変化すると優占植食者の種類も変化し，それ以降の栄養段階にも影響が及ぶ．鞭毛藻類がおもな一次生産者になると，原生動物という栄養段階が加わるので，食物連鎖は長くなる傾向にある．

⓬ (a) 環境要因とは，利用できる光強度と栄養塩濃度である．
(b) 生理要因には，光に対する植物プランクトンの反応，動物プランクトンや鞭毛虫類による採食，クシクラゲ・サケ・微小動物プランクトンによる捕食，バクテリアによる分解，生物全般の増殖速度などが含まれる．温度や減衰係数などのフェージング要因は図5.16には組み込まれていないが，実際のモデルでは考慮している．

⓭ 光の減衰係数が 0.7 m^{-1} だと，光強度が低く，植物プランクトンの増殖も遅くなる．したがって，一次生産に依存する動物プランクトンの生産も小さくなる．

⓮ (a) 全生産（新生産＋再生生産）の30％が再生生産だとすると
$$300 \text{ g C m}^{-2} \text{ y}^{-1} \times 0.3 = 90 \text{ g C m}^{-2} \text{ y}^{-1}$$
が再生生産分であり，
$$300 \text{ g C m}^{-2} \text{ y}^{-1} \times 0.7 = 210 \text{ g C m}^{-2} \text{ y}^{-1}$$
が新生産分になる．
f 比は新生産を全生産で割った値なので，このようになる．
$$f \text{比} = 210/300 = 0.7$$

⓯ 持続可能な魚類生産が指数関数的に増大するには2つの要因が必要である．まず，貧栄養域と比べて富栄養域で一次生産が増大すること（図5.21 (a)）．次に，富栄養域では，栄養塩躍層以深から新入窒素が加わり，全生産に対する新生産の割合が高くなること（図5.21 (b)）．

⓰ 植物プランクトンでは，円石藻類がカルサイト質（石灰質の一種）の円石板をつくる．動物プランクトンでは，有孔虫類がカルサイト質の殻をつくり，軟体動物プランクトン（異足類，有殻翼足類，ベリジャー幼生など）がアラゴナイト質（石灰質の一種）の殻をつくる．魚類や海産哺乳類の内骨格にも多少の炭酸カルシウム（石灰質）が含まれる．さらに大量の炭酸カルシウムが，サンゴや底生軟体動物の殻に含まれている．

⓱ 考えてはいけない．二酸化炭素は炭酸塩や重炭酸塩から供給されるので，光合成の制限要因にはならない．一方，硝酸塩は，植物プランクトンのタンパク質合成を制限する．ひいては総一次生産を制限するほど低濃度である．

⓲ 図5.3に示すように，外洋域では普通6つの栄養段階がある．したがって，答えは転送効率を掛け合わせれば得られる．
$$1000 \times 20/100 \times (10/100 \times 10/100 \times 10/100 \times 10/100)$$
$$= 0.02 \text{ g （湿重） m}^{-2} \text{ y}^{-1}$$

⓳ 生物進化の歴史において，ヒゲクジラを頂点とする短い食物連鎖（図5.3のⅢ）は最近になってできた．珪藻類が初めて出現したのは約1億年前で，クジラの出現は約5500万年前である．この食物連鎖では，一次生産の大部分が最高次消費者に高効率で転送する．一方，外洋域の食物連鎖には（図5.3のⅠ），進化的に古いものがある．緑藻類は渦鞭毛藻類よりずっと古いし，原生動物は6億年前には存在していた．4億年前から外洋域の最高次捕食者は，クラゲ，水柱性の頭足類（アンモナイトなど），原始的魚類（サメなど）になり，その後，硬骨魚類（真骨魚類）が出現し，最高次捕食者の地位についた．

⓴ 食物連鎖は栄養段階が1つ短くなるかもしれない．転送効率が平均10％で，他の要因が変わらないと仮定すると，プランクトン食性の魚類現存量は理論的には1桁大きくなる．しかし，いずれ別の新たな捕食者がやってくるだろう．

㉑ 年間漁獲量を g m^{-2} という単位のバイオマスに変換すると
$$0.5 \text{ t} \times 10^6 \text{ g t}^{-1} = 0.5 \times 10^6 \text{ g （湿重）}/10000 \text{ m}^2$$
湿重を乾重に変換すると
$$(0.5 \times 10^6 \text{ g （湿重）}) \times 0.2 = 10^5 \text{ g}/10000 \text{ m}^2,$$
または 10 g （乾重） m^{-2}
乾重を炭素重量に変換すると
$$10 \text{ g} \times 0.5 = 5 \text{ g C m}^{-2} \text{ y}^{-1}$$
式（5.2）で $n=2$ とすると（植物プランクトン→動物プランクトン→ウナギ），平均生態効率は次のように計算できる．
$$5 \text{ g C m}^{-2} \text{ y}^{-1} = (200 \text{ g C m}^{-2} \text{ y}^{-1}) E^2$$
$$E = \sqrt{5/200} = 0.16, \text{ つまり } 16\%$$

㉒ ケース (a) には，大量の海水と数個の栄養段階を含んだ閉鎖系にいろいろな濃度の殺虫剤を添

加する実験，すなわち閉鎖実験生態系がふさわしい．一方，河口堰の影響を調べられるほど大規模な閉鎖実験系はないので，ケース（b）にはコンピュータシミュレーションが適している．ケース（c）では，植物や動物の生理特性は室内実験で調べられる．

㉓ 式（5.9）により

$$同化率 A = \frac{5 \text{ mg} - 0.75 \text{ mg}}{5 \text{ mg}} \times 100\%$$
$$= \frac{4.25}{5} \times 100\% = 85\%$$

㉔ 理論的には正しい．しかし，栄養塩類の大量添加には植物プランクトン大発生（赤潮）の危険性もある．また，増大した一次生産の大半はカキに摂食されずに死んで海底に沈む．すると，大量の有機物分解により酸素が消費され，カキの酸欠死を招く．したがって，栄養塩類の添加は，生態系のしくみをよく理解したうえで，十分な注意を払って行なわなければならない．

㉕ その海域の魚類を再生させるはずの窒素を奪ったことになるので，生産性は低下することになる．

第6章

❶ およそ 40000 km（50 km × 800 網）にわたって海面から 8〜10 m の深さまで設置される．800 の流し網をつなげると，地球を1周するほどである．

❷ 冷水域では体温維持に多くのエネルギーが消費されるので，子クジラの成長には暖水域が適している．一方，食物は暖水域より夏季の冷水域のほうが多く，子クジラ・親クジラともに十分な食物を得ることができる．

❸ 南極ペンギンのおもな捕食者はヒョウアザラシとハクジラ類である．南極大陸には陸生哺乳類の捕食者はいないが，トウゾクカモメの一種がペンギンの卵や雛を捕食する．

❹ サメ類は産卵数が少ないので乱獲されると個体数の回復に時間がかかる．

❺ 両国とも沿岸湧昇の強い海域に面している．ここでは新入窒素が有光層に恒常的に供給されるので，食物連鎖を通した魚類生産が大きくなる．

❻ （a）ありうる．捕食者の成長のほうが速ければ，捕食による死亡率 100％ は理論的にありうる．

（b）実際には，いくつかの理由で起こらないだろう．捕食すればするほど餌生物（被食者）は少なくなり，探し出して捕食するのが非効率的になる．すると，捕食者は餌となる対象をもっと豊富な種類に代える．また，捕食者が餌生物より速く成長する場合でも，大きくなるにつれ大きい餌生物を選ぶようになる．

❼ 一般に魚類は小さいときに効率的に成長する．図 6.11 の成長曲線によると，齢の進んだ魚（3 歳以上）はもはや大幅に成長しないが，それでも餌を食べ続ける．餌には小型魚も含まれる．したがって，少数の大型魚をとるよりは，多数の小型魚をとったほうがバイオマス収量は大きいし，水産業としても効率的である．しかし，ある特定種の漁獲については，成熟度，水温，漁法，市場価格などの要因が大きい（たとえば，サケはニシンより大型で漁獲効率は低いが市場価格は高い）．表 6.2 の主要海産魚 8 種のうち 5 種（カタクチイワシ，シシャモ，ニシン類）が小型種であることに注意せよ．

❽ 海洋の全漁獲量は年間約 84×10^6 t である（6.7.1 項）．このうち，栽培漁業による水揚げは約 6％ に相当する．

❾ 島の風下側（3.5.6 項），河口の海側（3.5.5 項），冷水渦（3.5.1 項）などは栄養塩類に富んだ深層水が有光層に上がってくるので一次生産の高い海域になり，ひいてはよい漁場となる．

❿ 理論的には，漁獲対象をより低次の栄養段階（動物プランクトンなど）にすれば，漁獲可能量は増大する．実際に，動物プランクトンの漁獲が行なわれている（たとえば，ナンキョクオキアミ）．しかし，漁獲対象が小さくなるほど漁獲コストは高くなる．したがって，特殊な漁法や漁具が開発されないかぎり，主要な漁獲対象はいままでどおりの魚介類だろう．

⓫ 成魚個体群のサイズの変動は 100％ になるだろう（10^3 の死亡率 99.90％ ということは雌 1 個体の産卵から 1 個体が生残するということである．死亡率 99.95％ ということは雌 2 個体の産卵から 1 個体が生残するということである）．99.90％ と 99.95％ の差など些細なものだが，成魚個体群のサイズが 100％ も変動するということに注意されたい．これはタラのように産卵数の多い場合（雌 1 個体あたり 1 年に 10^6 以上），よりいっそう顕著である．

⓬ 最高次栄養段階から魚食性魚類を除くと，プランクトン食性魚類や大型のプランクトン食性無脊

椎動物（クラゲなど）が多くなるだろう．特定種を大量に除去すると，競争種が多くなるかもしれない（5.2節で述べた南極捕鯨の結末を参照）．中間栄養段階を大量に漁獲すると，高次捕食者であるマグロやハクジラ，サメが減少するだろう．大量の'雑魚'投棄により，水柱性あるいは底生性の腐食者が多くなるかもしれない．現時点では，漁業管理理論には生態系への影響予測が含まれていない．しかし，実際問題として，漁業により'漁場'の生態系に影響が及んでいる．

❸栽培漁業は沿岸域で行なわれるので，対象魚種は水温や塩分の変動に強いものが好ましい．幼生や仔稚魚は生育条件が成魚と異なり，環境変動にも弱いので，生活史の中で発生段階の少ないものが栽培漁業に向いている．高密度でも生育できる種や成長の速い種が栽培漁業には好まれる．

表5.1の脚注に全海洋の面積は約 362×10^6 km^2 とある．南極大陸周辺のクジラ保護海域は 28×10^6 km^2 である．これは全海洋の面積の約8％に相当する．

第7章

❶藻類の分類は，主として光合成補助色素の種類や場合によっては外見的な色調に基づいている．たとえば紅藻類は，葉緑素クロロフィルのほかに，フィコエリスリンやフィコシアニンなどの赤色素を大量に含んでいる．赤色素は青−緑の波長を吸収し，赤色波長を反射する．藻類に特徴的な色とはこの反射光の波長なのである．

❷蠕虫類は多少なりとも細長い形で，体は軟らかく，肢はないかほとんどないに等しい．このような形態は海洋底の大半を占める軟泥での生息に理想的である．ただし，ある種のゴカイ類や有鬚動物のように，固着生活に特殊化した種もある．

❸捕食への防御策は多種多様で，貝類の石灰質の殻，海綿類のつくる忌避物質，刺胞動物の刺胞，ウニ類の長いトゲ，埋在動物の掘穴，ヒドロ虫類や苔虫類の目立たない生息様式などがある．

❹ $B = X \times \bar{w}$ により，225日目に採集されたバカガイのバイオマスは 378 個体 m^{-2} × 9.910 mg，すなわち 3746 mg m^{-2} である．表7.2のバイオマス空欄には同様にして計算した値を入れる（下記）．式（5.4）の前半の項はバイオマスの損失（死亡や捕食による）を表している．これと後半の項，すなわち，ある期間におけるバイオマス変化を組み合わせれば，純生産が求められる．したがって，50日目と225日目の間に捕食されたバイオマスは

$$(X_1 - X_2)\left(\frac{\bar{w}_1 + \bar{w}_2}{2}\right)$$
$$= (990 - 378)\left(\frac{5.364 + 9.910}{2}\right)$$
$$= 4674 \text{ mg m}^{-2} / 175 \text{ days}$$

したがって，この期間（175日間）の捕食によるバイオマス損失は 27 mg m^{-2} d^{-1} である．

この期間におけるバイオマス変化の項と組み合わせて純生産を求めると

$$P_1 = (X_1 - X_2)\left(\frac{\bar{w}_1 + \bar{w}_2}{2}\right) + (B_2 - B_1)$$
$$P_{175\text{days}} = (990 - 378)\left(\frac{5.364 + 9.910}{2}\right) + (3746 - 5310)$$
$$= (612 \times 7.637) - 1564$$
$$= 3109.84 / 175 \text{ days}$$

すなわち，$P = 17.77$ mg m^{-2} d^{-1} となる．完成した表は前記のとおりである．

❺動きが遅い，あるいは固着性の無脊椎動物で浮遊幼生をもたない種は，卵や幼生が船や浮遊物（木材，海藻，びんなど）に付着して遠距離まで運ばれる．浅海種の卵は海鳥の脚に付着して運ば

表7.2 北海におけるバカガイ類二枚貝の生産

時間 t (days)	個体数 X (m^{-2})	平均体重 (mg)	バイオマス (mg m^{-2})	バイオマス損失 (mg m^{-2} d^{-1})	純生産 (mg m^{-2} d^{-1})
0	7045	1.416	9976	—	—
↓	↓	↓	↓	411	317
50	990	5.364	5310		
↓	↓	↓	↓	**27**	**18**
225	378	9.910	**3746**		
↓	↓	↓	↓	**14**	**66**
398	289	44.286	**12799**		
↓	↓	↓	↓	**12**	**36**
616	246	73.542	**18091**	—	—

れることもある．また，ある種の貝類の稚貝や成貝は，繊維状の粘液質を出して水柱内を漂うこともできる．

❻ (a) 表 4.1 には終生プランクトン種に動物門 8 つを，表 7.1 には海産ベントス 16 門をあげてある．これらの表にはいっていない動物門もあるが（たとえば，プランクトンに棘皮動物 1 種，ベントスにヤムシ類 1 属など），ベントスのほうがプランクトンより多様だといえる．
(b) 水柱環境より底生環境のほうが多様性に富んでいるので，プランクトンよりベントスのほうが多様になる．

❼ 卵黄栄養性の幼生をもつベントスは次の特徴をもつ．(a) 産卵数が少なく浮遊幼生期も短い，(b) 幼生は成体個体群からあまり遠くへ分散しない，(c) 幼生の死亡率はプランクトン食性の幼生より低い，(d) 成体個体群のサイズは長期にわたって比較的一定している，(e) これらの要因は P/B 比が比較的低いことを示唆する．これらの特徴はすべて K-選択の特性である．

❽ ストロマトライトは 0.5 mm y⁻¹ の速度で上方に成長する．したがって，高さ 1.5 m（1500 mm）のストロマトライトの年齢は次のように 3000 歳と算出できる．

$$\frac{1500 \text{ mm}}{0.5 \text{ mm y}^{-1}} = 3000 \text{ years}$$

第 8 章

❶ 潮の干満差が大きい場所では水の交換が活発で，それだけ多くの栄養塩類とプランクトンが運び込まれ，沪過食性動物にとって食物が増えることになる．また，栄養塩類が多くなると底生藻類の一次生産，すなわち採食性動物の食物も増えることになる．したがって，潮の干満差が大きい所ほど，底生動植物の単位面積あたりのバイオマスは多くなる．

❷ 堆積物の間隙に生息する種類は微小なので産卵数に限りがある．産卵数が少なければ，死亡率が低くないと個体群を維持できない．直接発生や'育児'により幼生は好適な環境にとどまり，水柱性の捕食者や底生性の沪過食者から保護される．

❸ 必ずしもそうではない．硫化水素（H₂S）はバクテリアによる硫酸還元反応の産物であり，人間には不快かもしれないが，自然のプロセスである．しかし，大量の有機物の分解により酸素が消費されて H₂S が生成するという意味で，汚染の指標になる場合がある．

❹ 堆積物の粒子が小さくなるほど表面積/体積比が大きくなり，粒子表面積の合計が大きくなる．すると，付着藻類の付着面積が増えることになる．

❺ 河口域は塩分変動が大きいので，そこに生息できる生物種は限られてくる．しかし，河口域は栄養塩類などに富み（一次生産が高い），穏やかで，競争種も少ないので，そこに適応した生物は個体数が多くなる．

❻ (a) 大陸西岸沖には湧昇があり水温が低いので，サンゴが成長できない．
(b) これらの大河により塩分が低下し，また，大量の土砂が運び込まれて濁度が増す．低塩分・低透明度はいずれもサンゴの成長を阻害する．

❼ 可能である．しかし，非造礁サンゴに限られる．非造礁サンゴは共生褐虫藻を必要としないので，光が届かない場所でも生育できる．

❽ 大陸縁辺の堡礁は外洋域の環礁より栄養塩類が豊富なので生物生産が高い．

❾ マングローブ湿地の純一次生産（350～500 g C m⁻² y⁻¹）は熱帯外洋域の植物プランクトンの純一次生産（約 75 g C m⁻² y⁻¹）よりはるかに大きい．

❿ 大型海綿類は表在固着性の懸濁物食者で，水流を起こしてプランクトンやバクテリアを沪過摂食する．着生用の固い基質と豊富な懸濁態有機物の組み合わせは浅所に多いので，大型海綿類が 2000 m 以浅に多く分布するのも当然である．一方，ナマコ類は表在性あるいは埋在性で，堆積物食者あるいはデトリタス食者である．したがって，ナマコ類は軟泥堆積物から有機物やデトリタスを摂取できるので，そこに多く分布する．

⓫ ベントスもプランクトンも，水深が増すとバイオマスが急激に減少する．どちらも海面から水深 1000 m までバイオマスが 1 桁から 2 桁減少し，水深 1000 m から 4000 m までさらにもう 1 桁減少する．

⓬ 珪藻の死細胞の沈降速度は生細胞の 2 倍だと仮定すると，最大で 1 日あたり約 60 m の沈降になり，水深 5700 m に達するのに 95 日かかることになる．実際の沈降細胞は粘液質で付着しあった集塊になることが多く，サイズが大きくなった分だけ速く沈降することになる．

⓭ 小型二枚貝 *Tindaria* は K-選択の特徴が多い．温度や塩分などが一定で変化の少ない環境に生息

し，成長や性的成熟が遅く，寿命は長い．また，小型なので産卵数が少なく，*Tindaria* の P/B 比は低そうである．一方，木材穿孔性の二枚貝のほうは，本文で述べたような特徴を有する典型的な r-選択種である．

❶❹ 水深 2500 m の水温は普通 2℃ から 4℃ である．

❶❺ 水深 2500 m の海底のバイオマスは普通 20 g m^{-2} 以下である．ガラパゴス熱水噴出孔の生物群集で 20～30 kg m^{-2} ということは，一般海底の 2000～3000 倍のバイオマスということになる．いままで調べられた熱水噴出孔の生物群集バイオマスはいずれも一般海底の少なくとも 500～1000 倍はある．

❶❻ どちらも小型動物の隠れ家を提供している．多くの動物がこれらの植物群集に身を隠し，鳥や魚からの捕食を免れている．

❶❼ 生息空間をめぐる競争で成長の速い種が勝ち，遅いものが負けたとしても，生態系とは物理的にも生物的にも無常である．たとえば，植食者は藻類を減らし，肉食者は競争に勝った動物を捕食してしまう．成長の速い生物はより採食・捕食されやすいのである．採食により表面被覆性の藻類が除去され，幼生や藻類胞子の着生場所がいつもつくられている．幼生加入の成否は時間ごとに変化するので，その個体群動態も一定ではない．水温や塩分などの物理的要因も一定ではなく，台風による突発的変化もあるので，あるときにある種に好適な条件も，別なときは別の種に好適になる．

❶❽ 100 年で 2 m の海面上昇は 2 cm y^{-1} に相当する．ある種の造礁サンゴならこの程度の成長は可能である．また，海面上昇に伴う温上昇も造礁サンゴの成長と生残に影響するかもしれない．いずれにせよ，造礁サンゴは過去 2 億 5000 万年の間にもっと大きな海面変化を生き抜いてきたということを考えてほしい．

❶❾ どちらも塩分変動の大きい上部潮間帯に分布し，耐塩性の直立顕花植物が優占するので，バイオマスの一部は水面上にある．マングローブや塩湿地植物の根は懸濁物の堆積を促すので，海岸線が安定する．これらの植物は大量の難分解性有機物を生産するが，植食動物はこれを消化できないので，デトリタス食物連鎖が主要になる．また，どちらの植物群集も，水生種だけでなく陸生種も支えている．

❷⓪ もっとも豊富な動物プランクトンである甲殻類はどれも成長段階ごとに脱皮する．たとえば，カイアシ類には 12 の成長段階の一つ一つを経るたびに脱皮するので，成体は 11 回脱皮して深海へ有機物供給したことになる．全体としてみると，甲殻類の脱皮殻は水柱中にきわめて豊富に存在する．しかし，これらは動物にとって栄養価が低いので，キチン分解性のバクテリアのバイオマスに変換される部分が大であろう．

❷❶ 深海は高水圧で食物も少なく生息には厳しい環境だが，その反面，有利な特徴もある．たとえば，いつも暗黒なので捕食者から逃れやすいこと，水温が一定なので体温調節の必要がないこと，塩分が一定なので浸透圧調節の必要がないことなどである．

❷❷ 光合成藻類より化学合成バクテリアのほうが古く，最初の海洋食物連鎖は化学合成に依存していたと思われる．

❷❸ (a) 固有種が多いのは，超深海の海溝域，熱水噴出域，冷湧水域などの生物群集である．

(b) これらの生物群集は似たものどうしでも空間的に隔たっている．たとえば，熱水噴出孔どうしは数百キロメートルも離れていることがある．したがって，個々の生物群集の分布拡大は限られており，動物相は隔離されがちである．また，この生物群集は特異な環境条件に適応しており，ほかの多くの動物ははいってこられない．

第 9 章

❶ 寒冷で波浪作用の小さな環境では大規模な石油流出からの回復は比較的遅い．これは，そのような生息場所では生物の生育が遅く生活史も長いためと，波浪や撹乱が弱いと石油が速やかに分散しないためである．また，低温だと生物的な石油分解活性も遅くなる．

❷ 1 つの方法はプラスチックの再利用（リサイクル）であり，他の方法には，商船・漁船の海洋投棄の規制やペレットの工場漏出や輸送中漏出の禁止措置などがある．また，生分解性の新規素材の開発と使用が推奨される．

❸ 温排水の最大の影響はおそらく夏季に現れる．これは，環境水温が最高に達するうえに，電力需要（空調など）も最高になるからである．多くの海洋生物にとって，環境水温はすでに上限値に近づいているので，水温がさらに上がるとその上限を超えてしまう．

❹ ほんの少数の例しかない．その一つはカナダか

ら北極海に注ぐマッケンジー川である．シベリアにも北極海に注ぐ大河がいくつかあるが，少なくともある河川は後背地からの汚染物質を運んでいる．

❺海洋生物に対する人為的影響の他の例として，ダム建設による沿岸域の塩分変化，海底油田開発による沖合生態系への影響，観光産業による海岸生態系への影響などがある．また，人工サンゴ礁の建設や養殖など，人間の利益になる変化もある．

❻そのような方法はおそらくない．しかし，持続可能なレベルまで漁獲量を減らして影響を最小化することはできる．

❼下水排水が役に立つこともある．好ましくない影響もあるが，下水に含まれる栄養塩類が貧栄養海域を富栄養化して食物連鎖を増大する可能性がある．しかし，環礁のような閉鎖水域をそのように富栄養化してはならない．さもないと，植物プランクトンや底生藻類，海草が繁茂し，サンゴを死滅させかねない．

❽ある種の汚染物質は懸濁粒子に吸着して底質に沈むので，河口域Aのほうが水質中の汚染物質は低濃度になる．逆に，河口域Aの底質は汚染物質濃度が高くなる．

用語集 (50音順)

赤潮 (red tide) 渦鞭毛藻類などの微生物が大量発生して海水が赤色を呈すること．ある種の赤潮藻類は毒素を生産する．

アミ類 (mysids) エビに似た甲殻類の一目で，おもに近底生性．

アラゴナイト (aragonite) 霰石．翼足類や異足類の殻やサンゴ骨格にみられる炭酸カルシウムの形態．→カルサイト（方解石）

r-選択 (r-selection) 多数の子孫をつくって種の生存をはかるような生活史戦略．好適な環境があればそこに移っていく．→日和見種, K-選択

異足類 (heteropods) 終生プランクトンの巻貝で，遊泳足は1つである．→翼足類

一次消費者 (primary consumer) 植食動物（草食動物）．

一次生産 (primary production) 無機物から合成された有機物の単位体積あたり（単位面積あたり）の量．

一次生産者 (primary producer) 植物および化学合成バクテリア．

一時プランクトン (meroplankton) 生活史の一時期のみをプランクトンとして過ごす生物．ベントスやネクトンの卵や幼生などが多い．→終生プランクトン

移流 (advection) 水の水平的あるいは鉛直的な移動．

渦鞭毛藻類 (dinoflagellates) 2本の鞭毛をもつ単細胞藻類である種はセルロース質の鎧板(よろいいた)をもつ．

ウニ類 (echinoids) 棘皮動物門の一綱で，ウニやカシパンなどが属する．

ウミユリ類 (crinoids) 棘皮動物の一綱で，ウミシダやウミユリが属する．

HNLC海域 (high-nitrate-but-low-chlorophyll area) 栄養塩（硝酸）は多いのに植物プランクトン（クロロフィル）が少ないような海域．

栄養塩躍層 (nutricline) 深くなるにつれて栄養塩濃度が急増するような水層．

栄養塩類 (nutrients) おもに一次生産者の栄養源になる無機・有機化合物あるいはイオン．窒素化合物やリン化合物など．

栄養段階 (trophic level) ある生物が食物連鎖あるいは食物網で占める位置．たとえば，植物は一次生産者，植食動物は一次消費者，肉食動物は二次消費者など．

栄養要求性 (auxotrophic) 植物が特定の有機物（ビタミンなど）を生育に必要とすること．

エディ渦 (eddy) 水の周回運動．比較的小規模．→ジャイア渦

f比 (f-ratio) 生産全体（新生産＋再生生産）に対する新生産の比．

エルニーニョ (El Niño) 気候変動の一つ．赤道太平洋で水温が上昇し，その高温・貧栄養の表面水がペルー沖に移動して，高い生物生産を支える湧昇を抑制する現象．

沿岸域 (neritic) 大陸棚域（水深200 m以浅）で陸に近いこと．

塩湿地 (saltmarsh) 抽水植物（根は水底に張るが，茎や葉の一部ないし大部分は水面上にある）が優占する潮間帯群集．

円石藻類 (coccolithophorids) 単細胞の微細鞭毛藻類で細胞壁に石灰質殻板（コッコリス）をもつ．

塩分 (salinity) 海水1 kgに溶存している物質（塩類）の重量（g）．かつては千分率（‰）で表したが，現在は無単位で表記する．

塩分躍層 (halocline) その上下で塩分が急激に変化するような水層．

大型植物 (macrophytes) 大型で肉眼視できるサイズの植物．マングローブ，海藻・海草など．

大潮 (spring tide) 新月あるいは満月のときの干満差が大きい潮．

オキアミ (krill) 単にkrillといった場合，南極海のナンキョクオキアミ（*Euphausia superba*）をさすことが多い．krillという言葉は虫や仔魚を意味するノルウェーの古語krilに由来する．→オキアミ類

オキアミ類 (euphausiids) エビに似た終生プランクトンの甲殻類．→オキアミ

帯状分布 (zonation) 潮間帯の動物や植物にみられる水平分布様式で互いに平行．

温度躍層 (thermocline) 温度の鉛直分布で変化のもっとも大きい深度層.

カイアシ類 (copepods) 浮遊性・底生性・寄生性の小型甲殻類で，数においてネットで採集される海洋動物プランクトンの大半を占めることが多い．

海牛類 (Sirenia) マナティーやジュゴンなどの植食性海産哺乳類が属する綱.

介形類 (ostracods) 甲殻類の一綱で，双殻の外骨格を有する．

海溝 (trench) 比較的急斜面で狭い海底の窪地．水深6000 m以上．

海山 (seamount) 海底にそびえる独立峰．頂上は水面下にある．

海草 (seagrass) 潮間帯の軟泥に生育する海産顕花植物の総称．

海底境界層 (benthic boundary layer) 海底から十ないし数百メートル上方の海水層．

外洋域 (oceanic) 水深200 m以深の沖合域．

化学合成 (chemosynthesis) アンモニア・硫黄（・メタン）などの無機化合物の酸化で生じたエネルギーを用いた二酸化炭素の固定と有機物の合成．

化学合成独立栄養生物 (chemoautotroph) メタンや硫化水素などの化合物に含まれるエネルギーを利用して二酸化炭素を固定し有機物を合成する生物．バクテリアのみに知られる．

下干潮帯 (sublittoral zone, subtidal zone) 低潮位線より下で大陸棚縁辺までの底生帯．

拡大軸 (spreading center) 海底が新しくつくられている海底域．

河口域 (estuary) 河川水が流入する半閉鎖的な沿岸域．

可視光線 (visible spectrum) 約400〜700 nmの波長帯の可視放射．

花虫類 (Anthozoa) 刺胞動物門の一綱で，イソギンチャクやサンゴを含む．

褐虫藻類 (zooxanthellae) サンゴや軟体動物（シャコガイなど）の組織内に共生する光合成微生物．おもに渦鞭毛藻類．

加入 (recruitment) 新しい個体（幼生・稚魚など）が個体群に加わること．

カルサイト (calcite) 方解石．有孔虫類や貝類の殻にみられる炭酸カルシウムの形態．→アラゴナイト

カロリー (calorie) 15℃の水1 gの温度を1℃上げるのに必要な熱量．

環境 (environment) 生物の生息域をさす大きな概念．非生物的条件（光，温度など）と生物的条件（捕食，競争など）を含む．

間隙動物 (interstitial fauna) 軟泥の粒子間空隙に生息する動物．

環礁 (atoll) サンゴ礁の一型で，沈下した島をとりまくように形成され，内側に浅いラグーン（礁湖）がある．→堡礁，裾礁

鰭脚類 (Pinnipedia) 海産哺乳類の一目で，アシカ，アザラシ，セイウチなど遊泳用の鰭脚4本を有する動物をさす．

基質，基物 (substrate) 〔生態学〕生物がその上で生息するか，それに付着するような物・場所．〔生化学〕生化学反応を起こす化学物質，酵素反応の作用物質．〔生理学〕微生物の栄養物．

汽水 (brackish water) 淡水と海水が混合した低塩分の水．

キチン (chitin) 甲殻類外骨格の硬質部を形成する角質．生化学的には，含窒素炭水化物グルコサミンのポリマー．

キチン分解バクテリア (chitinoclastic bacteria) キチンを分解するバクテリア．

キプリス幼生 (cypris) フジツボ類の幼生期で，ノープリウス幼生の後．

逆陰影 (countershading) 動物の背側と腹側で体色が異なること．視覚的捕食に対する防御策．

吸着 (adsorption) 液体中のイオンや分子が懸濁粒子の表面に着くこと．

休眠 (diapause) 発生や成長の一時的休止で，代謝活性は大きく低下する．

休眠胞子 (cyst, resting, spore) 珪藻や渦鞭毛藻が休眠するときにつくる胞子．環境条件が好転すると，あるいは休眠期間が終わると発芽して浮遊細胞をつくる．

狭圧性 (stenobathic) 生息できる深度（水圧）範囲が狭いこと．→広圧性

狭塩性 (stenohaline) 生息できる塩分範囲が狭いこと．→広塩性

狭温性 (stenothermic) 生息できる温度範囲が狭いこと．→広温性

強光阻害 (photoinhibition) 強光下で光合成が阻害されること．

共生 (symbiosis) 2種の生物が生理的に密接な関係にあること．しばしば相利的．

競争 (competition) 限られた資源をめぐる生物間の相互作用．

極域（polar）北極域および南極域．
棘皮動物（Echinodermata）ヒトデ，ナマコ，カシパンなどが属する海産動物門．
裾礁（きょしょう）（fringing reef）陸塊をなぞるように発達したサンゴ礁で，ラグーン（礁湖）がない．→環礁，堡礁
魚類プランクトン（ichthyoplankton）浮遊性の魚卵・仔稚魚．
近底生性（epibenthic）漂泳生物が海底と密接に関連して生息すること．
クシクラゲ類（siphonophores）水柱性の群体性刺胞動物．
クジラ類（Cetacea）クジラ・イルカなどが属する海産哺乳類の一目．
クモヒトデ類（ophiuroids）棘皮動物の一綱で，クモヒトデ類が属する．
クラゲ（medusae, jellyfish）刺胞動物門の鐘状の動物プランクトン．
グラム炭素（gC）バイオマスを炭素重量で表したもの．
クロロフィル（chlorophyll）緑色植物の色素の一群で，光合成に用いる光量子を捕獲する．
クロロフィル極大（chlorophyll maximum）単位体積あたりのクロロフィル濃度が最大となる深さ．
群集（community）ある環境に生息する微生物や動植物の個体群からなる1つの生態学的単位．
珪酸質（siliceous）珪酸を含むことをさしている．
K-選択（K-selection）高い適応性と繁殖効率で生存をはかる生活史型．どちらかというと少産．→平衡種，r-選択
珪藻軟泥（diatomaceous ooze）珪藻殻が30％以上を占めるような堆積物．
珪藻類（Bacillariophyceae）藻類の一綱．
珪鞭毛藻類（silicoflagellates）珪酸質骨格を有する単細胞性の鞭毛藻プランクトン．
ケルプ（kelp）中・高緯度の下干潮帯に生息する大型褐藻類．コンブなど．
原核緑色植物（prochlorophytes）細胞核のない光合成ピコプランクトンで，シアノバクテリアに近縁．
嫌気性（anaerobic）酸素のない環境に生息すること．
減衰（attenuation）吸収や散乱による水中での光エネルギーの減少．

減衰係数（extinction coefficient）海面での光強度に対する任意深度での光強度の比．
原生生物（protists）細胞核のある単細胞生物の総称で，珪藻・渦鞭毛藻・原生動物などが含まれる．
原生動物（protozoa）単細胞性の動物．
現存量（standing crop, standing stock）単位体積あたり（単位面積あたり）のバイオマスあるいは個体数．
現存量/加入量理論（stock/recruitment theory）成魚個体数と加入稚魚数の関係に基づいた漁業管理理論．
懸濁物食性（suspension feeding）周囲水から懸濁粒子をこしとって摂食すること．
広圧性（eurybathic）生息できる深度（水圧）範囲が広いこと．→狭圧性
広塩性（euryhaline）生息できる塩分範囲が広いこと．→狭塩性
高塩分（hypersaline）塩分が40以上であること．
広温性（eurythermic）生息できる温度範囲が広いこと．→狭温性
恒温性（homoiothemic）温血性．体温を一定に保つこと．
降河回遊性（catadromous）海洋で産卵し，成体期の大半を淡水で過ごすような魚類の生活型．ウナギなど．→昇河回遊性（溯河回遊性）
甲殻類（Crustacea）おもに水生の節足動物の一大綱で，体節・対になった付属肢・キチン質の外骨格などが特徴である．
高気圧性（anticyclonic）北半球で時計回りに動くこと．南半球では反時計回りの動き．→低気圧性
好気性（aerobic）酸素に富んだ環境に生息すること．
光合成（photosynthesis）植物が光エネルギーを使って二酸化炭素と水から高エネルギー有機化合物をつくること．
光合成有効放射（PAR : photosynthetically active radiation）→ PAR
硬骨魚類（osteichthyes）硬骨を有する魚類綱．→真骨魚類
高潮位線（high water mark）上げ潮時の最高潮位．→低潮位線
腔腸動物（coelenterates）→刺胞動物
呼吸（respiration）有機物を分解してエネル

ギーを生産する代謝過程．光合成の逆反応であり，二酸化炭素を放出する．

苔虫類（Bryozoa）外肛動物門に属する固着性の群体性動物．

小潮（neap tide）上弦・下弦の月の潮で，干満差がもっとも小さい．

個体群（population）地理的に同じ場所に生息する同一種の全個体．

個体群密度（population density）一個体群における単位面積あたり（単位体積あたり）の個体数．

固着性（sessile）基物に永続的に付着する動物をさしていう．

コペポディッド期（copepodid）カイアシ類の生活期でノープリウス幼生の後．コペポディッド期が成体にあたる．

コホート（cohort）同時に出生した生物の集団．同世代．

固有種（endemic species）生息域が限定されている生物種．→普遍種

混獲（by-catch）漁業活動で付随的に捕獲された漁獲対象外の動物．

混合栄養（mixotrophy）光合成などの独立栄養と捕食などによる従属栄養の両方を行なうような生存戦略．

混合層（mixed layer）風の作用で混合し，等温であるような水層．

最高次捕食者（top-level predators）人間以外に，その捕食者が自然界にいないような動物．

採食（grazing）植食動物による植物の消費．→捕食

再生生産（regenerated production）有光層内で再無機化された窒素を用いる光合成．→新生産，f比

栽培漁業（mariculture）海産種を人為的に養殖・栽培すること．

サキシトキシン（saxitoxin）ある種の渦鞭毛藻類が生産する種々の神経毒の総称．

雑食動物（omnivore）動物・植物のどちらをも摂食する動物．

砂粒着生藻類（epipsammic algae）砂粒上に生息する藻類．

サルパ類（salps）原索動物門に属する樽状のゼラチン質動物プランクトン．

サンゴ（coral）刺胞動物門花虫綱に属する底生動物（群体種が多い）で，石灰質の外骨格をつくる．

酸素極小層（oxygen minimum layer）低酸素の水層で，水深400～800 mにみられることが多い．

シアノバクテリア（cyanobacteria）シアノバクテリアに属する光合成生物（藍藻類とよばれたこともある）．

紫外線（ultraviolet）波長が380 nmより短い不可視放射．→赤外線

枝角類（Cladocera）双殻の外骨格をもつ浮遊性甲殻類．

シガテラ魚毒（CFP : ciguatera fish poisoning）海藻に付着する渦鞭毛藻類由来の毒を蓄積した魚を食して起こる中毒症状で，熱帯・亜熱帯諸国に多い．

自己陰影（self-shading）植物プランクトンの数が増えて透過光量が減少すること．

刺胞（nematocyst）刺胞動物の触手にある刺細胞．

刺胞動物（Cnidaria）クラゲ・イソギンチャク・サンゴなどが属する動物門．以前は腔腸動物とよばれた．

ジャイア渦（gyre）水の周回運動．エディ渦より大規模．海洋大循環．

弱光層（disphotic zone）海洋で，有光層と無光層の間の弱光の部分．

種（species）そこに属する個体間で交配が可能な生物グループ．

終生プランクトン（holoplankton）一生を水柱中で過ごす浮遊生物．終生，プランクトン群集内で生息する．→一時プランクトン

収束（convergence）異なる水塊が接する線または帯．表面水の沈降をともなうことが多い．→発散

従属栄養（heterotrophic）有機物を無機物から合成せず，食物から得ること．

雌雄同体（hermaphrodite）一個体が雄性・雌性配偶子ともにつくるような動物．

種遷移（species succession）環境要因の変化に連動して，群集における種の相対量が連続的に変化すること．

十脚類（decapods）甲殻類の一大グループで，カニ・ロブスター・エビなどが属する．

種の多様性（species diversity）ある地域・海域における生物種の数．あるいは，種数に個体数を加味したもの．

純一次生産 (net primary production) 総一次生産のうち，一次生産者の体にとり込まれ，成長に用いられた分．

純光合成 (net photosynthesis) 総光合成から呼吸による損失を差引いた分．→総光合成

昇河回遊性 (anadromous) 遡河回遊性．淡水で産卵し，成体期の大半を海洋で過ごすような魚類の生活型．サケなど．→降河回遊性

硝化作用 (nitrification) アンモニアを酸化して亜硝酸・硝酸にすること．

上満潮帯 (supralittoral zone, supratidal zone) 高潮位線より上で，荒天時にのみ冠水するような底生帯．

植食動物 (herbivores) もっぱら植物のみを，あるいは，おもに植物を捕食する動物．

植物デトリタス (phytodetritus) 植物プランクトンあるいは底生植物に由来する非生体懸濁物．

植物プランクトン (phytoplankton) 浮遊性の微細藻類．珪藻類や渦鞭毛藻類など．

食物網 (food web) 多種な生物間の"食う―食われる"の関係をネットワークとして図示したもの．

食物連鎖 (food chain) 多種な生物間の"食う―食われる"の関係を連鎖状に表現したもの．

深海層 (abyssopelagic zone) 水深約 4000～6000 m の海水層．

深海帯 (abyssal zone) 水深約 2000～6000 m の海底帯．

真骨魚類 (teleosts) 硬骨を有する魚類．→硬骨魚類

浸出 (exudation) 植物プランクトンから溶存代謝産物が漏出すること．

新生産 (new production) 新入窒素を用いた光合成生産．→再生生産，f 比

浸透 (osmosis) 2種の濃度の異なる溶液を半透膜で仕切ったとき，両者の濃度が等しくなるように水が半透膜を通って移動すること．

浸透圧調節 (osmoregulation) 体液の塩分や浸透圧を生体が許容できる範囲内に維持する生理機構．

新入窒素 (new nitrogen) 有光層に有光層外からはいってくる窒素．とくに湧昇により加入する窒素．

深部散乱層 (deep scattering layer) 動物が特定の深度に集合してできた音波反射層．

水圧 (hydrostatic pressure) ある深度で，その上の水の重さによる圧力．

水塊 (water mass) 由来を同じくする大きな水体で，水温・塩分・密度の組み合わせで区別できる．

水柱性 (pelagic) 海洋の水柱およびそこに生息する生物をさす（漂泳性）．

星口類 (Sipuncula) 体節のない海産蠕虫類の一門で，多くは底生性．

生産 (production) 生物体にとり込まれ，その一部となった（同化された）エネルギー．

生産性 (productivity) 生物が有機物を生産する速度．

生息場所 (habitat) 生物が生息する場所．

生態系 (ecosystem) 比較的広い範囲で非生物環境と生物群集（1つあるいは2つ以上）を合わせて考えた生態学的単位．

生態効率 (ecological efficiency) ある栄養段階に利用されたエネルギー量を，その栄養段階に与えられたエネルギー量で割ったもの．

成長効率 (growth efficiency) 摂取食物量あたりの成長量（総成長効率）．あるいは，同化食物量あたりの成長量（純成長効率）．

生物攪乱 (bioturbation) 埋在生物の移動や捕食行動による軟泥堆積物の攪乱．

生物指標 (biological indicator) 環境指標になるような生物．

生物浸食 (bioerosion) サンゴ礁石灰質などの基盤が種々の生物により分解されること．

生物増幅 (biomagnification) 塩素系炭化水素など生物濃縮した汚染物質が食物連鎖を通して最高次捕食者にさらに濃縮すること．→生物濃縮，最高次捕食者

生物的要因 (biotic factors) 種間競争や捕食などの生物活動に起因する環境要因．

生物濃縮 (bioaccumulation) 金属，塩素系炭化水素など物質が生物から排出されずに経時的に蓄積すること．→生物増幅

生物発光 (bioluminescence) 生物による発光．

赤外線 (infrared) 波長約 780 nm 以上の不可視光で，海洋を温めるはたらきがある．→紫外線

脊索動物 (Chordata) 浮遊性のサルパ類や幼形類および底生性のホヤ類が属する動物門．

世代時間 (generation time) ある世代が次の世代を生むまでの時間．二分裂で増える生物では倍加時間に相当する．→倍加時間

石灰化 (calcification) カルシウムと炭酸イオンが結合して石灰質の骨格質が形成されるプロセス．

摂食 （ingestion） 食物をとり込むこと．

ゼノフィオフォリア （Xenophyophoria） 大型で単細胞性の底生原生生物．

ゼラチン質動物プランクトン （gelatinous zooplankton） 固い外骨格がなく，含水率の高いゼラチン質組織をもつ，壊れやすい動物プランクトン．クラゲ・クダクラゲ・クシクラゲ・サルパなど．

漸深海層 （bathypelagic zone） 水深約 1000～4000 m の海水層．

漸深海帯 （bathyal zone） 水深約 200～2000 m の海底帯．

繊毛虫類 （ciliates） 浮遊性や底生性の原生動物で，繊毛という毛状構造をもつ．繊毛は移動のための原動力を起こすが種類によっては摂食に用いられる．

総一次生産 （gross primary production） 光合成で生産された有機物（あるいは固定された炭素）の総量．

総光合成 （gross photosynthesis） 光合成の総量．呼吸による損失分を差し引いていない．

造礁サンゴ （hermatypic coral） サンゴ礁を形成するサンゴで，共生褐虫藻をもつ．

増大胞子 （auxospore） 珪藻類の生殖細胞で，無性分裂をくり返して小型化したのち，最初のサイズに戻す．

藻類 （algae） 単細胞の浮遊種から大型の底生種まで，多種多様な海産植物（非維管束）の総称．真の意味の根・茎・葉をもたず，花や種子もつくらない．

ゾエア （zoea） カニ類の浮遊幼生で，外骨格に特徴的な角がある．

―――――

堆積物食性 （deposit feeding） 海底堆積物上の，あるいは堆積物中の有機物を摂食すること．

大陸斜面 （continental slope） 大陸棚の外縁から平坦な海洋底までの比較的急勾配の斜面．

大陸棚 （continental shelf） 大陸を縁どる海底帯で，下干潮線以深から傾斜が急になる深度（だいたい 200 m）まで．

濁度 （turbidity） 懸濁粒子による水中の透視度の低下（混濁）度．

脱窒素作用 （denitrification） 硝酸から還元型窒素化合物が生成すること．

タナイス類 （tanaids） 小型の海産底生甲殻類．

多毛類 （polychaetes） 体節のある海生蠕虫類で環形動物門に属する．浮遊種もいるが，多くは底生種である．

多様性 （diversity） →種の多様性

単位努力量あたり漁獲量 （CPUE：catch-per-unit-effort） 漁獲努力量に対する漁獲量の割合．

単為発生 （parthenogenesis） 受精を経ない生殖で，子孫は親のクローンである．

端脚類 （amphipods） 浮遊性・底生性の甲殻類で，側面が押しつぶされた形をしている．

暖水渦 （warm core ring） 比較的暖かい水体の渦流で，生産性は低い．→冷水渦

窒素固定 （nitrogen fixation） 溶存窒素ガスの有機窒素化合物への変換．シアノバクテリアが行なうことが多い．

着生植物 （epiphytes） ほかの植物体の表面で生育する植物（とくに藻類）．

中栄養 （mesotrophic） 栄養塩濃度，生物生産性ともに中程度であること．→貧栄養，富栄養

昼間性 （diurnal） ある現象が日中に起こること．

中枢種 （keystone species） その捕食活動が群集構造を維持し，それがいなくなると群集構造が変化するような種．

中層 （mesopelagic zone） 表層以深（200～300 m 以上）から水深約 1000 m までの水柱．

潮間帯 （intertidal zone, littoral zone） 最高潮位と最低潮位の間で周期的に干出する部分．

潮差 （tidal range） 連続した満潮と干潮の潮位差．

腸鰓類 （enteropneusts） 半索動物門に属する底生性の海産蠕虫類．ギボシムシなど．

超深海層 （hadalpelagic zone） 水深約 6000 m から海洋最深部までの海水層．

超深海帯 （hadal zone） 水深約 6000 m から海洋最深部までの海底帯．

潮汐 （tide） 海面の周期的な上下．自転する地球に対する太陽と月の引力による．

沈降 （downwelling） 水の沈降．→湧昇

低塩分 （oligohaline） 塩分が 5 以下であること．

DOM （dissolved organic matter） 溶存態有機物．→ POM

低気圧性 （cyclonic） 北半球で反時計まわりに動くこと．南半球では時計まわりの動き．

底生性 （benthic） 海底環境に生息すること．

低潮位線 （low water mark） 下げ潮時の最低潮位．→高潮位線

DDE (dichloro-dipheyl-ethane) 殺虫剤 DDT の分解産物.

DDT (dichloro-dipheyl-trichloro-ethane) 殺虫剤.

デトリタス (detritus) 有機物の砕片, あるいは集塊.

転送効率 (transfer efficiency) ある栄養段階における年間生産量を, その前段階の年間生産量で割った値. 栄養段階間のエネルギー転送効率に関する指標.

等温線 (isotherm) 温度の等しい点を結んだ線.

同化効率 (assimilation efficiency) 動物が摂取した食物のうち吸収・利用された分の割合.

同化指数 (assimilation index) 一次生産性を見積もる指数で, 単位時間あたり単位クロロフィル a あたりの炭素固定量で表す.

同化食物 (assimilated food) 動物が摂取した食物のうち吸収・利用された分. 他の部分は排泄物になる.

等脚類 (isopods) 甲殻類の一目で, 体型は平たく, 底生種・浮遊種が知られる.

動物プランクトン (zooplankton) 浮遊性動物.

動物ベントス (zoobenthos) 底生動物.

ドウモイ酸 (domoic acid) 珪藻 *Pseudonitzschia* が産生する神経毒.

独立栄養生物 (autotroph) 無機化合物から有機物を自分で合成する生物. 一次生産者.

トロコフォア (trochophore) ある種の軟体動物やゴカイ類の自由遊泳性の幼生で, 繊毛環を有するのが特徴.

ナノプランクトン (nanoplankton) 体サイズが $2 \sim 20 \mu m$ のプランクトン. ある種の植物プランクトンや原生動物など.

ナマコ類 (Holothuroidea) 棘皮動物の一綱で, ナマコなどが属する.

軟骨魚類 (Chondrichthye) エイやサメなど属する魚類綱.

軟体動物 (Mollusca) 巻貝類, 二枚貝類, イカ・タコ類などが属する動物門.

難分解性物質 (refractory materials) 分解されにくい物質.

肉食動物 (carnivore) もっぱら動物のみを, あるいはおもに動物を食する動物.

二次消費者 (secondary consumers) 肉食動物.

二次生産 (secondary production) 動物が摂取した食物から同化した有機物の量.

日周鉛直移動 (DVM : diel vertical migration) 漂泳生物が 24 時間周期で鉛直移動すること.

日周性 (diel) ある現象が 24 時間周期で起こること.

日周潮 (diurnal tide) 干満が一日一回であるような潮汐. 一日一回潮.

二枚貝類 (bivalves) ハマグリやイガイなど, 二枚の貝殻をもつ軟体動物.

ニューストン (neuston) 水表面の最上部数ミリメートルに生息する生物.

ネクトン (nekton) 流れに逆えるだけの遊泳能力のある動物. 成体のイカ, 魚類, 海産哺乳類など.

粘液 (mucus) 粘質の分泌液で, おもにタンパク質と多糖類からなる.

ノープリウス幼生 (nauplius) 甲殻類の自由遊泳幼生の一つ.

バイオマス (biomass) 生物個体数 (面積あたり, 体積あたり, 生息域あたり) に個体の平均重量を掛けたもの. 生物量.

倍加時間 (doubling time) 個体数が 2 倍になるのに要する時間. →世代時間

排出 (excretion) 代謝過程で生じた老廃物を尿素やアンモニアの形で除去すること. 排尿→排泄

排泄 (egestion) 利用されなかった食物を糞質として体外に出すこと. →排出

ハオリムシ類 (Vestimentifera) 有鬚動物類に近縁の海産底生蠕虫で, 熱水噴出域や冷水湧出域に特異的にみられる.

ハクジラ類 (Odontocete) 歯のあるクジラ類で, マッコウクジラ, イルカなどが含まれる.

バクテリア食者 (bacteriovores) バクテリアを摂食する動物.

バクテリオプランクトン (bacterioplankton) 浮遊性バクテリア.

発光器官 (photophore) 生物発光が行なわれる器官.

発光細胞 (photocyte) 生物発光が行なわれる細胞.

発散 (divergence) 海岸から離れるような, あるいは離心的な水の水平移動で, 湧昇をともなうことが多い. →収束

花虫類→花虫類

半減期 (half-life) 物質の放射能が半分になるのに要する時間.

板鰓類 (elasmobranchs) サメやエイなど，軟骨骨格をもつ魚類．

繁殖能力 (fecundity) 産卵速度（率）あるいは出産速度（率）．

半日周潮 (semidiurnal tide) 一潮日に干満が2回ずつあるような潮．

PAR (photosynthetically active radiation) 光合成有効放射．植物の光合成に利用される波長約400～700 nmの光．

POC (particulate organic carbon) 懸濁態有機炭素．→DOM

被殻 (frustule) 珪藻類の外骨格．

ヒゲクジラ類 (baleen whales) 特殊な角質板（クジラヒゲ）で沪過食を行なうクジラ種．

ピコプランクトン (picoplankton) サイズが0.2～2.0 μmのプランクトン．おもにバクテリア．

尾索類 (tunicates) 脊索動物門に属する固着性底生動物．ホヤ類など．

被子植物 (angiosperm) 顕花植物の一群で，マングローブや湿地植物・海草などが含まれる．

微小植物 (microphytes) 顕微鏡でみえるサイズの底生植物．

非生物的要因 (abiotic factor) 物理・化学・地質学的な環境要因．→生物的要因

微生物ループ (microbial loop) バクテリアや原生動物により栄養塩類が再生し，食物連鎖へ回帰すること．

非造礁サンゴ (ahermatypic corals) 共生褐虫藻をもたず，サンゴ礁を形成しないサンゴ類．→造礁サンゴ

尾虫類 (Appendicularia) →幼形類

ヒドロ虫類 (hydroids) 底生性，群体性の刺胞動物で，自由遊泳性のクラゲ体をつくるものもある．

P/B比 (P/B ratio) 生物種ごとの年平均バイオマスに対する年間生産量の比．増殖が速く短命な生物（植物プランクトンなど）はP/B比が大きく，大型で長命な生物はP/B比が小さい．

紐形動物 (Nemertea) 体節はないが吻口のある海産蠕虫類の一門．

表在動物 (epifauna) 基質表面であるいは基質に付着して生息する動物．→埋在動物

氷生藻類 (epontic algae) 海氷の内部や表面で生育する藻類．

表層水 (epipelagic zone) 表面から水深約200～300 mまでの海水層．

日和見種 (opportunistic species) 小型で成長が速く短命な種で，多数の子孫をつくり，環境収容力以内で個体群サイズが変化する．r-選択種ともいう．

鰭脚類→鰭脚類

貧栄養 (oligotrophic) 栄養塩濃度，生物生産性がともに低いこと．→中栄養，富栄養

富栄養 (eutrophic) 栄養塩類濃度が高く，それに応じて生物生産性も高いこと．→中栄養，貧栄養

フェムトプランクトン (femtoplankton) 0.02～0.2 μmのプランクトン（ウイルス）．

不均一分布 (patchiness) 個体の群れが，均一でもなければランダムにも分布しない．しかし，さまざまなサイズの"塊状"に集まる特殊なケース．

フジツボ類 (barnacles) 底生の沪過食性甲殻類の一型で，石灰質の殻板をもち，岩などの基質に固着生活する．

普遍種 (cosmopolitan species) 地理的に広範囲に分布する生物種．大西洋・太平洋・インド洋などに広範囲にみられるもの．→固有種

プランクトン (plankton) 水柱に生息し，流れに逆らって移動できない動植物．

プランクトン食幼生 (planktotrophic larvae) プランクトンを餌として食べる一時プランクトン幼生．

プリューストン (pleuston) 浮力で海面に漂い，体の一部が海面上に出ているような生物．

ブルーム (bloom) 植物プランクトン個体群が好条件下で突発的に異常増殖すること．

分解 (decomposition) バクテリアなどが有機物を無機物に分解すること．

分解者 (decomposer) 生物遺骸などの有機物を無機物に分解する生物．

平衡種 (equilibrium species) 比較的大型で，成長速度が遅くて寿命が長く，少産であるような生物種．個体群サイズは生息環境のほぼ収容力程度である．K-選択種．→日和見種

ベリジャー (veliger) 軟体動物の自由遊泳性幼生．

変温性 (poikilothermic) 冷血性．体温を一定に保てないこと．

ベントス (benthos) 底生生物．海底環境に生息する動植物．

鞭毛虫類（zooflagellates）無色で従属栄養性の鞭毛原生生物．

放散虫軟泥（radiolarian ooze）放散虫類遺骸の珪酸質骨格からなる堆積物．

放散虫類（Radiolaria）ケイ質骨格と仮足を有する浮遊性原生動物．

堡礁（ほしょう）（barrier reef）サンゴ礁の一型で，海岸からある距離をおいて形成されたもの．→環礁，裾礁

補償光強度（compensation light intensity）植物の光合成と呼吸が等しくなる光強度．

補償深度（compensation depth）24時間で植物が光合成で固定した炭素量と植物が呼吸で消費し

捕食（predation）ある動物がほかの動物を食べること．→採食

補助色素（accessory pigments）光合成における光量子捕獲色素でクロロフィル以外のもの．カロチン，キサントフィル，フィコビリンなど．

ホヤ類（Ascidiacea）→尾索類

ポリプ（polyp）ヒドロ虫やサンゴなど群体性刺胞類の個々の体（個虫）．

埋在動物（infauna）海底堆積物の中に生息する動物．→表在動物

マクロプランクトン（macroplankton）体サイズが2～20 cmのプランクトン．

マクロベントス（macrobenthos）体サイズが1 mm以上の大型底生動物．マクロフォーナ（macrofauna）ともいう．→メイオベントス，ミクロベントス

麻痺性貝毒（paralytic shellfish poisoning : PSP）神経毒サキシトキシンを含む貝を食べたことによる致死性麻痺．サキシトキシンをつくる渦鞭毛藻類を貝が摂食し，貝に毒が蓄積する．

マリンスノー（marine snow）0.5 mm以上のデトライタス集塊物．糞粒，幼形類の空ハウス，翼足類の捕食網など種々の生物由来の物質からなり，バクテリアも付着している．

マンガル（mangal）マングローブ林．

マングローブ（mangrove）熱帯・亜熱帯の潮間帯で優占する耐塩性の樹木およびその樹林．

ミクロプランクトン（microplankton）体サイズが0.02～0.2 mmのプランクトン．

ミクロベントス（microbenthos）体サイズが0.1 mm以下の微小底生動物．ミクロフォーナ（microfauna）ともいう．おもに原生動物．→マクロベントス，メイオベントス

密度（density）物理学では単位あたりの質量．生態学では単位体積（又は面積）あたりの個体数．

密度躍層（pycnocline）密度が鉛直的に急激に変化する水層．

無殻翼足類（gymnosomes）巻貝の仲間だが，貝殻のない，肉食性の終生プランクトン．

無顎類（Agnatha）ヤツメウナギなど原始的な魚類の綱．

無機化（mineralization）有機化合物が分解して無機化合物になること．

無光層（aphotic zone）海洋で太陽光の届かない部分．→有光層，弱光層

無酸素的（anoxic）酸素のない状態．

メイオベントス（meiobenthos）体サイズが0.1～1.0 mmの小型底生動物．メイオフォーナ（meiofauna）ともいう．間隙動物．→マクロベントス，ミクロベントス

メガプランクトン（megaplankon）体サイズが20～200 cmのプランクトン．

メガロパ幼生（megalopa）カニ類の幼生の一つで，ゾエア幼生の後．

メソプランクトン（mesoplankton）体サイズが0.2～20 mmのプランクトン．

毛顎動物類（Chaetognatha）無体節の終生プランクトンであるヤムシ類が属する動物門．

有殻翼足類（thecosomes）一対の遊泳翼と石灰質の殻を有する終生プランクトン貝類．

有光層（euphotic zone）海洋上層で，光合成を行なうに十分な光が届く部分．→無光層，弱光層

有孔虫軟泥（foraminiferan ooze）有孔虫殻が30 %以上を占めるような堆積物．

有孔虫類（Foraminifera）浮遊性あるいは底生性の原生動物で，石灰質の外骨格と仮足をもつ．

有櫛動物（Ctenophora）ゼラチン質の動物プランクトンで，縦に癒合した繊毛列（櫛板（くしいた））が8列あり，それを用いて遊泳する．

有鬚動物（Pogonophora）海産蠕虫類の一門で，口と消化管を欠く．

湧昇（upwelling）栄養に富んだ海水が海面に向かって上がってくること．

有鐘類（tintinnids）タンパク質性の外殻を有する原生動物プランクトン繊毛虫類．

ユムシ類（Echiura）底生性の海産蠕虫類の一門．

溶解 （dissolution）石灰質の骨格質が溶存カルシウムと炭酸イオンに分解するように，個体が溶媒に溶けること．

幼形類 （Larvacea）尾索門に属する動物プランクトンで，粘液質のハウス（皮家）をつくり，ナノプランクトンを濾過摂食する．

翼足類 （Pteropods）一対の遊泳翼を有する終生プランクトン性の巻貝．

翼足類軟泥 （pteropod ooze）組成の30％以上が翼足類殻などの$CaCO_3$でできている海底堆積物．

ラグーン （lagoon）環礁内の，あるいは堡礁と陸の間の浅水域．礁湖．

卵黄栄養幼生 （lecithotrophic larvaee）一時プランクトンとして過ごす幼生期で，他のプランクトンを摂食しない．→プランクトン食幼生

乱獲 （overfishing）成長と増殖で維持されうる以上の量を漁獲すること．

乱流 （turbulence）水の物理的混合．

両極種 （bipolar species）南極と北極に生息するが，中・低緯度にはみられない生物種．

臨界期 （critical phase）魚の生活史において，仔魚が孵化してから卵黄を使い切るまでの期間．

臨界深度 （critical depth）水柱（海面からその深度までの水体）の全光合成生産と植物プランクトンによる呼吸消費が等しくなるような深度．→補償深度

冷水渦 （cold core ring）比較的低温の渦流で，生産性が高い．→暖水渦

レジームシフト （regime shift）生態環境変動．物理的な環境変動に誘起された海洋生態系あるいは生物生産の長期的変動．

連行加入 （entrainment）塩水と淡水の混合．河口などでみられる．

濾過食性 （filter-feeding）→懸濁物食性

腕足類 （Brachiopoda）動物界の一門で，石灰質の双殻をもち，濾過食・固着生活を行なう．シャミセンガイ類など．

謝　辞

We wish to gratefully acknowledge the assistance of The Open University oceanography course team in preparing this volume: Angela Colling, John Phillips, Dave Park, Dave Rothery, John Wright. They generously passed on their experience in writing previous volumes in this series, and their advice and critiques of our early drafts were invaluable.

Colour figures were generously provided by Dr. F. J. R. Taylor, University of British Columbia (*Colour Plates 1–3, 5, 6, 9–11, 38*); Suisan Aviation Co., Tokyo (*Plate 4*); NSF/NASA (*Plates 7, 8*); Dr. L. P. Madin, Woods Hole Oceanographic Institution (*Plates 12, 14, 15, 25–27*); Dr. G. R. Harbison, Woods Hole Oceanographic Institution (*Plates 13, 22*); R. W. Gilmer (*Plates 16, 17, 20, 21, 28*); Dr. M. Omori, Tokyo University of Fisheries (*Plate 23*); Dr. A. Alldredge, University of California, Santa Barbara (*Plate 24* taken by J. M. King); Dr. T. Carefoot, University of British Columbia (*Plates 31, 36, 37*); Department of Energy, Mines and Resources, Canada (*Plate 33*); Dr. J. B. Lewis, McGill University (*Plates 34, 35*); Dr. R. R. Hessler, Scripps Institution of Oceanography (*Plates 39, 40*); and P. Lasserre, Station Biologique de Roscoff (*Plate 41*). (本翻訳書では，使用しませんでした。)

In-text photographs were kindly provided by Dr. F. J. R. Taylor, University of British Columbia (*Figure 3.3d*); R. Gilmer (*Figure 4.3*); Dr. O. Roger Anderson, Lamont-Doherty Geological Observatory of Columbia University (*Figures 4.5, 4.6*); R. Brown, Department of Fisheries and Oceans, Canada (*Figure 4.17*); Fisheries and Oceans (Canada) (*Figure 6.17*); C. E. Mills, Friday Harbor Laboratories (*Figure 9.3*); B. E. Brown, University of Newcastle upon Tyne (*Figure 9.4*).

We are extremely grateful to Mrs. Barbara Rokeby who patiently produced the many drafts of figures and who contributed several original drawings. The following line figures were reprinted or modified and redrawn from previously published material, and grateful acknowledgement is made to the following sources:

Figure 1.2 J. McN. Sieburth *et al.* (1978) in *Limnology and Oceanography*, **23**, American Society of Limnology and Oceanography; *Figures 1.5, 1.6* C. W. Thomson and J. Murray (1885) *Report on the Scientific Results of the Voyage of HMS Challenger during the years 1873–76, Narrative*, Vol. I, First Part; *Figure 1.7* E. Haeckel (1887) *Report on the Scientific Results of the Voyage of HMS Challenger during the years 1873–76, Zoology*, Vol. XVIII; *Figure 2.5* G. L. Clarke and E. J. Denton (1962) in *The Sea, Ideas and Observations on Progress in the Study of the Seas*, Interscience; *Figure 2.6*, The Open University (1989) *Ocean Circulation*, Pergamon; *Figures 2.7, 2.9, 2.11, 2.14, 2.16, 2.18, 6.6* The Open University (1989) *Seawater: Its Composition, Properties and Behaviour*, Pergamon; *Figure 2.10* R. V. Tait (1968) *Elements of Marine Ecology*, Butterworths Scientific Ltd; *Figure 2.19*

A. N. Strahler (1963) *Earth Sciences*, Harper & Row Pubs; *Figures 2.13, 2.15* W. J. Emery & J. Meinke (1986) *Oceanographica Acta*, **9**, Gauthier Villars; *Figure 2.12* H. V. Sverdrup *et al.* (1942) *The Oceans*, Prentice Hall Inc.; *Figures 3.1a–d,i* E. E. Cupp (1943) *Marine Plankton Diatoms of the West Coast of North America*, University of California; *Figures 3.1e–h* D. L. Smith (1977) *A Guide to Marine Coastal Plankton and Marine Invertebrate Larvae*, Kendall/Hunt; *Figure 3.3* M. V. Lebour (1925) *The Dinoflagellates of Northern Seas*, Marine Biological Association of the U.K.; *Figures 3.5, 3.6, 3.18, 5.9* T. R. Parsons *et al.* (1984) *Biological Oceanographic Processes*, Pergamon; *Figure 3.8* U. Sommer (1989) in *Plankton Ecology*, Springer-Verlag; *Figure 3.9* P. Tett; *Figure 3.10* T. R. Parsons (1979) in *South African Journal of Science*, **75**, South African Research Council; *Figures 3.13, 3.14* R. D. Pingree (1978) in *Spatial Patterns in Plankton Communities*, Plenum; *Figures 3.16, 7.1, 7.2, 8.13* (1984) *Oceanography, Biological Environments*, The Open University; *Figure 3.17* A. K. Heinrich (1962) in *Journal Conseil International pour l'Exploration de la Mer*, **27**, Conseil International pour l'Exploration de la Mer; *Figure 4.7* E. N. Kozloff (1987) *Marine Invertebrates of the Pacific Northwest*, University of Washington; *Figure 4.8* Zhuang Shi-de and Chen Xiaolin (1978) in *Marine Science and Technology* (in Chinese), **9**, State Oceanographic Administration of the People's Republic of China; *Figure 4.10* J. Fraser (1962) *Nature Adrift*, Foulis; *Figure 4.15* M. Omori (1974) in *Advances in Marine Biology*, **12**, Academic Press; *Figure 4.16* E. Brinton (1967) in *Limnology and Oceanography*, **12**, American Society of Limnology and Oceanography; *Figure 4.18* J. Fulton (1973) in *Journal of the Fisheries Research Board of Canada*, **30**, Fisheries Research Board of Canada; *Figure 4.19* R. Williams (1985) in *Marine Biology*, **86**, Springer International; *Figure 4.20* D. L. Mackas *et al.* (1985) in *Bulletin of Marine Science*, **37**, University of Miami; *Figure 4.21* P. H. Wiebe (1970) in *Limnology and Oceanography*, **15**, American Society of Limnology and Oceanography; *Figure 4.22* S. Nishizawa (1979) in *Scientific Report to the Japanese Ministry of Education*, No. 236017; *Figure 4.23* Sir Alister Hardy Foundation for Ocean Science, Annual Report 1991; *Figure 5.2* R. W. Sheldon *et al.* (1972) in *Limnology and Oceanography*, **17**, American Society of Limnology and Oceanography; *Figure 5.4* A. Clarke (1988) in *Comparative Biochemistry and Physiology*, **90B**, Pergamon; *Figure 5.6* J. H. Steele (1974) *The Structure of Marine Ecosystems*, Harvard University; *Figure 5.8* B. C. Cho and F. Azam (1990) in *Marine Ecology Progress Series*, **63**, Inter-Research; *Figure 5.14* W. H. Thomas and D. L. R. Seibert (1977) in *Bulletin of Marine Science*, **27**, University of Miami; *Figure 5.17* T. R. Parsons and T. A. Kessler (1986) in *The Role of Freshwater Outflow in Coastal Marine Ecosystems*, Springer-Verlag; *Figure 5.18* Yu. I. Sorokin (1969) in *Primary Productivity in Aquatic Environments*, University of California; *Figure 5.19* T. R. Parsons and P. J. Harrison (1983) in *Encyclopedia of Plant Physiology*, **12D**, Springer-Verlag; *Figure 5.21* R. L. Iverson (1990) in *Limnology and Oceanography*, **35**, American Society of Limnology and Oceanography; *Figure 6.1* R. Payne; *Figure 6.2* N. P. Ashmole (1971) in *Avian Biology*, **I**, Academic Press; *Figures 6.7a, 8.5* Friedrich (1969) *Marine Biology*, Sidgwick & Jackson; *Figure 6.7b, 6.8b* N. B. Marshall (1954) *Aspects of Deep Sea Biology*, Hutchinson; *Figure 6.8a* C. P. Idyll (1964) *Abyss*, Thomas Crowell; *Figure 6.9* F. S. Russell *et al.* (1971) in *Nature*, Macmillan; *Figure 6.14* R. S. K. Barnes and R. N. Hughes

(1988) *An Introduction to Marine Ecology*, Blackwell; *Figure 6.15* Department of Fisheries and Oceans, Canada; *Figure 7.3* G. Thorson (1971) *Life in the Sea*, Weidenfeld & Nicolson, by permission of the Estate of Gunnar Thorson; *Figure 7.4* T. Fenchel (1969) in *Ophelia*, **6**, Marine Biological Laboratory, Helsingoer, Denmark; *Figure 8.1* J. Connell (1961) in *Ecology*, **42**, Ecological Society of America; *Figure 8.2* R. Paine (1966) in *American Naturalist*, **100**, American Society of Naturalists; *Figure 8.7* A. Remane (1934) in *Zoologischer Anzeiger*, Suppl. **7**,; *Figure 8.9* D. E. Ingmanson and W. J. Wallace (1973) *Oceanology: An Introduction*, Wadsworth; *Figure 8.15* J. W. Nybakken (1988) *Marine Biology, An Ecological Approach*, Harper & Row; *Figure 8.16* R. D. Turner and R. A. Lutz (1984) in *Oceanus*, **27**, Woods Hole Oceanographic Institution.

Data in Table 5.2 were taken from Laws (1985) in *American Scientist*, **73**, Sigma Xi, The Scientific Research Society; data on seabird numbers in Figure 6.10 were kindly provided by F. Chavez, Monterey Bay Aquarium Research Institute; data in Table 7.2 were taken from Birkett (1959) in *Conseil L. International Exploration de la Mer* (Unpublished Report C. M., No. 42); Table 8.1 is adapted from R. S. K. Barnes and R. N. Hughes (1988) *An Introduction to Marine Ecology*, Blackwell.

索 引

ア

赤潮	32, 223
アガシー, A.	7
アガシー, L.	9
アミ類	61, 63, 223
アラゴナイト	108, 223
アリストテレス	5
r–選択	4, 5, 43, 64, 191, 223
アルベルトⅠ世	9
暗反応	36, 38
イカ類	69
位相合わせ	50, 100
異足類	59, 223
一次消費者	85, 223
一次生産	35, 223
一次生産者	35, 85, 223
一次生産速度	37, 49, 51
一時プランクトン	54, 64～66, 69, 151, 223
移流	24, 223
移流仮説	129
ウイルス	3, 93
鰾	25
渦鞭藻綱	32
渦鞭毛藻類	30, 223
渦鞭毛虫類	56, 57
ウッズホール海洋研究所	9
ウニ綱	148
ウニ類	148, 223
ウミガメ類	113, 114
海鳥	68, 127, 128
海鳥類	118
ウミヘビ類	113, 115
ウミユリ綱	148
ウミユリ類	148, 223
HNLC海域	41, 223
永年温度躍層	18, 27
栄養塩躍層	41, 223
栄養塩類	1, 2, 41, 42, 79, 165, 197, 223
栄養段階	85～87, 92, 223
栄養動態論	85
栄養要求性	36, 223
エコーロケーション	11, 115
エディ渦	44, 223
エネルギー収支	89
エネルギー転送	85
f比	106, 107, 223
エルニーニョ	18, 128, 223
沿岸域	2, 3, 223
沿岸種	3
沿岸湧昇	46, 47, 119
塩湿地	165, 223
塩湿地群集	165
円石藻類	34, 223
鉛直移動	71, 72, 74, 75, 81
鉛直的生態区分	15
鉛直分布	18, 51, 67, 75
塩分	19, 223
塩分躍層	20, 223
大型植物	139, 223
大潮	154, 223
オキアミ	62, 223
オキアミ類	61, 62, 69, 70, 223
帯状分布	140, 155, 174, 223
帯鞭藻綱	32
親潮	47
音響定位	11, 115
温血動物	19
温度躍層	131, 224
温排水	196, 201

カ

カイアシ類	55, 60, 61, 69, 149, 224
海牛類	115, 118, 224
介形類	61, 62, 70, 149, 224
海溝	146, 179, 181, 224
海山	173, 178, 181, 224
海水組成	19
海草	139, 224
海中林	158
海底境界層	181, 224
海綿類	143
回遊	125
外洋域	2, 3, 224
海洋汚染	198
外洋種	3
海洋大循環	44, 78
海洋牧場	134
外来種	202
海流	25, 26
化学合成	104, 190, 224
化学合成独立栄養生物	104, 224
化学合成バクテリア	146, 188, 190
下干潮帯	138, 139, 145, 177, 224

拡大軸	187, 224	菌類	167
河口域	47, 48, 165, 195, 203, 224	クシクラゲ類	58, 70, 225
可視光線	14, 38, 224	クジラ類	116, 225
花虫類	145, 224	クダクラゲ類	58, 70
褐藻類	140	掘穴性	138, 150, 177, 180
褐虫藻類	172, 224	クモヒトデ綱	147
加入	128, 152, 161, 224	クモヒトデ類	147, 225
カラヌス目	60, 61	クラゲ	58, 70, 225
カルサイト	108, 224	グラブ	150
カロリー	86, 224	グラム炭素（g C）	49, 225
環境	4, 16, 224	クリオネ	60
環境収容力	4	黒潮	25, 47
環境要因	100	クロロフィル	36, 225
環形動物	59, 145	クロロフィル極大	47, 225
間隙動物	164, 224	群集	4, 225
環礁	171, 173, 174, 224	群体	58
飢餓仮説	129	珪酸質	30, 34, 225
鰭脚類	115, 118	K-選択	4, 5, 43, 225
キクロプス目	61	ケイ素	105
キクロプス類	149	珪藻軟泥	29, 225
気候変動	81, 82	珪藻類	29, 225
基質	140, 224	珪鞭毛藻類	34, 225
汽水（域）	20, 165, 224	ケルプ	158, 225
季節的鉛直移動	74	ケルプ林	158
季節的温度躍層	18, 19, 27	原核緑色植物	35, 225
キチン	59, 184, 224	顕花植物	139, 175
キチン分解バクテリア	184, 224	嫌気性	104, 167, 201, 225
基物	148, 224	減衰	15, 39, 225
キプリス期	64	減衰係数	15, 39, 102, 225
キプリス幼生	65, 224	原生生物	56, 225
キプロプス目	62	原生動物	92, 142, 225
逆陰影	68, 224	現存量	36, 50, 82, 225
逆転移動	72	現存量/加入量理論	126, 128, 225
吸収スペクトル	36	懸濁態有機物	69, 92, 147
吸着	201, 224	懸濁物食性	145, 148, 163, 180, 181, 225
休眠	76, 224	限定的成長様式	95
休眠胞子	30, 32, 224	広圧性	25, 71, 225
狭圧性	25, 224	広塩性	22, 225
狭塩性	22, 224	高塩分	20, 225
狭温性	19, 224	広温性	19, 225
強光阻害	38, 68, 224	恒温性	115, 225
共生	172, 224	恒温動物	19, 98
共生藻（類）	139, 172	降河回遊魚	125
競争	4, 224	降河回遊性	225
極域	16, 225	甲殻類	55, 60, 61, 69, 70, 113, 148, 225
棘皮動物	146, 225	高気圧性	44〜46, 225
裾礁	173, 174, 225	高気圧性循環	44〜46
魚卵	66	好気性	104, 225
魚類	69, 180	光合成	35, 38, 225
魚類プランクトン	66, 225	光合成色素	35
近底生性	70, 225	光合成商	107
近底生生物	141	光合成有効放射	13, 14, 36, 38, 225
近リアルタイム海洋データ	131, 132	硬骨魚類	21, 121, 122, 128, 225

237

紅藻類	140
高潮位線	138, 225
腔腸動物	57, 225
呼吸	87, 225
国際海洋開発会議	10
国際捕鯨委員会	117
苔虫類	148, 191, 226
小潮	155, 226
個体群	4, 226
個体群密度	4, 226
固着性	145, 226
固着生物	156, 162, 181
コッコリス	34
コッドエンド	54
コペポディッド期	62, 226
コホート	94, 151, 226
固有種	68, 181, 226
混獲	114, 125, 195, 197, 226
混合栄養	31, 226
混合層	18, 226
昆虫	67
最高次捕食者	200, 226
採食	50, 226
採食速度	97

サ

サイズ	103, 130
再生生産	106, 226
再生窒素	106
栽培漁業	133, 134, 226
在来種	202
サキシトキシン	33, 226
雑食動物	54, 226
砂粒着生藻類	139, 167, 226
サルパ類	63, 64, 69, 226
サンゴ（礁）	45, 168, 195, 204, 226
三次消費者	85
酸素極小層	69, 226
シアノバクテリア	35, 140, 162, 167, 201, 226
CEPEX	99
紫外線	14, 226
枝角類	61, 62, 226
シガテラ魚毒	34, 226
仔魚	66, 131
自己陰影	49, 226
シスト	32
実験的閉鎖生態系	99, 100
CPUE	196
^{14}C法	37
刺胞	58, 67, 226
刺胞動物	58, 145, 226
島陰効果	48
シミュレーション	96, 100, 102, 133

ジャイア渦	25, 44, 226
ジャイアントケルプ	159
弱光層	15, 16, 69, 226
種	4, 226
重金属	200, 203
終生動物プランクトン	56, 57
終生プランクトン	54, 56, 226
収束	49, 226
従属栄養（性）	31, 54, 226
収束循環	44, 45
雌雄同体	59, 156, 226
種間競争	157, 158
種遷移	39, 226
十脚類	63, 150, 226
受動的懸濁物食者	181
種の多様性	4, 182, 226
純一次生産	167, 227
純光合成	38, 227
純生産速度	38
純成長効率	98
礁縁	175
昇河回遊魚	125
昇河回遊性	197, 227
硝化作用	105, 227
硝化バクテリア	105
礁原	175
礁湖	173, 174
上満潮帯	138, 156, 227
上満潮帯林	176
植食動物	54, 85, 97, 227
植物デトリタス	93, 165, 167, 184, 186, 227
植物プランクトン	3, 29, 227
植物ベントス	138
食物網	88〜91, 227
食物連鎖	54, 74, 80, 85, 91, 92, 121, 127, 154, 188, 203, 227
ジョン・マレー	6
シルト	204
シロウリガイ	190
シロウリガイ類	189
人為的生態系汚染実験	99
深海嵐	178
深海魚	70, 124
深海層	70, 227
深海帯	138, 178, 227
深海熱水噴出孔	146
神経毒	33
真骨魚類	121, 227
浸出	37, 227
新生産	106, 227
深層	73
浸透	21, 227
浸透圧調節	21, 227

新入窒素	106, 227	絶滅危機種	114
深部散乱層	72, 227	絶滅危惧種	114, 117
水圧	24, 227	ゼノフィオフォリア	142, 228
水温	16	ゼラチン質動物プランクトン	55, 69, 228
水塊	22, 41, 51, 76, 227	漸深海層	70, 77, 124, 228
水産海洋学	11, 125, 126	漸深海帯	138, 178, 228
水産学	10	潜水船	178
水産業	125	前線	44
水柱環境（→漂泳環境）	2, 76	線虫類	145
水柱群集	167	繊毛虫類	58, 143, 228
水柱性	5, 227	総一次生産	173, 228
スウォーム	80	総光合成	38, 228
数値モデル	96, 100, 132	造礁サンゴ	169, 172, 206, 228
スキャベンジャー	184, 185, 195, 197	増殖曲線	4
スキューバダイビング	56, 150	総成長効率	98
スクリップス海洋研究所	10	総生産速度	38, 39
スクール	80	増大胞子	30, 228
ストロマトライト	139	藻類	29, 228
砂浜	162	ゾエア（幼生）	65, 228
制限要因	42	遡河回遊魚	125
星口類	145, 227	底魚	70
生産	1, 227		
生産性	43, 227	**タ**	
生食連鎖	92	胎生種子	176
静水圧	24	堆積物食性	147, 148, 163, 182, 228
成層指標	47, 48	大陸斜面	138, 228
生息環境	1	大陸収束前線	46
生息場所	4, 227	大陸棚	47, 228
成帯	155	大陸棚縁辺前線	47, 79
生態環境変動	81	大陸発散前線	46
生態系	4	ダーウィン，C.	5, 7, 150, 173, 174
生態効率	86, 87, 227	濁度	169, 228
成長仮説	129	多種養殖	134
成長効率	98, 227	脱窒素作用（脱窒）	105, 228
生物海洋学	5, 10	脱窒バクテリア	105
生物攪乱	151, 227	タナイス類	149, 228
生物指標	76, 227	多毛類	59, 146, 228
生物浸食	174, 205, 227	多様性	4, 228
生物増幅	207, 227	単位努力量あたり漁獲量	196, 228
生物的要因	4, 227	単為発生	63, 228
生物濃縮	200, 227	端脚類	61, 62, 150, 160, 228
生物発光	69, 227	単種養殖	134
生物門	1	暖水渦	45, 46, 79, 228
生理的要因	100	炭素循環	108
赤外線	14, 227	単独個体	64
脊索動物	63, 227	担輪子幼生	64
石油流失	198	地球温暖化	82, 109
世代時間	40, 70, 227	地球規模の前線系	47
石灰化	109, 227	窒素固定	35, 106, 228
石灰藻	139, 161	窒素循環	105
摂食	56, 228	着生植物	139, 228
摂食速度	97	チャレンジャー号探検航海	6, 7, 71, 179
絶滅	117, 118, 120	中栄養	43, 228

239

中央海嶺	178, 181, 189
昼間性	14, 228
昼間変化	14
中枢種	158, 159, 161, 228
中層	2, 69, 77, 122, 228
潮間帯	138, 139, 145, 146, 148, 154, 156, 190, 228
潮間帯湿地	177
潮差	138, 228
腸鰓類	146, 228
潮上帯	138
超深海	181
超深海層	2, 228
超深海帯	138, 150, 178, 228
潮汐	154, 228
沈降	24, 79, 228
低塩性	168
低塩分	20, 228
DOM	92, 228
低気圧性	45, 228
低気圧性循環	45, 46
底生環境	2
底生魚類	70
底生－水柱カップリング	154
底生性	5, 228
低潮位線	138, 228
DDE	199, 229
DDT	199, 229
デトリタス	87, 88, 92, 142, 145, 154, 160, 162, 165, 177, 229
デトリタス食者	165, 167, 177, 185
デトリタス食動物	54, 97
電気伝導度	19
転送効率	86, 87, 229
等塩分線	20
等温線	16, 229
同化効率	97, 98, 229
同化指数	37, 40, 229
同化食物（量）	96〜98, 229
等脚類	150, 160, 229
頭足類	113
動物地理学	76
動物プランクトン	3, 229
動物ベントス	140, 229
ドウモイ酸	34, 229
独立栄養生産	35, 54
独立栄養生物	51, 85, 229
トムソン，C.	6
ドールン，A.	9
ドレッジ	150, 187
トロコフォア	64, 65, 229
泥場	167
トロール	197
トンプソン，J.	7

ナ

流し網	114, 117, 121, 198, 199
ナノプランクトン	34, 229
ナマコ綱	148
ナマコ類	148, 229
南極収束帯	47
南極前線	47
南極発散帯	46, 75
南極湧昇域	46
軟骨魚類	121, 229
軟体動物	59, 146, 229
難分解性物質	104, 229
肉食動物	54, 85, 97, 229
二次消費者	85, 229
二次生産	85, 229
二次生産量	87, 94〜96
日射	13
日周鉛直移動	71, 73, 229
日周性	68, 229
日周潮	154
日周変化	14
二枚貝類	163, 229
ニューストン	3, 67, 68
ネクトン	3, 26, 113, 229
熱水噴出域	188, 190, 191
粘液	7, 229
能動的懸濁物食者	181
能動輸送	22
ノープリウス幼生	62, 64, 65, 229

ハ

バイオマス	36, 50, 70, 82, 84, 87, 94, 103, 151, 184, 229
倍加時間	40, 229
排出	22, 229
排泄	22, 229
ハイドローリックコア	150
ハウス	63, 69, 88, 92
ハオリムシ	190
ハオリムシ類	146, 189, 229
白亜紀	29, 209
ハクジラ類	115, 229
バクテリア	3, 69, 92, 93, 105, 143, 144, 160, 166, 167
バクテリア食者	92, 93, 229
バクテリオプランクトン	3, 8, 93, 229
薄明移動	72
バチスカーフ	180
ハックスリー，T.	7
発光器官	70, 229
発光細胞	70, 229

発散	46, 229	フォーブス, E.	5, 6
発散循環	45	不均一分布	78〜81, 183, 230
ハーディ, A.	10	フジツボ類	150, 230
バラスト水	202	腐食連鎖	92
ハルパクチクス目	61, 62	物質循環	104
ハルパクチクス類	149	腐肉食者	184, 185
半減期	201, 229	普遍種	34, 230
板鰓類	121, 125, 230	プランクトン	3, 7, 26, 230
半索動物	146	プランクトン食幼生	152, 230
繁殖能力	125, 230	プランクトンネット	54
半翅類	67	プリムネシオ藻類	34
半日周潮	154, 230	プリューストン	67, 230
半飽和定数	40, 42	プルテウス幼生	65
PAR	13, 14, 36, 38, 230	ブルーム	32, 44, 48, 50, 93, 165, 184, 230
POC	92, 230	分解	85, 230
被殻	29, 230	分解者	86, 230
干潟	167	ベアード, S.	9
皮家→ハウス		平均塩分	20
ヒゲ板	115	平衡種	4, 230
ヒゲクジラ類	115, 230	ヘッケル, E.	7
ヒゲムシ類	146	ペラゴス	3, 70
ピコプランクトン	4, 230	ベリジャー（幼生）	64, 65, 230
微細藻類	139, 140, 152, 154, 160, 167	変温性	103, 230
被子植物	152, 230	変温動物	19, 98, 103
微小植物	139, 143, 230	ヘンゼン, V.	7
微小動物プランクトン	55	ベンティックスレッド	182
非生物的要因	4, 230	ベントス	3, 26, 138, 230
微生物ループ	92, 94, 167, 230	鞭毛虫類	56, 92, 231
非造礁サンゴ	171, 172, 230	放散虫	58
比増殖速度	40〜42	放散虫軟泥	58, 231
尾虫類	63, 230	放散虫類	57, 231
ヒトデ綱	146	堡礁	173, 174, 231
ヒトデ類	147	補償光強度	15, 38, 39, 231
ヒドロ虫類	145, 148, 230	補償深度	15, 39, 231
P/B 比	5, 103, 230	補償点	38
ピピンナリア幼生	65	捕食	4, 231
被面子幼生	64	捕食圧	157, 158
紐形動物	143, 145, 230	捕食仮説	129
ヒモムシ類	145	捕食速度	97
漂泳環境	2, 11	補助色素	36, 140, 231
漂泳生物（→ペラゴス）	3, 9, 111	ボックスコアラ	150
表在動物	140, 141, 162, 230	哺乳類	113, 115
氷生藻類	88, 230	ホヤ類	148, 231
表層	69, 123	ポリプ	169, 170, 231
表層水	18, 230		
日和見種	4, 230	**マ**	
ヒラムシ類	145	埋在動物	140, 181, 183, 231
貧栄養	43, 230	マクロプランクトン	3, 231
富栄養	43, 230	マクロベントス	141, 150, 163, 167, 179, 180, 231
富栄養化	195, 203, 204		
フェージング	50	麻痺性貝毒（症）	34, 231
フェージング要因	100, 101	マリンスノー	63, 231
フェムトプランクトン	3, 230	マンガル	175, 231

241

マングローブ	175, 231
マングローブ林	139, 175, 195, 203
ミクロプランクトン	3, 231
ミクロベントス	141, 142, 150, 166, 231
水	1
密度	22, 231
密度躍層	18, 69, 72, 81, 231
無殻翼足類	60, 231
無顎類	121, 231
無機化	104, 231
無光層	16, 154, 231
無酸素	104, 164, 176, 201, 203
無酸素的	105, 231
無人探査機	56, 178
無生物説	5
メイオベントス	141, 145, 149, 150, 164, 166, 167, 180, 231
明反応	36
メガプランクトン	3, 231
メガロパ幼生	65, 231
メキシコ湾流	25, 47
メソプランクトン	3, 231
メタン	190
毛顎動物（類）	59, 231
モーズリー，H.	6
藻場群集	166

ヤ

夜間移動	72
夜光虫	56, 57
ヤムシ類	59
有殻翼足類	60, 69, 231
有機スズ化合物	200
有光層	15, 38, 51, 69, 74, 106, 154, 231
有孔虫軟泥	57
有孔虫類	56, 57, 142, 231
有櫛動物	58, 231
有鬚動物	146, 231
湧昇	24, 48, 79, 82, 231
湧昇域	45, 46, 76, 87～89, 106, 119
湧昇流	127, 128
有鐘類	58, 67, 231
ユムシ類	145, 231
溶解	105, 232
幼形類	63, 69, 232
溶存態有機炭素	92, 100
溶存態有機物	92, 139, 146, 160
翼足類	60, 232
翼足類軟泥	60, 232
ヨルト，J.	7

ラワ

ラグーン	174, 232
裸鰓類	67
ラッセル周期変動	127
卵黄栄養幼生	151, 232
乱獲	128, 196, 232
ラングミュア循環	49, 79, 81
藍色藻類	35
藍藻綱	35
乱流	81, 232
リッター，W.	9
リモートセンシング	38, 49, 128
硫化水素	188, 191
両極種	76, 77, 232
両極分布	76
緑藻類	140
臨界期	129, 130, 232
臨海深度	39, 232
ルシフェラーゼ	69, 70
ルシフェリン	69, 70
冷血動物	19
冷水渦	45, 46, 79, 232
冷水湧域	190
レジームシフト	81, 127, 232
連行加入	48, 232
連鎖個体	64
沪過食者	154, 158, 177
沪過食性	93, 146, 150, 167, 201, 232
ロジスティック増殖曲線	4
腕足類	148

監訳者紹介

關　文威（せき　ふみたけ）

　1961年　東京大学農学部水産学科卒業
　現　在　筑波大学名誉教授
　　　　　元 日本海洋学会編集委員長
　　　　　日本海洋学会名誉会員

訳者紹介

長沼　毅（ながぬま　たけし）

　1984年　筑波大学第二学群生物学類卒業
　現　在　広島大学大学院統合生命科学研究科教授

NDC 663　254p　26cm

生物海洋学入門（せいぶつかいようがくにゅうもん）　第2版（だいにはん）

2005年 2 月20日　第 1 刷発行
2025年 2 月13日　第18刷発行

監訳者　關　文威（せき　ふみたけ）
訳　者　長沼　毅（ながぬま　たけし）
発行者　篠木和久
発行所　株式会社 講談社
　　　　〒112-8001 東京都文京区音羽2-12-21
　　　　　販　売　(03)5395-5817
　　　　　業　務　(03)5395-3615

KODANSHA

編　集　株式会社 講談社サイエンティフィク
　　　　代表　堀越俊一
　　　　〒162-0825 東京都新宿区神楽坂2-14　ノービィビル
　　　　　編　集　(03)3235-3701
印刷所　株式会社双文社印刷
製本所　株式会社国宝社

落丁本・乱丁本は購入書店名を明記のうえ，講談社業務宛にお送り下さい．送料小社負担にてお取替えします．なお，この本の内容についてのお問い合わせは講談社サイエンティフィク宛にお願いいたします．定価はカバーに表示してあります．

© H. Seki and T. Naganuma, 2005

本書のコピー，スキャン，デジタル化等の無断複製は著作権法上での例外を除き禁じられています．本書を代行業者等の第三者に依頼してスキャンやデジタル化することはたとえ個人や家庭内の利用でも著作権法違反です．

Printed in Japan

ISBN 4-06-155220-1

講談社の自然科学書

最新 水産ハンドブック

島 一雄／關 文威／前田 昌調／木村 伸吾／
佐伯 宏樹／桜本 和美／末永 芳美／長野 章／
森永 勤／八木 信行／山中 英明・編

A5・719頁・上製函入り・定価9,350円

長年愛用されてきた水産分野必携の定番書を最新事情に対応して全面リニューアル！ 公務員試験にも最大限に配慮し、参考書として最適。すでに活躍する水産関係者にも適切な情報を提供する、手元に置いておきたい1冊。持続可能な漁業の推進など、水産をとらえる軸を根底から刷新。国際法規や世界的取り組みについての記述も強化、現在の水産分野に欠かせない国際的視野に対応。最新の研究知見や社会的取り組みの実例もふんだんに盛り込んだ。

海洋地球化学

蒲生 俊敬・編著
A5・270頁・定価5,060円

化学分析手法の進歩が、微量元素や同位体の動きをとらえることを可能にした。物質循環の解析を通して明らかになった、地球というシステムにおける海洋の役割を解説する。海洋研究に挑む学生・研究者必読の1冊。

河川生態学

川那部 浩哉／水野 信彦・監修　中村 太士・編
A5・366頁・定価6,380円

最新知見に対応した、新しい河川生態学。他の自然環境とは異なる河川の特性と、そこに構築される独特の生態系を、生物多様性の観点を軸に解説。外来種問題を含む各種問題はもちろん、河川環境の復元事例も紹介する。

新編 湖沼調査法 第2版

西條八束／三田村緒佐武・著
A5・271頁・定価4,180円 ㊧

小宇宙「湖沼」研究の考え方と手法を解説した『湖沼調査法』の改訂版。陸水研究に欠かせない調査手法と考え方を実用的にまとめた。最新の分析機器だけではなく、手作りの手法も含めた湖沼研究者必携の書。

世界で初!!
水環境にかかわる分野の人々のバイブル誕生
陸水の事典

日本陸水学会・編
A5・590頁・定価11,000円 ㊧

湖沼、河川、地下水など陸水域の物理学、化学、生物学、地球科学、環境科学ならびに関連応用科学にわたる広範囲な分野の用語の概念と簡潔かつ詳細な解説を世のニーズに応えて提供する。日本陸水学会が総力を結集してまとめた集大成。
項目は約5000項目を選択、五十音順で配列。付録には日本と外国の湖と河川リストを掲載。英語索引からの検索も可能にした。関連分野待望の必携事典。

表示価格は定価（税込）です。
電子書籍と併売の書籍については㊧マークがついています。

「2025年2月現在」

講談社サイエンティフィク　http://www.kspub.co.jp/